Craftsman Electronic Apparatus

전자기기기능사 필기

기출문제 (기출 + 적중모의고사)

도서출판 책과 상상
www.SangSangbooks.co.kr

정보화사회에서 전자기술의 발전 속도는 매우 빠르게 진행됨에 따라 산업현장의 실무에 종사할 유능한 인력을 양성할 필요성이 대두되고 있습니다. 이러한 흐름을 반영한 전자기기기능사 자격제도는 전자기기의 제작·제조, 조작, 보수·유지업무의 전문성을 확보하고 우수한 기술인력을 공급하고자 전자기기에 대한 지식과 기술을 가진 사람으로 하여금 전자분야에 관련된 업무를 수행토록 하기 위하여 제정되었습니다.

전자기기기능사는 가정용, 공업용, 텔레비전, 음향기기, 영상기기 등 각종 전자기기를 분해, 조립, 조정, 수리하고 공장자동화 설비의 계측제어장치설비와 조작, 보수, 관리하는 업무를 현장에서 수행하는 전문인력입니다.

필자들은 교단과 현장에서의 경험을 토대로 전자기기기능사 자격을 취득하고자 하는 독자들을 위하여 다음과 같은 내용으로 책을 집필하였습니다.

1. 한국산업인력공단의 최근 개정된 출제기준과 기출문제 유형 분석을 통하여 핵심적인 이론 내용을 앞부분에 수록하였습니다.
2. 본문 이해가 쉽도록 풍부한 삽화 및 일러스트를 사용하였습니다.
3. CBT 변경 이전 한국산업인력공단이 주관하여 시행한 5년간의 기출문제 및 CBT 시험 출제문제를 반영한 5회분의 적중모의고사를 상세한 해설과 함께 수록하였습니다.

내용의 오류가 없도록 세심히 정성을 다했지만 혹 미비한 부분이 있어 불편함이 있다면 독자 여러분들의 조언과 충고를 통해 차후 보다 나은 내용으로 수험생 여러분들에게 찾아뵐 것을 약속드리며 여러분들에게 합격의 영광이 있기를 진심으로 기원합니다.

저자 일동

검정안내 및 출제기준

■ 개요
정보화사회에서 전자기술의 발전속도는 매우 빠르게 진행됨에 따라 산업현장의 실무에 종사할 유능한 인력을 양성할 필요성이 대두되었다. 전자기기의 제작·제조, 조작, 보수·유지업무의 전문성을 확보하고 우수한 기술인력을 공급하고자 전자기기에 대한 지식과 기술을 가진 사람으로 하여금 전자분야에 관련된 업무를 수행토록 하기 위하여 자격 제도 제정

■ 수행직무
가정용, 공업용, 각종 전자기기(텔레비전, 음향기기, 영상기기 등)를 분해, 조립, 조정, 수리하고 공장자동화 설비의 계측제어장치설비와 조작, 보수, 관리업무 수행

■ 출제경향
각종 전자기기를 분해, 조립, 조정, 수리하고 공장자동화 설비의 계측제어장치설비와 조작, 보수, 관리 등의 능력 평가
- 작업형 : 회로스케치 및 회로 구성 작업

■ 취득방법
- 시행처 : 한국산업인력공단
- 관련학과 : 실업계 고등학교의 전자과, 전자제어과, 전자기계과, 제어계측과 등 관련학과
- 훈련기관 : 공공직업훈련원, 인정직업훈련원, 일반 사설학원
- 시험과목
  - 필기 : 1.전기전자공학, 2.전자계산기일반, 3.전자측정, 4.전자기기 및 음향영상기기
  - 실기 : 전자기기 및 음향영상기기 작업
- 검정방법
  - 필기 : 전과목 혼합, 객관식 60문항(60분)
  - 실기 : 작업형(5시간 정도)
- 합격기준
  - 필기·실기 : 100점 만점으로 60점 이상 득점자

■ 출제기준

필기과목명	주요항목	세부항목
전기전자공학, 전자계산기일반, 전자측정, 전자기기 및 음향영상기기	1. 직·교류회로	1. 직류회로 2. 교류회로
	2. 전원회로의 기본	1. 전원회로
	3. 각종 증폭회로	1. 증폭회로
	4. 발진 및 펄스회로	1. 발진 및 변·복조회로 2. 펄스회로
	5. 논리회로	1. 조합논리회로 2. 순서논리회로
	6. 반도체	1. 반도체의 개요 2. 반도체 소자 3. 집적회로
	7. 컴퓨터의 구조 일반	1. 컴퓨터의 기본적 구조
	8. 자료의 표현과 연산	1. 자료의 표현 2. 연산
	9. 소프트웨어 일반	1. 소프트웨어의 개념과 종류
	10. 마이크로 프로세서	1. 마이크로프로세서 구조 및 응용
	11. 측정오차	1. 측정과 오차
	12. 전자계측기기	1. 지시계기 2. 오실로스코프 3. 반도체소자시험기 4. 패턴발생기
	13. 직·교류의 측정	1. 전압측정 2. 전류측정 3. 전력측정
	14. 브리지회로	1. 각종 브리지의 기본원리
	15. 고주파 펄스 측정, 잡음 측정	1. 주파수의 측정
	16. 발진기	1. 발진기의 기본원리 및 사용법
	17. 디지털계기	1. 디지털계측
	18. 응용기기	1. 고주파가열기 2. 초음파응용기기 3. 의용전자기기
	19. 자동제어기	1. 자동제어의 개념 2. 신호변환 및 검출기 3. 서보기구 4. 자동조정기구
	20. 전파응용기기	1. 전파항법응용기기
	21. 전자현미경	1. 전자현미경의 원리
	22. 반도체 응용	1. 전자냉동 2. 태양전지 3. LED
	23. R/TV	1. AM/FM 수신기 2. TV(수상기) 3. R/TV용 급전선 및 안테나
	24. 멀티미디어기록 및 재생장치	1. 기록·재생원리 및 회로, 부품의 동작
	25. Audio system	1. 스피커와 마이크로폰 2. 증폭기의 종류(Main, Tone, EQ) 3. CD/DVD 플레이어 4. Audio System의 기본원리

NCS(국가직무능력표준) 안내

NCS(국가직무능력표준)와 NCS 학습모듈

- 국가직무능력표준(NCS, National Competency Standards)이란 산업현장에서 직무를 수행하기 위해 요구되는 지식·기술·소양 등의 내용을 국가가 산업부문별·수준별로 체계화한 것으로 국가적 차원에서 표준화한 것을 의미합니다.
- NCS 학습모듈은 NCS 능력단위를 교육 및 직업훈련 시 활용할 수 있도록 구성한 교수·학습자료입니다. 즉, NCS 학습모듈은 학습자의 직무능력 제고를 위해 요구되는 학습 요소(학습 내용)를 NCS에서 규정한 업무 프로세스나 세부 지식, 기술을 토대로 재구성한 것입니다.

NCS 개념도

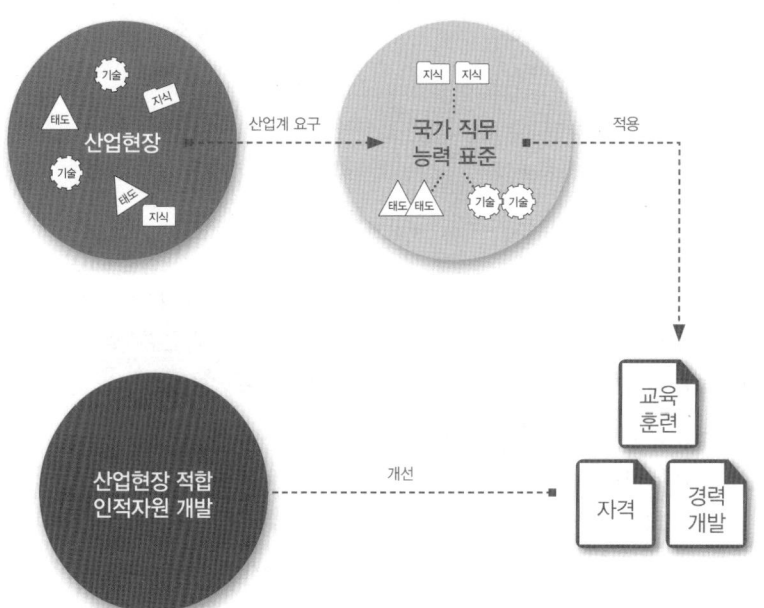

NCS의 활용영역

구분		활용 콘텐츠
산업현장	근로자	평생경력개발경로, 자가진단도구
	기업	현장수요 기반의 인력채용 및 인사관리기준, 직무기술서
교육훈련기관		직업교육 훈련과정 개발, 교수계획 및 매체·교재개발, 훈련기준 개발
자격시험기관		자격종목설계, 출제기준, 시험문항, 시험방법

NCS 학습모듈의 특징

- NCS 학습모듈은 산업계에서 요구하는 직무능력을 교육훈련 현장에 활용할 수 있도록 성취목표와 학습의 방향을 명확히 제시하는 가이드라인의 역할을 합니다.
- NCS 학습모듈은 특성화고, 마이스터고, 전문대학, 4년제 대학교의 교육기관 및 훈련기관, 직장교육기관 등에서 표준교재로 활용할 수 있으며 교육과정 개편 시에도 유용하게 참고할 수 있습니다.

NCS와 NCS 학습모듈의 연결 체제

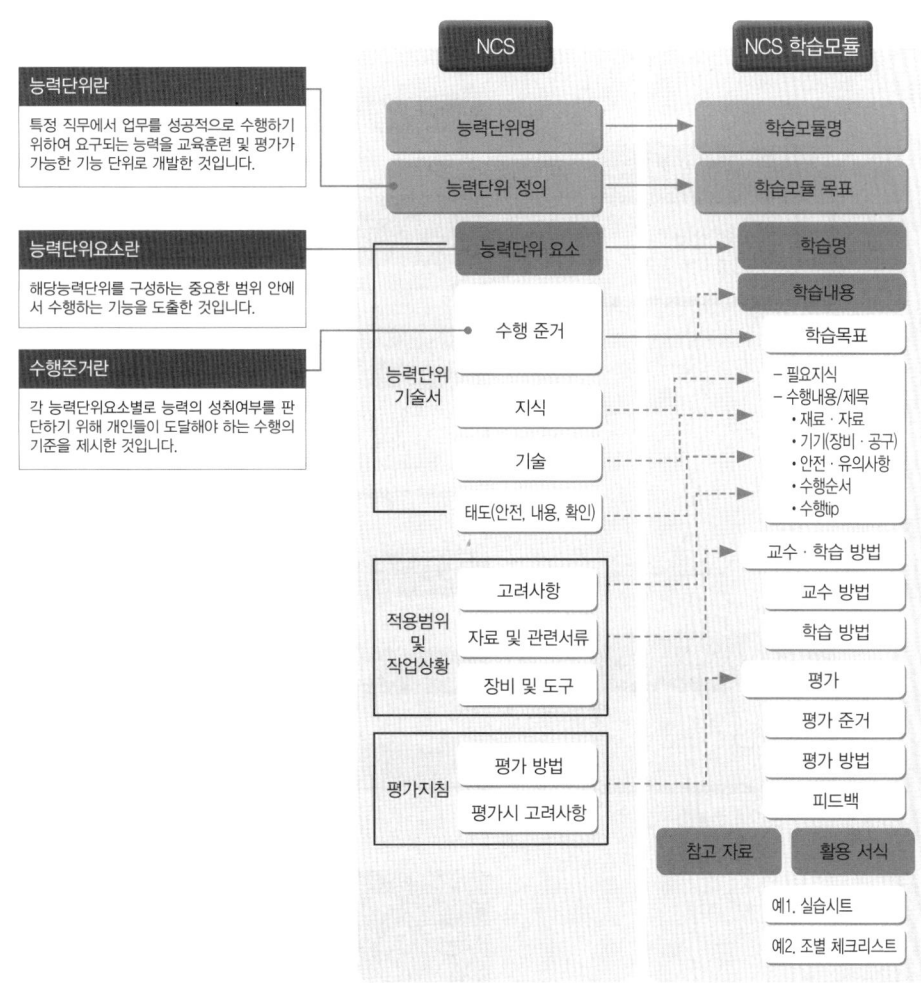

과정평가형 자격취득 안내

과정평가형 자격

과정평가형 자격은 국가기술자격법에 근거하여 국가직무능력표준(NCS)에 따라 설계된 교육·훈련과정을 체계적으로 이수한 교육·훈련생에게 내·외부 평가를 통해 국가기술자격증을 부여하는 새로운 개념의 국가기술자격 취득 제도로서 2015년부터 시행되고 있다.

과정평가형 자격 운영 절차

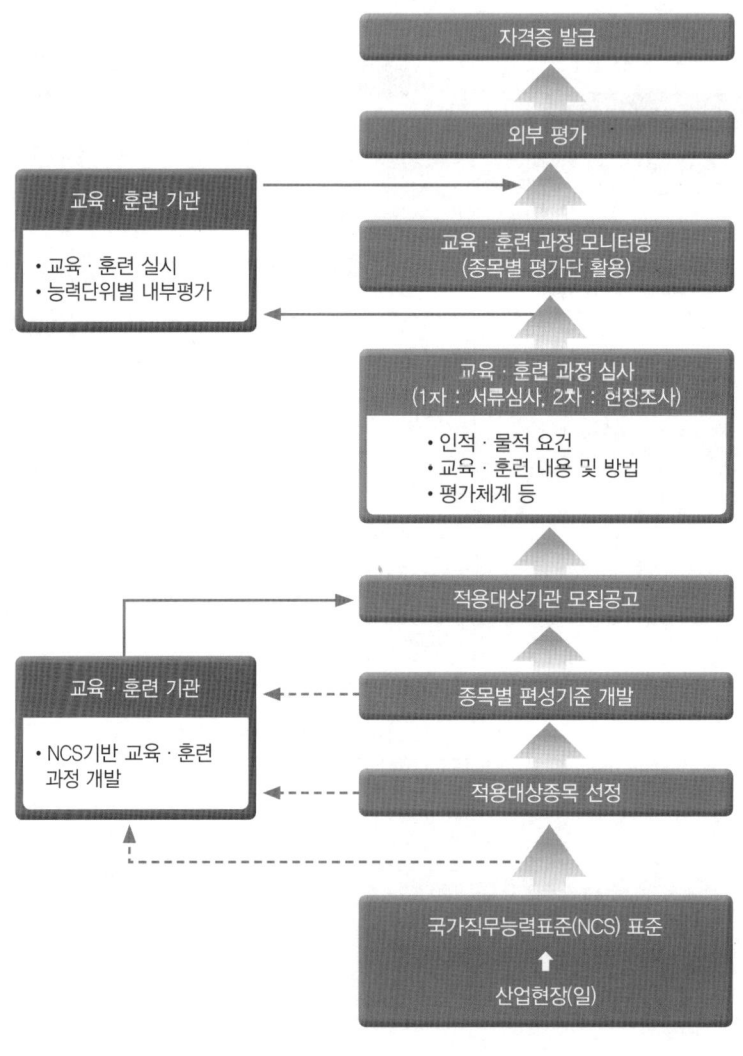

시행 대상

국가기술자격법의 과정평가형 자격 신청자격에 충족한 기관 중 공모를 통하여 지정된 교육·훈련기관의 단위과정별 교육·훈련을 이수하고 내부평가에 합격한 자

교육·훈련생 평가

① 내부평가(지정 교육·훈련기관)
  ㉮ 평가대상 : 능력단위별 교육·훈련과정의 75% 이상 출석한 교육·훈련생
  ㉯ 평가방법
    ㉠ 지정받은 교육·훈련과정의 능력단위별로 평가
    ㉡ 능력단위별 내부평가 계획에 따라 자체 시설·장비를 활용하여 실시
  ㉰ 평가시기
    ㉠ 해당 능력단위에 대한 교육·훈련이 종료된 시점에서 실시하고 공정성과 투명성이 확보되어야 함
    ㉡ 내부평가 결과 평가점수가 일정수준(40%) 미만인 경우에는 교육·훈련기관 자체적으로 재교육 후 능력단위별 1회에 한해 재평가 실시
② 외부평가(한국산업인력공단)
  ㉮ 평가대상 : 단위과정별 모든 능력단위의 내부평가 합격자
  ㉯ 평가방법 : 1차·2차 시험으로 구분 실시
    ㉠ 1차 시험 : 지필평가(주관식 및 객관식 시험)
    ㉡ 2차 시험 : 실무평가(작업형 및 면접 등)

합격자 결정 및 자격증 교부

① 합격자 결정 기준
  내부평가 및 외부평가 결과를 각각 100점을 만점으로 하여 평균 80점 이상 득점한 자
② 자격증 교부
  기업 등 산업현장에서 필요로 하는 능력보유 여부를 판단할 수 있도록 교육·훈련 기관명·기간·시간 및 NCS 능력단위 등을 기재하여 발급

NCS 및 과정평가형 자격에 대한 내용은 NCS국가직무능력표준 홈페이지(www.ncs.go.kr)에서 보다 자세하게 살펴볼 수 있습니다.

CBT 필기시험제도 안내

변경된 제도 개요

기능사 CBT(컴퓨터 기반 시험) 필기시험제도는 한국산업인력공단 상설시험장과 외부기관의 시설 및 장비를 임차하여 시행하기 때문에 시험장 사정에 따라 시험일자가 달라질 수 있으며, 수험생들이 선호하는 시험장은 조기 마감될 수 있으므로 주의하여야 합니다.

원서접수 기간 및 접수처

- 한국산업인력공단이 주관 및 시행하는 기능사 정기 CBT 필기시험 및 상시 CBT 필기시험과 관련한 정보는 큐넷 홈페이지(http://www.q-net.or.kr)를 방문하여 확인합니다.
- 기능사 필기시험의 원서접수는 인터넷으로만 가능하며 정기 및 상시시험 모두 큐넷 홈페이지(http://www.q-net.or.kr)에서 접수할 수 있습니다.
- 기능사 상시시험 종목 : 한식조리기능사, 양식조리기능사, 일식조리기능사, 중식조리기능사, 제과기능사, 제빵기능사, 미용사(일반), 미용사(피부), 미용사(네일), 미용사(메이크업), 굴착기운전기능사, 지게차운전기능사, 건축도장기능사, 방수기능사 [14종목]
  ※ 건축도장기능사, 방수기능사 2종목은 정기검정과 병행 시행

CBT 부별 시험시간 안내

구분	입실시간	시험시간	비고
1부	09:30	09:50~10:50	
2부	10:00	10:20~11:20	
3부	11:00	11:20~12:20	
4부	11:30	11:50~12:50	
5부	13:00	13:20~14:20	시험실 입실 시간은 시험 시작 20분 전
6부	13:30	13:50~14:50	
7부	14:30	14:50~15:50	
8부	15:00	15:20~16:20	
9부	16:00	16:20~17:20	
10부	16:30	16:50~17:50	

※ 지역별 접수인원에 따라 일일 시행횟수는 변동될 수 있으며, 원거리 시험장으로 이동할 수 있습니다.

합격자 발표

종이 시험과 달리 CBT 필기시험은 시험이 종료된 후 시험점수와 함께 합격 여부를 확인할 수 있으며, 이 결과는 시험일정 상의 합격자 발표일에 최종 확인할 수 있습니다.

■ CBT 필기시험 체험하기

01 CBT 필기시험 응시를 위해 지정된 좌석에 앉으면 해당 컴퓨터 단말기가 시험감독관 서버에 연결되었음을 알리는 연결 성공 메시지가 나타납니다.

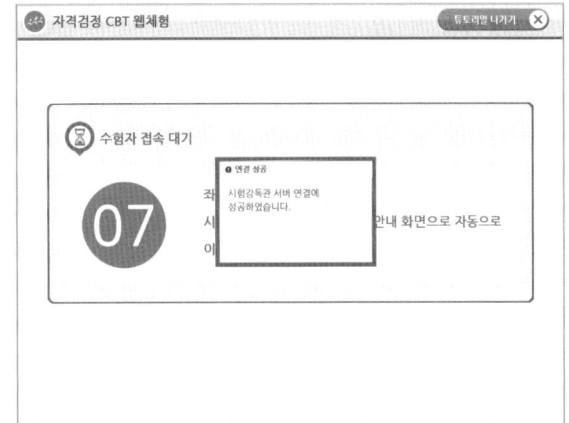

02 수험자 접속 대기 화면에서 좌석번호를 확인합니다. 좌석번호 확인이 끝나면 시험감독관의 지시에 따라 시험 안내 화면으로 자동으로 이동합니다.

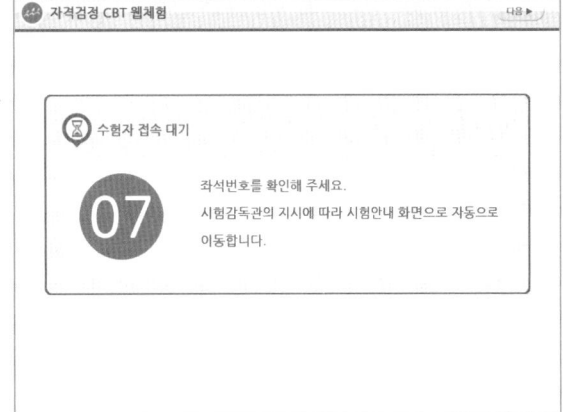

03 수험자 정보를 확인합니다. 감독관의 신분 확인 절차가 진행됩니다. 신분 확인이 모두 끝나면 시험을 시작할 수 있습니다.

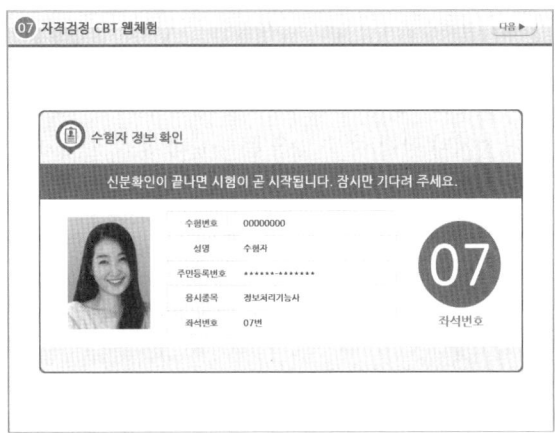

04 CBT 필기시험에 대한 안내사항이 나타납니다. 화면은 예제이며, 실제 기능사 필기시험은 총 60문제로 구성되며, 60분간 진행됩니다.

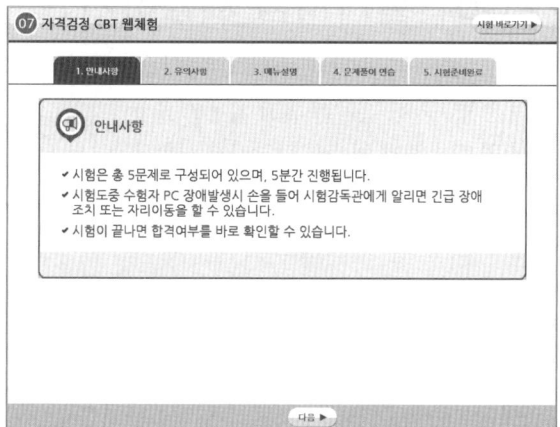

05 다음 항목에서 시험과 관련된 유의사항을 확인합니다. 특히, 시험과 관련한 부정행위 적발 시 퇴실과 함께 해당 시험은 무효처리되어 불합격 될 뿐만 아니라, 이후 3년간 국가기술사격검정에 응시할 수 있는 자격이 정지되므로 부정행위로 인정되는 내용을 꼼꼼히 확인하도록 합니다.

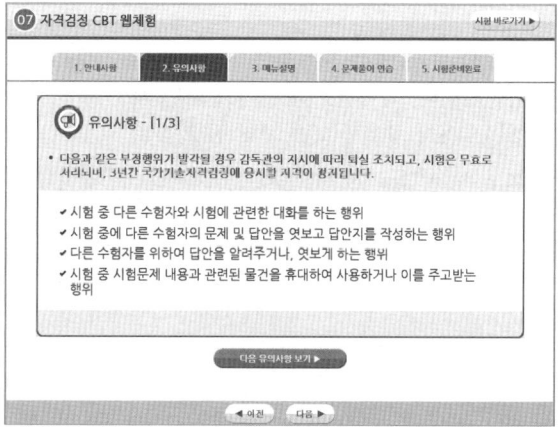

06 메뉴설명 항목에서는 문제풀이와 관련된 메뉴에 대한 설명을 확인할 수 있습니다. CBT 화면에서는 글자 크기를 크게 하거나 작게 할 수 있을 뿐 아니라, 화면 배치를 1단 또는 2단 화면 보기 혹은 한 문제씩 보기로 선택할 수 있습니다.

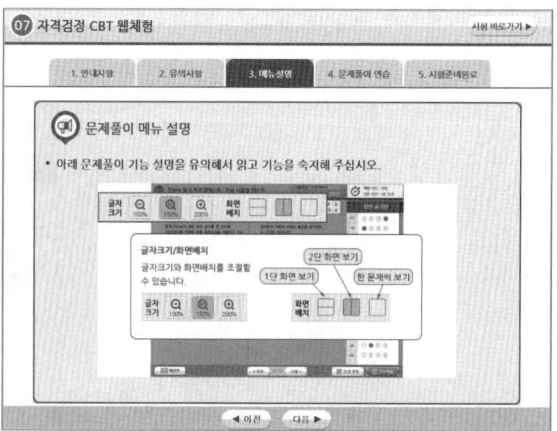

07 문제풀이 연습 항목에서는 실제 문제를 풀어보는 과정을 연습할 수 있습니다. 실제 시험에서 실수하지 않도록 하기 위해 [자격검정 CBT 문제풀이 연습] 버튼을 클릭합니다.

08 보기의 연습 문제는 국가기술자격시험의 정부 위탁기관인 한국산업인력공단의 본부 청사 소재지를 묻는 것입니다. 현재 한국산업인력공단 본부는 울산광역시에 소재하고 있습니다. 문제 아래의 보기에서 번호 항목을 클릭하거나 답안 표기란의 번호 항목에서 해당 답안을 클릭하여 답안을 체크합니다.

09 문제 아래의 보기를 클릭하거나 오른쪽 답안 표기란의 답안 항목을 클릭하면 화면과 같이 선택한 답안이 OMR 카드에 색칠한 것과 같이 색이 채워집니다.

답안을 수정할 때는 마찬가지 방법으로 수정하고자 하는 문제의 보기 항목이나 답안 표기란의 보기 항목에서 수정하고자 하는 답안을 클릭합니다.

10 문제를 풀고 나면 다음 문제를 풀기 위해 화면 하단의 [다음] 버튼을 클릭하여 문제를 계속 풀어나가면 됩니다. 참고로 하단 버튼 중 [계산기]를 클릭하면 간단한 공학용 계산기를 사용하여 계산 문제를 푸는 데 도움을 받을 수 있습니다.

> 계산이 끝나고 계산기를 화면에서 사라지게 하려면 계산기 창의 오른쪽 상단에 있는 닫기 ❌ 버튼을 클릭합니다.

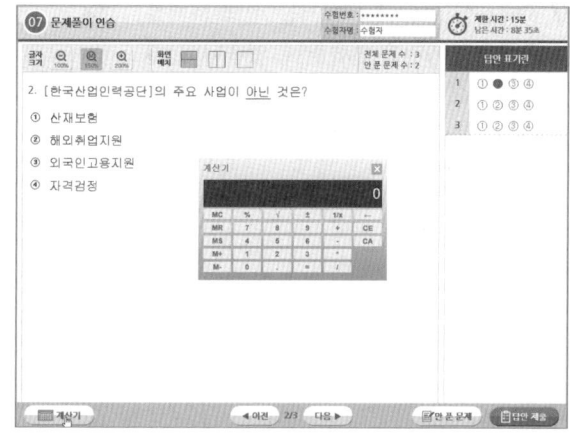

11 문제 풀이 연습이 끝나면 하단의 [답안 제출] 버튼을 클릭하여 답안을 제출합니다.

> 어려운 문제의 경우 하단의 [나음] 버튼을 클릭하여 다음 문제를 풀 수도 있습니다. 단, 이러한 경우 답안을 제출하기 전에 하단의 [안 푼 문제] 버튼을 클릭하여 혹시 풀지 않은 문제가 있는 지 최종적으로 확인하도록 합니다.

12 답안 제출을 클릭하면 나타나는 화면입니다. 수험생들이 실수로 답안을 모두 체크하지 않고 제출할 수 있는 실수를 방지하기 위해 2회에 걸쳐 주의 화면이 나타납니다. 답안을 제출하려면 [예] 버튼을 누릅니다.

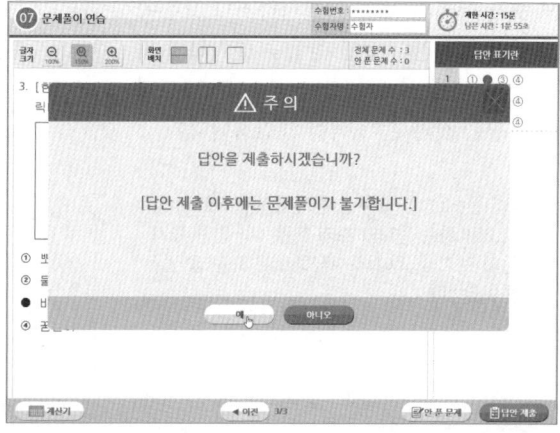

13 문제풀이 연습을 모두 마치면 나타나는 화면에서 [시험 준비 완료] 버튼을 클릭합니다. 이후 시험 시간이 되면 시험감독관의 지시에 따라 시험이 자동으로 시작됩니다.

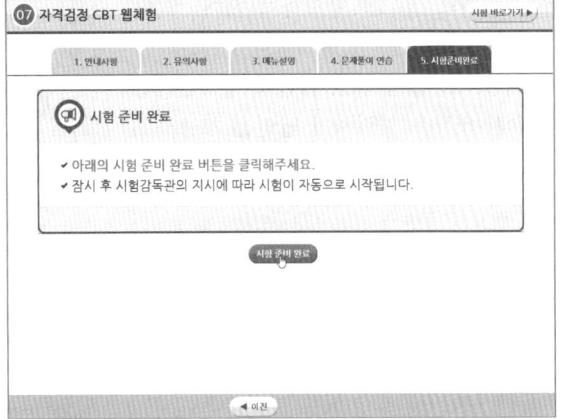

14 본 시험이 시작되면 첫 번째 문제가 화면에 나타납니다. 앞서 문제풀이 연습 때와 마찬가지 방법으로 문제의 보기에서 정답을 클릭하거나 답안 표기란에 해당 문제의 정답 항목을 클릭하여 답을 선택합니다.

15 화면 하단의 [다음] 버튼을 클릭하면 다음 문제를 풀 수 있습니다. 앞서와 마찬가지 방법으로 답안에 체크하고 모든 문제를 풀었다면 [답안 제출] 버튼을 클릭합니다.

> 화면의 상단 오른쪽에 제한 시간과 남은 시간이 표시됩니다. 본 예제는 체험을 위한 것으로 실제 시험시간은 60분이며, 이에 따라 남은 시간도 표시됩니다.

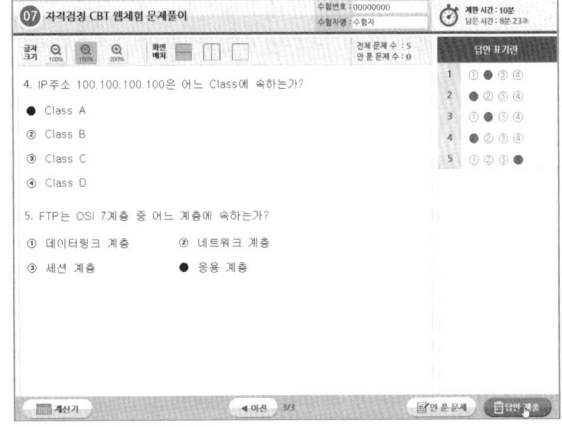

16 수험생의 실수를 방지하기 위해 2회에 걸쳐 주의 문구가 출력됩니다. 모든 문제를 이상없이 풀고 답안에 체크했다면 [예] 버튼을 클릭하여 답안을 제출하고 시험을 마무리합니다.

> 문제 화면으로 다시 돌아가고자 한다면 [아니오] 버튼을 클릭하여 이미 푼 문제들을 다시 확인하고 필요한 경우 답안을 수정할 수 있습니다.

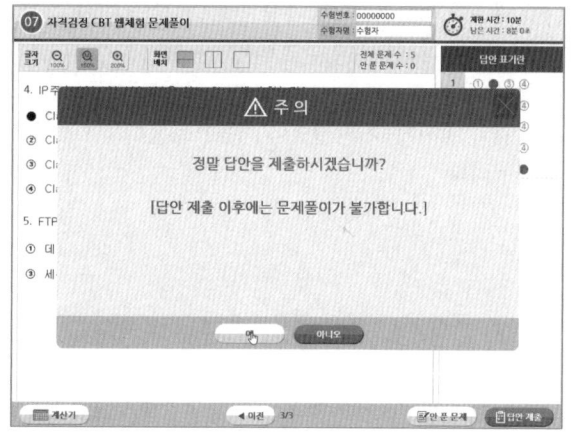

17 답안 제출 화면이 나타납니다. 잠시 기다립니다.

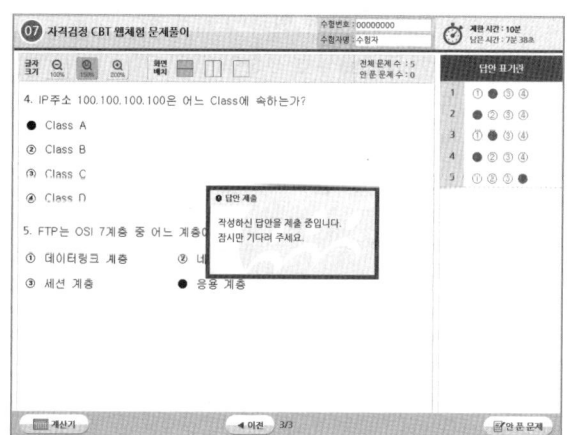

18 CBT 필기시험을 모두 끝내고 답안을 제출하면 곧바로 합격, 불합격 여부를 화면과 같이 확인할 수 있습니다. 독자분들은 꼭 화면과 같은 합격 축하 문구를 볼 수 있기를 기원합니다.

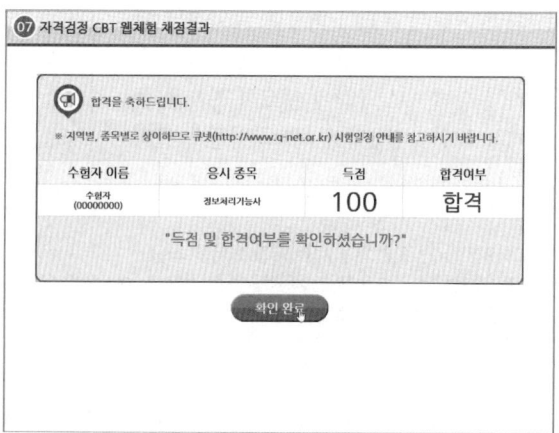

19 앞서의 합격 여부 화면에서 [확인 완료] 버튼을 클릭하면 CBT 필기시험이 종료 됩니다. 고생하셨습니다.

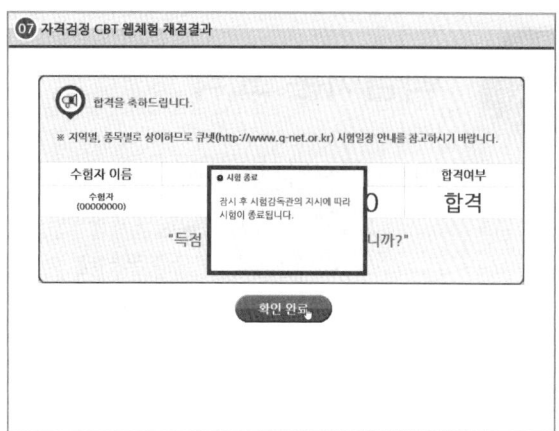

본 도서에 수록된 CBT 필기시험 체험하기 내용은 한국산업인력공단의 CBT 체험하기 과정을 인용하여 구성 및 정리한 것입니다. 직접 한국산업인력공단에서 제공하는 CBT 필기시험을 체험하고자 하는 독자 께서는 한국산업인력공단이 운영하는 큐넷 홈페이지(www.q-net.or.kr)를 방문하시기 바랍니다.

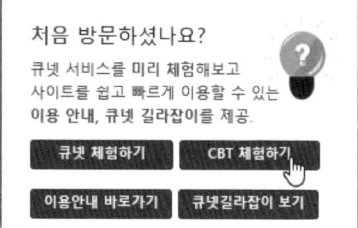

차례

01장 핵심이론 요약

제 1절 전기전자공학
01 직·교류회로 ·· 022
02 전원회로 및 증폭회로 ··· 028
03 발진 및 펄스회로 ··· 033
04 논리회로 ·· 042
05 반도체 ·· 045

제 2절 전자계산기일반
01 컴퓨터의 구조 일반 ··· 051
02 자료의 표현과 연산 ··· 055
03 소프트웨어 일반 ··· 059
04 마이크로프로세서 ··· 063

제 3절 전자측정
01 측정과 오차 ··· 068
02 전자계측기기 ··· 070
03 직·교류의 측정 ··· 080
04 브리지 회로 ··· 083
05 주파수, 통신 측정 ··· 086
06 발진기 ·· 089
07 디지털 계측 ··· 092

제 4절 전자기기 및 음향영상기기
01 전자기기 ·· 093
02 음향영상기기 ··· 103

02장 공단 기출문제

- 2012년 기출문제 1회 ·· 120
- 2012년 기출문제 2회 ·· 129
- 2012년 기출문제 3회 ·· 138
- 2012년 기출문제 4회 ·· 146
- 2013년 기출문제 1회 ·· 155
- 2013년 기출문제 2회 ·· 164
- 2013년 기출문제 3회 ·· 173
- 2013년 기출문제 4회 ·· 182
- 2014년 기출문제 1회 ·· 191
- 2014년 기출문제 2회 ·· 200
- 2014년 기출문제 3회 ·· 208
- 2014년 기출문제 4회 ·· 217
- 2015년 기출문제 1회 ·· 226
- 2015년 기출문제 2회 ·· 235
- 2015년 기출문제 3회 ·· 244
- 2015년 기출문제 4회 ·· 253
- 2016년 기출문제 1회 ·· 261
- 2016년 기출문제 2회 ·· 271
- 2016년 기출문제 3회 ·· 279

03장 CBT 대비 적중모의고사

- 적중모의고사 1회 ··· 290
- 적중모의고사 2회 ··· 299
- 적중모의고사 3회 ··· 307
- 적중모의고사 4회 ··· 315
- 적중모의고사 5회 ··· 324

CHAPTER 01

핵심 이론요약

01 전기전자공학
02 전자계산기일반
03 전자측정
04 전자기기 및 음향영상기기

Section 01 전기전자공학

Craftsman Electronic Apparatus

1. 직·교류회로 | 2. 전원회로 및 증폭회로 | 3. 발진 및 펄스회로 | 4. 논리회로 | 5. 반도체

1 직·교류회로

가. 직류회로

1) 직·병렬회로

① 옴의 법칙(Ohm's Law)

㉮ 전기·전자회로에 흐르는 전류(I)의 크기는 전압(V)에 비례하고(R이 일정한 경우), 저항(R)에 반비례(V가 일정한 경우)한다.

$$\therefore R = \frac{V}{I}[\Omega], \ V = IR[V], \ I = \frac{V}{R}[A]$$

㉯ 컨덕턴스(Conductance) : 저항의 역수로 작을수록 전류가 잘 흐르는 정도를 나타내는 것으로 G의 단위로는 지멘스(Siemens, S), 모(mho, ℧) 또는 Ω^{-1}을 사용한다.

$$\therefore G = \frac{I}{V} = \frac{1}{R}[℧], \ I = GV$$

② 저항의 접속

㉮ 직렬접속 : 저항과 저항들을 일렬로 접속하는 것을 직렬회로라 한다.

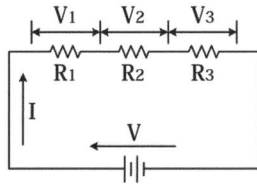

합성저항 $R_t = R_1 + R_2 + R_3[\Omega]$

㉯ 병렬접속 : 저항의 병렬접속이란 전원에서 흘러나온 전류가 각 저항에 반비례 분배되어 흐르고, 각 저항에서의 단자전압은 항상 일정한 회로를 말한다.

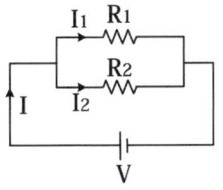

합성저항 $R_t = \dfrac{1}{\dfrac{1}{R_1} + \dfrac{1}{R_2} + \cdots + \dfrac{1}{R_n}} = \dfrac{R_1 \cdot R_2 \cdots R_n}{R_1 + R_2 + \cdots + R_n}[\Omega]$

㉰ 직·병렬접속 : 직렬접속과 병렬접속을 조합한 회로이다.

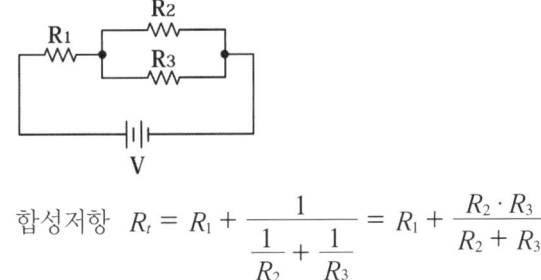

합성저항 $R_t = R_1 + \dfrac{1}{\dfrac{1}{R_2} + \dfrac{1}{R_3}} = R_1 + \dfrac{R_2 \cdot R_3}{R_2 + R_3}$

③ 고유저항과 전도율

㉮ 도체의 저항 : 고유저항(ρ)과 도체의 길이(ℓ)에 비례하고 단면적(A)에 반비례한다.

∴ $R = \rho \dfrac{\ell}{A}[\Omega]$

㉯ 고유저항(ρ, rho) : 길이 1[m], 단면적 1[m^2]의 임의 도체 양면 사이의 저항값을 나타내며, 단위는 [$\Omega \cdot m$]를 사용한다.

∴ $\rho = \dfrac{R[\Omega]A[m^2]}{\ell[m]} = \dfrac{RA}{\ell}[\Omega]$

㉰ 전도율(σ) : 고유저항의 역수의 관계로 표현된다.

∴ $\sigma = \dfrac{1}{\rho}[\mho/m] = [\Omega^{-1}]$

2) 회로망 해석의 정리, 응용

① 키르히호프의 법칙

㉮ 키르히호프의 제1법칙(전류법칙, KCL) : '회로망 중의 임의의 접속점에서 유입하는 전류의 합은 유출하는 전류의 합과 같다'라는 원리이다.

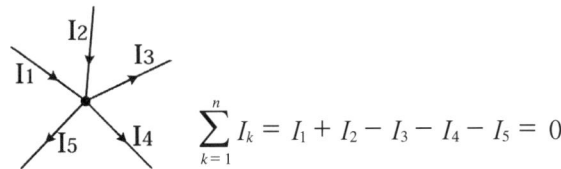

$\sum_{k=1}^{n} I_k = I_1 + I_2 - I_3 - I_4 - I_5 = 0$

㉯ 키르히호프의 제2법칙(전압법칙, KVL) : 임의의 폐회로에서 한 방향으로 일주하면서 취한 전압 상승의 대수적인 합은 각 순간에 있어서 0이다. 즉, 전압 상승의 합은 전압강하의 합과 같다.

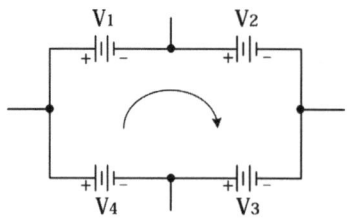

그림에서 시계방향으로 일주할 때 전압상승을 +, 전압하강을 - 로 잡으면
$-V_1 - V_2 + V_3 - V_4 = 0$
일반적으로 이 식은 다음과 같이 표시할 수 있다.
$$\sum_{k=1}^{n} V_k = 0$$

② 회로망 정리
  ㉮ 중첩의 원리

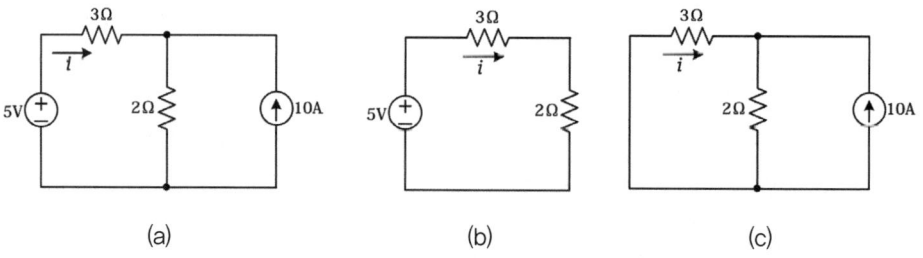

위에서 전원이 개별적으로 작용한다는 것은 그 이외의 전원을 죽이는 것, 즉 전압 전원을 단락, 전류전원은 개방함을 의미한다.

그림 (a)의 간단한 회로에서 2Ω을 흐르는 전류는 $i + 10[A]$ 이므로 좌측망로에 대한 KVL(키르히로프의 전압법칙)로부터 $5 = 3i + 2(i + 10)$이다.
∴ $i = -3[A]$

이것은 중첩의 원리에 의하여 전압전원만에 의한 그림 (b)의 전류 i'와 전류전원만에 의한 그림 (c)의 i''와의 합과 같아야 한다.

$i' = \dfrac{5}{3+2} = 1[A]$, $i'' = -\dfrac{2}{3+2} \times 10 = -4[A]$

∴ $i' + i'' = -3[A]$ 즉, 처음에 구한 것과 같다.

㉯ 최대전력의 전달

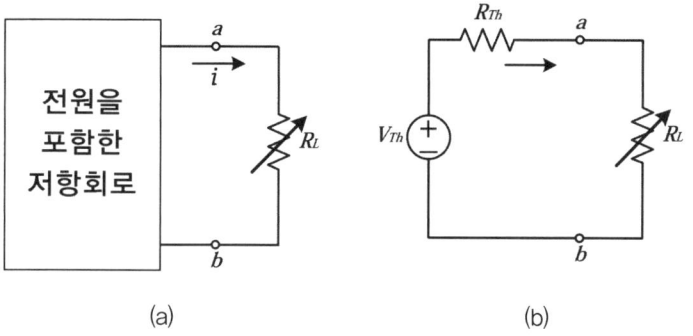

(a)   (b)

$$P_L = \frac{V_{Th}^2 R_L}{(R_{Th} + R_L)^2}$$

$$\frac{dP_L}{dR_L} = V_{Th}^2 \times \frac{(R_{Th} + R_L)^2 - 2R_L(R_{Th} + R_L)}{(R_{Th} + R_L)^4} = 0$$

$$\therefore R_L = R_{Th}, \ P_{L(MAX)} = \frac{V_{Th}^2}{4R_L}$$

나. 교류회로

1) 교류회로

① 정현파의 교류

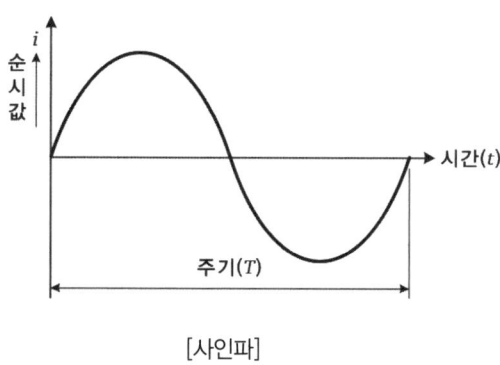

[사인파]

② 주기, 주파수, 위상

㉮ 주기(period) : 1[Hz] 진동하는 동안 걸리는 시간을 주기라 한다. $T = \dfrac{1}{f}$

㉯ 주파수(frequency) : 1초 동안 발생하는 진동 수, 단위 헤르츠[Hz]. $f = \dfrac{1}{T}$

㉰ 위상각(θ) : $v = V_m \sin(wt + \theta)$[V]에서 θ를 위상 또는 위상각이라 한다.

③ 최대값, 실효값, 평균값의 관계

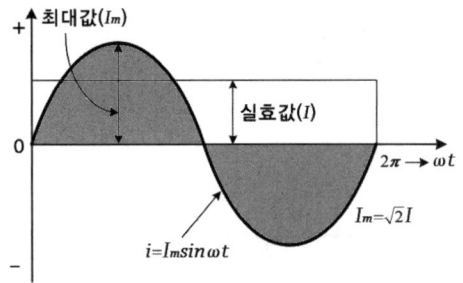

구분	평균값	실효값
정현파	$\frac{2I_m}{\pi} = 0.637 I_m [A]$	$\frac{I_m}{\sqrt{2}}$
전파정류	$\frac{2I_m}{\pi} = 0.637 I_m [A]$	$\frac{I_m}{\sqrt{2}}$
반파정류	$\frac{I_m}{\pi} [A]$	$\frac{I_m}{2}$

2) RLC 기본회로

① R 회로

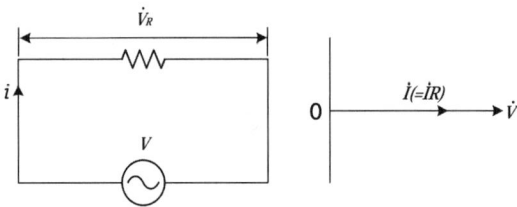

$v = \sqrt{2} \sin \omega t \,[V]$

$i = \dfrac{v}{R} = \dfrac{\sqrt{2} \sin \omega t}{R} = \sqrt{2} \sin \omega t \,[A]$

전압과 전류의 위상은 동위상이다.

② L 회로

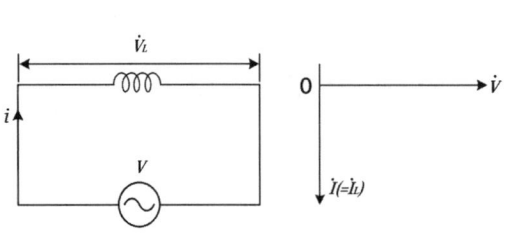

$v = V_m \sin \omega t [V]$

$Z = j\omega L = \omega L \angle 90°$

$i = \dfrac{V}{Z} = \dfrac{V_m \sin \omega t}{\omega L \angle 90°}$

※ 전류의 위상이 90° 뒤진다($\dfrac{\pi}{2}[rad]$).

③ C 회로

㉮ C 병렬합성용량

$$C_t = C_1 + C_2 + C_3 + \cdots + C_n$$

㉯ C 직렬합성용량

$$C_t = \frac{1}{\dfrac{1}{C_1} + \dfrac{1}{C_2} + \dfrac{1}{C_3} + \cdots + \dfrac{1}{C_n}} = \frac{C_1 \times C_2 \times C_3 \times \cdots \times C_n}{C_1 + C_2 + C_3 + \cdots + C_n}$$

3) RLC 직렬회로

① RL 직렬회로

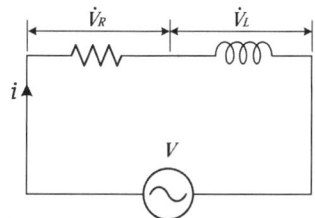
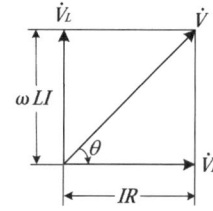

$$Z = R + X_L$$
$$\quad = R + j\omega L = \sqrt{R^2 + (\omega L)^2}$$
$$I = \frac{V}{Z}$$

② RC 직렬회로

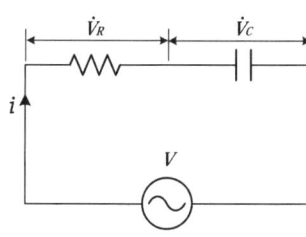
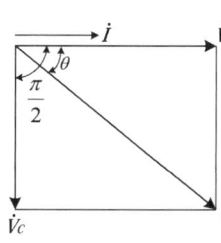

$$i = I_m \sin \omega t \,[A]$$
$$\dot{V}_R = IR,\ \dot{V}_C = -j\frac{1}{\omega C}\dot{i}$$
$$\dot{V} = \dot{V}_R + \dot{V}_C = \dot{i}\left(R - j\frac{1}{\omega C}\right)$$
$$\dot{Z} = \frac{\dot{V}}{\dot{I}} = R - j\frac{1}{\omega C}\,[\Omega]$$

③ RLC 직렬회로

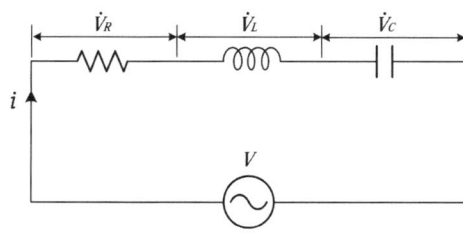

$$i = I_m \sin \omega t \,[A]$$
$$\dot{V} = \dot{V}_R + (\dot{V}_L - \dot{V}_C)$$
$$\quad = \dot{i}R + j\left(\omega L - \frac{1}{\omega C}\right)\dot{i}$$
$$\quad = \dot{i}\left[R + j\left(\omega L - \frac{1}{\omega C}\right)\right]$$
$$\dot{Z} = \frac{\dot{V}}{\dot{I}} = R + j\left(\omega L - \frac{1}{\omega C}\right)$$

2 전원회로 및 증폭회로

가. 전원회로

1) **정류회로의 특성**

   ① 맥동률(ripple) : 정류된 직류전압 속의 교류성분

   $$r = \frac{\Delta v}{V_d} \times 100\%$$

   - Δv : 출력파형 속의 교류성분의 실효값
   - V_d : 직류출력값

   ② 전압변동률(voltage regulation)

   $$\Delta V = \frac{V_{no\,load} - V_{full\,load}}{V_{full\,load}} \times 100\%$$

   - $V_{no\,load}$: 무부하시 전압
   - $V_{full\,load}$: 부하시 전압

   ③ 정류 방식별 맥동주파수

정류 방식	맥동 주파수
단상 반파 정류회로	1상 × 60Hz = 60[Hz]
단상 전파 정류회로	1상 × 120Hz = 120[Hz]
3상 반파 정류회로	3상 × 60Hz = 180[Hz]
3상 전파 정류회로	3상 × 120Hz = 360[Hz]

2) **평활 회로**

   ① 정류기에 의해서 직류를 얻는 경우에 직류 중에 포함되는 리플을 제거하기 위하여 삽입하는 회로로 RC를 크게하여 리플을 줄인다.

   ② 종류 및 특성

구분	콘덴서 입력형	쵸크 입력형
직류 출력전압	높다.	낮다.
전압 변동률	크다.	작다.
역전압	높다.	낮다.
맥동률	적다.	부하전류가 작을수록 크다.
용도	소 전력용(저전류, 고전압)	대 전력용(고전류, 저전압)

3) 정전압 안정화 회로

① 정전압 안정화 회로 : 교류(AC)신호를 정류하여 맥류파형을 만들고 콘덴서를 통하여 평활된 직류(DC)전압을 얻을 수 있으나 입력 교류전압 변화에 출력인 직류전압도 변동됨으로 불안정하다. 이러한 전압변동 되는 평활전압을 트랜지스터(TR), 제너 다이오드(Zener Diode) 등을 사용하여 정전압 안정화 회로를 구성하여 안정된 전압을 얻는다.

㉮ 직렬 정전압 안정화 회로 : 제어용 TR과 부하저항 RL이 직렬로 구성되며, 전압제어용 회로로서 경부하 시 효율은 높다. 기준전압을 설정하는 제너 다이오드 전압에 따라 전압 범위를 설정 할 수 있어 전압 설정 범위가 크다.

㉯ 병렬 정전압 안정화 회로 : 부하저항과 병렬로 구성되어 있으며 소비전력이 크므로 효율이 직렬형 보다 낮고 전류제어용이다.

② 전압안정화 회로의 리니어와 스위칭 방식 비교

구분	특징
리니어 방식	• 직류(DC)출력이 건전지에 가깝게 양질이다. • 적은 부품으로 간단하다. • 소출력 회로에 많이 사용된다. • 발열이 심하며, 효율이 낮다.
스위칭 방식	• 직류속에 잡음이 있다. • 많은 부품으로 구성되어 회로가 복잡하다. • 대 전력용으로 많이 사용된다. • 효율이 높다.

> **정전압 IC의 특성**
> • 입력전압이 출력전압 보다 높아야 하며, 내부 회로 구성이 비교적 간단하고 전력 손실이 높다.
> • 열적으로 안정을 위하여 방열판을 부착하여 사용하도록 권장한다.

나. 증폭회로

1) 각종 증폭회로

① 트랜지스터 접지방식에 따른 증폭기 종류와 특성 비교

구분	CE(이미터 접지)	CB(베이스 접지)	CC(컬렉터 접지)
Ai(전류 이득) Av(전압 이득)	크다. (-는 위상 반전) 크다.	작다. 크다.	크다. 작다.
Ri(입력 저항) Ro(출력 저항)	중간 중간	낮다. 높다.	높다. 낮다.
입·출력 위상	위상반전(180도)	동위상	동위상

② 전류 증폭률
　㉮ 알파(α)와 베타(β)의 관계
$$\alpha = \frac{\beta}{1+\beta},\ \beta = \frac{\alpha}{1-\alpha}$$
　㉯ 트랜지스터 이미터 접지시 전류 증폭률(β)
$$\beta = \frac{\Delta I_C}{\Delta I_B},\ \beta = \frac{\alpha}{1-\alpha}$$
　㉰ 트랜지스터 베이스 접지시 전류 증폭률(α)
$$\alpha = \frac{\Delta I_C}{\Delta I_E},\ \alpha = \frac{\beta}{1+\beta}$$

③ 전력 증폭기

구분	특징
A급	일그러짐(왜율)이 가장 작고 원음에 가깝게 재생 하므로 직선성이 좋으며, 효율은 50[%]로 가장 적다.(입력 신호가 없을 때도 콜렉터 전류가 흐른다.)
B급	일그러짐이 두 번째로 크며, 효율은 78.5% 정도로 높다.(입력 신호가 없을 때 콜렉터 전류는 흐르지 않는다.)
AB급	B급에서 발생하는 일그러짐인 +상측파와 -하측파가 교차하는 교차점에서 일그러짐(크로스오버 왜곡)을 개선하는 특징이 있으며 가청주파대역 에서는 들을 수 없다.
C급	일그러짐이 가장 크지만 효율은 78.5%~100% 정도로 높다.

2) 연산증폭회로

① 연산증폭기(op-amp)의 내부 구성 및 특징
　㉮ 연산증폭기는 입력단에 직렬 차동 증폭기를 사용한다. 입력의 차동 증폭기에서 TR 특성의 불일치가 출력의 드리프트(drift)가 생긴다.

이미터 플로어(Emitter follower)

컬렉터 접지(CC) 증폭기를 말하며 이미터에 Re 저항을 달아서 이미터에서 출력을 얻는 회로이며 특징은 다음과 같다.
- 전류 이득이 가장 크다.
- 전압 이득은 대략 1에 가깝다.(입력 베이스 전압 변동과 이미터에 있는 부하전압의 전압 변동이 동상으로 같다.)
- 입력 저항이 대단히 크다.(수백 kΩ으로 Ri는 셋 중 가장 크다.)
- 출력 저항이 가장 작다.(수십 Ω)
- 주로 버퍼(buffer)로서 사용된다.
- 전력 증폭기로도 사용된다.

㉯ 직류에서 특성 주파수 사이의 되먹임 증폭기를 구성하고, 일정한 연산을 할 수 있도록 한 직류 증폭기 이다.
㉰ 연산의 정확도를 높이기 위해 높은 증폭도가 필요하다.

② 이상적인 연산증폭기의 특징
㉮ 전압이득은 무한대이다.(Av = ∞)
㉯ 입력저항값은 무한대이다.(Ri = ∞)
㉰ 출력저항은 0이다.(R = 0)
㉱ 대역폭은 무한대이다.(BW = ∞)
㉲ 잡음이 없으며 입력이 0일 때 출력도 0이다.
㉳ 오프셋이 0이다.(offset = 0)
㉴ 동위상 신호제거비(CMRR)는 무한대이다.(CMRR = ∞)

③ 연산증폭회로의 응용
㉮ 부호변환기 : OP-AMP, R 이용한 회로로서 보통 입력 저항 R_i와 출력 궤환저항 R_f 조건에 따라 반전 증폭기로 많이 사용된다. 또한, Ri = Rf이면 부호변환기 회로가 된다.

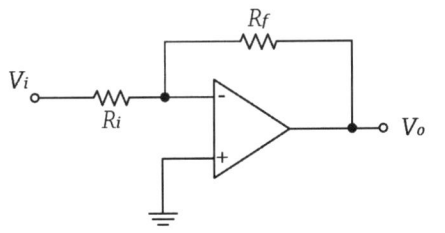

$$V_o = -\frac{R_f}{R_i}V_i = -V_i \quad \mathbf{Q} \; R_i = R_f$$

㉯ 반전증폭기

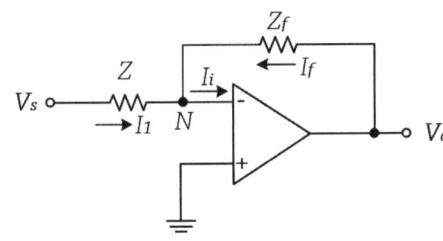 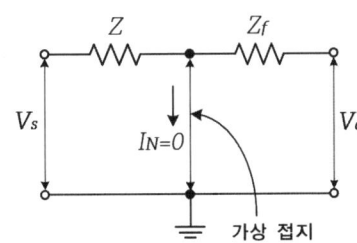

(a) 폐루프 회로   (b) 등가 회로

> **동위상 신호제거비(CMRR)**
>
> $$CMRR = 20\log_{10}\frac{A_d}{A_c}[dB]$$
>
> - A_d : 차동 이득
> - A_c : 동위상 이득
>
> 이상적인 차동증폭기가 되려면 차동 A_c는 0이고, A_d는 커야 한다.

㉓ 전압 플로어(Voltage follower) : 반전입력과 출력 단자와 궤환시킨다. 비반전 입력(+)에 신호를 인가하면 입력신호(V_i)가 출력(V_o)에 동상으로 따라오는 회로이다. 즉, $V_i = V_o$ 가 된다.

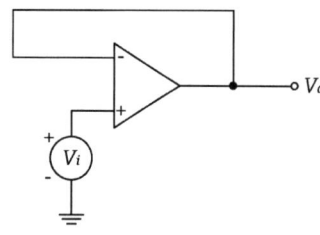

㉔ 가산기

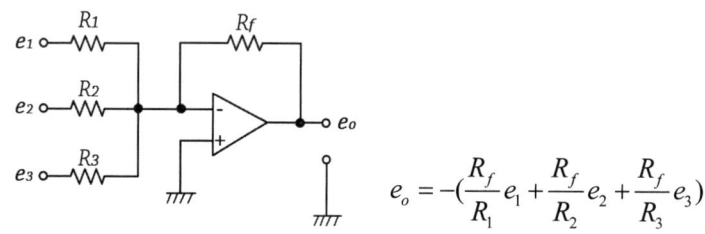

$$e_o = -(\frac{R_f}{R_1}e_1 + \frac{R_f}{R_2}e_2 + \frac{R_f}{R_3}e_3)$$

㉕ 미분기(HPF) : 입력에 콘덴서, 궤환에는 저항으로 구성

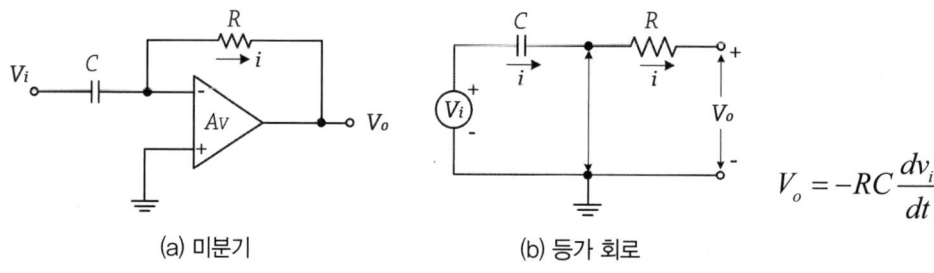

(a) 미분기   (b) 등가 회로

$$V_o = -RC\frac{dv_i}{dt}$$

㉖ 적분기(LPF) : 입력에 저항, 궤환에는 콘덴서로 구성

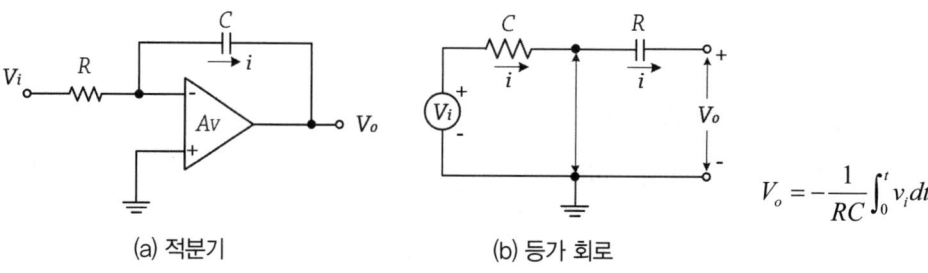

(a) 적분기   (b) 등가 회로

$$V_o = -\frac{1}{RC}\int_0^t v_i dt$$

㊆ 부귀환 증폭기

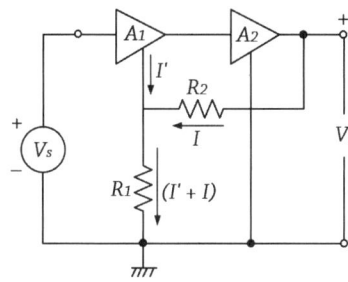

$$Av = \frac{v_o}{v_s} = \frac{R_1 + R_2}{R_1} = 1 + \frac{R_2}{R_1}$$

3 발진 및 펄스회로

가. 발진회로

1) 정현파 발진회로

① LC 발진회로 : 보통 1[MHz] 이상에서 발진하는 동조형과 3소자발진기인 콜피츠, 하틀리, 클랩형 발진기로 분류된다.

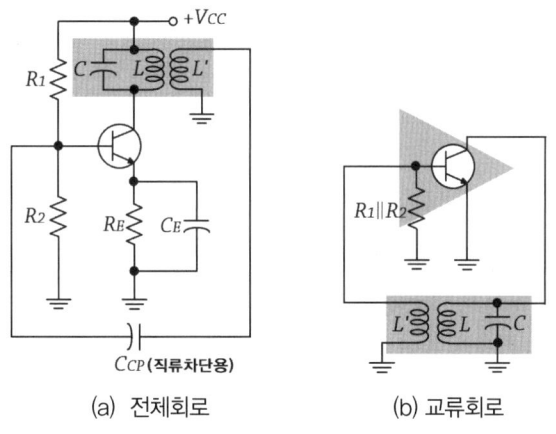

(a) 전체회로   (b) 교류회로

[LC 컬렉터 동조형 발진기]

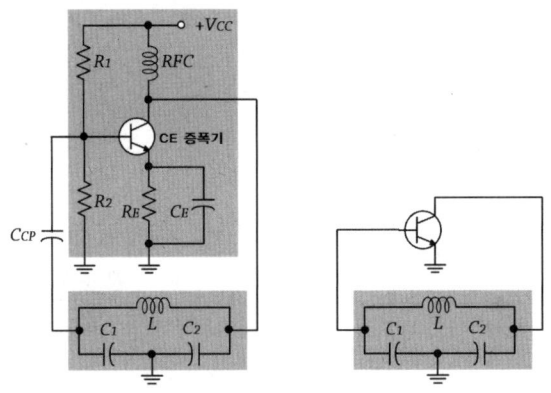

(c) CE 콜피츠 발진기 (d) CE 콜피츠 발진기 등가도

[CE 콜피츠 발진기와 등가도]

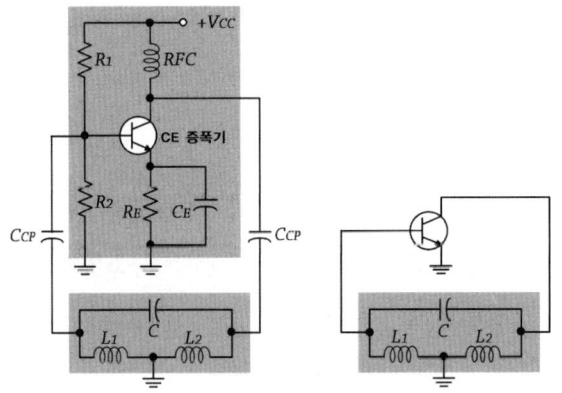

(e) CE 하틀리 발진기 (f) CE 하틀리 발진기 등가도

[CE 하틀리 발진기와 등가도]

② 수정 발진회로
 ㉮ 수정편을 이용하여 발진을 구동시키며 보통 1[MHz]~10[MHz] 이상에서 발진하며 안정된 발진으로 많이 쓰이고 있으며 피어스-BE형, 피어스-BC형으로 분류한다.
 ㉯ 수정 진동자가 발진소자로 사용되는 이유는 리액턴스가 유도성이 되는 범위, 즉 $f_0 < f < f_p$ 인 주파수 범위가 좁아 수정 발진기의 발진주파수가 매우 안정하기 때문이다.
 ㉰ 트랜지스터를 이용한 수정발진회로는 수정(x-tal)편을 트랜지스터 베이스(B), 이미터(E), 컬렉터(C) 단자의 접속점에 따라 이름을 부여한다.

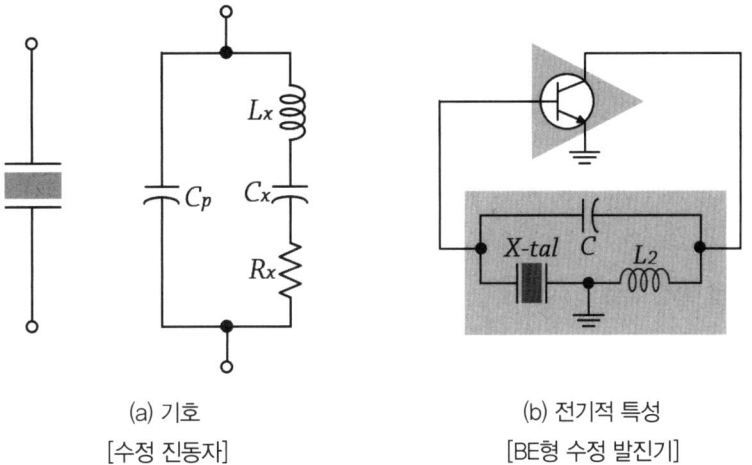

(a) 기호
[수정 진동자]

(b) 전기적 특성
[BE형 수정 발진기]

③ PLL(위상고정 루프) 회로 : 출력의 궤환신호(Feedback signal)를 입력신호와 비교하여 출력 신호가 일정한 값이 될 수 있도록 제어하는 궤환시스템이다. 기본적으로 위상검출기(PD), 저역필터(LPF), 전압제어 발진기(VCO)로 구성되어 있다.

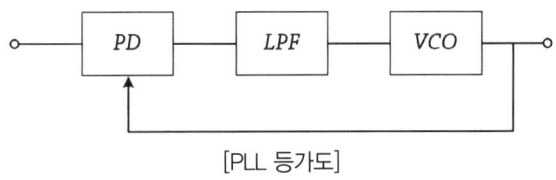

[PLL 등가도]

④ RC 발진회로
  ㉮ 이상형 CR 발진회로는 병렬 R형과 병렬 C형으로, 병렬 C형의 발진 주파수는 $f_o = \dfrac{\sqrt{6}}{2\pi CR}$ 이다.
  ㉯ 빈 브리지(Win bridge)는 op-amp와 CR을 이용하여 직렬 CR과 병렬 CR를 브리지형태로 궤환 시켜 발진시키는 방식으로 저주파 가변 발진기로 많이 사용된다.
  ㉰ 코일(coil)을 사용하지 않으므로 저주파에서 소형, 경량이다.

> **RC 병렬 저항형 발진기**
> 이상형 CR 발진회로 컬렉터에서 3단CR로 구성하여 입력 베이스에 양되먹임되어 위상이 180°와 트랜지스터의 역위상 180°가 가산된 360° 정현파 출력을 얻는 발진기로서 발진 조건 및 주파수는 다음과 같다.
> • 발진을 지속하기 위해서는 Av ≥ −29로 한다.
> • $A_v = -\dfrac{R_f}{R_1} \geq -29$, $f_o = \dfrac{1}{2\pi\sqrt{6}RC}$ 이다.

㉣ 서미스터(thermistor)를 이용하여 발진강도를 안정하게 한다.
㉤ 발진 주파수가 안정하다.(1[KHz]±2%)
㉥ 발진 주파수 $f = \dfrac{1}{2\pi\sqrt{C_1R_1C_2R_2C_3R_3}}[Hz]$
단, $R_1 = R_2 = R_3 = R$, $C_1 = C_2 = C_3 = C$ 이면, $f = \dfrac{1}{2\pi RC}$

2) 비정현파 발진회로

비정현파 발진기는 톱니파 발진기, 멀티바이브레이터 발진기, 블로킹 발진기 등이 있다.

발진기 분류

구분	종류	
정현파 발진기	LC 발진기	동조형, 하틀리, 콜피츠
	수정 발진기	피어스 BE형, 피어스 CB형
	RC 발진기	이상형, 빈 브리지
비정현파 발진기	멀티바이브레이터, 블로킹, 톱니파	

나. 변·복조회로

1) 변조

① 변조방식의 분류

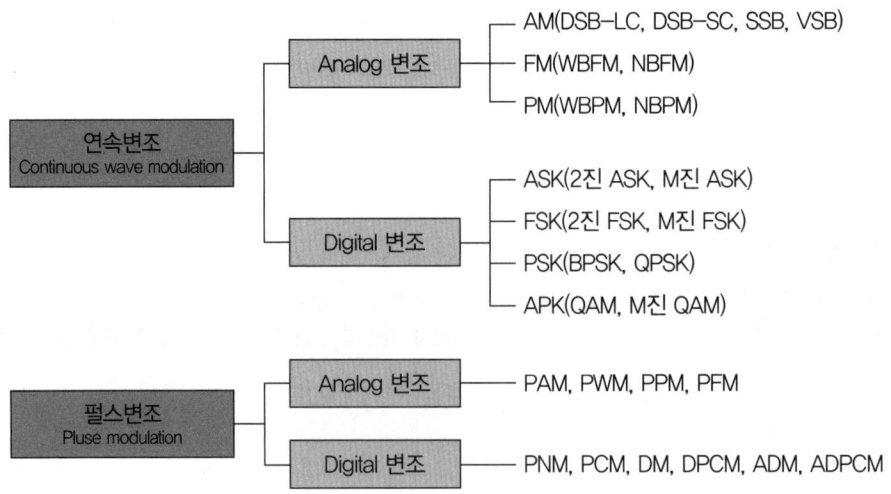

② 변조의 종류
  ㉮ 진폭변조(AM, Amplitude Modulation) : 신호파(변조파) 진폭에 따라 반송파의 진폭을 변화시키는 변조방식
  ㉯ 주파수변조(FM, Frequency Modulation) : 신호파(변조파)에 따라 반송파의 진폭은 일정하며 주파수만 변화시키는 변조방식
  ㉰ 위상변조(PM, Phase Modulation) : 신호파(변조파)에 따라 반송파의 위상을 변화시키는 변조방식
  ㉱ 디지털변조(DM, Digital Modulation) : 신호를 0과 1의 2진값 정보로 교환하여 베이스밴드 신호로 만들어 그 신호를 고주파에 싣는 조작

2) 진폭 변·복조
  ① 진폭변조
    ㉮ 100% 변조 : m = 1인 경우, 포락선 최소점이 0[V]일 때이다.
    ㉯ 부족변조 : m 〈 1인 경우이다.
    ㉰ 과변조 : m 〉 1인 경우이며 일그러짐이 발생한다.
  ② 피변조파 전력
    ㉮ 진폭변조(AM) 방식이란 반송파(fc : 고주파신호)와 변조파(fs : 신호파)를 곱하면 상·하측 파대로 분류되는 것을 말하며 이러한 변조파형을 피변조파라 한다.
    ㉯ 피변조파(상측파 : P_U, 하측파 : P_L, 반송파 : P_C)라 하면 전력은 다음과 같이 표현한다.

$$P_m = P_C + P_U + P_L$$
$$= P_C + P_C \frac{m^2}{4} + P_C \frac{m^2}{4}$$
$$= P_C(1 + \frac{m^2}{4} + \frac{m^2}{4})$$
$$= P_C(1 + \frac{m^2}{2})[W]$$

③ DSB-SC링 변조기(Ring modulator)
  ㉮ 평형 변조기를 대칭으로 배치한 이중 평형 변조기로 변조기 출력에는 변조 신호 성분이 나타나지 않으므로 반송파 주파수와 변조 신호가 근접해 있을 때 사용하면 좋다.
  ㉯ 다이오드 스위칭 작용을 하는 반송파와 변조신호가 동시에 인가시에만 피변조파 출력에 반송파가 제거된 상·하측파대가 출력된다.
  ㉰ 증폭소자를 사용하지 않으므로 입력보다 출력이 적게 되어 후단에서 증폭을 행해야 한다.
  ㉱ 증폭소자를 포함하지 않는 수동망이므로 역방향으로 동작이 가능해 DSB-SC 복조기로 사용할 수 있다.

㉮ 정류 회로로도 사용할 수 있다.
㉯ 동작 전원이 불필요하고 구조가 간단해 SSB통신에 널리 사용된다.

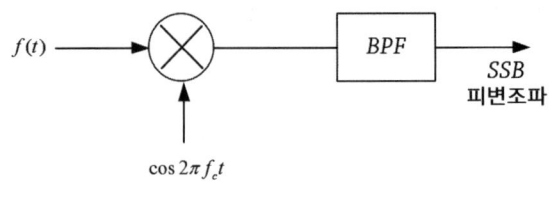

[SSB 변조방식의 구성도]

3) 주파수 변·복조
   ① 주파수 변조
   ㉮ FM변조의 점유 주파수 대역폭은 Car'son의 경험법칙에 의해서 다음과 같이 구한다.

   $$BW_{FM} = 2[f_s + \Delta f_c]$$

   - f_s : 정보신호의 최대 주파수
   - Δf_c : 최대 주파수 편이

   ㉯ 변조지수

   $$mf = \frac{\Delta f_c}{f_s}$$

   ② 주파수 복조

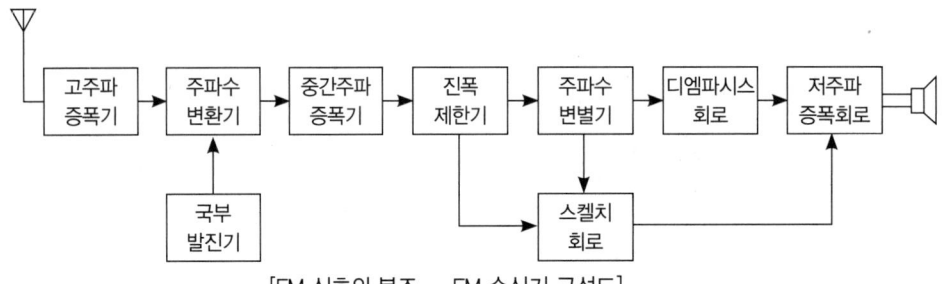

[FM 신호의 복조 – FM 수신기 구성도]

4) 펄스변조
   ① 펄스변조 통신 방식

방식	종류	특징
아날로그 방식	펄스진폭변조(PAM)	펄스 신호레벨에 따라서 펄스 진폭을 변화시킨다.
	펄스폭변조(PWM)	펄스 신호레벨에 따라서 펄스 폭을 변화시킨다.
	펄스위치변조(PPM)	펄스 신호레벨에 따라서 펄스 위치를 변화시킨다.
디지털 방식	펄스부호변조(PCM)	펄스 신호레벨에 따라서 펄스열 부호(2진수)을 변화시킨다.

② 펄스변조 통신 방식 중 디지털 방식
   ㉮ 펄스변조통신 방식은 아날로그 방식과 디지털 방식으로 분류한다.
   ㉯ 디지털 방식인 펄스부호변조(PCM)는 아날로그 신호를 압축 표본화 하고 양자화 신호를 부호화한 디지털 신호이다.
   ㉰ 부호화 과정(송 · 수신)을 자세히 표현하면 다음과 같다.
   LPF → 표본화 → 압축 → 양자화 → 부호화 → 복호화 → 신장 → LPF

5) 디지털 변조
   ① 디지털 변조방식은 Digital data에 따라 아날로그 정현파 반송파의 진폭을 변화시키는 ASK 방식, 주파수를 변화시키는 FSK 방식, 위상을 변화시키는 PSK 방식, 진폭과 위상을 동시에 변화시켜 정보를 전송하는 QAM(ASK+PSK) 방식이 있다.
   ② 디지털 변조방식
   ㉮ ASK(진폭편이 변조) : 진폭이 크면 1 로 출력, 진폭이 작으면 0으로 출력
   ㉯ FSK(주파수편이 변조) : 디지털 신호가 1 이면 f_1 주파수로, 0 이면 f_2의 주파수로 변환
   ㉰ PSK(위상편이 변조) : 디지털 신호의 0, 1에 따라 0°, 180° 위상을 갖는 변조 방식
   ㉱ QAM(직교진폭 변조) : 진폭 + 위상 = APK 변조

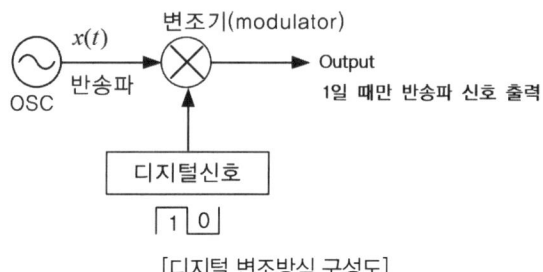

[디지털 변조방식 구성도]

다. 펄스회로

1) 펄스 파형 특성 및 펄스 증폭 회로의 특징
   ① 펄스 파형 특성
   ㉮ 링깅(Ringing) : 펄스는 짧은 순간에 상승했다 떨어지는 신호에서 10%~90%의 상승시간 중에서 최고점인 100%에서 90%로 떨어지면서 진동을 일으키며 공진하기 때문에 생긴다.
   ㉯ 상승시간(t_r, rise time) : 펄스의 진폭 전압의 10%~90%까지 상승 하는데 걸리는 시간
   ㉰ 펄스 폭(pw, pluse width) : 펄스의 파형이 상승 및 하강의 진폭 전압[V]의 50[%]가 되는 구간의 시간
   ㉱ 오버 슈트(overshoot) : 상승 파형에서 이상적인 펄스파의 진폭 전압[V]보다 높은 부분의 진폭의 전압(a)의 크기이며, 다음과 같이 나타낸다.
   $\left(\dfrac{a}{A}\right) \times 100[\%]$

㉰ 새그(sag) : 펄스가 진폭의 뒷부분이 감쇠된 경우를 sag 또는 tilt가 생겼다고 하며, 그 크기는 다음과 같이 나타낸다.

$$Sag = \frac{c(펄스진폭의\ 뒷부분\ 감쇠된\ 크기)}{A(이상적인\ 진폭\ 크기)} \times 100[\%]$$

② 펄스 증폭 회로의 특징

㉮ 펄스 증폭회로에서는 결합콘덴서를 크게 하므로 저주파 특성이 양호하며 펄스에서 나타나는 새그(sag)가 감소한다.

㉯ 고역특성이 양호하면, 입상의 기울기가 개선되고 고역보상이 지나치면 오버슈트가 발생한다.

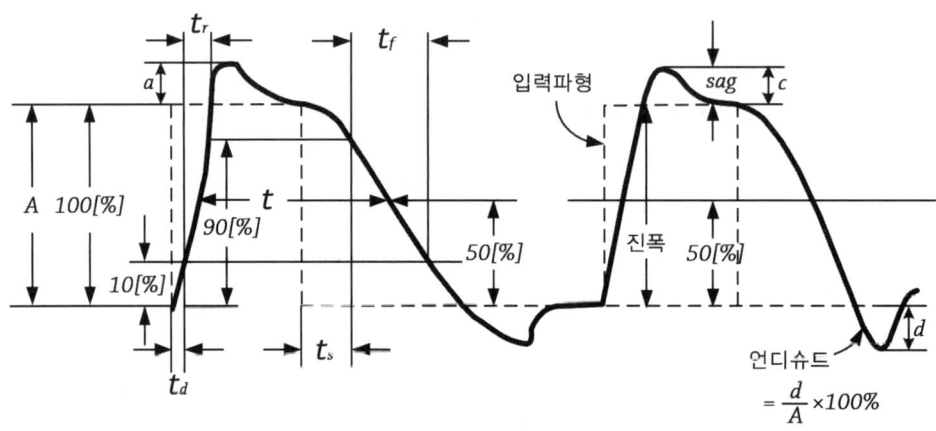

[실제적인 펄스 파형]

2) 파형변환 회로

① 클램핑(clamping) 회로 : 입력신호의 최대값(상단레벨)을 특정값인 (+), (−)값으로 고정시키는 회로로 직류성분을 재생하는 목적으로 쓰인다.

② 클리퍼(clipper, clipping) 회로 : 입력 파형에 대한 상단 파형을 자르는 피크 클리퍼, 파형의 하단을 자르는 베이스 클리퍼로 구분한다.

③ 리미터(limiter) 회로 : 입력신호의 상·하단을 제한하는 진폭 제한기라고도 한다.

④ 슬라이서(slicer) 회로 : 리미터의 특별한 경우로서 입력신호 중에서 폭이 매우 좁게 (+) 일부분 혹은 (−) 일부분 토막을 추출하는 회로이며. 인가되는 전압의 극성은 서로 동일하다.

3) 멀티바이브레이터 회로

① 단안정 멀티바이브레이터(Monostable MV.)

㉮ 결합소자는 R과 C 시정수로 구성되며 트리거 입력이 순간적으로 Low 상태로 인가되어 출력 Q가 High로 구동되며 /Q는 Low로 된다.

㉯ 이때 불안정 상태의 지속시간 T는 다음과 같다. 준안정 상태 $T = 0.7 R_T C_T$

② 비안정 멀티바이브레이터(Astable MV.)
  ㉮ 결합소자 2개의 시정수 R_1C_1, R_2C_2로써 AC-DC 결합 회로를 형성한다.
  ㉯ 펄스폭과 주기가 반복되는 펄스를 발생시키는 비동조 증폭회로로 구성된다.
③ 쌍안정 멀티바이브레이터(Bistable MV.)
  ㉮ 2개의 안정 상태를 가지며 2개의 트리거(trigger) 펄스에 의해 1개의 구형파를 발생시킬 수 있다.(2:1) 이 회로를 플립플롭(Flip-flop)이라고 하며 기억장치 등에 사용된다.
  ㉯ 결합소자 중 저항과 병렬로 구성된 콘덴서(C)의 목적은 스위칭 속도를 높이는 동작을 한다.

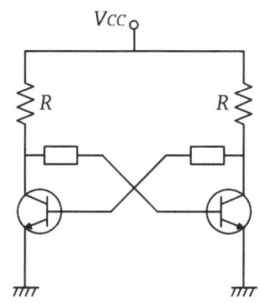

[기본적인 MV회로]

구분	결합소자	결합상태	안정
쌍안정 MV	R + R	DC적 + DC적	2개
단안정 MV	R + C	DC적 + AC적	1개
비안정 MV	C + C	AC적 + AC적	없음

[MV 회로의 분류]

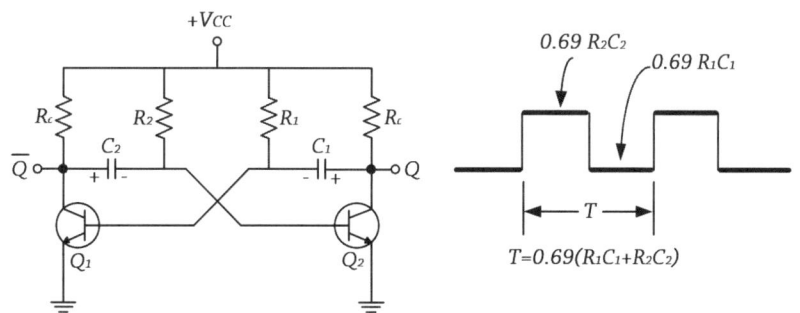

[비안정 멀티바이브레이터]

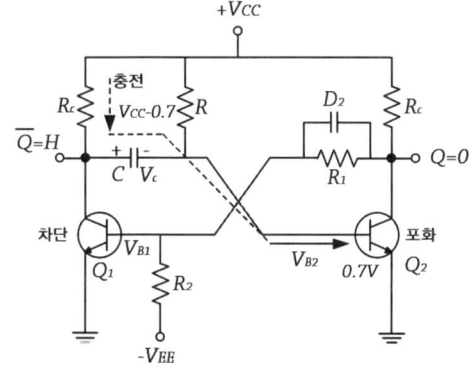

[단안정 멀티바이브레이터]

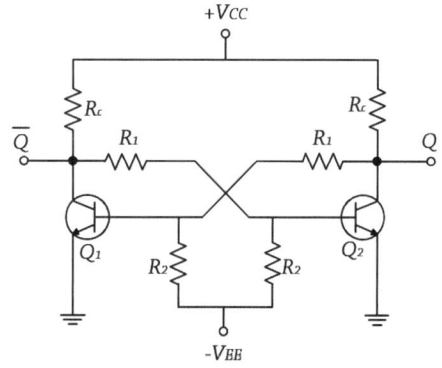

[쌍안정 멀티바이브레이터]

4 논리회로

가. 논리회로의 분류

구분	특징
조합논리회로 (Combinational logic circuit)	• 회로의 출력값이 입력값에 의해서만 정해지는 논리회로로 기억능력이 없다. • 반가산기, 전가산기, 디코더, 엔코더, 멀티플렉서, 디멀티플렉서 등
순서논리회로 (Sequential logic circuit)	• 회로의 출력값이 내부 상태와 입력에 따라 정해지는 논리회로로 기억능력이 있다. • 카운터 회로

나. 논리게이트 심볼 및 진리표

게이트 명칭	기호	논리식	진리표
AND	(AND 게이트: A, B 입력, X 출력)	$X = A \cdot B$ 또는 $X = A \wedge B$	A B X 0 0 0 0 1 0 1 0 0 1 1 1
OR	(OR 게이트: A, B 입력, X 출력)	$X = A + B$ 또는 $X = A \vee B$	A B X 0 0 0 0 1 1 1 0 1 1 1 1
인버터(inverter)	(인버터 기호: A 입력, X 출력)	$X = \overline{A}$	A X 0 1 1 0
버퍼(buffer)	(버퍼 기호: A 입력, X 출력)	$X = A$	A X 0 0 1 1

게이트 명칭	기호	논리식	진리표		
			A	B	X
NAND	A, B → X	$X=\overline{A \cdot B}$ 또는 $X=\overline{A}+\overline{B}$	0	0	1
			0	1	1
			1	0	1
			1	1	0
NOR	A, B → X	$X=\overline{A+B}$ 또는 $X=\overline{A} \cdot \overline{B}$	A	B	X
			0	0	1
			0	1	0
			1	0	0
			1	1	0
XOR	A, B → X	$X=A \oplus B$ 또는 $X=A\overline{B}+\overline{A}B$	A	B	X
			0	0	0
			0	1	1
			1	0	1
			1	1	0
XNOR	A, B → X	$X=\overline{A} \oplus \overline{B}$ 또는 $X=\overline{A}\overline{B}+AB$	A	B	X
			0	0	1
			0	1	0
			1	0	0
			1	1	1

다. 기본 플립플롭 동작

1) 동기입력을 가진 RS 플립플롭(RS flip-flop)

플립플롭 회로의 기본적인 것으로 두 입력 단자 S(세트 입력)와 R(리셋 입력)와 2개의 출력 단자 Q와 Q를 가지고 있으며, 컴퓨터나 디지털 기기의 일시 기억용 회로 등에 사용된다. S, R의 입력에 대한 출력은 진리표에 나타내는 것과 같다.

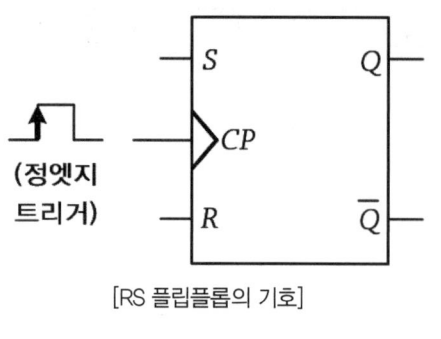

S	R	Q_{n+1}
0	0	Q_n
0	1	0
1	0	1
1	1	부정

[RS 플립플롭의 기호]　　　　　　　　[진리표]

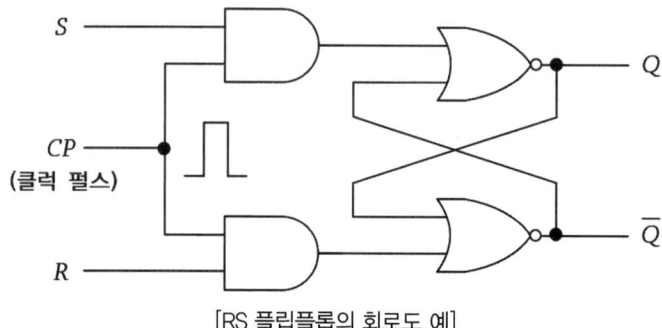

[RS 플립플롭의 회로도 예]

2) T 플립플롭(T flip-flop)

T 플립플롭은 JK 플립플롭의 두 입력단자를 묶어서 만든 토글(toggle)전용 플립플롭으로 현재 상태 Q에 무관하게 입력 T=1이면 매 클록(CLK)마다 출력이 반전(toggle)되는 플립플롭이다. 입력 T=0 이면 보존상태로 이전 출력이 그대로 유지 된다.

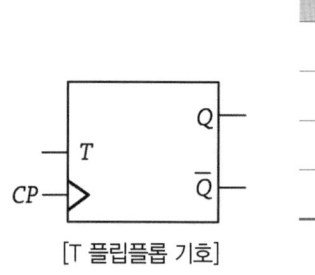

Q	T	$Q_{(t+1)}$
0	0	0
0	1	1
1	0	1
1	1	0

[T 플립플롭 기호]　　　　　[진리표]

3) D 플립플롭(D flip-flop)

하나의 입력 단자가 있고 클록 펄스가 인가되었을 때 입력 신호가 1이면 1로, 0이면 0으로 자리 잡는 플립플롭으로 일반적으로 입력 신호를 클록 펄스의 시간 간격만큼 지연시켜 출력으로 내는 데 사용된다.

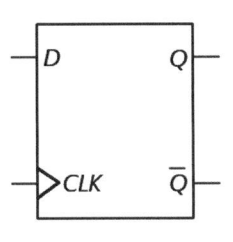

[D 플립플롭 기호]

CLK	D	Q_{n+1}
0	0	Q_n
0	1	Q_n
1	0	0
1	1	1

[진리표]

4) JK 플립플롭(JK flip-flop)

RS 플립플롭의 Set와 Rset 입력이 모두 1인 경우 출력은 불확실한 상태로서 이러한 상태를 개선시킨 플립플롭으로 J, K 입력 모두 1일 때 출력은 반전(Toggle) 출력으로 Q가 된다.

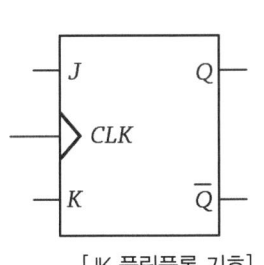

[JK 플립플롭 기호]

J	K	Q_{n+1}
0	0	Q_n(불변)
0	1	0
1	0	1
1	1	$\overline{Q_n}$(toggle)

[진리표]

5 반도체

가. 반도체의 개요

1) 전자와 원자

물질은 고유의 성질을 보존하는 작은 입자인 분자(molecule)로 구성되어 있다. 분자는 원자(atom)로 구성되고, 원자는 양전하를 가진 원자핵을 중심으로 하여 그 주위에 음전하를 가진 전자(electron)가 회전하며, 전자 자신은 자전하고 있다.

① 양자(proton) : 원자의 중심 부분에서 (+) 전기를 갖는다.
  ㉮ 양자의 전기량 : 1.602×10^{-19}[C]
  ㉯ 양자의 질량 : 전자 질량의 1840배
② 중성자(neutron) : 원자의 구조의 중심 부분에서 전기를 갖지 않는다.

③ 원자핵(atomic neutron) : 양자와 중성자 함께 있는것을 말한다.
④ 전자(electron) : 원자핵의 주위를 돌고 있는 (−) 전기를 갖는다.

2) 자유전자

전기적으로 안정된 원자에 외부 에너지인 빛이나 열을 가하면 원자핵으로부터 가장 멀리 떨어진 궤도의 전자가 핵으로 부터 이탈하게 되어 자유공간에 자유롭게 움직일 수 있다. 이때의 전자를 자유전자(이탈전자)라 한다.

① 전자의 전기량(e) : -1.602×10^{-19}[C]
② 전자의 질량(m_e) : 9.109×10^{-31}[kg]

3) 전기의 발생

① 물질은 정상 상태에서는 양자의 수와 전자의 수가 서로 같으므로 전기적으로 중성 상태에 있다.
② 대전에 따라 자유전자의 들어오고 나감에 따라 음전기 또는 양전기를 갖는다.
③ 전기량은 대전된 물질이 갖는 전기의 양으로 단위는 쿨롱(coulomb : C)을 사용한다.

$$1[C] = \frac{1}{1.602 \times 10^{-19}} ≒ 6.24 \times 10^{18}[개]$$

4) 반도체의 종류

① 진성 반도체 : 불순물이 첨가되지 않은 순수한 반도체 원소기호 4족인 실리콘(Si), 게르마늄(Ge)이 이에 속한다.
② 불순물 반도체 : 진성 반도체에 전기 전도성을 향상시키기 위하여 불순물을 첨가한 P형(+)과 N형(−)으로 분류 한다.
  ㉮ 진성반도체인 IV족인 Si(실리콘), Ge(게르마늄)에 3족의 억셉터 불순물인 인듐(In), 갈륨(Ga), 붕소(B), 알루미늄(Al)을 혼합하면 P형 반도체(억셉터, 다수캐리어 : 정공(+))가 된다.
  ㉯ 진성반도체인 IV족인 Si(실리콘), Ge(게르마늄)에 5족의 도너 불순물인 안티몬(Sb), 비소(As), 인(P)을 혼합하면 N형 반도체(도너, 다수캐리어 : 전자(−))가 된다.

나. 반도체 소자

1) 다이오드(Diode)

① 다이오드란 "+"의 전기를 많이 가지고 있는 P형 물질과 "−"의 전기를 많이 가지고 있는 N형 물질을 접합하여 만든 것으로서, 한쪽 방향으로는 쉽게 전자를 통과시키지만 다른 방향으로는 통과시키지 않는 특성을 가지고 있다.
② 다이오드의 용도는 한쪽 방향으로만 전류가 흐르게 하는 정류작용을 가지고 있어서 전원장치에서 교류전류를 직류전류로 바꾸는 정류기로서의 용도, 라디오의 고주파에서 신호를 꺼내는 검파용, 전류의 ON/OFF를 제어하는 스위칭 용도 등 매우 광범위하게 사용되고 있다.

③ 다이오드의 분류
   ㉮ 검파 다이오드(점 접촉형 다이오드) : 고주파를 차단하고 저주파를 통과시키는 검파용에 주로 사용된다.
   ㉯ 정류 다이오드 : 전류가 순방향으로 흐르는 성질을 이용하여 교류(AC)를 직류(DC)로 바꾸는 정류의 용도로 사용된다.
   ㉰ 제너 다이오드(정전압 다이오드) : 전압을 일정하게 유지하기 위한 전압제어소자로 정전압 회로에 사용된다.

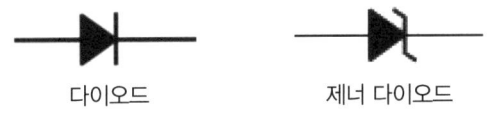

　　　　다이오드　　　　　　제너 다이오드

[주요 다이오드의 기호]

2) 트랜지스터
   ① 구조 : 트랜지스터(TR)은 2개의 접합을 갖는 3극 반도체 소자로 PNP 트랜지스터와 NPN 트랜지스터가 있다.
      ㉮ 이미터(Emitter, E) : 캐리어를 주입하는 전극
      ㉯ 컬렉터(Collector, C) : 캐리어를 모으는 전극
      ㉰ 베이스(Base, B) : 트랜지스터의 중앙 영역으로 주입된 캐리어를 제어

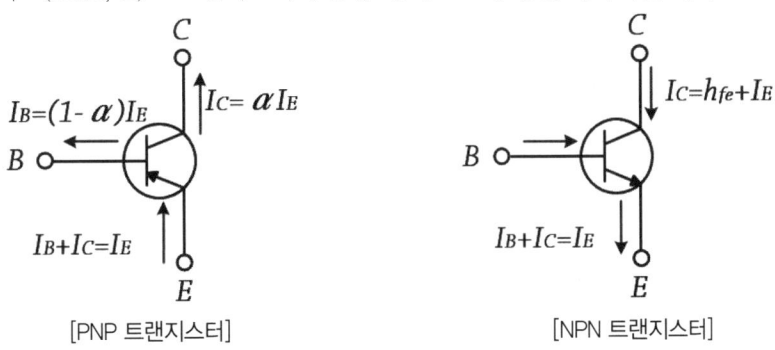

[PNP 트랜지스터]　　　　　　　　[NPN 트랜지스터]

   ② 트랜지스터의 증폭원리 : 외부 전원 접속에 의해서 이미터(N형 반도체)의 전자는 순방향에 바이어스 되기 때문에 용이하게 E→B 영역에 흘러 들어가지만 베이스 영역(P형 반도체)의 폭이 대단히 좁아 이미터에서 주입된 전자 중 대부분은 컬렉터 영역(N형 반도체)의 (+)전극에 잡아당겨진다. 따라서 전자와 역방향인 전류의 흐름에서 생각하면 E→B에 소전류 I_B를 흘림으로써 C→E에 큰 전류 IC를 흘릴 수 있다. 이것을 일반적으로 트랜지스터의 전류 증폭작용이라고 한다.
   ③ 트랜지스터의 동작
      ㉮ 트랜지스터에 외부 전류전원을 연결하는 방법에는 입출력 단자에 각기 순방향이나 역방향 전압을 인가할 수 있으므로 4가지가 있다.

㉯ 포화상태와 차단상태를 이용하는 것이 스위칭 동작이며 활성 상태를 이용하는 것이 증폭 동작이다.

동작영역	EB 접합	CB 접합	용도
포화상태	순 bias	순 bias	펄스, 스위칭
활성영역	순 bias	역 bias	증폭작용
차단영역	역 bias	역 bias	펄스, 스위칭
역활성영역	역 bias	순 bias	사용하지 않음

④ 트랜지스터의 바이어스 회로 : 트랜지스터를 이용해서 증폭기를 구성하는 경우 입력 측인 베이스와 이미터 간에 순 바이어스를 인가해서 이용한다. 그러나 실제 회로에서는 순바이어스인 VBB를 생략해서 구성하는데, 이때 VBB를 생략하는 대신에 회로에 저항을 적절히 접속한다. 이때 접속되는 저항의 위치에 따라 회로의 명칭이 약간씩 달라진다.

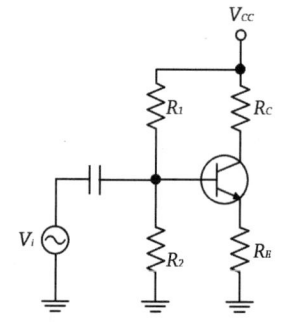

[TR의 실제 회로(전류귀환 바이어스 회로)]

3) FET와 BJT

① FET와 BJT의 특성 비교

구분	FET	BJT
동작원리	다수 캐리어에 의해서만 동작	다수 및 소수 캐리어에 의해 동작
소자의 특성	단극성(Unipolar)	쌍극성(Bipolar)
제어방식	전압제어방식	전류제어방식
단자의 명칭	게이트/소스/드레인	베이스/이미터/컬렉터
입력저항	매우 큼	보통
동작속도	느리다	빠르다
잡음	적음	많음
이득대역폭	작음	큼
집적도	높음	낮음

② 전계효과트랜지스터(FET)의 장점
  ㉮ 입력 임피던스가 매우 높다.
  ㉯ 트랜지스터보다 잡음이 적다.

⓭ 열 안정성이 좋다.(온도에 덜 민감하다.)
㉣ 비교적 방사능 현상의 영향을 덜 받는다.
㉤ BJT보다 이득 대역폭 적(積)이 작다.

3) 특수 반도체 소자

① 사이리스터(thyristor) : 반도체를 4층으로 접합시킨 pnpn 구조를 사이리스터라 하며 BJT나 FET가 선형 증폭기와 스위치 모두 사용하는데 비해 사이리스터는 오직 스위칭 소자로만 사용되며 스위칭 동작은 내부 궤환에 의해 생긴다. 단방향성 소자와 쌍방향성 소자로 구분된다.
  ㉮ 단방향성 소자 : Shockley 다이오드, 실리콘제어 정류기(SCR), 실리콘 제어 스위치(SCS), 게이트-턴오프 스위치(GTO) 등
  ㉯ 쌍방향성 소자 : 다이악(DIAC), 트라이악(TRIAC), 실리콘 대칭 스위치(SSS) 등

② UJT(단일 접합 트랜지스터)
  ㉮ 단자가 3개인 소자로서 구조상 사이리스터에 속하지 않으며 단일 PN 접합을 가지므로 단일 접합 트랜지스터(Uni-juntion transistor)라 한다.
  ㉯ 세 단자는 각각 이미터(E), 베이스(B1), 베이스(B2)로 나타내며, N형 반도체는 도우핑을 경미하게 하여 저항성이 높도록 하며 PN 접합은 알루미늄 막대와 N형 반도체의 또 다른 이면에는 2개의 베이스 접촉이 부착된다.
  ㉰ UJT 특성은 전류의 증가에 따라 전압이 감소하는 부성저항(negative resistance) 특성을 갖으며, 이 특성을 이용하면 발진기로서 매우 유용하게 사용될 수 있다. 특히, 이미터 입력에 톱니파 인가 시 출력인 베이스 B2에서는 펄스파를 얻는 UJT 이장발진기로 이용된다.
  ㉱ 이미터에 구성된 시정수 RC에 따른 발진주기 τ는 다음과 같다.

$$\tau = 2.3RC \cdot \log\left(\frac{1}{1-\eta}\right), \ \eta는 \ 스탠드 \ 오프비$$

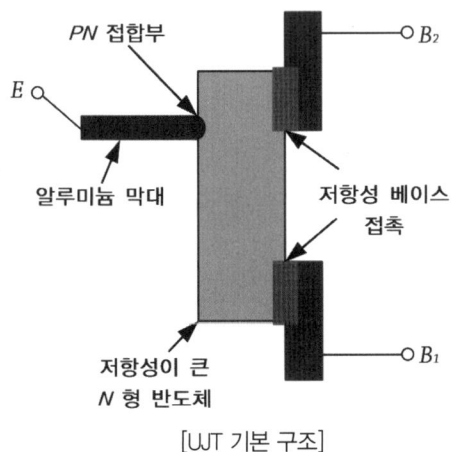

[UJT 기본 구조]

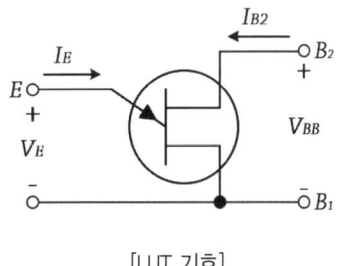

[UJT 기호]

다. 집적회로(IC)

1) 집적회로의 개요
반도체 IC는 멀티칩과 모놀리식으로 분류하며, 모놀리식(monolithic) 집적회로(IC)는 1개의 기판위에 회로의 전 부품을 만들어 하나의 기능을 갖도록 만들어진 IC 이다.

2) 집적회로의 장점
① 대량생산이 가능하며, 저렴하여 경제적이다.
② 소형, 경량이다.
③ 신뢰도가 높다.
④ 향상된 성능을 가질 수 있다.
⑤ 집적화된 장치를 만들 수 있다.

3) 집적도(소자 수)에 따른 IC 분류
① SSI(Small Scale IC, 소규모 집적회로) : 100개 이하
② MSI(Medium Scale IC, 중간 규모 집적회로) : 100~1000개
③ LSI(Large Scale IC, 고밀도 집적회로) : 1,000~10,000개
④ VLSI(Very Large Scale IC, 초고밀도 집적회로) : 10,000~1,000,000개
⑤ ULSI(Ultra Large Scale IC, 초초고밀도 집적회로) : 1,000,000개 이상

Section 02 전자계산기일반

Craftsman Electronic Apparatus

1. 컴퓨터의 구조 일반 | 2. 자료의 표현과 연산 | 3. 소프트웨어 일반 | 4. 마이크로프로세서

1 컴퓨터의 구조 일반

가. 컴퓨터의 기본적 구조

1) 중앙처리장치(CPU)의 구성
   ① 제어장치(Control Unit) : 프로그램 명령어를 해석하고, 해석된 명령의 의미에 따라 연산장치, 주기억장치 등에게 동작을 지시하며 어드레스 레지스터, 기억 레지스터, 명령 레지스터, 명령 해독기, 명령 계수기 등으로 구성된다.
   ② 연산장치(ALU, Arithmetic Logical Unit) : 덧셈, 뺄셈, 곱셈, 나눗셈의 산술 연산만이 아니라 AND, OR, NOT, XOR와 같은 논리연산을 하는 장치로 제어장치의 지시에 따라 연산을 수행하며 누산기, 가산기, 데이터 레지스터, 상태레지스터로 구성된다.
      ㉮ 누산기(Accumulator) : 연산장치를 구성하는 중심이 되는 레지스터로서 사칙연산, 논리연산 등의 결과와 인터럽트 신호를 기억한다.
      ㉯ 가산기(Adder) : 누산기와 데이터 레지스터의 두 수를 가산하는 기능을 하며 결과는 누산기에 저장한다.
      ㉰ 데이터 레지스터(Data Register) : 데이터의 일시적인 저장에 사용되는 특정의 레지스터. 가끔 숫자의 증가와 감소 같은 간단한 자료 처리에도 사용된다.
      ㉱ 상태 레지스터(Status Register) : 컴퓨터의 연산 결과를 나타내는데 사용되며, 연산값의 부호 및 오버플로우 발생 유무를 표시한다.
   ③ 레지스터(Register) : 주기억장치로부터 읽어온 명령어나 데이터를 저장하거나 연산된 결과를 저장하는 공간이다.
      ㉮ MAR(Memory Address Register) : 중앙처리장치 내부에서 기억장치 내의 정보를 호출하기 위해 그 주소를 기억하고 있는 제어용 레지스터

㉰ MBR(Memory Buffer Register) : 메모리를 읽거나, 쓴 데이터를 일시적으로 저장하기 위한 레지스터
㉱ 프로그램 카운터(Program Counter) : 기억장치에 기억된 명령이 순서대로 중앙 처리 장치에서 실행될 수 있도록 그 주소를 지정해 주는 레지스터

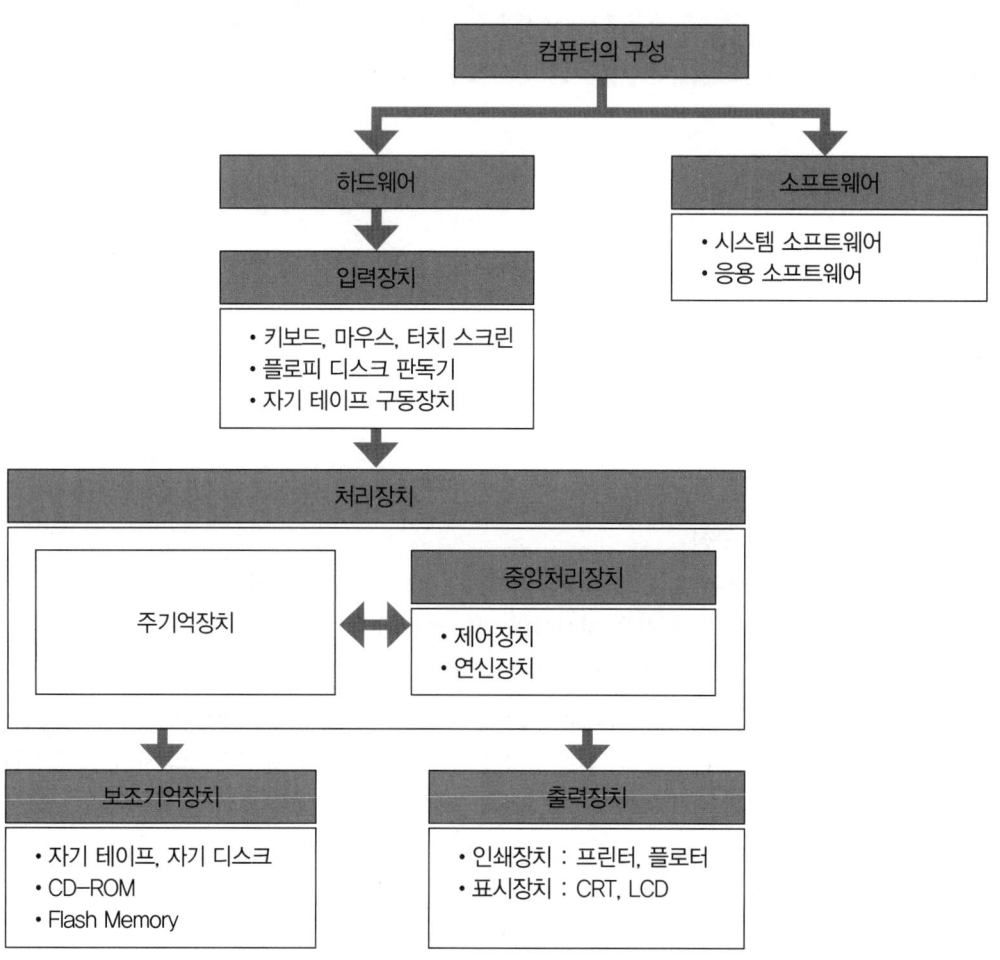

컴퓨터를 구성하는 기본 소자의 발전 과정				
세대구분	제1세대	제2세대	제3세대	제4세대
회로구성소자	진공관(Tube)	TR, DIODE	IC	LSI

2) 기억장치

① **주기억장치** : CPU가 직접 참조하는 고속의 메모리로, 프로그램이 실행될 때 보조 기억 장치로부터 프로그램이나 자료를 이동시켜 실행 시킬 수 있는 기억장소로 종류와 특징은 다음과 같다.

구분	특징 및 종류
ROM (Read Only Memory)	• 한번 기록한 정보에 대해 오직 읽기만을 허용하도록 설계된 비휘발성 기억장치이며, 시스템 프로그램을 저장하는데 사용 • Mask Rom, PROM, UV-EPROM, EEPROM, 펌웨어(Firmware)
RAM (Random Access Memory)	• 전원이 공급되지 않으면 기억된 내용이 사라지는 휘발성(소멸성) 메모리로 실행 중인 프로그램이나 데이터를 저장하며, 자유롭게 데이터의 판독과 기록이 가능한 주기억 장치 • SRAM(Static RAM), DRAM(Dynamic RAM)

② **주기억장치 할당 기법**
   ㉮ 오버레이(Overlay) : 단일 사용자 시스템에서 프로그램의 크기는 주기억 장치의 용량보다 클 수는 없다. 그러나 사용하지 않는 프로그램의 부분을 보조 기억장치로 옮겨와서 이제 더 이상 필요하지 않는 프로그램 부분이 사용하고 있던 장소를 다른 프로그램이 사용하게 하면 실제 영역보다 더 큰 프로그램의 실행이 가능하다.
   ㉯ 연속 로딩 기법 : 기억공간 관리 중 고정 분할 할당과 동적 분할 할당으로 나누어 관리되는 기법

③ **보조기억장치** : 컴퓨터의 중앙처리장치가 아닌 외부에서 프로그램이나 데이터를 보관하기 위한 기억장치를 말한다. 주기억장치보다 속도는 느리지만 많은 자료를 영구적으로 보관할 수 있다.

분류기준	종류
순차접근 기억장치	자기테이프, 카세트테이프, 카트리지 테이프 등
직접접근 기억장치	자기디스크, 하드디스크, 플로피디스크, CD-ROM등

④ **메모리의 구조**
   ㉮ 캐시기억장치(Cache Memory) : 프로그램 실행속도를 중앙처리장치의 속도에 가깝도록 하기 위하여 개발된 고속 버퍼 기억장치로서, 주기억장치보다 속도가 빠르고, 중앙처리장치 내에 위치하고 있으므로 레지스터 기능과 유사하다.

> **기억장치의 접근 시간 순서**
> 레지스터 - 캐시메모리 - 주기억장치 - 보조기억장치

㉰ 가상기억장치(Virtual Memory) : 제한된 주기억장치의 용량을 초과하여 사용하기 위하여 보조기억장치의 기억공간을 사용자의 주기억장치가 확장된 것과 같이 사용하는 방법이다. 가상기억장치에서 주기억장치의 내용을 보조기억장치로 전송하는 것을 롤아웃(Roll-out)이라 한다.

3) 입·출력장치

① 입력 및 출력장치의 종류

구분	종류
입력장치	키보드, 마우스, 스캐너, 디지타이저, 조이스틱, 디지털 카메라, 광학마크 판독기(OMR), 자기잉크문자 판독기(MICR), 바코드 판독기, 라이트 펜
출력장치	그래픽카드, 음극선관(CRT), 액정 디스플레이(LCD), 플라즈마 디스플레이(PDP), 프린터, 마이크로필름 출력장치(COM)

② 콘솔 : 컴퓨터와 오퍼레이터 사이에 필요한 정보를 주고받을 수 있는 장치로서, 키보드와 CRT로 구성되어 있으며, 작동의 개시, 정지, 작업관리 등에 직접 관여한다.

③ 채널 : 주기억장치와 입·출력 장치간의 차이를 줄일 목적으로 사용하는 것으로, CPU로부터 입·출력 장치의 제어를 위임 받아 한 번에 여러 데이터 블록을 입·출력할 수 있는 시스템

㉮ 셀렉터 채널(Selector) : 하나의 입·출력 장치를 선택하면 전송이 종료될 때까지 계속 동작하여, 채널은 그 장치의 전용선으로 동작한다.

㉯ 멀티플렉서 채널(Multiplexer Channel) : 직렬형으로 비교적 입·출력 장치 가동 시에 여러 개 동작하는 채널, 바이트 멀티플렉서 채널(저속), 블록 멀티 플렉서 채널(고속)이 있다.

④ 입출력 제어장치

㉮ 입출력장치와 시스템 간의 자료 전송을 제어하는 장치로 데이터 버퍼 레지스터를 이용하여 두 장치간의 속도 차이를 해결한다.(기억장치와 입출력장치 간의 중개 역할)

㉯ 제어 신호의 물리적, 논리적 변환 및 오류를 제어한다.

㉰ 채널 I/O 프로세서, DMA 등이 있다.

⑤ 입출력 인터페이스

㉮ 동작방식 및 데이터형식이 다른 장치들 사이의 자료 전송을 원활하게 하는 수단이다.

㉯ 주변 장치와 CPU 및 기억장치 사이의 서로 다른 동작 방식을 해결한다.

㉰ 주변 장치와 CPU의 속도 차이를 해결한다.

㉱ 주변 장치의 데이터 코드와 CPU 및 기억장치의 워드 형식 차이를 해결한다.

㉲ 동작 방식이 다른 주변 장치들 간의 간섭(충돌)을 제어 해결한다.

⑥ 입출력 제어방식

㉮ Programmed I/O : CPU가 직접 참여하여 입출력 여부를 확인하는 방식으로 상태플래그를 이용하여 입출력에 대한 데이터 전송을 CPU가 처리한다.

㉯ Interrupt I/O : 입·출력을 위해 CPU가 상태플러그를 이용하지 않고 입출력 신호를 인터럽트 처리하여 CPU에게 알려 주는 방식(상태플러그 체크를 하지 않기 때문에 보다 효율적임)

㉰ DMA(Direct Memory Access) : 데이터의 입·출력 전송이 중앙처리장치의 간섭 없이 직접 메모리 장치와 입·출력 장치 사이에서 이루어지는 인터페이스

2 자료의 표현과 연산

가. 자료의 표현

1) 자료의 구조

① 비트(bit) : 0과 1로 표현되는 데이터의 최소 단위이며 논리 데이터로 표현
② 니블(nibble) : 1바이트의 절반, 즉 4비트를 하나의 단위로 한 것
③ 바이트(byte) : 1개의 문자나 수를 기억하는 데이터 단위로서 8개의 비트로 구성
   ※ 1Kbyte = 2^{10} = 1024byte
④ 워드(word) : 몇 개의 바이트의 모임으로, 하나의 기억 장소에 기억되는 데이터 범위를 의미
⑤ 항목(field) : 정보의 전달을 위한 최소한의 문자의 집단
⑥ 레코드(record) : 한 단위로 취급되는 서로 관련 있는 항목들의 집단
⑦ 파일(file) : 어떤 한 작업에 관련된 레코드들의 집합
⑧ 데이터베이스(data base) : 상호 관련된 파일들의 집합

> **자료 구성의 단계**
> 비트 〈 니블 〈 바이트 〈 워드 〈 항목 〈 레코드 〈 파일 〈 데이터베이스

2) 자료의 표현방식

① 외부적 표현 방식 : Code로 표시하여 사람이 이해할 수 있도록 표현
   ㉮ BCD 코드(Binary Coded Decimal, 2진화 10진수) : 10진수 1자리를 2진수 4자리(bit)로 표현하는 가중치 코드, 8421 코드라고도 한다.
   ㉯ 3초과 코드(Excess-3 Code) : BCD 코드에 $(3)_{10}$을 더하여 만든 코드로, 자기 보수 코드라고도 한다. 3초과 코드는 비트마다 일정한 값을 갖지 않으며, 연산 동작이 쉽게 이루어지는 특징이 있다.

- ㉢ 그레이 코드(Gray Code) : 비가중치 코드이며 연산에는 부적합하지만 어떤 코드로부터 그 다음의 코드로 증가하는데 하나의 비트만 바꾸면 되므로 데이터의 전송, 입·출력 장치 등에 많이 사용한다.
- ㉣ ASCII 코드(American Standard Code for Information Interchange Code) : 미국의 표준코드, 문자를 표시하기 위한 7비트 코드로서 영어 대문자, 소문자로 구별할 수 있으며, 가장 왼쪽의 한 비트는 코드의 오류 검출용 패리티 비트를 부가하여 8비트로 표시하고 데이터 통신에서 표준코드로 사용하며 개인용 컴퓨터에 사용한다. $2^7 = 128$개의 문자까지 표시가 가능하다.
- ㉤ EBCDIC(Extended Binary Code Decimal Interchange Code) : 4개의 존 비트와 4개의 숫자비트로 이루어 져 있으며 영문 대문자를 포함하여 모든 문자를 표현할 수 있도록 한 범용 코드로서 대형 컴퓨터에 주로 사용하는 코드이며 $2^8 = 256$개의 문자까지 표현이 가능하다.
- ㉥ 해밍코드(Hamming Code) : 오류검출 및 정정가능
- ㉦ 패리티 검사(Parity Check) : 데이터의 저장과 전송의 정확성을 유지하기 위하여 검사 비트를 이용하는 자동 오류 검사방법(정정 불가능)

② 내부적 표현 방식
- ㉮ 고정 소수점 표현 : 컴퓨터 내부에서 정수를 표현할 때 사용하는 형식
  - 2바이트(16비트) 정수형 : 부호부 1bit + 정수부 15bit
  - 4바이트(32비트) 정수형 : 부호부 1bit + 정수부 31bit
  - 부호부에는 정수부가 양수이면 0을, 음수이면 1을 표시
- ㉯ 부동 소수점 표현 : 컴퓨터 내부에서 소수점이 있는 실수를 표현할 때 사용하는 형식
  - 4바이트(32비트) 단정도 실수형 : 부호부 1bit + 지수부 8bit + 가수부 32bit
  - 부호비트는 실수가 양수이면 0, 음수이면 1로 표시하고, 지수부는 2진수로, 가수부는 10진 유효숫자를 2진수로 변환하여 표시
- ㉰ 팩 형식 : 1바이트에 10진수 두 자리를 저장하는 형식

나. 연산

1) 산술연산(수치적 연산)

산술적인 계산에서 주로 사용되는 것으로 고정 소수점 연산방식, 부동 소수점 연상방식이 있으며, 이 식으로 표현된 수치에 4칙연산(+, −, *, /)과 산술 Shift 연산을 포함한다.

① 2진수의 연산
- ㉮ 2진수의 덧셈 : X+Y=CS, 올림(Carry)

| 0 + 0 = 00(CS) | 1 + 0 = 01(CS) |
| 0 + 1 = 01(CS) | 1 + 1 = 10(CS) |

㉯ 2진수의 뺄셈 : X-Y=BS, 빌림(Borrow)

0 - 0 = 00(BS)	1 - 0 = 01(BS)
0 - 1 = 11(BS)	1 - 1 = 01(BS)

㉰ 2진수의 곱셈

0 × 0 = 0	1 × 0 = 0
0 × 1 = 0	1 × 1 = 1

㉱ 2진수의 나눗셈

0 ÷ 0 = 0	
	1 ÷ 1 = 1

② 산술적 시프트 : 곱셈이나 나눗셈의 효과를 얻기 위하여 정해진 방법으로 숫자들을 왼쪽 또는 오른쪽으로 자리 이동하는 작업
③ 고정 소수점 연산 및 부동 소수점 연산
  ㉮ 고정 소수점 : 고정소수점은 소수점을 사용하여 고정된 자리수의 소수를 나타내는 것이다.
  ㉯ 부동 소수점 : 부동 소수점 방식은 실수를 표현할 때 소수점의 위치를 고정하지 않고 그 위치를 나타내는 수를 따로 적는 것으로, 유효숫자를 나타내는 가수와 소수점의 위치를 풀이하는 지수로 나누어 표현한다.
④ 진수변환
  ㉮ 10진수를 2진수로 변환
  예1 37을 2진수로 변환 : $(37)_{10} = (100101)_2$

```
2)37 - 1
2)18 - 0
2) 9 - 1
2) 4 - 0
2) 2 - 0
   1
```

  예2 0.375를 2진수로 변환 : $(0.375)_{10} = (0.011)_2$
  소수점의 자리를 2로 곱하여 소수점의 자리가 0이 될 때까지 곱한다.
  0.375 × 2 = <u>0</u>.75   0.75 × 2 = <u>1</u>.5   0.5 × 2 = <u>1</u>.0

  ㉯ 2진수를 10진수로 변환
  예 101011를 10진수로 변환 : $(101001)_2 = (43)_{10}$
  $(1×2^5) + (0×2^4) + (1×2^3) + (0×2^2) + (1×2^1) + (1×2^0) = 43$

㉰ 10진수를 8진수로 변환

예1 65를 8진수로 변환 : $(65)_{10} = (81)_8$

```
8) 65
8)  8 - 1  ↑
    1 - 8
```

예2 0.9375를 8진수로 변환 : $(0.9375)_{10} = (0.74)_8$

소수점의 자리를 8로 곱하여 소수점의 자리가 0이 될 때까지 곱한다.

0.9375 × 8 = $\underline{7}$.5   0.5 × 8 = $\underline{4}$.0

㉱ 10진수를 16진수로 변환

예 10진수 756.5를 16진수로 변환 : $(756.5)_{10} = (2F4.8)_{16}$

정수 부분을 16으로 나눈다.

```
8) 756 - 4    ↑
8)  47 - F(15)
     2
```

소수 부분의 소수점의 자리를 16으로 곱한다.

0.5 × 16 = $\underline{8}$.0

㉲ 8진수를 16진수로 변환

예 $(2374)_8$를 16진수로 변환 : $(2374)_8 = (4FC)_{16}$

8진수의 각 자리수를 3bit의 2진수로 표현한 후 4bit로 표현하면 16진수가 된다.

우선 각 자리수의 8진수를 3bit 2진수로 표현

2	3	7	4
010	011	111	100

3bit의 2진수를 4bit로 묶은 후 16 진수로 변환한다.

010 011 111 100 → $\underline{0100}$ $\underline{1111}$ $\underline{1100}$
　　　　　　　　　　　　4　　F　　C

㉳ 16진수를 10진수로 변환

예 $(28C)_{16}$를 10진수로 변환 : $(28C)_{16} = (652)_{10}$

$(28C)_{16} = (2 \times 16^2) + (8 \times 16^1) + (C \times 16^0)$
　　　　　　= 512 + 128 + 12 = 652

2) 논리연산

① MOVE : 하나의 입력 자료를 갖는 단일 연산으로 전자계산기 내부에서 하나의 레지스터에 기억된 데이터를 다른 레지스터로 옮기는 데 이용된다.

② Complement
   ㉮ 단일 연산으로 입력 자료 1의 연산 결과는 보수가 된다.
   ㉯ 논리 회로에서 인버터와 같은 기본적인 연산기로 이용되며, 음(-)수의 표에 있어 1의 보수 또는 2의 보수를 구하는 데 이용할 수 있다.
③ AND : 특정한 비트 또는 문자를 삭제하고, 나머지 비트를 데이터로 사용하기 위해 사용되는 연산자
④ OR : 2개 이상의 데이터를 합하여 비트나 문자를 삽입하는 데 사용되는 연산
⑤ Shift : 입력 데이터의 모든 비트를 좌측 또는 우측으로 자리를 옮기는 것으로, 이동 방향에 따라 오른쪽 시프트와 왼쪽 시프트 두 가지가 있다.
   ㉮ 왼쪽 시프트 : 비트들이 왼쪽으로 한 칸씩 이동하면서, 맨 왼쪽 비트는 버려지고 맨 우측 비트는 0으로 채워진다.
      예 42 왼쪽 시프트는 먼저 2진수로 변환 101010, 한 비트 좌측 시프트 하면 1010100이 되므로 84가 된다.
   ㉯ 오른쪽 시프트 : 비트들이 우측으로 한 칸씩 이동하면서, 맨 오른쪽 비트는 버려지고 맨 좌측 비트는 0으로 채워진다.
      예 42 오른쪽 시프트는 먼저 2진수로 변환 101010, 한 비트 우측 시프트하면 10101이 되므로 21이 된다.
⑥ Rotate
   ㉮ Rotate 연산은 Shift 연산과 유사한 비트 조작 명령이다.
   ㉯ Shift는 비트를 선형으로 이동 시키는데 비해 Rotate 연산은 원형을 이동시킨다. 비트 이동에 의해 밀려나는 비트는 버려지지 않고 반대쪽으로 다시 이동된다는 것이 특징이다.
⑦ 단항연산/이항연산
   ㉮ 단항연산 : MOVE, Shift, Rotate, Complement
   ㉯ 이항연산 : 사칙연산, OR, AND, EX-OR

3 소프트웨어 일반

가. 소프트웨어의 개념과 종류

1) 프로그래밍 언어
① 저급 언어(Low Level Language) : 컴퓨터 이해하기 쉽게 작성된 프로그래밍 언어로, 일반적으로 기계어와 어셈블리어를 일컫는다.

㉮ 기계어 : 컴퓨터가 직접 해독할 수 있는 2진수로 나타내는 언어로 프로그래밍의 기본이 된다. 즉 컴퓨터를 작동시키기 위해 0과 1로 나타낸 컴퓨터 고유 명령 형식이다.
㉯ 어셈블리 언어 : 기계어의 단점을 극복하고 작성 과정을 편리하도록 개발하였으며 기계어의 명령부와 번지부를 사람이 이해하기 쉬운 기호와 1:1로 대응시켜 기호화한 프로그램 언어이다.

② 고급 언어(High Level Language) : 사람이 알기 쉽도록 써진 프로그래밍 언어로서, 저급 프로그래밍 언어보다 가독성이 높고 다루기 간단하다는 장점이 있다. BASIC, FORTRAN, COBOL, ALGOL, C, PL/I, C++, JAVA 등이 있다.
㉮ BASIC : 1963년 미국의 다트마스 대학에서 TSS(타임 셰어링 시스템)용으로 개발되었으며 초보자를 대상으로 한 프로그래밍 언어이다.
㉯ FORTRAN : 1950년대에 IBM에 의해 개발된 컴퓨터 프로그래밍 언어로 수학적 공식으로 프로그래머가 계산할 수 있게 한 최초의 언어이다.
㉰ COBOL : 1960년에 미국의 컴퓨터 사용자와 제조업자를 중심으로 개발된 사무자료 처리용 고급언어이다. 이 언어는 다량의 자료를 처리하는 데 적합하며, 코볼 컴파일러만 있으면 컴퓨터 기종간의 차이에 상관없이 공통으로 사용할 수 있다.
㉱ C언어 : 1974년 개발된 언어로 UNIX 시스템을 구축하기 위한 시스템 프로그래밍 언어이다. C 언어는 컴퓨터 사용자가 보다 효율적으로 컴퓨터 자원을 다룰 수 있도록 해주는 역할을 하는 장치로써, 모든 서버 운영체제의 기초를 이해하는데 도움이 된다. 수행 속도가 빠르고, 크기, 효율 등의 기능 면에서 고급 언어와 어셈블리어의 중간 기능을 수행한다.
㉲ C++ : 미국 벨 연구소에서 C 언어의 기능을 확장하여 개발한 프로그래밍 언어로서, 사용자에 의한 새로운 데이터 형식의 정의를 위한 신축성 있고 효율적인 기능을 제공하는 등 객체 지향 중심 프로그래밍(object-oriented programming)의 개념을 도입하였다.
㉳ JAVA : 객체지향프로그래밍 언어로서 C/C++에 비해 간략하고 쉬우며 네트워크 기능의 구현 이 용이하기 때문에, 인터넷 환경에서 가장 활발히 사용되는 프로그래밍 언어이다. 자바 프로그램은 운영체제의 종류에 관계없이 대부분의 시스템에서 실행 가능하다.

2) C언어의 연산자
① 산술 연산자

기호	연산자 의미	관계식
*	곱셈	X*Y
/	나눗셈	X/Y
%	나머지 계산	X%Y
+	덧셈	X+Y
-	뺄셈	X-Y

② 관계 연산자

기호	연산자 의미	관계식
〉	~보다 크다.	a〉b
〉=	~보다 크거나 같다.	a〉=b
〈	~보다 작다.	a〈b
〈=	~보다 작거나 같다.	a〈=b
==	같다.	a==b
!=	다르다.	a!=b

③ 논리 연산자

기호	연산자 의미
!	NOT
&&	AND
||	OR

④ 증가, 감소 연산자

기호	의미
++i	i 값에 먼저 1 증가시킨 후 계산
i++	i 값을 먼저 계산 후 1 증가
--i	i 값에 먼저 1 감소시킨 후 계산
i--	i 값을 먼저 계산 후 1 감소

> **C언어의 변수명 규칙**
> - 변수명으로 사용할 수 있는 문자는 알파벳, 숫자, _ 세 가지이다.
> - 변수명의 첫 글자는 숫자가 될 수 없다.
> - 변수명은 최대 32자까지이다.
> - 대문자, 소문자는 서로 다른 것으로 구분된다.

나. 순서도

1) 순서도의 정의와 역할
① 순서도의 정의 : 데이터 처리 과정 및 프로그램 결과가 출력되는 전반적인 처리과정의 흐름을 일정한 기호를 사용하여 나타낸 것
② 순서도의 역할
  ㉮ 프로그램 작성의 직접적인 자료가 된다.
  ㉯ 업무의 내용과 프로그램을 쉽게 이해할 수 있고, 다른 사람에게 전달이 용이하다.
  ㉰ 프로그램의 정확성 여부를 판단하는 자료가 되며, 오류가 발생 하였을 때 그 원인을 찾아 수정하기가 쉽다.
  ㉱ 프로그램의 논리적인 체계 및 처리 내용을 쉽게 파악할 수 있다.

2) 순서도 기호

기호	명칭	사용용도	기호	명칭	사용용도
□	처리	각종 연산, 데이터 이동 등의 처리	⬭	터미널	순서도의 시작과 끝 표시
◇	판단	참, 거짓의 조건에 따라 판단		천공카드	천공카드의 입·출력
▱	입출력	데이터의 입력과 출력		서류	서류를 매체로 하는 입출력 표시
→	흐름선	처리의 흐름과 기호를 연결		수동입력	콘솔에 의한 입력
⬡	준비	기억장소, 초기값 등 작업의 준비 과정 표시		카드파일	천공카드로 구성된 파일
	미리 정의된 처리	미리 정의된 처리로 옮길 때 사용	○	연결자	흐름이 다른 곳과 연결되는 입·출구를 나타냄

3) 순서도의 작성 방법
① 위에서 아래로 내려가면서 작성한다.
② 분기점이 있는 경우 왼쪽에서 오른쪽으로 작성한다.
③ 기호와 기호 사이에는 화살표(→)로 연결한다.
④ 기호 내부에는 실행 내용을 간단, 명료하게 표시한다.

② 관계 연산자

기호	연산자 의미	관계식
>	~보다 크다.	a>b
>=	~보다 크거나 같다.	a>=b
<	~보다 작다.	a<b
<=	~보다 작거나 같다.	a<=b
==	같다.	a==b
!=	다르다.	a!=b

③ 논리 연산자

기호	연산자 의미
!	NOT
&&	AND
||	OR

④ 증가, 감소 연산자

기호	의미
++i	i 값에 먼저 1 증가시킨 후 계산
i++	i 값을 먼저 계산 후 1 증가
--i	i 값에 먼저 1 감소시킨 후 계산
i--	i 값을 먼저 계산 후 1 감소

C언어의 변수명 규칙
- 변수명으로 사용할 수 있는 문자는 알파벳, 숫자, _ 세 가지이다.
- 변수명의 첫 글자는 숫자가 될 수 없다.
- 변수명은 최대 32자까지이다.
- 대문자, 소문자는 서로 다른 것으로 구분된다.

나. 순서도

1) 순서도의 정의와 역할
① 순서도의 정의 : 데이터 처리 과정 및 프로그램 결과가 출력되는 전반적인 처리과정의 흐름을 일정한 기호를 사용하여 나타낸 것
② 순서도의 역할
㉮ 프로그램 작성의 직접적인 자료가 된다.
㉯ 업무의 내용과 프로그램을 쉽게 이해할 수 있고, 다른 사람에게 전달이 용이하다.
㉰ 프로그램의 정확성 여부를 판단하는 자료가 되며, 오류가 발생 하였을 때 그 원인을 찾아 수정하기가 쉽다.
㉱ 프로그램의 논리적인 체계 및 처리 내용을 쉽게 파악할 수 있다.

2) 순서도 기호

기호	명칭	사용용도	기호	명칭	사용용도
직사각형	처리	각종 연산, 데이터 이동 등이 처리	타원	터미널	순서도의 시작과 끝 표시
마름모	판단	참, 거짓의 조건에 따라 판단	천공카드모양	천공카드	천공카드의 입·출력
평행사변형	입출력	데이터의 입력과 출력	물결모양	서류	서류를 매체로 하는 입출력 표시
화살표	흐름선	처리의 흐름과 기호를 연결	사다리꼴	수동입력	콘솔에 의한 입력
육각형	준비	기억장소, 초기값 등 작업의 준비 과정 표시	카드파일모양	카드파일	천공카드로 구성된 파일
양쪽세로선직사각형	미리 정의된 처리	미리 정의된 처리로 옮길 때 사용	원	연결자	흐름이 다른 곳과 연결되는 입·출구를 나타냄

3) 순서도의 작성 방법
① 위에서 아래로 내려가면서 작성한다.
② 분기점이 있는 경우 왼쪽에서 오른쪽으로 작성한다.
③ 기호와 기호 사이에는 화살표(→)로 연결한다.
④ 기호 내부에는 실행 내용을 간단, 명료하게 표시한다.

⑤ 약속된 표준 기호를 사용한다.
⑥ 과정이 길어 연속적인 표현이 어려울 때는 나누어 작성하고 연결 기호를 사용한다.

4) 순서도의 종류
① 시스템 순서도 : 단위 프로그램을 하나의 단위로 하여 업무의 전체적인 처리 과정의 흐름을 나타낸 순서도
② 프로그램 순서도 : 프로그램의 논리적인 작업 순서를 나타낸 순서도
㉮ 일반 순서도 : 프로그램의 기본 골격(프로그램의 전개 과정)만을 나타낸 순서도
㉯ 세부 순서도 : 기본 처리 단위가 되는 모든 항목을 프로그램으로 바로 나타낼 수 있을 정도까지 상세하게 나타낸 순서도

4 마이크로프로세서

가. 마이크로프로세서 기본 구조

1) 마이크로프로세서의 개요
① 중앙처리장치의 기능을 집적화한 것으로서, 제어장치(명령어 해석 및 실행), 레지스터, 연산장치(ALU)등의 기본 구성을 갖는다.
② 마이크로프로세서의 CPU 모듈 동작 순서는 명령어 인출 → 명령어 해석 → 데이터 인출 → 데이터 처리의 과정으로 이루어진다.

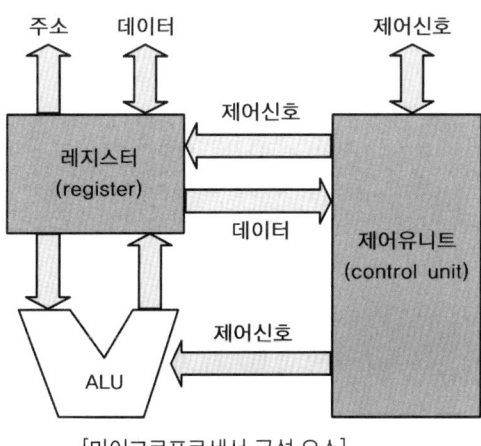

[마이크로프로세서 구성 요소]

2) 구성 요소
① 레지스터(register)
- ㉮ CPU 내부의 기억장치이고 ALU에서 수행한 연산의 결과를 임시로 저장하는 역할을 한다. 고속으로 데이터에 접근, 처리가 가능하며 외부메모리는 번지로 구별하는 데 반해 레지스터는 이름으로 구별한다.
- ㉯ 크게 범용 레지스터(누산기 등)와 특수목적 레지스터(프로그램 카운터, 명령어 레지스터 등)로 나뉜다.

② 산술논리장치(ALU)
- ㉮ 산술 및 논리 연산 수행하는 장치이다. 레지스터에서 피연산자를 받고 연산 결과를 다시 레지스터에 저장한다.
- ㉯ 조합논리회로로 구성되어 있다.

③ 제어장치 : CPU 내부의 신호의 흐름을 제어하는 신호를 발생한다.

④ 각종 버스(bus) : 버스(bus)는 디지털 시스템에서 동일한 기능을 수행하는 신호선들의 집합이다. 마이크로프로세서 내부에서 하나의 신호선은 두 가지 상태(0, 1)만을 가질 수 있다. 이러한 선이 여러 개 모이면 다양한 경우의 수가 생겨서 여러 상태나 값을 가지고 전달할 수 있게 된다.
- ㉮ 데이터(Data) 버스 : 마이크로프로세서가 내외부의 메모리와 데이터를 주고받는데 사용
- ㉯ 어드레스(Address) 버스 : 마이크로프로세서가 내외부의 메모리 번지를 지정하는데 사용
- ㉰ 신호(Signal) 버스 : 마이크로프로세서가 수행할 작업의 종류 및 상태를 메모리나 입출력 기기에 알려주고, 외부의 요구를 받아들이는 신호선
- ㉱ 제어(Control) 버스 : 중앙처리장치와의 데이터 교환을 제어하는 신호의 전송 통로

나. 명령어 형식 및 데이터 형식

1) 명령어 구성
① 명령부(OP Code) : 처리해야 할 연산의 종류
② 처리부(Operand) : 처리할 정보나 처리된 정보

OP Code	Operand

2) 명령어의 기능
① 함수연산 기능 : 데이터 처리 명령어가 산술과 논리 연산을 수행
② 전달기능 : 데이터 전송 명령어가 레지스터 사이의 정보 전달이나 중앙처리 장치와 주기억 장치 사이의 정보 이동을 수행
③ 제어기능 : 프로그램 제어 명령어가 명령어의 수행 순서를 제어
④ 입·출력 기능 : 프로그램으로 입력이 가능한 기능이 있어야 하며, 기억된 계산 결과를 프로그래머에게 알리기 위해서 출력 장치를 이용

3) 명령어의 종류
　① 3-주소 명령어 : 오퍼랜드의 수가 3개인 명령어 형식

| OP Code | Operand1 | Operand2 | Operand3 |

　　㉮ 장점 : 산술식을 프로그램 하는 데 있어서 프로그램의 길이가 짧아짐
　　㉯ 단점 : 3주소 명령어를 2진 코드화 했을 때 세 개의 오퍼랜드를 나타내기 위한 비트 수가 다른 주소 명령어 형식보다 많이 필요
　② 2-주소 명령어 : 오퍼랜드의 수가 2개인 명령어 형식, 범용 레지스터에 사용하며 가장 일반적인 주소지정방식

| OP Code | Operand1 | Operand2 |

　　㉮ 장점 : 3주소 명령어에 비해 명령어의 길이가 짧아짐
　　㉯ 단점 : 같은 내용을 수행하기 위한 명령어의 수가 증가
　③ 1-주소 명령어 : 오퍼랜드의 수가 1개인 명령어 형식, 오퍼랜드를 가져오거나 연산결과를 저장하기 위한 임시적인 장소로 누산기를 사용

| OP Code | Operand1 |

　　㉮ 장점 : 3주소 명령어에 비해 명령어의 길이가 짧아짐
　　㉯ 단점 : 같은 내용을 수행하기 위한 명령어의 수가 증가
　④ 0-주소 명령어
　　㉮ 기억장치 스택을 사용하며 주소 필드는 사용하지 않음
　　㉯ 명령어의 길이가 짧아 기억 공간을 적게 차지하나 많은 양의 정보가 스택과 주기억장치를 이동하므로 비효율적

4) 데이터의 전달에 관한 명령
　① 로드명령(Load Instruction) : 지정된 메모리 번지의 내용을 누산기 등의 레지스터로 옮기는 명령
　② 스토어명령(Store Instruction) : 누산기 등 레지스터의 내용을 지정된 메모리 번지로 옮기는 명령
　③ 전송명령(Move Instruction) : 하나의 레지스터에서 다른 레지스터로 데이터를 옮기는 명령
　④ 교환명령(Exchange Instruction) : 두 레지스터 간에 서로 데이터를 교환하는 명령
　⑤ 입·출력명령(Input/output Instruction) : 주변장치에서 데이터를 입력하거나 주변 장치로 데이터를 출력하는 명령
　⑥ 푸시/팝명령(Push/pop Instruction) : 데이터를 스택에 일시 저장하거나 스택으로부터 데이터를 불러내는 명령

다. 주소지정방식, 서브루틴과 스택

1) 주소지정방식

① 즉시 주소지정방식(Immediate Addressing Mode) : 명령 속의 오퍼랜드 정보를 그대로 오퍼랜드로 사용하는 방식

② 직접 주소지정방식(Direct Addressing Mode) : 명령어의 오퍼랜드에 실제 데이터가 들어 있는 주소를 직접 갖고 있는 방식

③ 간접 주소지정방식(Indirect Addressing Mode) : 명령어 내의 주소부에 실제 데이터가 저장된 장소의 주소를 가진 기억장소의 주소를 표현한 방식

④ 레지스터 주소지정방식(Register Addressing Mode) : 오퍼랜드로 레지스터를 지정하고 다시 그 레지스터값이 실제 데이터가 기억된 기억 장소의 주소를 지정

⑤ 묵시적 주소지정방식(Implied Addressing Mode) : 명령어 실행에 필요한 데이터의 위치가 묵시적으로 지정

⑥ 페이지 주소지정방식(Page Addressing Mode) : 기억장치를 일정한 크기의 페이지로 나누어서 명령 속에 페이지 내에서의 어드레스를 지정하는 방법

⑦ 상대 주소지정방식(Relative Addressing Mode) : 프로그램 카운터가 명령의 주소 부분과 더해져서 유효 주소가 결정되는 방법으로, 명령의 주소 부분은 보통 부호를 포함한 수이며, 음수(2의 보수 표현)나 양수 둘 다 가능

⑧ 인덱스 주소지정방식(Indexed Addressing Mode) : 명령어의 주소 필드의 값과 인덱스 레지스터의 값을 더해 유효 주소를 구하며, 어레이의 참조에 유용

2) 서브루틴과 스택

① 서브루틴(Subroutine)

㉮ 프로그램 가운데 하나 이상의 장소에서 필요할 때마다 되풀이해서 사용할 수 있는 부분적 프로그램으로 실행 후에는 메인 루틴이 호출한 장소로 되돌아간다. 되돌아 갈 복귀 주소를 저장해 놓아야 하는데 이때 사용되는 것이 스택(stack)이다.

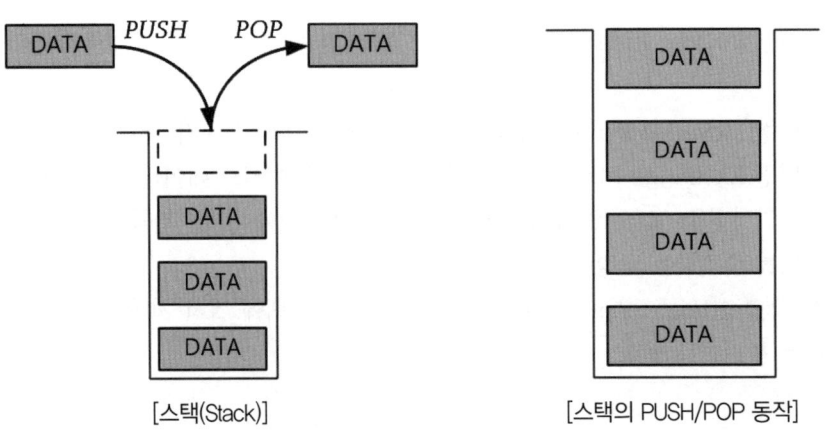

[스택(Stack)]　　　　　[스택의 PUSH/POP 동작]

㊁ 독립적으로 쓰는 일은 없고 메인 루틴과 결합하여 기능을 수행한다.
② 스택(Stack)
　　㉮ 스택은 데이터 입·출력이 한쪽으로만 접근 할 수 있는 자료 구조이다. 스택에서 가장 나중에 들어간 데이터가 제일 먼저 나오게 된다. 그래서 스택을 LIFO(Last In First Out) 구조라고 한다.
　　㉯ 스택을 조작하는 동작은 데이터를 넣은 PUSH 동작과 데이터를 빼오는 POP 동작이 있다. PUSH는 스택의 최상단 데이터 위에 새로운 데이터를 쌓는다(stack)의 의미이고, POP은 스택의 최상단에 있는 데이터를 빼온다는 의미이다.

Section 03 전자측정

Craftsman Electronic Apparatus

1. 측정과 오차 | 2. 전자계측기기 | 3. 직·교류의 측정 | 4. 브리지 회로 | 5. 주파수, 통신 측정 | 6. 발진기 | 7. 디지털 계측

1 측정과 오차

가. 전기표준기

1) 표준 저항기
① 다른 저항기의 비교 기준을 위한 표준기로서 또는 전위차계법에 사용되는 경우 전류를 흘려주는 표준기로 사용된다.
② 표준저항기의 조건
 ㉮ 저항 재료로서는 저항값이 안정해야 한다.
 ㉯ 온도 계수가 작아야 한다.
 ㉰ 구리에 대한 열기전력이 작아야 한다.
 ㉱ 고유 저항이 큰 것이어야 한다.
③ 표준저항기의 저항선과 저항값
 ㉮ 저항선 : 구리-망간-니켈의 합금으로 되어 있는 망가닌선이 가장 많이 사용된다.
 ㉯ 저항값 : 1[kΩ], 1[Ω], 0.1[Ω] 등

2) 표준 전지
① 기전력의 값이 안정하고 온도 계수가 작은 전지로서 전압의 표준으로 널리 사용되고 있다.
② 현재 주로 사용되는 것은 중성 포화형 카드뮴 전지로, 이것을 웨스톤 표준 전지라고 한다.

나. 측정방법과 오차

1) 측정의 개념
① 어떤 양이나 변수의 크기를 그것과 같은 종류의 기준량과 비교하여, 그 크기를 수량적으로 나타내는 것을 말한다.

② 측정에 사용되는 장치를 측정기, 계측기 또는 계기라고 한다.

2) 측정의 종류
① 직접측정법
  ㉮ 동종의 기준량과의 비교에 의해 측정량의 크기를 결정하는 방법
  ㉯ 예) 길이를 자로 직접 측정, 전압계로 전압 측정, 전류계로 전류 측정
② 간접측정법
  ㉮ 관계있는 다른 측정량들을 각각 측정하고 그들의 함수적 관계로부터 계산하여 결정하는 방법
  ㉯ 전류계 및 전압계로 전류, 전압 측정 후 R =V/I로부터 저항 계산
③ 비교측정법 : 표준게이지인 게이지블록과 피측정물을 비교하여 측정하는 방법

3) 측정 방식

구분	편위법	영위법
정의	측정량 크기에 비례하여 지시계를 편위시켜 그 편위 정도로 측정	어느 측정량과 같은 크기로 조정된 기준량으로부터 측정
기기	전압계 및 전류계	휘스톤 브리지 및 전위차계
특징	감도는 떨어지지만 취급이 쉬워 공업용으로 사용	감도가 높아 정밀 측정에 가장 적합

4) 오차
① 어떤 양을 측정하는 경우에 그 참값을 구하기는 불가능하며, 반드시 정치와 참값 사이에 발생하게 되는 차이를 오차라고 한다.
② 오차의 원인으로는 디지털 측정에서의 양자화 오차 등 측정방법에 의한 것, 눈금 결정의 불확실함 등 측정 장치의 불완전함에 의한 것 등이 있다.
③ 오차의 종류
  ㉮ 계통 오차 : 계측기 눈금의 부정확함에서 발생되는 오차
    ㉠ 이론적 오차 : 이론적 근거에 기인된 오차
    ㉡ 기계적 오차 : 계측기 자신이 가지는 오차
    ㉢ 개인적 오차 : 측정자의 습성에 의한 오차
  ㉯ 우연 오차 : 측정조건의 변화에 의한 오차
  ㉰ 과오 오차 : 눈금오독, 기록부주의, 과실(실수)과 측정에 대한 지시부족에 의한 오차

5) 오차, 백분율 오차, 보정, 보정 백분율
① 오차(ε) = $M - T$ [M : 측정값, T : 참값]
② 백분율 오차(α) = $\dfrac{M-T}{T} \times 100[\%]$

③ 보정값 = $T - M$

④ 보정 백분율(α_0) = $\dfrac{T-M}{M} \times 100[\%]$

6) 허용오차

계기의 종류	계급	허용오차	사용 목적
전류계, 전압계, 전력계, 무효 전력계	0.2급	±0.2[%]	부표준기(실험실용)
	0.5급	±0.5[%]	정밀 측정용(휴대용)
	1.0급	±1.0[%]	일반 측정 계기(소형 휴대용)
	1.5급	±1.5[%]	공업용 보통 측정(배전반용)
	2.5급	±2.5[%]	확도에 중점을 두지 않음(소형 판넬용)

7) 기타 사항

① 확도와 정도
  ㉮ 확도 : 측정값이 참값과 어느 정도 일치하는가 하는 정도를 나타내는 값
  ㉯ 정도 : 측정기로 미지량을 측정하는 경우에 어느 정도 미세하게 측정할 수 있는가를 나타내는 것

② 감도 : 측정기의 외부의 자극작용에 대해 반응하는 예민성의 정도를 나타내는 것으로, 측정기의 지시로 나타낼 수 있는 최소의 측정량

③ 유효숫자 : 측정이나 연산에 관계하여 그 측정 결과나 연산 결과의 정밀도를 주기 위한 숫자이며, 신뢰할 수 있는 숫자를 표시한다.

  예 35.86 유효숫자 : 3,5,8,6 (4개)
     0.0064 유효숫자 : 6,4 (2개) 첫머리에 있는 0은 유효숫자가 아님
     10064 유효숫자 : 1,0,0,6,4 (5개) 0이 아닌 숫자 사이의 0은 유효숫자

2 전자계측기기

가. 지시계기

1) 지시계기의 개요

① 지시계기의 개념 : 측정하려는 여러 가지 전기량, 즉 전압, 전류, 역률, 주파수 등을 지침으로 직접 눈금판에 지시하는 계기

② 지시계기의 3대 요소 : 구동장치, 제어장치, 제동장치
③ 지시계기의 특징
  ㉮ 보조 전원이나 특별한 조작이 필요 없다.
  ㉯ 취급이 쉽고 구조가 비교적 간단하다.
  ㉰ 수명이 길고 값이 싸기 때문에 정밀 측정을 요구하지 않는 공업 계측이나 현장 계측에 사용된다.
④ 지시계기의 구비조건
  ㉮ 정확도가 높고, 외부의 영향을 받지 않을 것
  ㉯ 눈금이 균등하든가 대수 눈금일 것
  ㉰ 지시가 측정값의 변화에 신속히 응답할 것
  ㉱ 튼튼하고 취급이 편리할 것
  ㉲ 절연내력이 높을 것

2) 지시계기의 3대 요소
  ① 구동장치
    ㉮ 구동장치 : 구동 토크를 발생하는 장치
    ㉯ 구동토크 : 측정량에 따라 계기의 지침과 같은 가동 부분을 움직이게 하는 힘
    ㉰ 구성요소 : 고정부와 가동부
    ㉱ 구동토크를 발생시키는 방법
      ㉠ 자기장과 전류 사이에 작용하는 힘
      ㉡ 두 전류 사이에 작용하는 힘
      ㉢ 충전된 두 물체 사이에 작용하는 힘
      ㉣ 자기장 내에 있는 철편에 작용하는 힘
      ㉤ 회전 자기장 및 이동 자기장 내에 있는 금속 도체에 작용하는 힘
      ㉥ 줄(Joule)열에 의한 금속선의 팽창에 의한 기전력의 힘
      ㉦ 전류에 의한 전기 분해 작용을 이용
  ② 제어장치
    ㉮ 제어장치
      ㉠ 구동 토크가 발생되어서 가동부가 움직이게 되었을 때, 이에 대하여 반대 방향으로 작용하는 제어 토크 또는 제어력을 발생시키는 장치
      ㉡ 가동 부분의 변위나 회전에 맞서 원래의 0위치에 되돌려 보내려는 제어토크를 발생시키는 장치
    ㉯ 제어장치의 종류
      ㉠ 스프링 제어 : 대부분의 지시계에 사용
      ㉡ 중력 제어 : 값싼 배전반용 가동 철편형 계기에 사용
      ㉢ 전기력 제어 : 비율계나 메거와 같은 교차 코일형 계기에 주로 사용

ⓔ 자기력 제어 : 가동 지침형 검류계에 사용
ⓜ 맴돌이전류(와전류) 제어 : 교류용 적산 전력계에 사용
③ 제동장치
㉮ 제동장치 : 지시계기의 가동 부분에 적당한 제동 토크를 가해 지침의 진동을 빨리 멈추게 하는 장치
㉯ 제동의 종류
㉠ 공기 제동 : 지시계기에 가장 많이 쓰이는 방법으로 물체가 운동할 때에 받는 공기 저항을 이용한 것
㉡ 액체 제동 : 공기 대신 날개를 글리세린과 같은 액체 속에서 움직이게 하여 강한 제동력을 얻는 것으로 기록계기나 정전형 계기로 주로 사용
㉢ 맴돌이전류 제동 : 계기의 회전축에 장치한 알루미늄 원판을 영구 자석의 강한 자기장 내에 회전시키면 원판에 맴돌이전류가 흐르게 되어, 이 맴돌이전류와 자기장이 상호 작용을 하여 원판의 운동을 방해하는 방향으로 전자력을 발생시켜 제동하는 방식, 가동 코일형 계기와 적산 전력계에 주로 사용

3) 지침과 눈금
① 지침 : 계기의 정도나 사용 목적에 따라 가볍고 튼튼하며, 관성이 작도록 알루미늄이나 두랄루민으로 얇은 판 또는 가는 판으로 만들고, 지침의 끝부분은 여러 가지 모양의 것들이 있다.
② 눈금 : 계기의 동작 원리에 따라 눈금은 균등 눈금과 불균등 눈금으로 구분, 눈금은 정확하고 읽기 쉬워야 하므로, 균등 눈금이 일반적이다.

4) 각종 지시계기의 용도와 특성
① 가동코일형 계기
㉮ 구조 및 원리
㉠ 영구 자석이 만드는 자기장 내에 가동 코일을 놓고, 코일에 측정하고자 하는 전류를 흘리면 이 전류와 자기장 사이에 전자력이 발생한다. 이 전자력을 구동토크로 한 계기를 영구자석 가동코일형 계기라 한다.
㉡ 가동코일형 계기로 교류전압을 측정하려면 정류기를 접속하여 교류전압을 직류전압으로 변환해야 한다.
㉯ 가동코일형 계기의 특징
㉠ 감도와 정확도가 높다.
㉡ 구동토크가 크고 정확한 측정이 된다.
㉢ 소비 전력이 대단히 적다.
㉣ 균등 눈금을 사용함으로써 측정 범위를 간단히 변경시킬 수 있다.
㉤ 직류 전용이므로 교류를 측정하려면 정류기를 삽입해야 한다.
㉥ 측정 범위가 낮으므로 측정 범위를 확대하기 위해서는 분류기나 배율기를 삽입해야 한다.

② 가동철편형 계기
  ㉮ 구조 및 원리
    ㉠ 고정 코일에 흐르는 전류에 의해서 자기장이 생기고, 이 자기장 속에서 연철편을 흡인/반발 또는 반발/흡인하는 힘을 구동토크로 사용한 것이다.
    ㉡ 구동토크의 발생 방법에 따라 흡인식, 반발식 또는 반발 흡인식이 있다.
  ㉯ 가동철편형 계기의 특징
    ㉠ 구조가 간단하고 견고하며, 가격이 싸다.
    ㉡ 분류기 없이 비교적 큰 전류까지 측정할 수 있다.
    ㉢ 눈금은 0부근을 제외하고는 균등 눈금에 가깝게 할 수 있다.
    ㉣ 히스테리시스 오차 때문에 직류 측정은 곤란하고, 교류 전용 계기로 사용된다.
    ㉤ 오차가 많은 결점이 있고, 감도가 높은 것은 제작이 곤란하다.
    ㉥ 고정 코일의 자기장이 적으므로 외부 자기자의 영향을 받기 쉽다.
  ㉰ 가동철편형 전류계 및 전압계
    ㉠ 전류계 : 정격 전류가 작은 것은 제작되지 않으며, 보통 수십 [mA] 정도 이상 100[A] 정도의 것들이 있다.
    ㉡ 전압계 : 보통 15[V] 이상의 것이 있으며, 정격 전압이 높은 것에는 고정 코일에 망간 또는 콘스탄탄 저항을 직렬로 접속하여 정격 전압 600[V] 정도까지도 제작된다.
③ 전류력계형 계기
  ㉮ 구조 및 원리 : 고정 코일에 피측정 전류를 흘려 자기장을 만들고, 그 자기장 중에 가동 코일을 설치하여 여기에도 피측정 전류를 흘려, 이 전류와 자기장 사이에 작용하는 전자력을 구동토크로 이용하는 계기
  ㉯ 전류력계형 계기의 특징
    ㉠ 고정 코일에 흐르는 전류로 자기장을 만들기 때문에 가동 코일형에 비하여 자기장이 약하고, 또한 외부 자기장의 영향을 받기 쉬우므로 계기에 자기 차폐를 하여야 한다.
    ㉡ 이 계기는 실효값을 지시하며, 직류로 눈금 교정을 할 수 있으므로 상용 주파수 교류의 표준용으로 사용할 수 있다.
    ㉢ 코일의 인덕턴스에 의한 주파수의 영향이 크다.
    ㉣ 계기의 소비 전력이 크고, 구조가 다소 복잡하므로 주로 전력계로서 널리 사용된다.
    ㉤ 직류와 교류를 같은 눈금으로 측정할 수 있는 정밀급 계기이다.
    ㉥ 자기 가열의 영향이 비교적 크므로 주의가 필요하다.
    ㉦ 단상 교류의 전력을 측정할 때 사용 가능하다.
④ 유도형 계기
  ㉮ 구조 및 원리 : 피측정 전류 또는 전압을 여자 코일에 공급해서 자기장을 만들고, 이 자기장과 가동부의 전자 유도 작용에 의해서 생기는 맴돌이 전류 사이의 전자력에 의한 구동토크를 이용한 계기

㉯ 유도형 계기의 특징
　　　㉠ 가동부에 전류를 흘릴 필요가 없으므로 구조가 간단하고 견고하다.
　　　㉡ 구동토크가 다른 계기에 비하여 크고, 조정이 쉽다.
　　　㉢ 공극 내의 자기장이 강하므로 외부 자기장의 영향이 작다.
　　　㉣ 회전력은 가동부의 위치에 관계없음으로 극히 넓은 범위의 눈금으로 쓸 수 있다.
　　　㉤ 주파수의 영향이 다른 계기에 비하여 크기 때문에 정밀급 계기에는 사용이 곤란하다.
　　　㉥ 교류용이며, 직류에는 사용할 수 없다.
　　　㉦ 교류 배전반용 기록 장치와 전력계 및 이동 자기장식은 적산 전력계로 이용된다.
⑤ 정전형 계기
　㉮ 구조 및 원리
　　㉠ 2장의 고정 전극과 그 사이에 알루미늄 가동 전극을 장치한 것으로, 구동력은 양 전극에 걸어 준 전압에 의하여 축적된 정전 에너지로서, 양 극판에 대전된 전하 사이에 작용하는 정전흡입력 또는 반발력을 이용한다.
　　㉡ 정전 전압계 또는 전위계는 전압을 직접 측정하는 유일한 계기이다.
　㉯ 정전형 계기의 특징
　　㉠ 이 계기는 주로 고압 측정용으로 사용된다.
　　㉡ 눈금은 제곱 눈금으로 되어 있다.
　　㉢ 입력 임피던스가 높고, 소비 전력이 극히 적다.
　　㉣ 외부 자기장의 영향은 받지 않으나, 정전기장에 의한 오차를 발생한다.
　　㉤ 주파수와 파형의 영향이 없으므로 직교류 겸용 및 직교류 비교기로도 이용된다.
⑥ 열전형 계기
　㉮ 열전형 전류계 : 미소전류로 동작되며 오차가 없고, 주파수 특성이 우수하므로 주로 고주파용 전류계로 사용된다.
　㉯ 열전형 전압계 : 열전쌍 전압계는 10~20[mA] 정도의 열전쌍 전류계에 고주파 직렬 저항을 접속하여 사용
　㉰ 열전형 전력계 : 열전쌍의 제곱 특성을 이용한 것
⑦ 정류형 계기
　㉮ 측정하고자 하는 교류를 반도체 정류기에 의해 직류로 변환한 후 가동코일형 계기로 지시시키는 계기
　㉯ 일반적으로 전류력계형이나 가동철편형과 같은 교류용 계기는 직류형 계기에 비하여 감도가 낮기 때문에, 정류형 계기는 가동코일형 계기가 가지는 정도와 감도를 교류 측정에 이용하는 것으로서 교류 계기 중 가장 감도가 좋다.
　㉰ 이 계기는 배전반용 등의 교류 전류계 및 교류 전압계로 널리 이용되며, 일반적으로 정류회로는 반파정류보다 계기의 지시를 2배로 할 수 있는 전파 정류를 사용한다.
　㉱ 정류형 계기로 제작되는 전류계의 정격 전류는 500[μA]~100[mA] 정도이고, 전압계의 경우에는 정격 전압이 1~1000[V] 정도이다.

⑮ 측정 범위를 확대하려면 전류계는 계기용 변류기를, 전압계는 배율기 저항을 접속하여 사용한다.
⑯ 정류형 계기의 원리 및 정류기 접속 방식

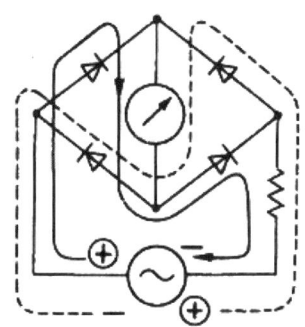

⑧ 검류계 : 미소 전류나 전압의 유무를 검출하는 데 사용하는 고감도의 계기

5) 지시계기의 측정범위 확대

① 분류기(Shunt) : 전류를 측정하려는 경우에 전로의 전류가 전류계의 정격보다 큰 경우에는 전류계와 병렬로 다른 전로를 만들고, 전류를 분류하여 측정한다. 이와 같이 전류를 분류하는 저항기를 분류기라 한다.

② 배율기(Multiplier) : 내부저항 r_a, 허용전압 V인 전압계의 측정 범위를 m 배로 하려할 때 전압계와 직렬로 연결하는 큰 저항 R_m을 말한다.

$$V_a = r_a I = r_a(\frac{V}{r_a + R_m})$$

$$V = \frac{r_a + R_m}{r_a}V_a = (1 + \frac{R_m}{r_a})V_a$$

$$\frac{V}{V_a} = 1 + \frac{R_m}{r_a} = m$$

$$R_m = r_a(m - 1)$$

③ 분압기(Voltage Divider)
  ㉮ 저항 또는 리액터의 전체에 전압을 가하고, 고정 또는 가변의 탭에 의해 가해진 전압보다도 낮은 임의의 전압을 꺼내는 장치. 저항 양단에 전압 V_1을 가하고, 그 도중에서 탭을 내어 공통선과 탭 사이의 전압 강하에 의해 전압 V_2를 얻는다.
  ㉯ 사용하는 임피던스에 따라서 저항 분압기, 용량 분압기, 저항 용량 분압기, 리액터 분압기 등이 있다. 감쇠기, 고압의 측정 등에 사용된다.

④ 계기용 변류기(CT)
  ㉮ 측정 또는 제어를 하기 위한 계기용 변성기의 일종
  ㉯ 1차권선 : 측정하려는 회로에 직렬접속
  ㉰ 2차권선 : 계측기 혹은 계전기에 직렬접속하여 폐회로 구성

- ㉑ 변류비와 1,2차 전류의 위상차가 일정한 것이 특성이 좋음
- ㉒ 대전류를 소전류(1[A], 5[A])로 강하시키는 것

⑤ 계기용 변압기(PT)
- ㉮ 교류 전압계의 측정 범위를 확대하고, 또는 고압 회로와 계기와의 절연을 위해 사용하는 변압기로, 배율은 권선비와 같다.
- ㉯ 상용 주파수로 사용하는 계기용 변압기의 정격 2차 전압은 110V이다.

6) 기록계기(Recording Instrument)

① 직동식 기록계기
- ㉮ 편위법 지시계기의 동작 원리로서, 지침이 달린 기록용 펜을 직접 움직여 측정량을 기록하는 계기이다.
- ㉯ 실선식과 타점식이 있다.

② 자동평형 기록계기
- ㉮ 펜과 기록 용지에서 생기는 마찰 오차를 피하기 위하여 고안된 것으로, 영위법에 의한 측정 원리를 이용한 것이다.
- ㉯ 펜의 구동력을 직접 피측정 에너지에서 받는 것이 아니라, 별개의 구동 에너지로 움직이게 하는 자동평형 서보기구를 사용한다.
- ㉰ 직동식 계기에 비하여 고정밀도의 측정이 가능하다.
- ㉱ DC-AC 변환기, 증폭회로, 서보모터 및 지시 기록기로 구성되어 있다.

③ X-Y 기록계기
- ㉮ 자동평형 계기의 동작 원리를 이용하여 y = f(x)의 관계를 자동적으로 작동하는 장치이다.
- ㉯ 2개의 자동 평형 계기 중의 한쪽에서 변수 x에 대응하여 펜을 X축 방향으로 이동시키고, 다른 쪽에서 함수 y에 대응하여 펜 또는 작도 용지를 Y축 방향으로 이동시킨다.

7) 그 밖의 계기

① VU미터(Volume Unit : 음량계)
- ㉮ 방송이나 녹음을 하는 경우에 음량 측정이나 감시를 하는 계기로 VU는 음량 단위를 나타내며 0VU는 +4dBm에 상당한다.
- ㉯ 전파정류형 교류전압계에 저항 감쇠기를 접속해서 사용하며 1,000Hz, 1.228V의 정현파 전압을 가했을 때 지침 이전 눈금의 70%를 가리키도록 하여 이 점을 0VU로 한다.

② 레벨계(Level Meter)
- ㉮ 통신 회로나 전송 기기의 신호 레벨을 데시벨로 직독하는 계기로 가변 저항 감쇠기, 증폭기, 정류형 전압계로 구성되며, 측정 레벨은 가변저항 감쇠기의 스위치 위치와 지시계 지시값의 대수합으로서 직독할 수 있도록 되어 있다.
- ㉯ 절대레벨 : 일정한 전력을 기준으로 정한 레벨이 절대 레벨이다. 1mW의 전력을 0dB로 한 절대 레벨 +10dB은 10mW, +20dB은 100mW, -30dB은 1μW에 해당된다.

③ 볼로미터 전력계
  ㉮ 직류에서 고주파 전압, 전류 및 마이크로파(1~3[GHz])까지의 전력을 정밀하게 측정한다.
  ㉯ 저항소자(서미스터)의 변화분을 측정하여 도파관 속을 전파하는 마이크로파대의 전력을 측정한다.(※ 서미스터는 온도에 따라서 저항값이 변화하는 소자로서 온도가 올라가면 저항이 감소하고, 온도가 내려가면 저항이 증가하는 특성을 가진다.)
④ C-C형 전력계 : 고주파전력을 측정하는 방법 중 콘덴서를 사용하여 부하 전력의 전압 및 전류에 비례하는 양을 구하고, 열전쌍의 제곱 특성을 이용하여 부하 전력에 비례하는 직류 전류를 가동 코일형 계기로 측정하도록 한 전력계
⑤ C-M 형 전력계
  ㉮ 동축 급전선과 같은 불평형 급전선에 사용되는 초단파대의 전력측정에 사용된다.
  ㉯ 표유용량 C를 통하여 전류가 흐른다.
  ㉰ 실제로 부하에 공급되는 전력을 측정한다.

나. 오실로스코프

1) 오실로스코프의 구조

① 음극선관
  ㉮ 전자총(electron gun), 수평 편향판, 수직 편향판, 형광막으로 나누어지며 전자총에서 방출된 전자 선속(electron beam)은 형광막 쪽으로 사출되고 그 도중에 한 쌍의 수평 편향판과 한쌍의 수직 편향판 사이를 통과하도록 되어 있다.
  ㉯ 전자 선속은 각 편향판에 걸리는 전압이 0일 때 형광막의 중심에 휘점(spot)을 나타낸다. 전자 총 안에 있는 제어 그리드(control grid)는 음극(cathode)에 대해 부전압을 걸어 주어 음극에서 방출된 전자의 흐름을 제한하도록 한다. 그러므로 이 부전압(bias 전압)을 변화시켜서 형광막에 나타나는 휘점의 밝기를 조절할 수 있다.
② 수직축 증폭기 : 관측하려는 신호 전압을 증폭하여 그 출력을 수직 편향판에 가한다.
③ 수평축 증폭기 : 톱니파 발생기에서 발생한 톱니파 전압을 증폭하여 그 출력을 수평 편향판에 가한다.

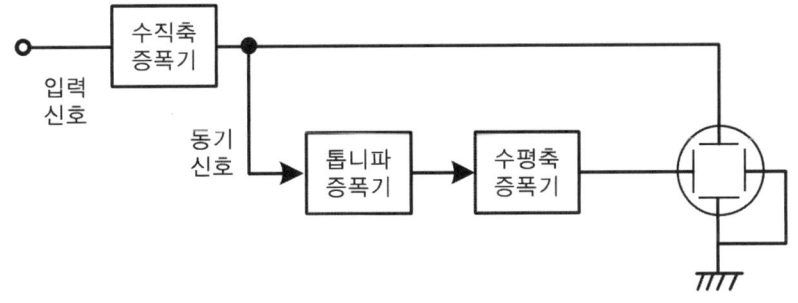

[오실로스코프의 기본 구성]

2) 주기와 주파수 및 파형의 측정

① 오실로스코프로는 전압, 전류, 파형, 위상 및 주파수, 변조도, 시간 간격, 펄스의 상승시간 등의 제현상을 측정할 수 있다.

② 전압, 주기와 주파수 측정

㉮ 교류전압 최대값 측정

㉠ 최대값 = 파형의 수직 칸 수 × VOLTS/DIV × 프로브의 배율

㉡ **예** VOLTS/DIV이 [0.5V/DIV]이고, 프로브의 배율은 10 : 1 사용할 때 그림과 같이 파형을 측정하였다. 이때 교류전압 최대값은 얼마인가?

최대값 = 4[DIV] × 0.5[V] × 10 = 2[V]

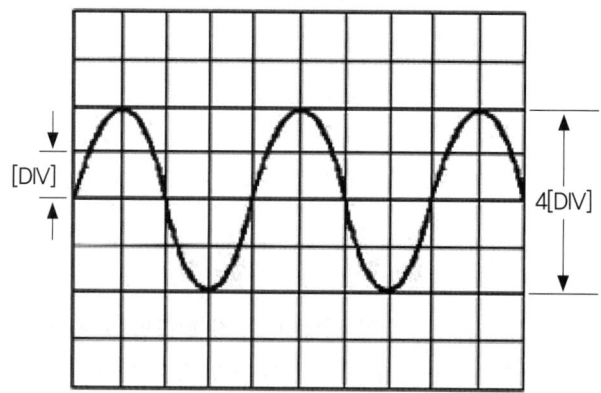

㉯ 주기와 주파수 측정

㉠ 주기(T) = 주기 파형의 수평 칸 수 × TIME/DIV

㉡ 주파수(f) = $\dfrac{1}{T}$

㉰ 위상측정 : 2개의 정현파를 브라운관 오실로스코프의 수평축과 수직축에 따로 가하고, 양자의 주파수비를 정수비로 하면 양 주파수비와 위상차에 따른 특유한 도형이 브라운관상에 그려진다. 이러한 도형을 리사주 도형이라 하며, 주파수나 위상차의 측정에 쓰인다.

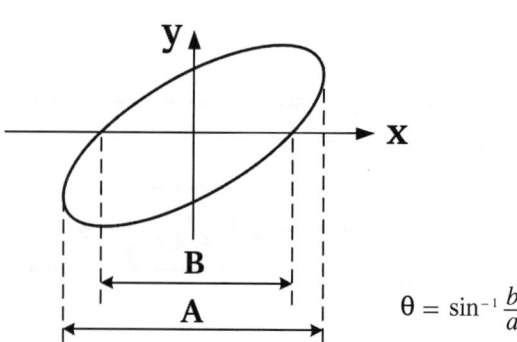

$\theta = \sin^{-1}\dfrac{b}{a}$

다. 회로소자 및 반도체소자 측정

1) 트랜지스터의 특성 측정
① pnp 접합과 npn 접합으로 구성된 트랜지스터로 PNP-TR, NPN-TR로 구분되며 전류의 흐름방향만 다르고 두개의 트랜지스터는 동일하다.
② 트랜지스터(TR) 특성을 분석하기 위하여 입력에 V_1, I_1 출력에 V_2, I_2의 4개의 단자망인 변수를 이용한 4단자 Hybrid Parameter(h) 정수를 이용하여 해석한다.
③ 2개의 발전기와 2개의 저항으로 모델링하여 동작하는 것이 접합형 트랜지스터 (BJT)이다.
  ㉮ 이미터 접지시 전류증폭률(h_{fe}) $\alpha = \dfrac{\beta}{1+\beta}$
  ㉯ 베이스 접지시 전류증폭률(h_{fb}) $\beta = \dfrac{\alpha}{1-\alpha}$

2) R, L, C 소자를 이용하여 공진(resonance) 원리
① 공진(resonance)
  ㉮ 주기적인 진동을 하는 물체에 외부로부터 같은 주기의 힘을 가하면 적은 힘으로도 큰 진동을 얻을 수 있다. 이와 같은 현상은 일상생활에서도 흔히 일어나는 것으로 전기계에서는 이 같은 현상을 공진(resonance)이라 한다.
  ㉯ 공진이 일어나기 위해서는 회로 내에 반드시 L, C소자가 공존해야 하며 어느 특정한 주파수에서 유도기의 자계에너지와 용량기의 전계에너지 사이에 주기적인 에너지 교환이 일어나 공진현상이 생기게 된다.
  ㉰ 공진회로는 L, C 소자의 연결방식에 따라 직렬, 병렬 직병렬공진회로가 있다. 특히 주파수 선택이나 임피던스 변환용으로 널리 사용된다.
② 직렬공진 회로
  ㉮ RLC 직렬회로에 크기가 일정하고 주파수가 변화하는 전원 전압을 연결했을 때 전원주파수의 변화에 따른 리액턴스의 변화로 인해 회로 내의 임피던스는 변화하고 따라서 전류도 변하게 된다.
  ㉯ 공진조건 : $\omega L = \dfrac{1}{\omega C}$
  ㉰ 공진주파수 : $f = \dfrac{1}{2\pi\sqrt{LC}}$
③ 병렬공진회로 : 직렬과 반대로 RLC가 병렬로 구성되며 공진조건이나 공진주파수는 동일하다.
④ Q-meter에 의한 측정
  ㉮ 코일 및 용량특성 측정에 주로 쓰이는 측정기기이며 직렬공진 회로에 가한 전압에 대해 공진 시 전압비로 Q를 찾는 측정기이다.
  ㉯ 코일의 Q는 그 코일의 리액턴스와 저항과의 비 $\dfrac{\omega L}{R}$로 정의된다.

　　　　㉰ 회로구성 : 발진부, 입력 감시부, 동조부, Q 지시부 및 전원부
　　　㉱ Q-meter에 의한 측정할 수 있는 사항
　　　　㉠ 코일과 콘덴서의 Q
　　　　㉡ 코일의 실효inductance 및 실효저항
　　　　㉢ 코일의 분포용량
　　　　㉣ 콘덴서의 정전용량

3 직 · 교류의 측정

가. 전압측정

1) 전압측정의 개요
① 보통 전압은 전위차계를 이용하여 측정한다.
② 직류 전위차계는 전류를 흘리지 않고 전위차를 표준전지의 기전력과 미지 전지의 기전력을 비교하여 1[V] 이하의 직류전압을 정밀하게 측정할 수 있다.

2) 직 · 교류의 전압측정
① 직류전압 측정 : 직류전압계(가동코일형)를 사용하여 전압계의 (+) 단자를 전원의 (+) 측에 접속하고 (−) 단자를 전원의 (−) 측에 접속한다.
② 교류전압 측정 : 교류전압계(가동철편형)를 사용하여 최대눈금치가 표시되어 있는 단자를 전원의 비접지측에 접속하고 ±가 표시되어 있는 단자를 전원의 접지측 단자에 접속한다.
③ 전압이득 $G = 20\log_{10}\dfrac{V_o}{V_i}[dB]$

나. 전류측정

1) 전류측정의 개요
① 측정하는 회로의 전류에 알맞은 정격의 전류계를 사용하여 부하와 직렬로 접속하여 측정한다.
② 전류계의 코일에는 부하전류가 흐르므로 내부저항을 작게 하여 회로에 영향을 주지 않도록 한다. 따라서 리드선의 굵기 등도 고려해야 한다.
③ 미지의 전류를 측정할 때는 클램프 메터로 개략적인 값을 알아낸 후 측정범위를 정해두면 능률적이다.
④ 또한 유도전동기 등 기동전류가 큰 부하는 기동시 계기의 보호가 필요하다.

2) 직 · 교류의 전류측정
  ① 직류전류 측정
    ㉮ 직류 전류계(가동코일형)를 사용하여 전류계의 (+) 단자를 전원의 (+) 측에 접속하고 (−) 단자를 부하측에 접속한다.
    ㉯ 이를 바꾸어 접속하면 지침이 반대로 흔들린다. 경우에 따라서는 지침을 손상시킬 수 있으므로 주의해야 한다.
  ② 교류전류 측정
    ㉮ 교류전류계(가동코일형)를 사용하여 최대눈금값이 표시되어 있는 단자를 전원의 비접지측에 접속하고 ±가 표시되어 있는 단자를 부하측 단자에 접속한다.
  ③ 기타 전류계
    ㉮ 고주파 교류의 전류 측정에 쓰이는 열전대형전류계, 교류전류의 비교적 정밀한 측정에 쓰이는 전류력계형 전류계, 정류기 직류 전류계를 결합한 정류형 전류계 등이 있다.
    ㉯ 전류계의 코일에 통할 수 있는 전류의 크기에는 한계가 있다. 이 한계를 넘는 큰 전류를 측정하기 위해서는 코일에 병렬하도록 분류기를 접속하여야 한다.

다. 전력측정

1) 전력측정의 개요
  ① 일반적으로 전류계와 전압계에 표시되어 있는 숫자를 곱함으로써 전력의 크기는 근사하게 구해지며 교류의 경우에는 다시 역률을 구하여 전력의 크기를 알아 낸다.
  ② 전력계에 의한 측정에서는 대표적인 전류력계형 전력계, 전력량계에 사용되는 유도형 전력계, 저전압, 저역률의 전력이나 고주파 전력의 측정에도 사용되는 열전형 전력계, 그밖에 홀효과 전력계 등이 이용되고 있다.

2) 직 · 교류의 전력측정
  ① 직류 전력측정
    ㉮ 직류전력
      ㉠ 직류 회로의 단위 시간당의 에너지. 단위는 W(와트)
      ㉡ $P = VI[W]$
    ㉯ 직류 대전압 소전류 측정
      ㉠ 입력 측에 병렬로 전압계를 연결 하고 전류계는 부하와 직렬로 연결하여 측정한다.
      ㉡ $P = VI - r_a I^2 [W]$ (r_a : 전류계의 내부저항[Ω])

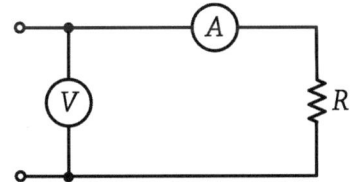

㉯ 대전류 소전압 측정

㉠ 입력 측에 직렬로 전류계를 연결하고 전압계는 부하와 병렬로 연결하여 측정한다.

㉡ $P = VI - \dfrac{V^2}{r_v}[W]$ (r_v : 전압계의 내부저항[Ω])

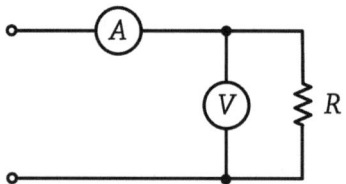

② 교류 전력측정

㉮ 단상 교류전력 측정

㉠ 3 전류계법 : 3개의 전류계와 하나의 기지(既知) 저항을 사용하여 단상 교류 부하 전력을 측정하는 방법

$$P = VI_1\cos\theta = I_2RI_1\cos\theta = \dfrac{R}{2}(I_3^2 - I_1^2 - I_2^2)[W]$$

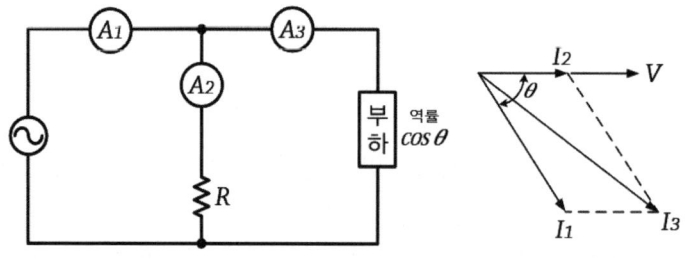

㉡ 3 전압계법 : 3개의 전압계와 하나의 기지저항을 써서 단상 교류 부하 전력을 측정하는 방법

$$P = V_1I\cos\theta = \dfrac{V_1V_2\cos\theta}{R} = \dfrac{1}{2R}(V_3^2 - V_1^2 - V_2^2)[W]$$

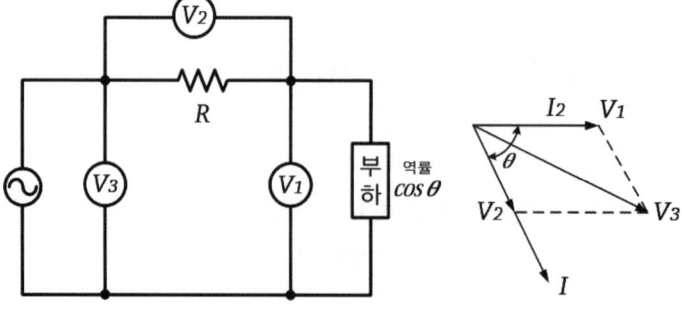

㉯ 3상 전력 측정

㉠ 1전력계법 : $P = 3P1\ [W]$

㉡ 2전력계법 : $P = P1 + P2\ [W]$

㉢ 3전력계법 : $P = P1 + P2 + P3\ [W]$

- ㉰ 유효(실효)전력(Pa) = $VI\cos\theta$[W]
- ㉱ 무효전력(Pr) = $VI\sin\theta$[var]
- ㉲ 피상전력(P) = VI[VA]
- ㉳ 역률($\cos\theta$) = $\dfrac{\text{유효전력}}{\text{피상전력}} = \dfrac{P_a}{P} = \dfrac{VI\cos\theta}{VI}$
- ㉴ 전력비 $G_p = 10\log_{10}\dfrac{P_o}{P_i}$ [dB]

4 브리지 회로

가. 브리지 회로의 저항, 인덕턴스, 정전용량 측정

1) 저항측정
   ① 저저항 측정
      ㉮ 전압 강하법 : 트랜스포머 등 전기 기계의 저항을 측정하는 방법. 권선에 대해서 일정한 직류 전류 I를 흘리고, 양단에 발생하는 전압 V를 구한다.
      $R_x = \dfrac{V}{I}$ [Ω]
      ㉯ 전위차계법 : 표준저항 R_s와 측정저항 R_x를 직렬로 접속하여 전류 I를 일정하게 흘리고, 표준저항 R_s와 측정저항 R_x의 전압강하를 전위차계로 측정한 다음 그 값을 비교하여 계산한다.
      $R_x = \dfrac{E_x}{E_s}R_s$ [Ω]
      ㉰ 켈빈 더블 브리지(Kelvin Double Bridge)법 : 휘트스톤 브리지에 보조저항을 첨가한 회로이다. 켈빈 더블 브리지법은 접촉저항이나 도선 저항의 영향이 매우 적어 1[Ω] 이하 10^{-5}[Ω] 정도의 저저항 정밀저항에 적합하다.
   ② 중저항 측정
      ㉮ 전압 강하법
         ㉠ 측정법 : 전압전류계법, 편위법
         ㉡ 전압과 전류를 측정한 다음 옴의 법칙에 의하여 저항값을 구한다.
      ㉯ 휘스톤 브리지법 : 회로 내부 검류계 전류가 0이 되도록 평형시키는 영위법을 이용해서 미지 저항을 구하는 방법으로 주로 중저항 측정에 사용된다.
   ③ 고저항 측정 : 직관법과 전압계법 및 콘덴서의 충·방전을 이용하는 방법 등이 있다.

④ 기타 저항 측정
   ㉮ 전지의 내부 저항 측정 : 전압계법
   ㉯ 전해액의 저항 측정 : 콜라우슈 브리지(Kohlraush Bridge)를 사용

[저항의 범위에 따른 측정방법]

분류	저항의 범위	측정방법
저저항	1[Ω] 이하	전압강하법, 전위차계법, 휘스톤 브리지법, 켈빈더블 브리지법
중저항	1[Ω]~1[MΩ]	전압강하법, 휘스톤 브리지법
고저항	1[MΩ] 이상	직관법, 전압계법, 메거

2) 인덕턴스, 정전용량 측정
   ① 교류 브리지법 : 평형조건은 $Z_1 \cdot Z_4 = Z_2 \cdot Z_3$이므로 Z_1, Z_2, Z_3이 기지량이고, Z_4가 미지량이면 $Z_4 = \dfrac{Z_2}{Z_1} Z_3$

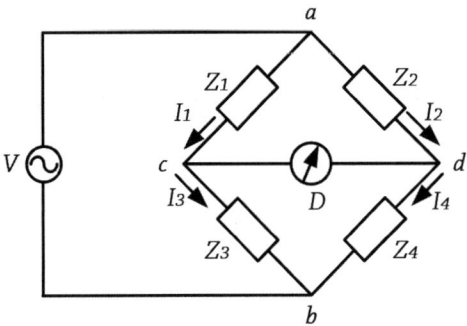

   ② 맥스웰 브리지(Maxwell Bridge) : 미지 인덕턴스 측정용
   ㉮ 맥스웰 인덕턴스 브리지 : 전원 회로와 상호 인덕터의 한쪽 코일을 포함하는 회로의 1변 사이에 상호 인덕터를 가지며, 다른 3변에는 무유도 저항을 가진다는 특징이 있는 교류 브리지로 일반적으로 자체 인덕턴스에 의해 상호 인덕턴스를 측정하는 데에 사용한다.

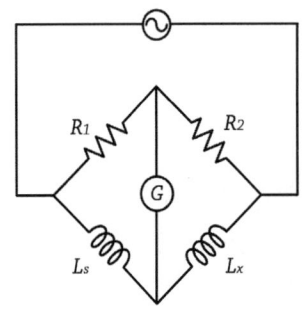

$R_x = R_s \dfrac{R_2}{R_1} [\Omega]$, $L_x = L_s \dfrac{R_2}{R_1} [H]$

㉯ 정전용량을 표준으로 하는 측정

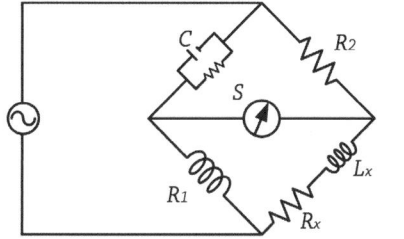

$$R_x = \frac{R_1 R_2}{S}[\Omega]$$

③ 상호 인덕턴스의 측정
   ㉮ 맥스웰 브리지법
   ㉯ 캠벨(Campbell)법
④ 셰링 브리지 및 헤이 브리지
   ㉮ 셰링 브리지(Schering Bridge) : 정전 용량이나 유전체 손실각의 측정에 사용
   ㉯ 헤이 브리지 : 자기 인덕턴스와 실효 저항의 측정에 사용

3) 자장의 측정
① 홀 효과(Hall effect)란 전류를 직각방향으로 자계를 가했을 때 전류와 자계에 직각인 방향으로 기전력이 발생하는 현상이다.
② 전하 운반자 밀도나 자기장을 측정하는데 유용하다.

나. 브리지 회로의 가청주파수 측정

1) 빈 브리지(Wien Bridge)

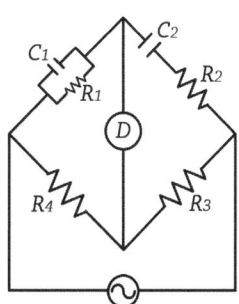

$$f = \frac{1}{2\pi\sqrt{C_1 C_2 R_1 R_2}}$$

2) 캠벨 브리지(Campbell Bridge)

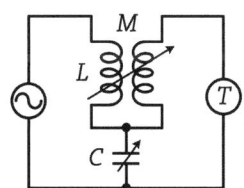

$$\frac{1}{\omega C}f = \omega MI$$
$$f = \frac{1}{2\pi\sqrt{MC}}$$

3) 공진 브리지

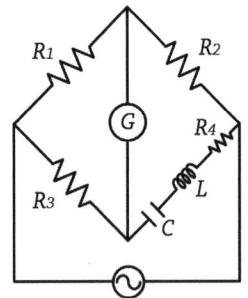

$R_1 R_4 = R_2 R_3$
$\omega^2 LC = 1$
$\omega = 2\pi f$
$f = \dfrac{1}{2\pi\sqrt{LC}}$

5 주파수, 통신 측정

가. 주파수의 측정

1) 고주파 측정

① 흡수형 주파수계
  ㉮ R, L, C의 공진 회로 및 검출 지시부로 구성된 공진형 주파수계이다.
  ㉯ 구조가 간단하고 전원이 불필요하다.
  ㉰ 선택도 Q가 150 이하로 감도가 나쁘고 확도도 낮다.
  ㉱ 100[MHz] 이하의 대략 주파수 측정에 사용한다.
  ㉲ 피측정 회로와는 소결합하여 측정한다.
  ㉳ 전류계, 전압계, 검파회로, 공진회로 등으로 구성되어 있다.
  ㉴ $f = \dfrac{1}{2\pi\sqrt{LC}}$

② 그리드 딥 미터
  ㉮ 공진 회로(L, C로 구성)를 갖는 고주파 가변 발진기이다.
  ㉯ 발진부의 그리드 전류의 변화(dip)로 공진 주파수를 측정한다.
  ㉰ 고주파 에너지가 없는 동조 회로의 동조 주파수 측정에 사용된다.
  ㉱ 1.5~ 300[MHz]의 대략 주파수 측정용이다.
  ㉲ 감도, 확도가 낮다.

③ 공동파장계(Lecher) : 마이크로파대(2~20[GHz])의 파장 측정기로서 공동 공진기를 이용한다.

④ 동축 주파수계 : 동축선의 공진 특성을 이용한 것으로 2500[MHz] 정도까지의 초고주파 주파수를 측정하는데 사용된다.

⑤ 헤테로다인 주파수계 : single beat법, double beat법, 정밀 헤테로다인 주파수계 분류되며 교정용 발진기에는 수정발진기가 사용된다.
  ㉮ 특징
    ㉠ 헤테로다인 검파의 원리를 이용한 것이다.
    ㉡ 작은 전력의 주파수를 측정할 수 있고 감도가 좋다.
    ㉢ 100[KHz]~35[MHz], 20[MHz]~100[MHz] 범위의 종류가 있다.
  ㉯ single beat법 헤테로다인 주파수계
    ㉠ 교정용 발진기로 교정된 보간 발진기와 미지의 피측정 주파수를 zero beat시켜 피측정 주파수를 측정한다.
    ㉡ 0~20[Hz]의 무음대에 의한 오차로 10^{-3} 정도의 낮은 확도를 갖는다.
  ㉰ double beat법 헤테로다인 주파수계
    ㉠ 0~20[Hz]의 무음대에 의한 오차를 줄이기 위한 방법으로 double beat를 사용한다.
    ㉡ 오차로 10^{-5} 정도의 낮은 확도를 갖는다.
  ㉱ 정밀 헤테로다인 주파수계
    ㉠ 100[MHz]의 수정 주파수를 multivibrator로 체감시켜 측정점 근처의 주파수를 교정하며 확도를 높이기 위한 것이다.
    ㉡ beat down법에 의한 정밀 헤테로다인 주파수계는 10^{-6} 정도의 측정 확도를 얻을 수 있다.

⑥ 계수형 주파수계
  ㉮ 초당 반복되는 펄스로 변화하여 주파수를 측정하는 주파수계로 대전류로 서미스터 내부에서 소비되는 전력이 증가하면 온도 및 저항값은 높아지고, 저항값은 감소한다.
  ㉯ 주파수의 측정
    ㉠ 피측정 신호를 계수기의 입력에 가하고, 게이트 제어 펄스의 주기를 적당히 선택하여 수백 [MHz]까지 직접 측정할 수 있다.
    ㉡ 입력펄스와 제어 펄스가 동기되어 있지 않으므로 원리상 ±1의 계수오차가 포함된다.
    ㉢ 수정 발진기를 항온조에 넣음으로써 10^{-7} 이상의 정도를 얻을 수 있다.
    ㉣ 주파수$(f) = \dfrac{펄스 수}{시간}$

⑦ 스펙트럼 분석기
  ㉮ 임의의 파형 신호에 대하여 이것을 구성하는 여러 가지 주파수의 정현파로 분해하여 그 성분을 분석하는 장치를 스펙트럼 분석기라 한다.
  ㉯ 점유 주파수 대역폭, 스퓨리어스 강도, 불요 발사, 변조지수, 주파수 변조 신호의 편차 등의 측정에 사용된다.

나. 통신측정, 잡음측정

1) 수신기에 관한 측정

① 감도 측정

㉮ 감도(sensitivity) : 수신기의 규정 출력에 있어서의 S/N비를 최대 허용값으로 억제하였을 때의 수신기의 입력 전압으로 표시한다. 측정기의 지시로 나타낼 수 있는 최소의 측정량이다.

㉯ 수신기의 감도 측정회로의 구성도

② 선택도(selectivity) 측정 : 희망하는 전파를 어느 정도까지 분리해 낼 수 있는지의 능력으로 근접주파수 선택도와 영상주파수 선택도로 대별하여 나타낸다.

③ 충실도(fidelity) 측정 : 송신측에서 변조된 신호를 어느 정도까지 충실히 재현할 수 있는지의 청도를 나타내면 주파수 특성 및 파형의 일그러짐률에 관계된다.

④ 안정도(stability) 측정 : 주파수와 진폭이 일정한 신호 전파를 수신하면서 장시간에 걸쳐 일정한 출력을 낼 수 있는지의 능력을 나타낸다.

⑤ 잡음 지수 : 계측기로 측정한 입력측 S/N비와 출력측 S/N비에 대한 비를 나타내며, 단위로 [dB]를 쓴다. 잡음지수(F)가 1일 때 무잡음 상태를 의미한다.

⑥ 랜덤잡음(Random Noise) : 일정시간동안 파형의 진폭과 위상에 규칙성이 없는 불규칙성 잡음을 말한다. 무선 수신기의 랜덤잡음을 측정하기 위해 레벨미터 앞에 고역필터(HPF)를 설치한다.

2) 송신기에 관한 측정

① 송신기의 출력 측정

㉮ 안테나의 실효저항을 이용한 측정

$P = I_a^2 R_a [W]$ [I_a : 안테나 전류계의 지시[A], R_a : 안테나의 실효저항[Ω]]

㉯ 의사 안테나(Dummy antenna) : 송신기를 조정할 때 사용하는 의사 부하 저항을 의사 안테나 또는 더미 안테나라고 한다. 이것은 사용 주파수대의 전역에 걸쳐서 순저항이며, 저항값이 일정하고 안정할 것, 그리고 송신 최대 전력에 견디는 전력 용량을 가지고 있을 필요가 있다.

② 변조 특성의 측정

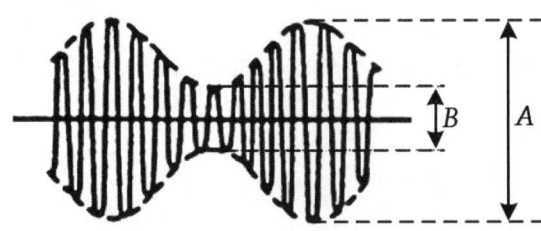

변조도 $m = \dfrac{A-B}{A+B} \times 100\%$

3) 신호대잡음비, 전압변동율, 정재파비, 반사계수
   ① 신호대잡음비(SNR : Signal to Noise Ration)
      ㉮ SN(신호대잡음) = $\dfrac{입력신호}{잡음신호}$
      ㉯ $20\log_{10} \dfrac{신호\ 전압}{잡음\ 전압}$ [dB]
   ② 전압변동율
      ㉮ 부하를 걸지 않을 경우(무부하 : V_o) 출력전압, 전부하시(부하를 연결하였을 때 출력전압 V_n)의 전압변동 값을 의미하며, 그 값이 작을수록 안정하다.
      ㉯ 전압변동율(ε) = $\dfrac{(V_o - V_n)}{V_n} \times 100\%$
   ③ 마이크로파 측정에서 정재파비, 반사계수
      ㉮ 정재파비 $S = \dfrac{1 + |\rho|}{1 - |\rho|}$ (ρ : 반사계수)
      ㉯ 반사계수 $\rho = \dfrac{S - 1}{S + 1}$ (S : 정재파비)
   ④ 안테나 반사계수
      반사계수(Γ) = $\dfrac{Z_r - Z_o}{Z_r + Z_o}$

4) 스퓨리어스 방사(Spurious Emission)
   ① 필요 대역폭 외에 있는 하나의 주파수 또는 주파수들의 방사 및 사용하는 정보의 전송에 영향을 주지 않고 감소 시킬 수 있는 레벨
   ② 송신기의 스퓨리어스 방사를 측정하는 방법
      ㉮ 전력측정법
      ㉯ 브라운관법
      ㉰ 전장강도측정법

6 발진기

가. 표준신호 발생기(standard signal generator)

1) 표준신호 발생기의 개요
   ① 정확도가 큰 주파수와 전압을 발생하는 장치이다.

② 일반적으로 수신기의 감도를 측정할 때 의사 안테나에 변조파를 인가한다.
③ 광범위한 주파수를 발생하는 것과 특정의 주파수를 발생하는 것, 출력 신호가 변조되는 것 등이 있다.

2) 표준신호 발생기의 출력
① $1[\mu V]$를 기준으로 하여 $0[dB]$로 표시
② **예** 환산된 출력이 $60[dB]$일 때 전압은?

$$20\log_{10}\frac{x}{1\mu V} = 20\log_{10}\frac{x}{1 \times 10^{-6}} = 60[dB]$$

$$\log_{10}\frac{x}{1 \times 10^{-6}} = 3, \; x = 10^3 \times 10^{-6} = 1[mV]$$

3) 표준신호 발생기의 구비조건
① 변조도의 가변범위가 넓을 것
② 발진수파수가 정확하고 파형이 양호할 것
③ 안정도가 높고 주파수의 가변범위가 넓을 것
④ 주변의 온도 및 습도 조건에 영향을 받지 않을 것
⑤ 출력임피던스가 일정할 것
⑥ 불필요한 출력을 내지 않을 것

나. 저주파 발진기(Audio oscillator)

1) 비트 발진기
① 2개의 고주파 발진기를 사용하여 그 주파수의 차의 비트를 발생시켜 이것을 검파하여 비트 주파수의 교류 출력을 얻는 방식의 발진기이다.
② 비트 발진기의 특징
　㉮ 넓은 범위의 주파수 변화를 할 수 있다.(V, C가변용량)
　㉯ 소형이고 사용이 간편하다.
　㉰ 출력 파형이 나쁘지 않다.
　㉱ 주파수 안정도는 L, C 발진기에 비하여 떨어진다.

2) CR 발진기
① 저주파 발진기로서 주파수 안정도가 극히 좋다.(출력 파형이 좋다.)
② 주파수 변화에 관계없이 출력전압이 거의 일정하다.
③ C, R 회로소자를 이용하였으며 궤환 회로를 사용한다.
④ 소형, 경량으로 취급이 가능하다.
⑤ 5kHz~300kHz 까지 발진 가능하다.

3) RC 발진기
① 저항 R, 콘덴서 C와 증폭단으로 구성되어 주파수 안정도가 아주 좋다.
② 특히 낮은 주파수에서도 출력 파형이 좋고 취급이 간편하여 저주파 발진기로 가장 널리 쓰인다.

4) 음차발진기
① 주파수 안정도 및 파형이 특히 좋다.
② 저주파수대의 기본 발진기로 사용 된다.
③ 주파수 가변이 불가능하다.

다. 소인 발진기(Sweep Generator)

1) 개요 및 특징
① 개요 : 발진 주파수가 주기적인 변화를 갖는 주파수 발진기로서 각종 무선 주파회로의 주파수 특성을 관측, 수신기 중간 주파 증폭기의 특성, 주파수 변별기 또는 증폭회로 등의 조정에 사용되는 발진기이다.
② 특징
  ㉮ 각종 저주파, 무선 수신기의 중간주파특성 및 고주파 회로의 주파수특성을 직시하는데 편리하다.
  ㉯ 주파수 변별기 특성(S자) 측정에 사용된다.
  ㉰ 광대역 증폭기의 조정에 이용된다.

2) 구성도

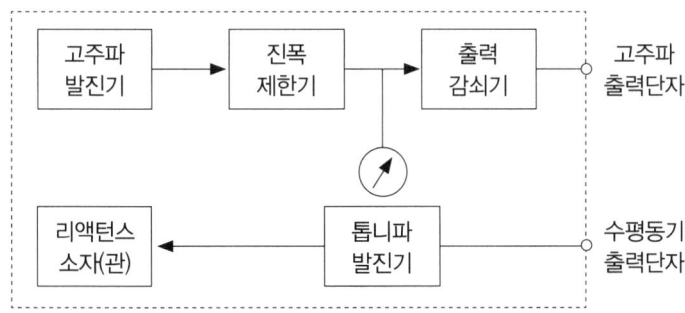

라. 패턴 발생기(Pattern Generation)
패턴 발생기는 TV의 색동기 회로, 색복조, 매트릭스, 컬러 회로의 조정 등에 컬러 바(bar)를 발생시키는 장치와 컨버전스나 래스터(raster)의 직선성을 조정하기 위한 크로스 해치(창 무늬)나 도트(흰점)의 패턴을 발생사는 장치를 조합한 TV 전용 측정기이다.

7 디지털 계측

가. 디지털 계측

1) 디지털 계측기의 장점
① 측정이 매우 쉽고 신속히 이루어진다.
② 측정값을 읽을 때 개인적인 오차가 발생하지 않는다.
③ 잡음에 대해 덜 민감하여 측정 정도를 높일 수 있다.
④ 측정에서 얻어진 디지털 정보를 직접 컴퓨터에 넣어서 데이터를 처리할 수 있다.

2) 디지털 전압계
① 피측정 전압을 수치로 직접 표시하는 전압계이다.
② 일반적으로 쓰이는 것은 전압-주파수 변환형으로 적분기 등을 사용한 V-F변환기에 의해서 전압(아날로그량)을 주파수(디지털량)로 변환하여 디지털 신호로서 이 출력 펄스를 계수하여 디지털 표시를 하도록 되어 있다.

3) 샘플홀드 회로
① 파형의 변화가 빠른 고주파 신호의 변환을 필요로 할 때 A/D 변환기와 함께 사용하는 회로이다.
② A/D 변환기와 함께 사용된다.
③ 스위치와 콘덴서로 간단히 실현할 수 있다.
④ 홀드 모드 동안에는 하나의 연산증폭기이다.

나. A/D변환 등 기타 사항

1) A/D변환
① 아날로그(analog)량을 디지털(digital)량으로 바꾸는 것이다.
② 아날로그 신호를 디지털 신호로 변환하는 과정 : 표본화 → 양자화 → 부호화
　㉮ 표본화 : 아날로그 신호를 일정한 간격으로 샘플링하는 것
　㉯ 양자화 : 표본화된 연속적인 샘플값을 디지털량으로 하기 위해서 소구간으로 분할하여 유한의 자리 수를 가지는 수치를 할당하는 것
　㉰ 부호화 : 양자화 값을 2진 디지털 부호로 바꾸는 것

2) 기타 사항
① D/A변환 : 디지털(digital)량을 아날로그(analog)량으로 바꾸는 것
② 레지스터 : 디지털 계측에서 레지스터는 디지털 신호를 기억하는 역할을 한다.
③ AC/DC 전력 측정용 디지털 멀티미터 계측기 : 직류전류, 직류전압, 교류전압, 저항을 측정할 수 있다.
④ 분주회로 : 디지털 주파수계에서 입력 주파수가 너무 높아서 계수가 어려울 경우 입력회로와 게이트 사이에 추가하는 회로

Section 04 전자기기 및 음향영상기기

Craftsman Electronic Apparatus

1. 전자기기 | 2. 음향영상기기

1 전자기기

가. 고주파가열기

1) 고주파 유도가열
① 고주파 유도가열(HF induction heating)은 금속과 같은 도전 물질에 고주파 자장을 가할 때 도체에서 생기는 맴돌이 전류(eddy current)에 의하여 물질을 가열하는 방법이다.
② 고주파 유도가열의 원리
   ㉮ 피가열체(도체)에 감긴 코일에 고주파 전류를 흘리면 전자유도 작용에 의해 맴돌이 전류가 흐르고, 이 전류에 의해도체는 가열된다.
   ㉯ 도체가 가열되는 때 전력 손실이 생기는데, 이것을 전류손이라 한다.
   ㉰ 표피 효과(skin effect) 현상에 의해 맴돌이 전류밀도는 중심부, 즉 원의 축 위치에서 가장 작고 표면에 가까워질수록 커진다.
③ 유전가열의 특징
   ㉮ 열전도율이 나쁜 물체나 두꺼운 물체 등도 단시간내에 골고루 가열 된다.
   ㉯ 온도 상승이 빠르다.
   ㉰ 내부가열이므로 표면상의 손상이 없고 국부적인 가열이 된다.
   ㉱ 열 이용이 쉽다.
   ㉲ 설비비가 비싸고 고주파 발생 장치의 효율이 나쁜(50[%] 정도) 결점이 있다.

2) 고주파 유전가열의 응용
① 유전 가열의 공업 제품에 대한 응용으로는 목재의 건조 및 접착, 고무의 가황, 합성수지의 예열 및 성형가공, 합성수지의접착 및 용접, 종이나 섬유의 건조 등이 있다.
② 고주파 머신 : 비닐이나 플라스틱 시트의 접착
③ 고주파 용접 : 비닐 가방이나 비닐 시계줄의 제조

④ 고주파 의료기
　㉮ 고주파 나이프 : 환부의 수술
　㉯ 고주파 치료기 : 환부의 치료(주파수 40.68[MHz] ±0.05[%] 사용)
　㉰ 음식물의 조리 : 고주파 레인지(HF range)
　㉱ 고무 타이어의 수리, 재생이나 섬유 공업 등에도 이용

3) 고주파 유전가열의 장점 및 단점
① 장점
　㉮ 가열이 골고루 된다.
　㉯ 온도 상승이 빠르다.
　㉰ 전원을 끊으면 가열이 곧 멈추어 주위의 열에 의하여 가열되지 않는다.
　㉱ 내부 가열이므로 표면 손상이 되지 않는다.
② 단점
　㉮ 고주파 발진기의 효율이 낮다.
　㉯ 설비비가 비싸다.
　㉰ 피열물의 모양에 제한을 받게 된다.
　㉱ 통신 방해를 준다.

나. 초음파응용기기

1) 초음파의 개요
① 초음파(ultrasonic wave) 진동은 대체로 10[khz] 이상의 진동수를 가진 음파를 초음파라 한다. 파워를 응용하는 경우는 1[MHz] 정도까지이다.
② 초음파는 기체나 액체 또는 고체의 매질을 통하여 사방으로 전파되어 나간다.
③ 기체나 액체 중에서는 이러한 종파뿐만 아니라 파동의 전파방향에 수직인 방향으로 입자가 진도하는 횡파도 존재한다.
④ 초음파의 속도는 액체나 기체 중에서 $C = \sqrt{\dfrac{k}{\rho}}$[m/s]로 표시된다.

2) 캐비테이션(cavitation)
① 캐비테이션(cavitation, 공동현상)은 강력한 초음파를 액체 속에 방사했을 때 진동자의 부근에 안개 모양의 기포가 생기는 것이다.(가습기 원리)
② 진동면에 수직 방향으로 움직여 분사 현상을 이루고 '쏴아' 하는 소음을 내는 기포의 생성과 소멸현상을 말한다.
③ 캐비테이션은 액체 중에 있는 금속 예를 들어 수차, 펌프, 배의 스크루 등을 부식 또는 침식하여 수명을 단축시키는 원인이 된다.
④ 응용에는 초음파 세척, 분산, 에멀션화 등에 이용된다.

3) 초음파의 응용

① 초음파 진동 : 납땜이 잘 되지 않는 알루미늄 납땜에 이용된다.
② 초음파 세척 : 진동에 의해 생기는 캐비테이션 효과를 이용하며, 물리 및 화학적 반응 촉진작용에 의한 세척이다.
③ 초음파 가공 : 초음파 가공기의 혼(Horn)은 공구를 붙여서 사용하는 부분으로 공구의 진폭을 크게 한다.
④ 소나(SONAR) : 초음파를 발사하여 그 반사파를 측정하여 거리와 방향을 알아내는 장치로 수중 레이더, 어군 탐지기, 수심의 측정 등에 이용된다.
⑤ 측심기 : 초음파가 배와 바다 밑 사이를 왕복하는 시간을 측정하여 물의 깊이를 측정한다.

$h = \dfrac{vt}{2}[\text{m}]$

여기서, h : 물의 깊이 [m]
　　　　v : 물속에서의 초음파 속도[m/sec]
　　　　t : 초음파가 발사된 후 다시 돌아올 때까지의 시간[sec]이다.

⑥ 초음파 탐상기 : 초음파를 이용한 두께 측정에서 10[mm] 이하의 얇은 판의 두께 측정은 공진법을 사용한다.

다. 의용전자기기

1) 의용전자기기의 종류

① 심전계(electrocardiograph) : 심장의 활동으로 인하여 생기는 기전력에 의하여 생체 내에 흐르는 전류 분포의 변화를 신체 표면의 두 점 사이의 전위차로써 검출하여 증폭한 다음 기록기에 기록하는 장치로서, 심장질환의 진단에 이용된다.
② 뇌파계(electroencephalograph) : 뇌수의 율동적 활동, 전압을 머리 피부에 전극을 붙여서 검출, 증폭 기록하는 장치(뇌파 기록)
③ 근전계(electromyograph) : 근육의 수축에 따라 생기는 근육 활동 전류를 전극에 의해 검출하여 증폭 기록하는 장치
④ 심음계(phonocardiograph) : 청진기에 의한 청진술을 전자 기술을 이용하여 개량한 것
⑤ 심장용 세동 제거장치 : 수술시나 고전압에 닿았을 경우의 충격에 의한 심장의 세동상태를 정상 상태를 회복시키는 고압 임펄스장치
⑥ 심장용 페이스메이커(cardiac pacemaker) : 일시적으로 정지하거나 박동 주기가 고르지 못한 심장을 정상으로 되돌리기 위하여 전기적 펄스를 발생시켜 심장에 가하는 장치(치료기)
⑦ 맥파계(sphygmograph) : 심장의 박동에 따르는 혈관의 맥동 상태를 측정하고 기록하는 장치
⑧ 기타 : 저주파 치료기, 고주파 치료기, 전기 메스 등

라. 자동제어기

1) 자동제어의 개념 및 구성

① 자동제어 용어
- ㉮ 제어대상(controlled system) : 자동제어의 대상이 되는 장치나 물체
- ㉯ 제어량(controlled variable) : 제어대상에 속하는 양으로서, 측정되어 제어될 수 있는 것
- ㉰ 목표값(command) : 제어계에서 제어량이 목표값에 이를 수 있도록 외부에서 주어지는 값을 말하며, 목표값이 일정할 때에는 설정값(set point) 이라고 한다.
- ㉱ 제어장치(automatic controller) : 제어대상을 목표값에 일치되게 동작하는 부분
- ㉲ 조작량(manipulater variable) : 제어량을 조정하기 위하여 제어대상에 주어지는 양
- ㉳ 외란 : 제어량의 변화를 일으킬 수 있는 신호 중에서 기준 입력신호 이외의 것을 말한다.

② 자동제어의 종류
- ㉮ 제어량의 성질에 따른 분류
  - ㉠ 공정제어(Process Control) : 온도, 유량, 압력, 액위, 농도, 밀도를 제어량으로 가진다.
  - ㉡ 자동조정(Automatic setting) : 전압, 전류, 주파수, 회전속도, 힘 등 전기적, 기계적 양을 제어량으로 가진다.
  - ㉢ 서보기구(Servo mechanism) : 물체의 위치, 방위, 자세 등을 제어량으로 가진다.
- ㉯ 목표값의 시간적인 성질에 의한 분류
  - ㉠ 정치제어(Constant value control, Regulatory Control) : 목표값이 시간적으로 항상 일정한 제어
  - ㉡ 추치제어(Follow-up control, Servo Control) : 목표값의 변화가 시간적으로 임의로 변하는 제어
  - ㉢ 프로그램제어(Program control) : 목표값이 미리 정한 프로그램에 따라서 시간과 더불어 변화하는 제어
- ㉰ 조절부의 동작에 의한 분류
  - ㉠ 비례제어(P동작) : 잔류편차(offset)가 생기며 조작량이 비례하는 부분을 비례대(pro-portion band)라 한다.
  - ㉡ 비례미분제어(PD동작) : 응답속도 향상, 과도특성개선, 진상보상회로에 해당
  - ㉢ 비례적분제어(PI동작) : 잔류편차제거, 정상특성개선
  - ㉣ 비례적분미분제어(PID동작) : 응답속도 향상, 잔류편차제거, 정상/과도 특성개선
  - ㉤ 온오프제어 : 편차가 양인가 음인가에 따라 조작부를 on 또는 off하는 동작으로 불연속 제어, 전기식 조절계에서 가장 많이 사용되는 방식이다. 자동제어계의 온오프 동작에서 조작량을 단속하기 때문에 제어량에 주기적인 변동 즉 사이클링(cycling)이 발생한다.

2) 신호변환 및 검출기

① 신호변환 및 검출방법

㉮ 1차 변환기 : 검출기에서의 제어량을 전송하기 쉬운 물리량으로 변환하는 검출기
㉯ 2차 변환기 : 1차 변환기에서 얻은 신호를 다른 물리량으로 바꾸어 조절기에 보내준다.
㉰ 신호 검출에서 1차일 때 2차 변환의 보기

압력-변위	스프링, 다이어프램
전압-변위	전자코일, 전자석
변위-압력	유압 분사관
변위-전압	가변저항 분압기, 차동변압기
변위-임피던스	용량형 변환기, 슬라이드 저항, 유도형 변환기

② 온도의 검출
  ㉮ 열전쌍 : 온도를 전압으로 변환하는 기기
  ㉯ 측온 온도계 : 온도의 변화를 저항의 변화로 검출, 저항체로 백금선이나 니켈선이 쓰인다.
  ㉰ 방사 온도의 검출 : 열원으로부터 방사되는 에너지를 렌즈로 열전쌍의 열접점에 주어 온도를 측정
  ㉱ 서모스탯(thermostat) : 온도의 예정 한도를 검출
③ 압력의 검출 : 다이어프램(diaphragm), 압력스프링, 벨로즈(bellows) 등
④ 유량의 검출 : 조리개형 유량계나 전자 유량계를 사용한다.
⑤ 액위계 : 액면의 높이를 검출한다.

3) 서보기구

① 서보기구 : 방향이나 위치의 추치 제어를 서보기구라 하며, 전기식이면 증폭부에 트랜지스터 증폭기나 자기 증폭기가 사용되고 유압식의 경우에는 파일럿 밸브나 유압 분사관 등이 사용된다.
② 서보 기구의 일반적인 조건
  ㉮ 추종속도가 빨라야 한다.
  ㉯ 일반적으로 조작력이 강해야 한다.
  ㉰ 서보 모터의 관성이 작아야 한다.
  ㉱ 제어계 전체의 관성이 클 경우에는 관성의 비가 작을지라도 토크가 큰 편이 좋다.
③ 서보기구의 구성
  ㉮ 싱크로(synchro) : 전기적으로 변위나 각도를 전달하는 서보기구
  ㉯ 리졸버(resolver) : 싱크로와 같이 각도의 전달을 하는 것
  ㉰ 저항식 서보기구
  ㉱ 차동변압기 : 변위신호가 가해지면 출력단자의 변위에 비례하고 크기를 가진 교류신호가 나온다.

4) 자동조정기구

① 자동조정(automatic regulation) : 주로 전압, 전류, 회전 속도, 회전력 등의 양을 자동 제어하는 것

② 직류 발전기의 전압 조정
  ㉮ 자동 조정의 계는 정치 제어계(정전압 제어)인 경우가 많다.
  ㉯ 응답 속도는 일반적으로 빠르며, 제어 대상의 용량에는 상관없이 널리 쓰이고 있다. 수차나 터빈의 속도 제어, 제지의 장력 제어, 전기량의 제어에 적용된다.

③ 제어형 정전압 안정화 회로
  ㉮ 항상 출력 전압의 변화를 검출하고, 변동이 있을 경우는 그 변동을 제어(억제)하여 출력전압을 일정하게 제어하는 회로이다.
  ㉯ 정전압 회로에서 입력 V_1이 변동되면 제너다이오드 D 양단의 전위차는 거의 변동이 없으므로 기준전압을 잡아준다.

④ 직류전동기 속도제어
  ㉮ 직류전류로 회전을 일으키는 장치로서 회전자와 고정자로 구성되어 있다.
  ㉯ 직류전류가 회전지와 고정자를 흐르면서 자계를 형성하게 되며 토크를 발생시켜 전동기를 회전시킨다.

⑤ 정류회로
  ㉮ 정류회로에서 리플 함유율을 줄이기 위해서는 반파보다는 전파정류회로를 사용하며, 필터 기능을 갖는 콘덴서의 용량을 크게 한다.
  ㉯ 정류회로의 과전압, 과전류 보호 대책
    ㉠ 과전압 보호 : 다이오드 직렬로 추가
    ㉡ 과전류 보호 : 다이오드 병렬로 추가

마. 전파응용기기

1) 레이더(Radar)

① 레이더의 원리 : 레이더의 근본원리는 전파가 목표물에 부딪쳐서 반사하는 것을 이용하여 그 반사파를 포착하여 목표물의 존재를 알아내는 것이다.
  ㉮ 목표물 거리 산출
  $$d = \frac{ct}{2}[m] \ (c : 3 \times 10^3 m/s, \ t : 전파 왕복 시간)$$
  ㉯ 목표물 방위 측정 : 그 순간 안테나(Antenna)의 방향

② 레이더의 종류
  ㉮ 반사하는 전파를 이용하는 방법에 따른 종류
    ㉠ 1차 레이더 : 레이더에서 발사된 전파가 목표물에서 반사되어 돌아오는 반사파를 수신하는 경우

ⓛ 2차 레이더 : 발사된 전파가 목표에 도달하는 즉시 목표에 설치되어 있는 송신기에서 같은 주파수 또는 다른 주파수의 전파가 발사되도록 하고 이 전파를 수신하는 경우
  ⓝ 용도에 따른 종류
   ⓘ 지상레이더
   ⓛ 기상용 레이더
   ⓒ 선박용 레이더
   ⓔ 항공용 레이더

2) 항공전자 설비
 ① 전파 항법의 종류
  ㉮ 방사상 항법[1]
   ⓘ 무지향성 비컨(non-direction beacon) : 항공기에 탑재한 방향 탐지기를 사용함으로써 위치선을 제공할 수 있는 무선시설
   ⓛ 호밍(Homing) : 선박이 A 무선 표지국이 있는 항구에 입항하려고 할 때, 그 전파의 방향, 즉 진북에 대한 α도의 방향을 추적함으로써, A 무선표지국이 있는 항구에 직선으로 도달하는 것

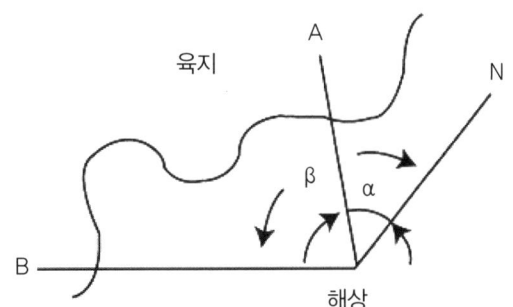

  ㉯ 방사상 항법[2]
   ⓘ 회전비컨 : 무선 표지방식에서 소형 선박을 대상으로 방향 탐색기를 설치하지 않은 소형 선박에서 라디오 수신기와 간단한 수신 설비로서 표시전파를 수신하여 방위를 결정하는 방법
   ⓛ AN레인지 비컨 : 공항이나 항공로상의 요소에 설치하여 항공로를 형성하는데 사용되는 것으로 지향성 무선표식이라고도 하며, AN레인지 비컨에서 등신호 방향의 각도는 45°, 135°, 225°, 315°이다.
   ⓒ VOR(VHF omni-directional range) : 전방향식 AN레인지 비컨이라고도 하며, 108~118[MHz]의 초단파를 사용하는 전파항법 방식. ICAO 표준의 대표적인 단거리 항해 원조 시설로서 세계적으로 가장 많이 보급되어 있다.
  ㉰ ρ-θ 항법 : 지상국으로부터 거리와 방위각을 동시에 알 수 있는 항법

@ 쌍곡선 항법 : 두 점으로부터의 거리 차가 일정한 점의 궤적으로서 이 때 두 점은 쌍곡선의 초점이 되는 것을 이용한 전파 항법

② 착륙 보조 장치

㉮ 계기착륙방식(ILS, instrument system) : 현재 국제적인 표준 시설로서 로컬라이저, 글라이드 패스, 마커 비컨의 1조인 지상 무선 설비와 지상의 계기 착륙 방식 수신기로 이루어진다.

㉯ 지상 제어 진입 장치(GCA) : 지상에서 발사된 전파가 항공기에서 반사되어 돌아오는 반사파를 공항 관계관이 CRT상에 잡아서 이것을 관찰하면서 조종사에게 지시를 내리고 조종사는 그 지시에 따라 착륙하는 방식

㉰ 방위각장비(LLZ, Localizer) : 활주로에 접근중인 항공기에 착륙유도범위설정 및 활주로 중심선의 지시정보 제공

㉱ 활공각장비(GS, Glide Slope) : 활주로에 접근중인 항공기에 착륙각도(3도) 지시정보 제공

㉲ 마커장비(IM, MM, OM) : 항공기 진입로상의 일정한 통과지점에 대한 위치정보를 제공

3) 기상관측

① 전파를 이용한 기상관측

㉮ 로봇 관측소 : 기상 관측소가 험준한 산간에 있을 때 이것을 무인화하여 원격측정을 하는 설비로서 로봇 우량계, 로봇 풍속계, 로봇 풍량계 등이 부가 설치된다.

㉯ 라디오존데(radiosonde) : 수소가스를 채운 조그마한 기구에 기장 관측 장비와 발진기를 실어서 대기 상공에 띄워 무선으로 상층의 기상 요소를 측정하는 기기로 주로 대기 상공의 기압, 온도, 습도 등의 관측에 사용된다.

② 기상용 레이더

㉮ 레이더로부터 대기 중에 발사된 전파가 구름, 비, 안개 등에서 반사되어 들어오는 반사파를 관측하면 기상 상태를 알 수 있다.

㉯ 기상용 레이더의 송신 전파는 단속적인 펄스(Pulse)파를 이용한다.

㉰ 분해능(resolution) : 근접해 있는 두 물체를 분리해서 판별할 수 있는 능력으로 펄스 쪽으로 정해지는 거리 분해능과 빔 쪽으로 정해지는 각도 분해능이 있다.

바. 전자현미경

1) 전자현미경과 광학 현미경의 차이점

구분	광학 현미경	전자 현미경
광원	광선	전자선
매질	공기	진공
배율	렌즈 교환	투사 렌즈의 여자전류 변화

구분	광학 현미경	전자 현미경
초점	대물렌즈와 시료의 거리조절	대물렌즈의 여자전류를 조절
렌즈	회전대칭 유리렌즈	형광막상의 상 또는 사진
상 관찰 수단	육안 또는 사진	형광막상의 상 또는 사진
재물대	재물 유리	박막

2) 전자 현미경의 분해능에 영향을 주는 수차
① 구면수차(spherical aberration) : 렌즈의 축에 가까운 곳과 먼 곳에서의 굴절률이 다르기 때문에 빛이 한 점에 모이지 않고 퍼진다.
② 색 수차(chromatic aberration) : 전자빔이 시료를 투과할 때 속도가 다른 여러 전자가 생겨서 상이 흐려지는 현상
③ 축 비대칭 수차 : 전자장의 분포가 축에 대하여 비대칭으로 되는데 기인한 수차

3) 전자 현미경의 구성
① 현미경의 본체
㉮ 전자총
㉯ 전자 렌즈
㉰ 시료실 : 시료를 전자 현미경 안에 넣은 부분
㉱ 카메라실 : 마지막 상을 보거나 기록하는 부분
② 배기 장치 : 현미경 내부를 10^{-4}[mmHg] 정도의 진공으로 하기 위한 장치
③ 전원부 : 전자빔 발생 전원과 전자 렌즈 여자용 전원이 있다.

사. 반도체 응용

1) 전자냉동
① 제벡효과(Seebeck effect) : 2 종의 금속 또는 반도체를 접속하고 접속한 두 점 사이에 온도차를 주면 기전력이 발생되는 현상을 말한다.
② 펠티어 효과(Peltier effect)
㉮ 두 개의 다른 물질의 접합부에 전류가 흐르면 열을 흡수하거나 발산하는 현상으로 금속과 금속을 접합했을 경우보다 반도체와 금속의 접합 또는 반도체의 PN접합을 이용했을 경우가 크다.
㉯ 반도체인 BiTe계 합금의 PN접합이 전자 냉동으로 많이 이용되고 있다.
③ 톰슨 효과(Thomson effect) : 도체 막대의 양 끝을 서로 다른 온도로 유지하면서 전류를 통할 때 줄열 이외에 발열이나 흡열이 일어나는 현상이다.

2) 태양전지

① 태양전지의 원리 : 태양전지에 빛을 비추면 내부에서 전자와 정공이 발생한다. 발생된 전하들은 각각 P극과 N극으로 이동하는데, 이 작용에 의해 P극과 N극 사이에 전위차(광기전력)가 발생하며, 이때 태양전지에 부하를 연결하면 전류가 흐르게 된다. 이를 광전효과라 한다.

② 태양전지의 구조 : 태양전지에서 양극(+)은 P형 실리콘층, 음극(-)은 N형 실리콘층으로 구성된다.

③ 태양전지의 특징
  ㉮ 종래에 이용되지 않은 풍부한 에너지원으로 이용된다.
  ㉯ 장치가 간단하고 보수가 편하다.
  ㉰ 빛의 방향에 따라 발생 출력이 변하므로 이것을 고려하여 출력에 여유를 두어야 한다.
  ㉱ 연속적으로 사용하기 위해서는 태양 광선을 얻을 수 없는 경우에 대비하여 축전장치가 필요하다.
  ㉲ 대전력용은 부피가 크고 가격이 비싸다.

④ 태양전지의 용도
  ㉮ 조도계나 노출계
  ㉯ 인공위성, 우주발전
  ㉰ 무선중계기, 방송중계국
  ㉱ 가로등, 무인신호등
  ㉲ 등대, 선박 비상 전원

3) LED

① LED 원리 : 발광다이오드(LED)란 갈륨비소(GaAs) 등의 화합물에 전류를 흘려 빛을 발산하는 반도체소자로, m 반도체의 p-n 접합구조를 이용하여 소수캐리어(전자 또는 정공)를 주입하고 이들의 재결합에 의하여 발광시킨다.

② LED의 특징 및 응용
  ㉮ 고효율 광원
  ㉯ 친환경 광원
  ㉰ 점조명이기 때문에 다양한 형태와 크기 구현 가능
  ㉱ 디지털 제어가 가능하고 밝기의 색온도 변환이 용이하여 센서, 통신 등에 이용

③ 전장발광
  ㉮ 형광체를 포함한 반도체 전기장을 가하면 빛이 방출되는 현상을 전장발광(Electro-Luminescence : EL)이라 하며, 형광체(ZnS 등)의 미소한 결정을 유전체 속에 넣고 높은 교류 전압을 가하면 전압에 따라 결정 내부에 높은 전장이 유기되어 발광을 한다.
  ㉯ 전장 발광판은 발광 재료에 따라 발광색이 다르며 같은 재료이더라도 주파수에 따라서 발광되는 빛깔이 다르다.

㉰ EL현상의 종류
  ㉠ 고유형 EL(intrinsic EL)
  ㉡ 주입형 EL(carrie injection EL)
  ㉢ 주입형 EL(carrie injection EL)
  ㉣ 전장 발광판(EL 램프)
㉱ EL의 응용
  ㉠ 평면 광원으로서의 이용이 크게 주목되나, 현재에는 휘도가 충분치 못하여 심야등으로만 이용된다.
  ㉡ 전동차의 운전석 계기, 자동차의 속력계, 항공기 및 우주선 내의 계기 조명에 사용된다.

2 음향영상기기

가. R/TV

1) AM 수신기

① AM 수신기(슈퍼헤테로다인 수신기) : 수신전파의 주파수(f_s)를 이와 다른 주파수(f_i : 중간주파수)로 변환시키고, 이를 증폭하여 검파하는 방식의 수신기

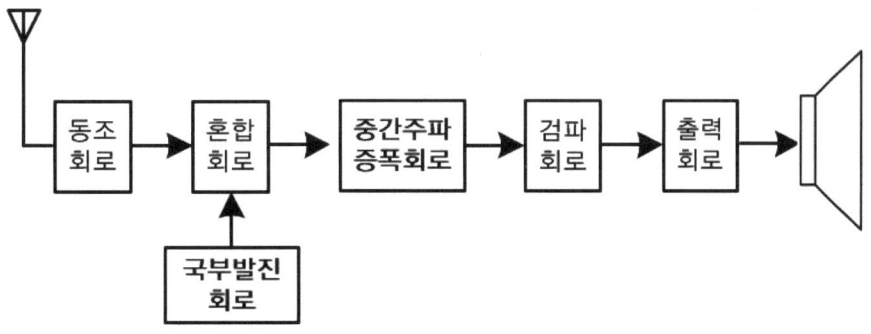

[슈퍼헤테로다인 수신기의 구성도]

② 슈퍼헤테로다인 수신기의 장점
  ㉮ 큰 이득을 얻을 수 있다.
  ㉯ 감도 및 선택도가 좋다.
  ㉰ 양호한 충실도를 얻을 수 있다.
  ㉱ 목적에 따라서 대역폭을 조정할 수 있다.

③ 슈퍼헤테로다인 수신기의 영상 주파수 방해
  ㉮ 영상혼신(Image frequency interference) : 수신하려는 주파수(f_s)에 대하여 $f_s + 2f_i$ 인 주파수도 동시에 들어와 스퓨리어스 출력을 생기게 하고 이와 같은 스퓨리어스 응답에 의해 나타나는 방해를 말한다.
  ㉯ 영상 주파수 $f_2 = f_s + 2f_i$ (f_s : 수신주파수, f_i : 중간주파수)
  ㉰ 영상혼신 경감법
    ㉠ 고주파 증폭단을 부가하여 선택도를 높인다.
    ㉡ 동조 회로의 Q를 높인다.
    ㉢ 중간 주파수를 높게 선정한다.
    ㉣ 안테나 회로에 웨이브 트랩(wave trap)을 설치한다.
    ㉤ 중간주파 증폭 회로에 수정 여파기(X-tal filter)를 쓴다.
    ㉥ 이중 슈퍼헤테로다인 방식으로 한다.
④ 수신기의 특성
  ㉮ 감도(sensitivity) : 수신기의 성능을 나타내는 하나의 성질로, 어느 정도의 세기의 전파를 수신할 수 있는가의 능력을 나타내는 것이다.
  ㉯ 선택도(selectivity) : 무선 수신기에서 희망 신호와 불필요한 신호를 주파수의 차로 분리하는 능력의 정도를 나타내는 것이다.
  ㉰ 충실도(fidelity) : 입력 신호파가 얼마만큼 정확하게 출력으로 재현되는가를 나타내는 것이다.
  ㉱ 안정도(stability) : 주파수와 진폭이 일정한 신호 전파를 수신하면서 장시간에 걸쳐 일정한 출력을 낼 수 있는지의 능력을 나타내는 것이다.
⑤ 대역폭 표시법
  ㉮ -3dB점의 실용 대역폭 : 방송 수신기
  ㉯ -6dB점의 6dB대역폭 : 통신용 수신기
  ㉰ 3점 대역폭 : 고충실도 수신기

2) FM 수신기
  ① FM 통신 방식의 특징
    ㉮ 신호대 잡음비(S/N)가 개선된다.
    ㉯ 점유주파수대역폭이 넓다.
    ㉰ 약전계 통신에 적합하지 않다.
    ㉱ 레벨 변동의 영향이 없다.
    ㉲ 혼신 방해를 적게 할 수 있다.
    ㉳ 기기의 구성이 복잡하다.
  ② FM 수신기의 보조회로
    ㉮ 진폭 제한기(limiter) : 충격성 잡음 제거

④ De-emphasis 회로 : 수신기 쪽에서 본래의 신호음으로 환원하는 회로
⑤ 스켈치(squelch)회로 : 신호 입력이 없을 때 잡음 출력을 억제
㉣ 자동주파수 제어(Automatic Frequency Control, AFC)회로 : 주파수 변환을 위한 국부 발진기의 주파수 변동을 제거하기 위하여 주파수를 자동적으로 검출하고 제어하는 회로

3) TV(수상기)
① TV의 3요소
  ㉮ 화소(Picture Element) : 화면을 구성하는 최소한의 미소한 면적(점)
  ㉯ 주사(Scanning) : 화면 구성을 위해 화소를 분해 또는 조립하는 것
  ㉰ 동기(Synchronization) : 송신측의 분해주사와 수신측의 조립주사를 일치시키는 것
② 주사
  ㉮ 순차주사(Progressive scanning) : 화면에 표시할 내용을 처음부터 끝까지 순서대로 표시하는 영상의 표시 방법
  ㉯ 비월주사(Interlaced scanning) : 하나의 화면을 주사하는 데 한 줄 건너 두 번의 주사로 전체의 면을 주사하는 방식으로 수상화면의 플리커(flicker, 깜박거림)가 적어지고 영상신호의 최저 주파수를 높일 수 있어 전송을 용이하게 할 수 있다.
③ 편향
  ㉮ 전자편향(Electro magnetic deflection) : 편CRT(음극선관)에서 전자 빔을 수평 또는 수직 방향으로 움직이게 하기 위해 편향 코일로 자계를 발생하는 방식
  ㉯ 정전편향(Electro static deflection) : 편향판에 전압을 가하여 전계를 만들고, 그 전계의 세기나 방향을 바꿈으로써 전자 빔을 정전적으로 편향시키는 방법
④ 동기
  ㉮ 동기신호(Synchronizing signal) : 텔레비전에서 화상을 보낼 때 송상 측에서 상을 분해하여 보내고, 이것을 수상 측에서 올바르게 재현하기 위해 부가한 신호
  ㉯ 등화펄스(Equalizing pulse) : 텔레비전의 영상 신호를 수신하여 비월 주사를 정확하게 하기 위해 수직 동기 신호 전후에 삽입한다. 수평 동기 신호의 1/2주기를 갖는 펄스로 보조 펄스라고도 한다.
⑤ 텔레비전 전파
  ㉮ 잔류 측파대(vestigial side band) 방식 : 완전히 단측파대 전송 방식으로 하는 것이 아니고, 측파대의 일부를 잔류시키는 전송 방식. 진폭 변조 방식에서는 반송파를 중심으로 상하 두 측파대가 생긴다.
  ㉯ 음변조(negative, modulation) 방식 : 화면이 밝아지면 그에 따라 반송파의 진폭이 감소하는 화상 신호의 진폭 변조 방식. 부변조(負變調)라고도 한다.
⑥ 텔레비전 수상기의 구성
  ㉮ 영상수신부 : TV 전파를 수신하여 영상신호를 꺼내는 부분
  ㉯ 영상재현부 : 동기신호에 의한 톱니파 전류를 발생시켜 라스터(raster)가 나타나게 하여, 영상신호에 의하여 수상관에 영상을 재현시키는 부분

- ㉰ 음성수신부 : 음성신호를 수신하여 복조하고, 스피커를 동작시키는 부분
- ㉱ 전원부 : 수상기 각 부분의 전자관이나 트랜지스터에 전압을 공급하는 부분과 수상관에 양극 전압을 공급하는 부분이 있다.

⑦ 컬러 텔레비전의 구성
- ㉮ 지연회로 : 휘도신호에 대한 색신호의 지연을 보정하기 위하여 수상관에 도달하는 휘도 신호를 0.8~1[μsec] 정도 뒤지게 하는 선로 회로
- ㉯ 대역 증폭회로 : 색신호 재생회로의 입력으로 영상 신호로부터의 대역특성을 색복조에 알맞은 세력으로 증폭하여 색복조 회로와 색동기 회로에 신호를 공급해준다.
- ㉰ 컬러킬러(color killer)회로 : 흑백 방송 수신 시 반송 색신호를 선택 증폭하는 대역 증폭회로의 동작을 정지시키는 동작을 한다. 따라서 색이 전혀 안 나오는 때에는 이 회로를 조사해 보아야 한다.
- ㉱ 색복조회로 : 대역 증폭회로에서 분리한 반송색신호 속에서 색동기회로로부터 3.58[MHz]의 부반송파를 사용하여 색신호를 복조하는 회로
- ㉲ 색동기회로 : 3.58[MHz]의 색부반송파 발진회로를 버스트 신호에 동기시키는 회로인데, 다음의 3가지 방식이 있다.
    - ㉠ APC(자동위상제어)방식 회로 : 컬러 텔레비전 수상기 내에서 쓰이는 색부반송파를 안정하게 재생하는 회로
    - ㉡ 링잉(Ringing) 방식 : 주파수 선택도가 높은 수정 필터에 간헐파의 버스트 신호를 직접 가하여 연속파의 3.58[MHz]를 재생하는 회로 방식
    - ㉢ 버스트 주입 로크 방식
- ㉳ 메트릭스 회로 : 독립된 2개의 색신호로부터 3개의 색신호를 얻어내는 색신호 혼합회로이다.
- ㉴ 컨버전스(convergence)회로 : 3개의 컨버전스 자석에 의하여 수상관 중앙부 3색을 중첩시키는 것을 정컨버전스, 수상관면의 주변부의 색을 겹치는 것을 동컨버전스라 한다.

⑧ 디지털 TV
- ㉮ DTV 방송 방식
    - ㉠ 우리나라가 채택한 DTV 규격은 미국의 ATSC 방식으로 규격은 비디오 포맷 즉, 해상도와 화면비 등에 따라서 총 18가지 형식이 있으며 여기서 해상도에 따라 크게 2가지 즉 HDTV, SDTV로 분류한다. 즉, DTV란 HDTV와 SDTV를 모두 포함한다.
    - ㉡ HDTV는 1080 또는 720 라인의 수평해상도에 16:9의 화면비를 가지며 SDTV는 480 라인의 수평해상도에 16:9 또는 4:3의 화면비를 가진다.
- ㉯ ATSC 방식
    - ㉠ 변조방식 : ATSC 방식은 기존의 NTSC에서 사용하던 VSB방식을 그대로 사용하되, 대용량 영상 전송량을 줄이기 위해 VSB 변조를 하기 전에 직렬 데이터를 8스텝의 병렬 데이터로 변환하는 8-VSB 방식을 택함

      ⓒ 영상압축방식 : 영상압축방식은 ISO의 표준 영상 압축 규격인 MPEG-2 방식을 채택한 것으로 MPEG-2 방식은 최대 HD급의 화면도 표현할 수 있는 고화질 기법이나 최근에는 보다 높은 압축율과 화질을 보이는 MPEG-4나 H.264 등에 비해 성능이 떨어짐
      ⓒ 음성압축방식 : 음성압축은 미국에서 특허를 보유한 Dolby AC-3 방식을 채택하고 있으면 서라운드 입체 효과를 얻기 위해 5.1채널 방식을 표준으로 채택함

4) R/TV용 급전선 및 안테나

① 급전선(Feeder Line)으로서 필요한 조건
  ㉮ 전송 효율이 좋을 것(전송 선로의 저항 손실, 방사 손실이 적을 것)
  ㉯ 급전선의 파동 임피던스가 적당할 것
  ㉰ 송신용의 경우 절연 내력이 클 것
  ㉱ 유도 방해를 받지 않고 건설비가 싸고 보수가 용이할 것

② 급전선의 성질
  ㉮ 특성(파동) 임피던스
      ㉠ 급전선은 송수신 장치와 공중선을 연결하는 매체
      ㉡ 전기적으로 분포 정수 회로
      ⓒ 분포 용량, 선로의 인덕턴스, 저항 등으로 구성된 등가 회로로 구성
      ⓔ 전자파가 급전선상을 전압과 전류의 파동으로 전달될 때 선로의 구성이 고르면 급전선상의 어느 점에서든지 특성 임피던스가 존재
      ⓜ 급전선상을 전파하는 진행파에 대하여 선로상의 한 점에서의 전압과 전류의 비로 정의
      ⓑ 급전선의 단위 길이당 인덕턴스를 L, 용량을 C라면 특성 임피던스 Z_o는 다음과 같이 구한다.

$$Z_o = \sqrt{\frac{L}{C}}$$

  ㉯ 반사계수 : 임피던스 정합이 이루어지지 않은 상태에서 입사파에 대한 반사파의 비

$$반사계수(\tau) = \frac{반사전압}{입사전압} = \frac{V_2}{V_1} = \frac{Z_L - Z_o}{Z_L + Z_o}$$

  ㉰ 전압 정재파비(VSWR ; Voltage Standing Wave Ratio) : 부하임피던스 Z_L이 특성임피던스 Z_o와의 정합된 정도에 따라서 정재파의 최대점과 최소점의 비가 달라지는데 이때의 전압비를 의미하며, 이상적인 급전선(또는 임피던스 정합이 취해진 상태)에서 반사 계수는 0이 되어 전압정재파비는 1이 된다.

$$전압정재파비(S) = \frac{V_{\max}}{V_{\min}} = \frac{V_1 + V_2}{V_1 - V_2} = \frac{V_1\left(1 + \frac{V_2}{V_1}\right)}{V_1\left(1 - \frac{V_2}{V_1}\right)} = \frac{1 + |\tau|}{1 - |\tau|}$$

③ 급전선의 종류
  ㉮ 동축 케이블(Coaxial Cable) : 내부 도체와 외부 도체가 동심원으로 배치되어있는 구조로서 외부 도체를 접지하고 2도체에 왕복하는 전류를 흘리는 급전선이다.

㉠ 내전압 특성이 우수하고 도체저항이 적다.
㉡ 감쇠 특성이 주파수의 평방근에 비례하므로 전송손실이 극히 적다.
㉢ 다중화 전송이 가능하다.
㉣ 광대역, 장거리 전송로로 사용된다.
㉯ 도파관(Wave Guide)
㉠ 동축 케이블과 같이 전자류에 의한 전력의 전송이 아니며 도체 내부의 공기 중을 전자파의 모양으로 전송한다.
㉡ 마이크로파대 또는 UHF대 이상의 고주파 전송 선로로 사용하며, 속이 빈 금속 도체관으로서 단면이 직사각형의 형태와 원형형태의 2가지 종류가 사용된다.

④ 안테나의 정의 : 급전선을 통하여 전달되어온 고주파 전력 신호를 공간을 통하여 방사하기 위하여 고주파 신호를 고주파 진동신호로 변환하거나 반대로 공간을 통하여 전파되어온 고주파 진동신호를 고주파 전력신호로 변환하여 수신기에 인가하는 역할을 수행한다.

⑤ 안테나의 요구조건
㉮ 급전선과의 임피던스 정합이 용이할 것
㉯ 필요 대역외의 방사가 적을 것
㉰ 손실이 적고 높은 복사 효율을 가질 것
㉱ 예민한 지향 특성을 가질 것

⑥ TV 수신 안테나
㉮ 반파장 다이폴 안테나(더블릿 안테나) : 실제 사용되는 길이는 반파장보다 약 5[%] 짧게 한다.
㉯ 폴디드(folded) 안테나 : 반파장 다이폴 안테나의 양단에 병렬 도체를 접속한 것으로 지향성은 반파장 더블릿 안테나와 같다.
㉰ 야기(Yagi) 안테나
㉠ 전방에 대하여 지향성이 예민하고 이득도 크다.
㉡ 소자 수(도파기 수)를 늘리면 이득이 증가하고 지향성은 더욱 예민해진다.
㉢ 단일 채널로서의 특성이 가장 우수하여 채널전용 안테나로 가장 많이 사용된다.
㉣ 소자수가 많을수록 반사기나 도파기에 의한 영향으로 안테나 급전점 임피던스가 저하된다.
㉤ 도파기는 투사기보다 짧게 하여 용량성으로 동작한다.
㉱ 인라인(inline)형 안테나 : 텔레비전용 광대역 안테나의 일종으로, 방사소자를 2개 이상 배열하고, 병렬로 궤전하는 것을 말한다. 방사 소자 중의 하나를 하이 채널용, 다른 쪽을 로 채널용으로 하면 양쪽으로 광대역 특성을 얻을 수 있다.
㉲ 코니컬(conical) 안테나 : 광대역 안테나의 일종으로, 원형은 2개의 원뿔형 안테나 정상부에서 궤전한 것과 같다. 보통은 두 도체를 부채꼴로 조합시키고, 여기에 도파기와 반사기를 부착한 것이 TV용 광대역 안테나로서 널리 사용되고 있다.

나. 멀티미디어기록 및 재생장치

1) VTR

① 기술규격

㉮ VHS(Video Home System) : 가정용 비디오테이프 레코더 방식. 영상신호를 자기테이프로 기록·재생하는 장치인 VTR의 여러 방식 가운데 일본빅터사(JVC)가 개발한 것으로, 현재 주류를 이루고 있다.

㉯ 베타맥스(Betamax) : 일본 소니사가 1975년에 개발한 VTR 방식으로 고밀도 녹화를 특징으로 한다.

② 비디오 신호의 기록 방법에 의한 분류

㉮ 자기에 의한 것　　　　　　　㉯ 정전용량에 의한 것
㉰ 기계적인 요철에 의한 것　　㉱ 감광제를 사용하는 것

③ 비디오 신호를 기록 재생하기 위한 조건

㉮ 비디오 헤드의 갭(gap)을 좁게 한다.
㉯ 비디오 헤드와 자기 테이프의 상대 속도를 크게 한다.
㉰ 비디오 신호를 변조해서 기록한다.

④ VHS방식의 주행계 구조

㉮ 높이 규제 포스트 : 테이프의 상·하 요동을 억제하여 안정된 상태로 주행할 수 있도록 하는 역할

㉯ 상·하동 규제 포스트 : 경사진 헤드드럼에 테이프가 안정된 상태로 주행할 수 있도록 하는 역할

㉰ 전폭 소거 헤드 : 테이프에 기록되어 있는 신호(영상, 음성, 컨트롤)를 전부 지워주는 역할

㉱ 비디오 헤드 : VTR의 심장부로 영상신호를 기록, 재생시킴

㉲ 오디오 소거 헤드 : 오디오 더빙시 기록되어 있는 오디오 신호만을 지워주는 역할

㉳ 오디오 헤드(상단) : 오디오 신호를 기록, 재생하는 역할

㉴ 컨트롤 헤드(하단) : 테이프가 일정한 속도로 주행하도록 테이프 하단에 컨트롤 신호를 기록 재생하는 역할

㉵ 핀치롤러 및 캡스턴 : 테이프를 일정하게 주행 시키는 역할

⑤ 로딩기구(loading mechanism)

㉮ 로딩기구란 비디오카세트에서 테이프를 끌어내어 헤드 드럼에 세트하는 기구이다.

㉯ VHS 방식의 로딩 기구에는 패러렐(parallel) 로딩기구에 의한 M자형 로딩이 채용되며, β-max 방식에는 U로딩 기구가 채용되고 있다.

⑥ 애지머스 기록 방식

㉮ 애지머스(azimuth) 기록 방식 : 애지머스란 갭의 각도를 말하는데, 2개의 비디오 헤드의 갭의 기울기를 각각 벗어나게 하여 인접 트랙(track)으로부터의 크로스 토크(cross talk)를 제거하는 것이 애지머스 기록 방식이다.

⓯ 애지머스 각도 Ø
  ㉠ VHS 방식 : CH_1, CH_2 헤드를 각각 반대 방향으로 6°씩 기울여 12°로 한다.
  ㉡ β-max 방식 : 각각 7°씩 기울여 14°로 하고 있다.
⑦ PS 방식과 PI방식
  ㉮ 가드 핸드리스(guard handless) 기록에 있어서 컬러 신호의 크로스토크 성분을 제거하는 방식으로 개발되었다.
  ㉯ PS(phase shift) 방식 : VHS 방식 비디오에 채용
  ㉰ PI(phase invert) 방식 : β-max 방식 비디오에 채용
⑧ VTR용 헤드의 자성재료에 요구되는 특성
  ㉮ 실효 투자율이 높을 것
  ㉯ 가공성이 좋을 것
  ㉰ 항자력(HC)이 작을 것
  ㉱ 내마모성이 좋을 것
  ㉲ 잡음의 발생이 적을 것
⑨ 비디오테이프
  ㉮ 비디오테이프의 구조
    ㉠ 베이스 : 폴리에스테르 필름
    ㉡ 자성재료 : VHS에서는 C 또는 Fe_2O_5, β-max에서는 CrO_2가 사용된다.
    ㉢ VHS 방식 VTR 테이프의 처음과 끝 부분에 자성체가 없는 투명한 폴리에스테르 필름은 빛 센서에 의한 종단부 검출용도로 사용한다.
  ㉯ 비디오 테이프의 요구 특성
    ㉠ 잔류 자속이 클 것
    ㉡ 항자력(H_c)이 클 것
    ㉢ SN비가 좋을 것

2) 자기 녹음기

① 음성 녹음 재생의 방법
  ㉮ 원판(disk) 녹음
  ㉯ 광학(필름) 녹음
  ㉰ 자기(테이프)녹음
② 자기 녹음기의 구성
  ㉮ 자기 헤드(magnetic head)
  ㉯ 테이프(tape) 전송기구
  ㉰ 증폭기(amplifier)
③ 녹음과 재생
  ㉮ 녹음헤드의 구조 : 좁은 공극(air gap)을 가진 특수 퍼멀로이(permalloy)나 페라이트

(ferrite)등의 자성 합금으로 된 코어에 구리선을 감은 일종의 전자석
- ㉯ 녹음과정 : 녹음 헤드의 공극 부분에서 자기 테이프(magnetic tape)가 자화되고 테이프가 통과한 뒤에는 자기적으로 방향성을 가진 잔류자기의 상태로 되어 기록된다.
- ㉰ 재생 : 녹음된 자기 테이프로부터 음성신호를 얻는 과정
  - ㉠ 재생헤드 : 녹음헤드와 같은 구조로 초투자율이 높고, 코어 손실이 적은 코어에 코일을 감아서 만든다.
  - ㉡ 재생헤드에서 얻어지는 기전력 $e = N\dfrac{\Delta \phi}{\Delta t}[V]$

④ 녹음 바이어스(bias)
- ㉮ 직류 바이어스법
  - ㉠ 녹음 헤드에 신호 전류와 함께 일정한 직류 전류를 흘려서 자기 테이프의 초기 자화 곡선이나 히스테리시스 곡선의 직선 부분을 이용해서 일그러짐이 적은 녹음을 하는 것이다.
  - ㉡ 교류 바이어스 녹음에 비해 간단하나 일그러짐이 생기기 쉽고 잡음이 많아 특별한 경우가 아니면 사용하지 않는다.
- ㉯ 교류 바이어스법
  - ㉠ 자기 녹음에서 녹음 헤드를 어느 정도 자화해 두는 것을 자기 바이어스라고 한다. 이를 위해 음성 주파수보다 훨씬 높은 주파수(30~200kHz)의 교류를 사용하는 방식이 교류 바이어스 녹음이다.
  - ㉡ 음양양방향의 자화를 합성한 상태가 되며, 비직선 일그러짐이 없는 재생 출력이 얻어져서 충실한 녹음을 할 수 있다.
- ㉰ 바이어스 전류를 적절한 값으로 선택하지 않으면, 파형이 일그러지거나 감도가 나빠지기 쉽다.

⑤ 소거(erase)
- ㉮ 직류소거법 : 강한 직류자장을 테이프에 가하여 녹음에 의한 잔류자기를 자화시켜 소거하는 방법으로, 전자석(소거헤드) 또는 영구자석이 사용된다.
- ㉯ 교류 소거법 : 강한 교류자장(보통 녹음바이어스와 같은 정도의 주파수)을 테이프에 가하는 방법
- ㉰ 테이프 소자기 사용법 : 테이프를 릴(real)에 감은 상태로 소자하는 방법
- ㉱ 소거헤드(erasing head) : 녹음헤드와 같은 구조로 포화자장을 얻기 위해 페라이트 코어(ferrite core) 등을 사용하며, 공극의 길이는 녹음헤드보다 10배 정도 크게 만든다.

⑥ 녹음기 사용 시 유의사항
- ㉮ 녹음기의 헤드면에 먼지가 쌓일 때는 알코올을 이용하여 닦아낸다.
- ㉯ 테이프 속도가 일정하지 않을 때는 테이프의 주행속도와 거의 같은 원주 속도를 가진 회전축인 캡스턴과 고무바퀴로 된 핀치롤러를 압착시킨다.

㉣ 녹음 및 재생헤드에 강한 자석을 접근시키면 자화상태가 불량해지므로 접근시키지 않는다.
⑦ 자기 녹음기의 주파수 특성
㉮ 자기헤드의 임피던스 : 유도성이므로 주파수에 비례하여 임피던스가 증가하며, 높은 주파수(고역)에서는 특성이 나빠진다.
㉯ 등화(equalizer) : 자기 녹음기에서 녹음할 때에는 고역을, 재생 할 때에는 저역을 각각의 증폭기로 보정하여 전체를 평탄한 특성으로 만드는 것을 주파수 보상 또는 등화라 한다.
㉰ 자기테이프의 주파수 특성에 영향을 주는 것으로는 자성막의 두께, 표면의 고르기 상태, 자성체의 보자력 등이 있다.

3) 자기 테이프

① 녹음 테이프의 구조
㉮ 베이스 : 폭 6.3[mm], 두께 0.0005[mm] 정도의 아세테이트, 폴리에스테르, 염화비닐 등의 필름
㉯ 자성막 : 감마 적철광($\gamma-Fe_2O_3$)의 강자성 산화철가루의 자성막을 두께 0.01~0.012[mm] 정도 입힌 것

② 테이프 주행의 메커니즘
㉮ 메커니즘의 종류
㉠ 릴(reel)식 : 오픈 릴식 또는 릴 투 릴식
㉡ 엔드리스 카트리지(endless cartridge)
㉢ 카세트(cassette)식
㉯ 캡스턴과 핀치 롤러
㉠ 캡스턴(capstan) : 모터에 의해 일정한 속도(테이프의 원주속도와 거의 같은)로 회전하는 회전축을 말한다.
㉡ 핀치 롤러(pinch roller) : 테이프를 캡스턴에 압착하여 테이프가 정속 주행하도록 한다.
㉢ 캡스턴의 원주속도가 고르지 않을 때 재생 음이 떨리거나 탁해지는 원인이 되는 와우 플로터가 발생한다.
㉰ 테이프 가이드(tape guide) : 자기 테이프 장치의 테이프 통로에서 테이프의 진행 방향을 바꾸거나 테이프의 횡진동을 방지하는 등의 목적을 갖는 롤러나 핀
㉱ 압착 패드 : 테이프를 헤드에 대하여 정확히 밀착시켜 레벨 변동이나 고역 저하의 원인이 되는 스페이싱 손실을 줄이기 위해 설치
㉲ 테이프 리프터 : 빨리 감기 때문에 헤드의 마찰이나 고속 재생음을 방지하기 위하여 테이프를 헤드면에서 떼어놓기 위해 설치
㉳ 헤드의 위치 조정 : 테이프는 헤드의 공극이 있는 면과 올바르게 밀착되어야 하므로 헤드의 위치는 조정할 수 있도록 설치

다. 스피커와 마이크로폰

1) 스피커

① 스피커의 구조 및 원리

㉮ 스피커의 구조 : 스피커는 전기 신호를 소리로 바꾸는 장치로 진동판과 연결된 코일이 영구 자석을 감싸고 있으며 전기 신호와 같은 진동수의 소리를 만들어 낸다.

㉯ 스피커의 원리 : 스피커의 갭에는 영구자석에 의한 자력선이 형성되는데 갭에 설치되는 보이스코일에 전류를 흘리면 로렌쯔의 힘이라 불리우는 힘이 발생한다. 그 힘의 크기는 자력선(자속밀도)의 크기, 전류의 양, 감은 코일의 길이에 비례한다. 그리고 그 힘의 방향은 자속밀도와 전류가 이루는 평면의 직각 방향으로 움직이게 된다.

② 스피커의 특성

㉮ 주파수 특성 : 무향실에서 스피커에 일정 전압을 가했을 때, 정면축상 1m 지점에서 생기는 출력 음압의 주파수 특성에 대한 변화를 출력 음압 주파수 특성(Frequency response)이라고 한다.

㉯ 지향성 : 스피커의 정면축상으로부터 잰 각도에 대한 음압수준을 비교하여 나타낸다.

㉰ 공칭 임피던스 : 공칭 임피던스란 KS C 6026의 규정대로 임피던스의 절대치가 최저 공진 주파수 이상의 대역에서 최저가 되는 저항 값을 말한다. 일반적인 표준으로 4Ω, 6Ω, 8Ω, 16Ω, 32Ω 등이 사용 목적에 따라 설정되어 있다.

㉱ 출력 음압레벨

㉠ KS의 규정에 의하면 측정 스피커에 1W의 정현파의 전기적 신호를 가하고 발생된 음압을 정면축상 1m의 지점에 표준 마이크로 받아 측정한 것을 출력 음압 레벨이라 한다.

㉡ 음압 : 소리의 압력 변화를 음압(sound pressure)이라 하며, 음압의 단위로 기압의 단위와 같은 바(bar)를 사용한다. 그러나 실제의 음향은 매우 작으므로 마이크로바(μbar)를 사용하여 실효값을 나타낸다.

㉲ 스피커의 전력감도 $S_p = 20\log \dfrac{P}{\sqrt{W}}[dB]$ (P : 음압레벨)

③ 스피커의 종류

㉮ 다이내믹 스피커 : 가청 주파수로 변동하는 자계 중에 진동판에 부속한 코일을 넣어 가청 주파 전류를 음파로 바꾸는 장치이다. 비교적 넓은 주파수대를 재생할 수 있는 특징을 갖는다.

㉠ 콘(cone)형 스피커 : 진동판의 형상이 원추형을 한 스피커를 의미한다. 비교적 넓은 주파수대를 재생할 수 있다. 스피커 유니트 중에서는 가장 애용되고 있는 유니트다.

㉡ 돔(dome)형 스피커 : 고급형 스피커에 많이 사용되며 트위터의 모형이 돔형으로 생겼다고 하여 붙여진 것으로 진동판보다 높은 주파수에서 찌그러짐 없이 재생된다.

㉢ 혼(horn)형 스피커 : 드라이버 유닛의 진동판에서 나온 소리를 나팔 모양의 혼으로 공간에 방사하는 스피커. 지향성이 좋고, 능률이 높다. 콘형이나 돔형보다 재생 대역이 좁고, 저음용으로 쓰려면 대형으로 만들어야 하는 단점도 있다.

㈏ 복합형 스피커
　㉠ 우퍼(woofer) : 490[Hz] 이하의 저음역만을 담당
　㉡ 스코커(squawker) : 400[Hz]~1[kHz] 중음역 담당
　㉢ 트위터(tweeter) : 수[kHz] 이상의 고음역만을 재생
㈐ 복합 스피커의 구성 방식
　㉠ 2웨이 스피커 : 저음과 고음을 표현한다. 콘덴서 C는 저음 성분을 차단하여 고음 성분만 트위터에 가해지도록 하기 위한 것이며 콘덴서의 용량은 보통 2~6[μF]정도이다. T의 구경은 W의 구경보다 작게 하며 두 스피커의 위상은 같이 해주어야 한다.
　㉡ 3웨이 스피커 : 저음, 중음, 고음을 표현할 수 있다.

2) 마이크로폰

① 마이크로폰의 종류
㈎ 다이나믹 마이크(Dynamic Microphone)
　㉠ 자계 내에 있는 코일이 진동판 뒤에 붙어 있는 구조이다.
　㉡ 진동판이 소리에 따라 진동하면 자계 내에 코일도 움직이게 되고 코일에 전압이 유도되어 소리신호를 얻는다.
㈏ 콘덴서 마이크(Condenser Microphone)
　㉠ 콘덴서 마이크로폰의 진동판은 콘덴서의 플레이트처럼 동작한다. 마이크로폰의 진동판과 고정판 사이의 간격은 전달되는 소리에 따라 변하고 이로 인해 두 플레이트 사이에는 정전용량이 만들어진다.
　㉡ 콘덴서의 전하를 유지하기 위하여 전원이 필요하며 표준 전원은 직류 48V이고 대부분의 콘솔에는 이 회로가 내장되어 있다.
㈐ 리본 마이크
　㉠ 리본형 마이크로폰은 진동판과 무빙 코일 대신에 금속 호일 리본을 사용한다. 리본은 자계 내에 달여 있고 리본이 앞뒤로 진동하면서 전압이 유도된다.
　㉡ 임피던스가 낮고 감도가 높으며, 양방향 지향 특성을 가진다.
② 마이크 구조에 따른 비교

종류	성능 및 특색
다이나믹 마이크	• 구조상 내구성과 충격에 강하다. • 강한 음압에 강하다. • 하울링에 강하다. • 드럼, 무대 보컬 등에 사용된다.
리본 마이크	• 자연적인 음질을 얻을 수 있다. • 고도로 민감하다. • 출력 감도가 낮다. • 바람의 영향이 크므로 실내에서만 사용한다. • 충격에 약하다. • 클래식 악기에 사용된다.

종류	성능 및 특색
콘덴서 마이크	• 주파수 특성이 좋다. • 과도 특성이 좋다. • 출력 감도가 높다. • 습기에 약하고 전원이 필요하다.

라. 증폭기의 종류

1) 증폭기의 기본 원리

① 재생 증폭기의 구성

㉮ 전치 증폭기(pre amplifier) : 마이크로폰이나 테이프 헤드 등으로부터 나오는 작은 신호 전압을 증폭하고, 음량과 음질 조정을 하여 주 증폭기에 전달한다.

㉯ 주 증폭기(main amplifier) : 전치 증폭기로부터 받은 신호를 전력 증폭하여 스피커에 출력 전력을 공급한다.

㉰ 등화 증폭기(equalizing amplifier) : 녹음기의 녹음 특성이 일반적으로 저역에서 저하 되는 경향이 있으므로 이 특성을 보상한다.

㉠ 고역에 대한 이득을 낮추어 원음 재생이 실현되도록 한다.

㉡ 고음역의 잡음을 감쇠시킨다.

㉢ 미약한 신호를 증폭한다.

㉣ 오디오 시스템에서 잡음에 대해 가장 영향을 많이 받는다.

② 주 증폭기

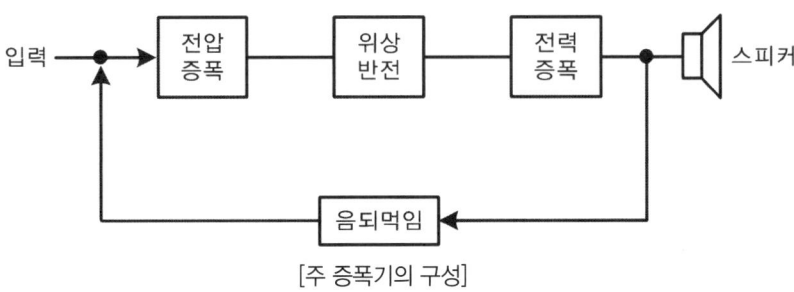

[주 증폭기의 구성]

㉮ 전력 효율이 좋은 B급 푸시풀 회로가 주로 사용된다.

㉯ DEPP와 SEPP회로

㉠ DEPP(Double Ended Push-Pull) : 2개의 트랜지스터가 부하에 대하여 직렬로 동작하고, 직류 전원에 대해서는 병렬로 접속된다.

㉡ SEPP(Single Ended Push-Pull) : 2개의 트랜지스터 부하에 대해서는 병렬, 전원에 대해서는 직렬로 접속된다.

㉢ SEPP 회로는 DEPP 회로에 비하여 부하의 값을 작게 할 수 있으므로, 출력 변성기를 사용하지 않는 OTL 회로를 구성시킬 수 있다.

   ㉰ 부궤환(음되먹임)증폭기 특징
    ㉠ 주파수 특성이 개선된다.
    ㉡ 안정도가 향상된다.
    ㉢ 비직선 일그러짐이 감소한다.
    ㉣ 증폭 이득은 감소하여 출력이 낮아진다.
  ③ tone, control, amplifier(음질 조정회로)
   ㉮ CR 감쇠형 : 저항과 콘덴서를 조합하여, 콘덴서에 흐르는 전류가 주파수에 비례하는 성질을 이용한다.
   ㉯ NFB형 : 음되먹임이 걸리도록 회로를 구성하여 되먹임량이 주파수에 따라 비례하도록 하는 회로
  ④ 주 증폭기의 구비 조건
   ㉮ 주파수 특성이 모든 주파수에서 평탄할 것
   ㉯ S/N가 우수할 것
   ㉰ 왜율이 적을 것
  ⑤ 일그러짐(distortion)
   ㉮ 고조파 일그러짐(harmonic distortion) : 출력 파형 중에 기본파 이외의 기본파의 정수배가 되는 주파수를 가지는 고조파가 포함되는 일그러짐
   ㉯ 혼변조 일그러짐(intermodulation distortion) : 증폭기에 가해지는 복잡한 신호파형의 주파수가 그 차의 주파수의 간섭으로 혼변조를 일으켜 발생한다.
   ㉰ 과도 일그러짐(transient) : 펄스파나 구형파 등의 과도적인 입력으로 발생한다.
   ㉱ 비직선 일그러짐(nonlinear distortion) : 증폭기를 통과하여 나온 출력파형이 입력파형과 닮은꼴이 되지 않는 경우의 일그러짐
  ⑥ 신호대 잡음비(S/N비)
   ㉮ 증폭기의 SN비 : 규정된 크기의 입력을 가하여 얻어진 출력 전압과 무신호 때의 잡음출력 전압과의 비를 [dB]로 나타낸다.
   ㉯ 재생 증폭기의 SN비는 60[dB]정도 필요하다.
   ㉰ 잔류잡음 : 최소 용량에서 출력 단자에 나타나는 잡음 전압[mV]

마. CD/DVD 플레이어

1) CD/DVD 플레이어
 ① CD의 개요 및 구조
  ㉮ Compact Disk의 줄임말로, 처음 필립스사와 소니사에 의해 개발 되었다.
  ㉯ CD나 DVD는 플라스틱 위에 은이나 알루미늄 같은 얇은 금속 막을 입히고 그 위를 다시 플라스틱 보호층으로 덮은 구조이다.

② CD의 정보 읽기
    ㉮ 레이저로 홈을 새긴 곳을 PIT, 그렇지 않은 곳을 LAND 라고 한다.
    ㉯ LAND에서는 모든 빛이 반사가 된다.
    ㉰ LAND → PIT, PIT → LAND로 바뀌는 곳은 빛이 센서로 들어오지 못한다. 이러한 빛의 신호로 정보를 인식한다.

2) 크기와 저장용량
① 같은 면적에 CD는 약 700MB의 정보를 저장하고, DVD는 4.7GB의 정보를 저장한다.
② CD는 1.6μm 정도의 간격으로 DVD는 0.74μm 정도의 간격으로 트랙을 작성한다.
③ 트랙 간격이 DVD가 더 좁으므로 정보를 읽을 때도 좀 더 짧은 파장의 빛을 이용해 읽어 들여야 한다.

구분	전체지름 (mm)	중앙지름 (mm)	용량 (MB)	기록밀도 (KB/mm²)	파장 (nm)	트랙사이거리 (μm)
CD	120	40	700	70	780	1.6
DVD	120	40	4700	470	640	0.74
Blue-Ray	120	40	25000	2500	405	0.32

3) 특징
① 음성 신호를 디지털신호로 변환하여 기록되어 있으며, 재생에는 광학계의 레이저 다이오드를 이용한 픽업을 사용한다.
② 안쪽에서 바깥쪽으로 향해서 음성데이터를 기록한다.
③ CD는 한쪽 면에만 데이터가 기록되어 있고, DVD는 양쪽 면에 데이터가 기록된다.
④ 음반을 모터 스핀들에 고정하기 위한 중심 구멍은 15[mm]이고, 프로그램의 시발은 지름 50[mm]로부터 시작하여 최대 지름 116[mm]에서 끝난다.
⑤ 트랙의 선속도는 항상 일정해야 하며, 서보모터 구종은 CLV(Constant Linear Velocity)회로로 제어 한다.
⑥ 녹음 후 재생 시에는 음성신호로 고치는 펄스신호변조(PCM) 방식을 사용한다.
⑦ CD 음반의 바깥 지름은 120[mm]이면 재생 시간은 평균 74분이다.

CHAPTER 02

공단 기출문제

01 2012년 1회
02 2012년 2회
03 2012년 3회
04 2012년 4회
05 2013년 1회
06 2013년 2회
07 2013년 3회
08 2013년 4회
09 2014년 1회
10 2014년 2회
11 2014년 3회
12 2014년 4회
13 2015년 1회
14 2015년 2회
15 2015년 3회
16 2015년 4회
17 2016년 1회
18 2016년 2회
19 2016년 3회

2012년 1회 공단 기출문제

01 다음 중 연산증폭기의 특징에 대한 설명으로 적합하지 않은 것은?

① 전압 이득이 매우 크다.
② 출력 저항이 매우 작다.
③ 주파수 대역폭이 매우 작다.
④ 동상신호제거비(CMRR)가 매우 크다.

> 이상적인 연산증폭(op-amp)기의 특징
> - $A_v = \infty$ (전압이득은 무한대이다.)
> - $R_i = \infty$ (입력저항은 무한대이다.)
> - $R = 0$ (출력저항은 0이다.)
> - offset = 0 (오프셋은 0이다.)
> - $BW = \infty$ (대역폭은 무한대이다.)
> - 지연응답은 0이고, 특성 변동 및 잡음이 없다.
> - 입력이 0일 때 출력도 0이어야 한다.
> - 동위상신호제거비(CMRR) = $\dfrac{A_d(\text{차동 이득})}{A_c(\text{동위상 이득})} = \infty$ 일 것

02 실생활 중에서 정전기의 원리를 응용하는 것과 거리가 먼 것은?

① 전자복사기   ② 공기청정기
③ 전기도금   ④ 차량도장

> 전기도금은 전기분해의 원리를 응용한 것이다.

03 저주파 회로에서 직류 신호를 차단하고 교류 신호를 잘 통과시키는 소자로 가장 적합한 것은?

① 커패시터(capacitor)   ② 코일(coil)
③ 저항(R)   ④ 다이오드(diode)

> 커패시터는 직류는 차단하고 교류신호는 잘 통과시킨다.

04 다음 중 차동증폭기에 대한 설명으로 옳은 것은?

① 공통성분제거비(CMRR)가 작을수록 잡음출력이 작다.
② 교류증폭에서는 사용하지 않으며 직류증폭에만 사용한다.
③ 두 입력의 차에 의한 출력과 합에 의한 출력을 동시에 얻는 방식이다.
④ 차동 이득이 크고 동상 이득이 작을수록 공통성분제거비(CMRR)가 크다.

> 이상적인 차동 증폭기는 2개의 입력 신호의 차로서 동작하며, 이상적인 차동증폭기가 되려면 동상증폭기의 이득(A_c)이 0이고, 차동증폭기의 이득(A_d)은 커야 한다.

05 이상적인 연산증폭기의 두 입력전압이 같을 때의 출력 전압은?

① 1[V] 이다.   ② 입력의 2배이다.
③ 입력과 같다.   ④ 0[V]이다.

> 이상적인 OP-AMP(연산증폭기)내부 구성에서 두 입력회로는 차동증폭기로 두 입력 차가 출력에 나타나는 것으로 입력신호가 같으면 출력은 0 이 된다.

06 다음과 같은 회로는 무슨 회로인가?(단, $CR > \tau_w$, τ_w는 입력신호의 펄스폭이다.)

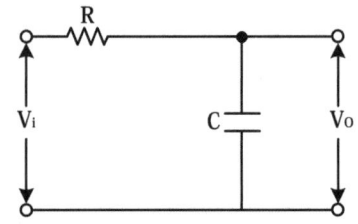

① 미분회로   ② 적분회로
③ RC 발진회로   ④ 분주회로

> R이 입력 측에 있으므로 적분회로(LPF)로 동작한다.
> 시정수 $\tau = RC[\sec]$

07 평활회로의 출력 전압을 일정하게 유지시키는데 필요한 회로는?

① 안정화(정전압)회로   ② 정류회로
③ 전파정류회로   ④ 브리지정류회로

> 정전압 안정화회로는 입력전압 변동으로도 부하측 출력 전압은 안정적으로 동작하므로 부하측 회로를 입력변동 전압으로부터 보호 할 수 있다.

08 스위프(sweep)발진기를 옳게 설명한 것은?

① RC발진기의 일종이다.
② 2차 전자방사를 이용한 것이다.
③ 발진주파수가 주기적으로 어느 비율로 변화하는 것이다.
④ 인입현상을 이용한 것이다.

> 스위프 발진기(Sweep Generator)는 고주파발진기, 진폭제한기, 리액턴스관, 톱니파 발진기, 출력 감쇄기 등으로 구성되며, 수신기의 중간주파수특성 FM 수신기의 주파수 변별기 등의 조정에서 발진주파수가 주기적으로 어느 비율로 변화 하는 것을 알 수 있는 발진기이다.

09 2[μF] 콘덴서에 60[V]를 인가할 때 저장되는 에너지 [J]는?

① $3.6 \times 10^{-3}[J]$
② $4.0 \times 10^{-3}[J]$
③ $4.5 \times 10^{-4}[J]$
④ $6.5 \times 10^{-4}[J]$

> $W = \frac{1}{2}V^2C[J]$
> $= \frac{(60)^2 \times 2 \times 10^{-6}}{2} = \frac{3600 \times 2 \times 10^{-6}}{2} = \frac{0.0027}{2}$
> $= 0.0036 = 3.6 \times 10^{-3}[J]$

10 10분 동안에 600[C]의 전기량이 이동했다고 하면 이 때 전류의 크기는?

① 0.1[A]
② 1[A]
③ 6[A]
④ 60[A]

> $q = i \cdot t$
> $i = \frac{q}{t} = \frac{600[C]}{10 \times 60} = 1[A]$

11 RC 직렬 회로에서 R=30[kΩ], C=1[μF]인 회로에 직류전압 10[V]를 가했을 때의 시상수(time constant)는?

① 3[ms]
② 30[ms]
③ 60[ms]
④ 90[ms]

> $\tau = RC[sec]$
> $= 30 \times 10^3 \times 1 \times 10^{-6}$
> $= 30 \times 10^{-3} = 30[ms]$

12 전원주파수 60[Hz]를 사용하는 정류회로에서 120[Hz]의 맥동주파수를 나타내는 것은?

① 단상반파정류
② 단상전파정류
③ 3상반파정류
④ 3상전파정류

> 정류방식과 맥동주파수
>
> | 정류 방식 | 맥동 주파수 |
> | --- | --- |
> | 단상 반파 정류회로 | 1상×60Hz = 60[Hz] |
> | 단상 전파 정류회로 | 1상×120Hz = 120[Hz] |
> | 3상 반파 정류회로 | 3상×60Hz = 180[Hz] |
> | 3상 전파 정류회로 | 3상×120Hz = 360[Hz] |

13 비검파기가 리미터 역할을 하는 이유는?

① 잡음제한기가 설치되기 때문에
② 단 동조회로를 이용하여 위상검파를 하기 때문에
③ 디엠파시스회로의 동작으로 잡음제한을 하기 때문에
④ 출력단 대용량의 콘덴서 작용으로 펄스성 잡음을 흡수하기 때문에

> FM 수신기에서 많이 사용되는 비검파기회로가 리미터(Limiter) 역할을 하는 것은 출력단의 대용량 콘덴서가 펄스 잡음을 제거(흡수)하기 때문이다.

14 플립플롭(FF)회로의 설명으로 옳지 않은 것은?

① 비안정 멀티바이브레이터회로이다.
② 구형파 출력을 낸다.
③ 직류 결합으로 되어 있다.
④ 계수기회로에 쓰인다.

> 플립플롭회로는 디지털회로 0, 1을 기억할 수 있는 기억장치로서 R-S, D, J-K 등이 사용되며 구형파출력, 카운터 계수기, 직류결합으로 구성된다. 아날로그 회로인 경우는 쌍안정 멀티바이브레이터가 기억장치로 사용 된다.

15 다음 중 RC 결합 증폭회로에 대한 설명으로 적합하지 않은 것은?

① 주파수 특성이 좋다.
② 회로가 복잡하고 경제적이다.
③ 입력 임피던스가 낮고 출력 임피던스가 높으므로 임피던스 정합이 어렵다.
④ 전원 이용률이 나쁘다.

> RC 결합 증폭회로는 증폭기와 증폭기 사이를 R과 C로 결합하는 것으로 입·출력간의 임피던스 정합이 어렵고 손실이 많아 효율이 낮고, 주파수 특성이 평탄하여 저주파 증폭기로 주로 사용된다.

16 다음 중 옴의 법칙으로 가장 적합한 것은?

① $V = I^2 R$
② $W = IQt$
③ $V = IR$
④ $W = IQ$

> 옴의 법칙
> $R = \dfrac{R}{I}, I = \dfrac{V}{R}, V = IR$

17 특정한 비트 또는 문자를 삭제 하는데 가장 적합한 연산은?

① AND
② OR
③ MOVE
④ COMPLEMENT

> AND : 특정한 비트 또는 문자를 삭제하고, 나머지 비트를 데이터로 사용하기 위해 사용되는 연산자

18 다음은 데이터의 크기를 나타내는 단위들이다. 데이터의 크기순으로 옳게 나열된 것은?

① byte 〈 word 〈 record 〈 bit
② bit 〈 byte 〈 field 〈 record 〈 file
③ file 〈 field 〈 record 〈 bit 〈 byte
④ field 〈 record 〈 file 〈 byte

> 자료의 구조
> • 비트(bit) : 0과 1로 표현되는 데이터의 최소 단위이며 논리 데이터로 표현
> • 바이트(byte) : 1개의 문자나 수를 기억하는 데이터 단위로서 8개의 비트로 구성
> • 워드(word) : 몇 개의 바이트의 모임으로, 하나의 기억 장소에 기억되는 데이터 범위를 의미
> • 항목(field) : 정보의 전달을 위한 최소한의 문자의 집단
> • 레코드(record) : 한 단위로 취급되는 서로 관련 있는 항목들의 집단
> • 파일(file) : 어떤 한 작업에 관련된 레코드들의 집합
> • 데이터베이스(data base) : 상호 관련된 파일들의 집합

19 순서도의 기본 유형에 속하지 않는 것은?

① 직선형 순서도
② 회전형 순서도
③ 분기형 순서도
④ 반복형 순서도

> 순서도의 기본유형
> • 직선형(순차구조) : 조건에 의해서 분기되거나 또는 일정한 내용을 반복 처리함이 없이, 위에서 아래로 하나의 명령문씩 단계적으로 실행하여 실행 정지 명령에 도달되는 구조
> • 분기형(선택구조) : 주어진 조건의 만족 여부에 따라 실행 내용이나 순서를 서로 달리하고자 할 때 작성되는 순서도 구조
> • 반복형(반복구조) : 특정 조건이 만족되는 동안 어느 부분의 처리 내용을 반복 실행하도록 그려진 구조, 반복 종료하는 조치가 없으면 무한 반복을 하게 된다.

20 4개의 입력과 2개의 출력으로 구성된 회로에서 4개의 입력 중 하나가 선택되면 그에 해당하는 2진수가 출력되는 논리 회로는?

① 디코더
② 인코더
③ 반가산기
④ 플립플롭

> • 인코더(Encoder) : 여러 개의 입력 단자와 여러 개의 출력 단자로 이루어져 있으며, 어느 1개의 입력 단자에 "1"이라는 신호가 주어지면 그 입력 단자에 대응하는 출력 단자의 조합 각각에 "1"의 신호가 나타난다. 대표적인 것으로는 10진수를 2진수로 변환시키는 10진 2진코더, 10진수를 2진화10진코드(BCD code)로 변환시키는 10진-BCD인코더 등이 잘 알려져 있다.
> • 디코더(Decoder) : n개의 입력으로 들어오는 데이터를 받아 그것을 숫자로 보고 2의 n제곱 개의 출력 회선 중 그 숫자에 해당되는 번호에만 1을 내보내고 나머지는 모두 0을 내보내는 논리 회로

21 컴퓨터에서 제어장치의 일부로, 컴퓨터가 다음에 실행할 명령의 로케이션이 기억되어 있는 레지스터는?

① 스택 포인터
② 명령 해독기
③ 상태 레지스터
④ 프로그램 카운터

🔍 프로그램 카운터(Program Counter) : 기억장치에 기억된 명령이 순서대로 중앙 처리 장치에서 실행될 수 있도록 그 주소를 지정해 주는 레지스터

22 컴퓨터의 행동을 지시하는 일련의 순차적으로 작성된 명령어 모음을 무엇이라고 하는가?

① 하드웨어　　② 플립플롭
③ 프로그램　　④ 정보

🔍 컴퓨터의 행동을 지시하는 일련의 순차적으로 작성된 명령어 모음을 프로그램이라 한다.

23 D형 플립플롭을 사용하여 토글(toggle)작용이 일어나도록 하려 한다. 어떻게 결선하면 좋은가?

① D단 입력에 인버터를 연결한다.
② 클록펄스 입력단에 인버터를 연결한다.
③ D단 입력과 출력단 $\overline{Q}$를 외부 결선한다.
④ 클록펄스 입력단과 출력단 Q를 외부 결선한다.

🔍 D-Flip Flop의 D단 입력과 출력단의 $\overline{Q}$를 외부 결선하면 토글(toggle)작용이 일어난다.

24 dynamic RAM에 관한 설명 중 옳지 않은 것은?

① static RAM보다 속도가 빠르다.
② static RAM보다 용량이 크다.
③ 주기적으로 재충전(refresh)을 해주어야 한다.
④ MOS RAM 동작방식에 속한다.

🔍
- SRAM(Static RAM) : 정적인 램으로 전원이 공급되지 않아도 기억된 내용이 사라지지 않는 RAM(재충전 필요 없음), 플립플롭으로 구성된다.
- DRAM(Dynamic RAM) : 구조는 단순하지만 가격이 저렴하고 집적도가 높아 PC의 메모리로 이용 휘발성이 메모리이므로 재충전시간이 필요(동적, 일정시간 동안 기억) SRAM 보다 용량은 크나 속도는 느리다.

25 마이크로프로세서에서 누산기의 용도는?

① 명령의 해독
② 명령의 저장
③ 연산 결과의 일시 저장
④ 다음 명령의 주소 저장

🔍 누산기(Accumulator) : 연산장치를 구성하는 중심이 되는 레지스터로서 사칙연산, 논리연산 등의 결과와 인터럽트 신호를 기억한다.

26 지정 어드레스로 분기하고 후에 그 명령으로 되돌아오는 명령은?

① 강제 인터럽트 명령
② 조건부 분기 명령
③ 서브루틴 분기 명령
④ 분기 명령

🔍 서브루틴 분기 명령 : 프로그램 수행 중 서브루틴으로 분기했다가 수행이 끝나면 원래 위치로 복귀시키는 명령

27 2진수 $(11001)_2$에서 1의 보수는?

① 00110　　② 11001
③ 10110　　④ 11110

🔍 $(11001)_2$의 1의 보수는 부정을 취하면 되므로, $(00110)_2$이 된다.

28 컴퓨터에서 각 구성 요소 간의 데이터 전송에 사용되는 공통의 전송로를 무엇이라 하는가?

① 버스(bus)　　② 포트(port)
③ 채널(channel)　　④ 인터페이스(interface)

🔍 버스(bus) : 컴퓨터에서 각 구성 요소 간의 데이터 전송에 사용되는 공통의 전송로

29 지시계기는 고정 부분과 가동 부분으로 구성되어 있는데 기능상 지시계기의 3대 요소에 속하지 않는 것은?

① 구동장치　　② 가동장치
③ 제어장치　　④ 제동장치

🔍 지시계기의 3대 요소 : 구동장치, 제어장치, 제동장치

30 다음 중 볼로미터(bolometer) 전력계의 저항 소자는?

① 서미스터　　② 터널 다이오드
③ 바리스터　　④ FET

🔍 볼로미터 전력계는 저항소자(서미스터)의 변화분을 측정하여 도파관 속을 전파하는 마이크로파대의 전력을 측정한다.

31 수신기 내부 잡음 측정에서 잡음이 없는 경우 잡음지수는?

① 0　　② 1
③ 10　　④ 무한대

🔍 잡음지수 $F = \dfrac{S_i}{N_i}\dfrac{N_o}{S_o} = 1$일 경우가 내부 잡음이 없는 경우이다.
(입력측 잡음비 $\dfrac{S_i}{N_i}$, 출력측 잡음비 $\dfrac{N_o}{S_o}$)

32 1차 코일의 인덕턴스 4[mH], 2차 코일의 인덕턴스 10[mH]를 직렬로 연결했을 때 합성 인덕턴스는 24[mH]이었다. 이들 사이의 상호 인덕턴스는?

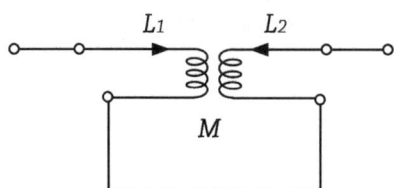

① 2[mH]　　② 5[mH]
③ 10[mH]　　④ 19[mH]

🔍 $L_o = L_1 + L_2 + 2M$
$24[mH] = 4[mH] + 10[mH] + 2M$
$\therefore M = \dfrac{10}{2} = 5[mH]$ (M : 상호 인덕턴스)

33 다음과 같은 특징을 가지는 측정계기는?

【보기】
- 직렬 공진회로의 주파수 특성을 이용
- RLC로 구성된 회로의 공진 주파수를 개략적으로 측정
- 대체로 100 [MHz] 이하의 고주파 측정에 사용

① 동축 주파수계　　② 공동 주파수계
③ 계수형 주파수계　　④ 흡수형 주파수계

🔍 흡수형 주파수계
- R, L, C의 공진 회로 및 검출 지시부로 구성된 공진형 주파수계이다.
- 구조가 간단하고 전원이 불필요하다.
- 선택도 Q가 150 이하로 감도가 나쁘고 확도도 낮다.
- 100[MHz] 이하의 대략 주파수 측정에 사용한다.
- 피측정 회로와는 소결합하여 측정한다.
- 전류계, 전압계, 검파회로, 공진회로 등으로 구성되어 있다.

34 증폭회로에서 전압 증폭도가 100이면 데시벨 이득 G는?

① 5[dB]
② 10[dB]
③ 20[dB]
④ 40[dB]

🔍 $G = 20\log_{10}100 = 20\log_{10}10^2 = 40[dB]$

35 디지털 전압계에서 계기의 심장부이며, 아날로그 양을 디지털 양으로 변환시키는 부분은?

① 측정량 입력부
② 입력 전환부
③ A/D 변환기부
④ D/A 변환기부

🔍 A/D변환 : 아날로그(analog)량을 디지털(digital)량으로 바꾸는 것

36 측정하고자 하는 양과 일정한 관계가 있는 다른 종류의 양을 각각 직접 측정으로 구하여 그 결과로부터 계산에 의하여 측정량의 값을 결정하는 측정을 무엇이라 하는가?

① 직접측정(비교측정)
② 간접측정(절대측정)
③ 편위법
④ 영위법

🔍 간접측정법
- 관계있는 다른 측정량들을 각각 측정하고 그들의 함수적 관계로부터 계산하여 결정
- 전류계 및 전압계로 전류, 전압 측정 후 R =V/I 로부터 저항 계산

37 정류형 계기의 정류기 접속 방식으로 옳은 것은?

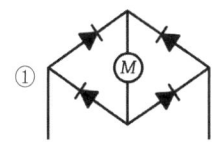
①

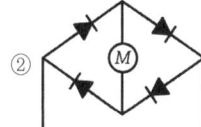
②

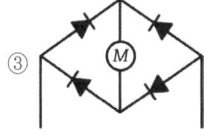
③

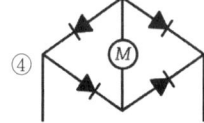
④

🔍 다이오드는 순방향으로 접속되어야 전류가 흐르므로 그림과 같이 정류형 계기의 다이오드가 접속되어야 한다.

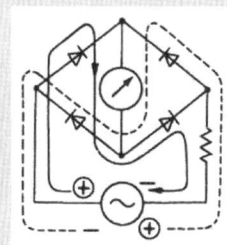

38 정재파비(VSWR)가 2일 때 반사 계수는?

① 1/2 ② 1/3
③ 1/4 ④ 1/5

🔍 반사계수 $\rho = \dfrac{S-1}{S+1} = \dfrac{2-1}{2+1} = \dfrac{1}{3}$ (S : 정재파비)

39 주파수 안정도와 파형이 좋기 때문에 저주파대의 기본 발진기로 사용되는 발진기는?

① 음차 발진기 ② RC 발진기
③ 비트 발진기 ④ 수정 발진기

🔍 음차발진기
 • 주파수 안정도 및 파형이 특히 좋다.
 • 저주파수대의 기본 발진기로 사용 된다.
 • 주파수 가변이 불가능하다.

40 오실로스코프로 직류에 포함된 리플(ripple)만을 측정하고자 할 때 INPUT MODE로 옳은 것은?

① DC
② AC
③ GND
④ DUAL

🔍 입력 신호에서 DC 성분을 차단하여 직류에 포함된 리플(ripple)만을 측정하고자 할 때 AC 결합 MODE로 측정하여야 한다.

41 제어량의 변화를 일으킬 수 있는 신호 중에서 기준 입력 신호 이외의 것은?

① 제어동작 신호
② 외란
③ 주되먹임 신호
④ 제어 편차

🔍 외란이란 제어량의 변화를 일으킬 수 있는 신호 중에서 기준 입력신호 이외의 것을 말한다.

42 2종류로 금속으로 구성되는 회로에 전류를 흘렸을 때, 그 접합점에 열의 흡수 발생이 일어나는 현상은가?

① 펠티어 효과
② 톰슨 효과
③ 지벡 효과
④ 줄 효과

🔍 펠티어 효과(Peltier effect) : 2개의 다른 물질의 접합구에 전류가 흐르면 열을 흡수하거나 발산하는 현상으로 이 효과는 금속과 금속을 접합했을 경우보다 반도체와 금속의 접합 또는 반도체의 PN접합을 이용했을 경우가 크며, 반도체인 Bite계 합금의 PN접합이 전자 냉동으로 많이 이용되고 있다.

43 다음 중 레이더의 초단파 발진관으로 사용되는 것은?

① 전자 혼(horn)
② 자전관(magnetron)
③ TR 관(transmit-receive tube)
④ ATR 관(anti-transmit-receive tube)

🔍 레이더에 사용되는 초단파 발진관은 자장내에서의 전자 운동을 이용하여 초단파 발진을 일으키는 자전관(magnetron)을 사용한다.

44 수신기의 성능을 표시하는 요소 중 옳지 않은 것은?

① 선택도　　② 충실도
③ 변조도　　④ 안정도

> **수신기의 특성**
> - 감도(sensitivity) : 수신기의 성능을 나타내는 하나의 성질로, 어느 정도의 세기의 전파를 수신할 수 있는가의 능력을 나타내는 것이다.
> - 선택도(selectivity) : 무선 수신기에서 희망 신호와 불필요한 신호를 주파수의 차로 분리하는 능력의 정도를 나타내는 것이다.
> - 충실도(fidelity) : 입력 신호파가 얼만큼 정확하게 출력으로 재현되는가를 나타내는 것이다.
> - 안정도(stability) : 주파수와 진폭이 일정한 신호 전파를 수신하면서 장시간에 걸쳐 일정한 출력을 낼 수 있는지의 능력을 나타내는 것이다.

45 FM 수신기에 필요한 요소가 아닌 것은?

① 저주파증폭회로
② 주파수판별회로
③ 변조회로
④ 주파수혼합회로

> 변조회로는 송신기에서 음성신호를 반송파에 합성하는 과정이다.

46 다음 각 항법장치의 설명 중 옳은 것은?

① TACAN : 전파의 도래 방향을 자동적으로 측정한다.
② ADF : 두국 A, B의 전파의 도래 시간차를 측정한다.
③ VOR : 사용주파수는 108[MHz]~118[MHz]의 초단파를 사용한다.
④ 로란(Loran) : 지상국으로부터 방위와 거리를 측정하는 시스템이다.

> - TACAN(tactical air navigation) : DME(거리 측정기)와 VOR을 사용하는 것으로 항공 기상의 질문기와 지상의 응답기에 의해 지상국으로부터의 방위와 거리를 측정하는 시스템으로 962~1213[MHz]의 UHF 전파를 사용한다.
> - 자동 방향 탐지기(ADF) : 항공기의 기수 방향에 대한 전파의 도래 방향을 자동적으로 측정한다.
> - 로란(loran) : 두 국 A, B로부터 동기하여 발사된 펄스 신호를 어떤 지점에서 수신하여 두국의 전파의 도래 시간차를 측정한다.

47 VTR의 기록방식에서 기록헤드와 재생헤드의 갭을 ∅도 만큼 기울여 재생할 때의 장점은?

① 휘도신호의 크로스 토크가 제거된다.
② 테이프 속도가 증가한다.
③ 장시간 기록 재생된다.
④ 테이프를 좁게 사용할 수 있다.

> 애지머스란 갭의 각도를 말하는데, 2개의 비디오 헤드의 갭의 기울기를 각각 벗어나게 하여 인접 트랙(track)으로부터의 크로스 토크(cross talk)를 제거하는 것이 애지머스 기록 방식이다.

48 다음 중 음압의 단위는?

① [N/C]
② [dB]
③ [μbar]
④ [Neper]

> 음압의 단위는 μbar(bar의 100만분의 1)을 사용한다.

49 VHS 방식 VTR의 설명으로 옳은 것은?

① 병렬(parallel) 로딩 기구에 의한 M자형 로딩
② 큰 헤드 드럼에 낮은 테이프 속도
③ 리드 테이프에 의한 종단 검출 방식
④ 1모터에 의한 안정된 구동 방식

> **로딩기구(loading mechanism)**
> - 로딩 기구란 비디오카세트에서 테이프를 끌어내어 헤드 드럼에 세트하는 기구이다.
> - VHS 방식의 로딩 기구에는 병렬(parallel) 로딩 기구에 의한 M자형 로딩이 채용되며, β-max 방식에는 U 로딩 기구가 채용되고 있다.

50 슈퍼헤테로다인 수신기에서 영상주파수는?

① 중간주파수와 같다.
② 국부발진주파수와 같다.
③ (국부발진주파수 − 중간주파수)와 같다.
④ (국부발진주파수 + 중간주파수)와 같다.

> - 국부발진주파수 = 수신주파수 + 중간주파수
> - 영상주파수 = 수신주파수 + (2 × 중간주파수) = 국부발진주파수 + 중간주파수

51 채널을 선택하고 수신된 고주파를 증폭, 주파수를 변환하여 중간 주파수를 얻는 회로는?

① 편향 회로
② 튜너 회로
③ 음성신호 회로
④ 동기분리 회로

> 튜너회로 : 채널을 선택하고 고주파 증폭을 하며 주파수 변환을 하여 중간 주파수를 얻는다.

52 전자냉동의 원리에 대한 설명으로 틀린 것은?

① 펠티어 효과를 이용한 것이다.
② 펠티어 효과는 물질에 따라 다르다.
③ 펠티어 효과는 접점을 통과하는 전류에 반비례한다.
④ 펠티어 효과가 클수록 효과적인 냉각기를 얻을 수 있다.

> 펠티어 효과
> • 두 종류의 도체를 결합하고 전류를 흐르도록 할 때, 한 쪽의 접점은 발열하여 온도가 상승하고 다른 쪽의 접점에서는 흡열하여 온도가 낮아지는 현상이다.
> • 물질에 따라 효과가 다르며 접점을 통과하는 전류에 비례한다.
> • 펠티어 효과가 클수록 효과적인 냉각기를 얻을 수 있어 전자냉동 등에서 이용하고 있다.

53 광학 현미경과 전자현미경의 차이점에 대한 설명으로 가장 옳은 것은?

① 광학 현미경에서는 시료 위의 정보를 전하는 매개체로 빛과 전자를 동시에 사용한다.
② 광학 현미경은 매개체로 빛과 광학렌즈를, 전자현미경은 매개체로 전자 빔과 전자렌즈를 사용한다.
③ 전자 현미경은 전자선을 오목렌즈에 이용하고, 광학 현미경은 볼록렌즈를 사용한다.
④ 전자 현미경은 볼록렌즈에 전자선을 사용하고, 광학 현미경은 오목렌즈에 전자선을 이용한다.

> 현미경
> • 광학현미경은 매개체로 빛과 광학렌즈를, 전자현미경은 매개체로 전자빔과 전자렌즈를 사용한다.
> • 전자현미경은 광학현미경에 비해 매우 높은 분해능을 갖고 있어 고배율로 대상물을 관찰 할 수 있다.
> • 주사전자현미경은 광학현미경과 달리 피사계심도가 대단히 깊어서 높낮이가 큰 대상물을 관찰할 수 있다.

54 수면에서 수직으로 초음파를 방사하여, 수신되기까지의 시간이 3초 소요되었다면 물의 깊이는?(단, 이 물속에서 초음파의 속도는 1530[m/s]이다.)

① 1530[m]
② 3060[m]
③ 4590[m]
④ 2295[m]

> $h = \dfrac{vt}{2} = \dfrac{3 \times 1,530}{2} = 2295[m]$

55 텔레비전의 고압 전원은 어떻게 얻어 내는가?

① 부스터 회로에서 얻어낸다.
② B전원을 3배 전압 하여 얻어낸다.
③ 전원 트랜스를 승압하여 얻어낸다.
④ 수평귀선 기간에 일어나는 펄스를 승압하여 얻어낸다.

> 텔레비전의 고압 전원은 수평귀선 기간에 일어나는 펄스를 승압하여 얻어낸다.

56 유전가열의 공업상의 응용에 있어서 옳지 않은 것은?

① 고무의 가황
② 섬유류의 염색
③ 목재의 건조
④ 섬유류의 건조

> 유전가열 : 열경화성 접착제의 가열, 목재나 섬유질 물질의 건조, 플라스틱을 성형하기 전의 예열, 거품고무를 굳히고 건조시키는 경우 등에 사용된다.

57 서보 기구에 대한 설명으로 옳지 않은 것은?

① 추종속도가 빨라야 한다.
② 서보 모터의 관성은 작아야 한다.
③ 일반적으로 조작력이 약해야 한다.
④ 제어계 전체의 관성이 클 경우에는 관성의 비가 적을 지라도 토크가 큰 편이 좋다.

> 서보 기구의 일반적인 조건
> • 추종속도가 빨라야 한다.
> • 일반적으로 조작력이 강해야 한다.
> • 서보 모터의 관성이 작아야 한다.
> • 제어계 전체의 관성이 클 경우에는 관성의 비가 작을지라도 토크가 큰 편이 좋다.

58 다음 중 전기식 조절계에서 가장 많이 사용되는 방식은?

① 비례동작
② 온·오프동작
③ 비례적분동작
④ 비례적분미분동작

> 전기식 조절계에는 간단한 온·오프동작 방식이 많이 사용된다.

59 오디오의 재생 주파수 대역을 몇 개의 대역으로 나누어 각각의 대역내의 주파수 특성을 자유자재로 바꿀 수 있는 기능은?

① 믹싱 앰프
② 채널 디바이더
③ 그래픽 이퀄라이저
④ 라우드니스 컨트롤

> 그래픽 이퀄라이저(Graphic Equalizer) : 가청 주파수 음역대를 몇 개의 주파수 음역대로 분할하여, 각각의 음역대의 레벨을 슬라이드 볼륨으로 증감시킴으로써 주파수 특성을 조절하는 장치

60 녹음기에서 테이프를 일정한 속도로 움직이게 하는 것은?

① 핀치롤러와 캡스턴
② 핀치롤러와 텐션암
③ 캡스턴과 테이프 가이드
④ 테이프 가이드와 테이프 패드

> - 캡스턴(capstan) : 모터에 의해 일정한 속도(테이프의 원주 속도와 거의 같은)로 회전하는 회전축
> - 핀치롤러(pinch roller) : 테이프를 캡스턴에 압착하여 테이프가 정속 주행하도록 한다.

정답 2012년 1회

01 ③	02 ③	03 ①	04 ④	05 ④
06 ②	07 ①	08 ③	09 ①	10 ②
11 ②	12 ②	13 ④	14 ①	15 ②
16 ③	17 ①	18 ②	19 ①	20 ②
21 ④	22 ②	23 ③	24 ①	25 ③
26 ③	27 ①	28 ①	29 ②	30 ①
31 ②	32 ②	33 ④	34 ②	35 ③
36 ②	37 ①	38 ②	39 ①	40 ②
41 ②	42 ①	43 ②	44 ③	45 ③
46 ③	47 ①	48 ③	49 ①	50 ④
51 ②	52 ③	53 ②	54 ④	55 ④
56 ②	57 ①	58 ②	59 ③	60 ①

2012년 2회 공단 기출문제

01 다음 중 압전효과를 이용한 발진기는?

① LC 발진기
② RC 발진기
③ 블로킹 발진기
④ 수정 발진기

> 수정 진동자는 압전효과(piezo effect)를 이용한 것으로 수정 결정에 압력 또는 비튼 힘이 작용함으로써 결정이 상대하는 두개의 면에 전압이 발생하는 현상으로서 이것을 대신하여 전압을 가하여 압력을 가한 것과 같은 효과에 따라 진동하며 수정 자체의 고유진동수의 안정된 주파수값을 얻을 수 있다. 리액턴스가 유도성이 되는 범위는 $f_s < f < f_p$인 주파수 범위가 좁아 발진 주파수가 매우 안정하기 때문에 많이 사용된다.

02 트랜지스터의 전류증폭률 α와 β의 관계는?

① $\alpha = \dfrac{\beta}{1+\beta}$
② $\alpha = \dfrac{\beta}{1-\beta}$
③ $\alpha = \dfrac{1+\beta}{\beta}$
④ $\alpha = \dfrac{1-\beta}{\beta}$

> 트랜지스터의 전류 증폭률
> $\alpha = \dfrac{\beta}{1+\beta}, \beta = \dfrac{\alpha}{1-\alpha}$

03 그림과 같은 구형파 펄스의 충격계수(duty factor) D는?

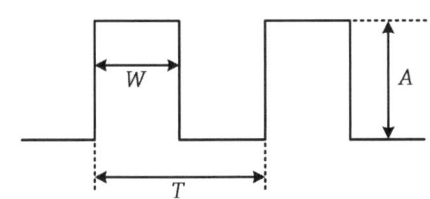

① $D = \dfrac{1}{T}$
② $D = \dfrac{W}{T}$
③ $D = \dfrac{A}{T}$
④ $D = \dfrac{1}{A}$

> 구형파 펄스의 충격계수(Duty factor)
> $D = \dfrac{W(펄스\ 폭)}{T(주기)}$

04 이상적인 연산증폭기에 대한 설명으로 옳지 않은 것은?

① 주파수 대역폭이 무한대이다.
② 출력 임피던스가 무한대이다.
③ 입력 바이어스 전류는 0 이다.
④ 오픈 루프 전압이득이 무한대이다.

> 이상적인 연산증폭(op-amp)기의 특징
> • $A_v = \infty$ (전압이득은 무한대이다.)
> • $R_i = \infty$ (입력저항은 무한대이다.)
> • $R = 0$ (출력저항은 0이다.)
> • offset = 0 (오프셋은 0이다.)
> • $BW = \infty$ (대역폭은 무한대이다.)
> • 지연응답은 0이고, 특성 변동 및 잡음이 없다.
> • 입력이 0일 때 출력도 0이어야 한다.
> • 동위상신호제거비(CMRR) $= \dfrac{A_d(차동\ 이득)}{A_c(동위상\ 이득)} = \infty$

05 연산증폭기의 특징에 대한 설명으로 옳지 않은 것은?

① 전압 이득이 크다.
② 입력 임피던스가 높다.
③ 출력 임피던스가 낮다.
④ 단일 주파수만을 통과시킨다.

06 다음 중 부궤환 증폭회로에 대한 설명으로 적합하지 않은 것은?

① 증폭도가 저하된다.
② 안정도가 감소한다.
③ 주파수 특성이 개선된다.
④ 입·출력 임피던스가 궤환에 의해 변화된다.

> 부궤환 증폭기의 일반적인 특징
> • 이득이 감소한다.(안정도 증가)
> • 이득이 보통 -3[dB] 감소하므로 대역폭(BW)이 넓어져서 주파수 특성이 개선된다.
> • 일그러짐과 잡음이 감소한다.
> • 입력 임피던스는 증가하고 출력 임피던스는 감소한다.

07 운동하고 있는 전자에 자장을 가하면 운동방향을 변화시킬 수 있다. 만약 전자의 운동방향이 자장의 운동방향과 직각이면 전자는 무슨 운동을 하는가?

① 수직운동 ② 수평운동
③ 원운동   ④ 지그재그운동

🔍 전자의 운동방향과 자장의 방향
- 전자의 운동방향이 자장의 방향과 직각이면 전자는 원운동을 한다.
- 전자의 운동방향이 자장의 방향과 직각이 아니면 전자는 나선운동을 한다.
- 전자의 운동방향이 자장의 방향과 같으면 전자는 자장의 영향을 받지 않는다.

08 비검파회로에 삽입된 대용량 콘덴서 Co의 목적은?

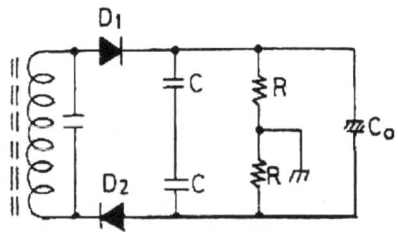

① 결합작용   ② 직류차단작용
③ 진폭제한작용   ④ 측로(by pass)작용

🔍 FM 수신기에서 많이 사용되는 비 검파기회로가 리미터(Limiter) 역할을 하는 것은 출력단의 대용량 콘덴서가 펄스 잡음을 제거(흡수)하기 때문이다.

09 그림은 연산회로의 일종이다 출력을 바르게 표시한 것은?

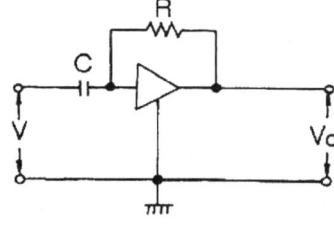

① $V_o = \dfrac{1}{CR}\int_0^t v\,dt$ ② $V_o = -\dfrac{1}{CR}\int_0^t v\,dt$

③ $V_o = -RC\dfrac{dv}{dt}$ ④ $V_o = RC\dfrac{dv}{dt}$

🔍 입력측에 C를 사용하므로 미분기(HPF)로서 동작한다.
$$\therefore V_o = -RC\dfrac{dv}{dt}$$

10 다음 연산증폭기 회로의 입력전압 V_i 값으로 옳은 것은?(단, 이상적인 연산증폭기이다.)

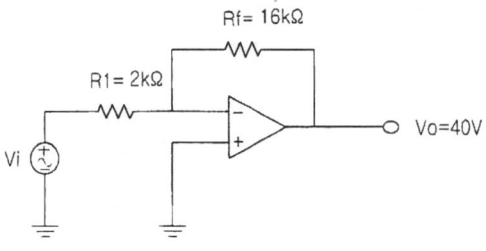

① $-5[V]$ ② $7.5[V]$
③ $-10[V]$ ④ $12.5[V]$

🔍 op-amp, R을 이용한 반전증폭기이다.
$$V_o = -\dfrac{R_f}{R_i}V_i$$
$$\therefore V_i = -\dfrac{V_o}{\left(\dfrac{R_f}{R_1}\right)}[V]$$
$$= -\dfrac{40}{\left(\dfrac{16\times 10^3}{2\times 10^3}\right)} = -\dfrac{40}{8} = -5[V]$$

11 충돌된 1차전자의 운동에너지에 의하여 방출된 자유전자의 명칭으로 바르게 된 것은?

① 열전자   ② 광전자
③ 2차전자   ④ 전기장전자

🔍 금속 내부의 전자방출에서 충돌된 1차 전자의 운동에너지에 의해 방출된 전자를 2차 방출 전자라 한다.

12 베이스 접지 트랜지스터 회로에서 입력과 출력 신호 사이의 위상차는?

① 동상   ② 90°
③ 180°   ④ 270°

🔍 트랜지스터 접지방식에 따른 증폭기 특성 비교

	CE (이미터 접지)	CB (베이스 접지)	CC (컬렉터 접지)
Ai (전류 이득)	크다(-).	작다.	크다.
Av (전압 이득)	크다(-).	크다.	작다.
Ri (입력 저항)	중간	낮다.	높다.
Ro (출력 저항)	중간	높다.	낮다.
입 출력 위상	위상반전(180도)	동위상	동위상

13 직류 안정화 전원회로의 기본 구성요소로 가장 적합한 것은?

① 기준부, 비교부, 검출부, 증폭부, 지시부
② 기준부, 비교부, 검출부, 증폭부, 제어부
③ 기준부, 발진부, 검출부, 제어부, 증폭부
④ 기준부, 지시부, 검출부, 증폭부, 발진부

🔍 직렬형 정전압안정화회로 기본구성요소는 제어부(TR), 증폭부(TR), 기준부(ZD), 비교부(R), 검출부(C)이다.

14 정류회로의 직류전압이 300[V]이고 리플 전압이 3[V]였다. 이 회로의 리플률은 몇 [%] 인가?

① 1[%]   ② 2[%]
③ 3[%]   ④ 5[%]

🔍 리플(ripple) = $\dfrac{V(\text{직류출력 속의 교류분})}{V_d(\text{직류출력 전압})} \times 100[\%]$

∴ $r = \dfrac{3}{300} \times 100 = 1[\%]$

15 이미터 플로어에 대한 설명으로 옳지 않은 것은?

① 입력임피던스는 낮다.
② 전압 증폭도는 대략 1이다.
③ 입·출력 위상은 동위상이다.
④ 부하효과를 최소화하는 버퍼증폭기로 많이 사용된다.

🔍 이미터 플로어(Emitter follower)의 특징
• 전류 이득이 가장 크다.
• 전압 이득은 대략 1에 가깝다.(입력 베이스 전압 변동과 이미터에 있는 부하전압의 전압 변동이 똑같다(동상).)
• 입력 저항이 대단히 크다.(수백 kΩ)
• 출력 저항이 가장 작다.(수십 Ω)
• 주로 버퍼(buffer)로서 사용된다.
• 전력 증폭기로도 사용된다.

16 다음 중 정류 회로의 종류가 아닌 것은?

① 브리지 정류회로   ② 반파 정류회로
③ 전파 정류회로   ④ 정전압 정류회로

🔍 교류를 직류로 변환하는 정류회로는 반파, 전파, 브리지, 배전압 정류회로가 있다.

17 주기적으로 재기록하면서 기억 내용을 보존해야 하는 반도체 기억장치는?

① SRAM   ② EPROM
③ PROM   ④ DRAM

🔍 DRAM(Dynamic RAM) : 구조는 단순하지만 가격이 저렴하고 집적도가 높아 PC의 메모리로 이용 휘발성이 메모리이므로 재충전시간이 필요(동적, 일시간 동안 기억)

18 컴퓨터와 오퍼레이터 사이에 필요한 정보를 주고 받을 수 있는 장치는?

① 자기디스크   ② 라인프린터
③ 콘솔   ④ 데이터 셀

🔍 콘솔 : 컴퓨터와 오퍼레이터 사이에 필요한 정보를 주고받을 수 있는 장치로서 키보드와 CRT로 구성되어 있으며, 작동의 개시, 정지, 작업관리 등에 직접 관여한다.

19 다음 그림은 어떤 주소 지정 방식인가?

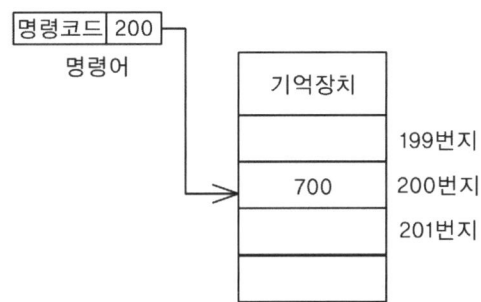

① 즉시주소(Immediate Address) 지정
② 직접주소(Direct Address) 지정
③ 간접주소(Indirect Address) 지정
④ 상대주소(Relative Address) 지정

20 컴퓨터 내부에서 문자를 표현하는 방식은?

① 팩 방식   ② 아스키 코드 방식
③ 고정 소수점 방식   ④ 부동 소수점 방식

🔍 ASCII 코드 : 미국의 표준코드. 문자를 표시하기 위한 7비트 코드로서 영어 대문자, 소문자로 구별할 수 있으며, 가장 왼쪽의 한 비트는 코드의 오류 검출용 패리티 비트를 부가하여 8비트로 표시하고 데이터 통신에서 표준코드로 사용하며 개인용 컴퓨터에 사용한다.

21 16진수 (28C)₁₆를 10진수로 변환한 것으로 옳은 것은?

① 626
② 627
③ 628
④ 652

> $(28C)_{16} = 2 \times 16^2 + 8 \times 16^1 + C \times 16^0$
> $= 512 + 128 + 12 = (652)_{10}$

22 명령어 형식에서 오퍼랜드(operand)부의 역할이라고 할 수 없는 것은?

① 레지스터 지정
② 명령어 종류 지정
③ 기억장치의 어드레스 지정
④ 데이터 자체의 표현

> 오퍼랜드는 레지스터 지정, 기억장치의 어드레스 지정, 데이터 자체의 표현의 역할을 한다.

23 프로그래밍에 사용하는 고급언어 중 절차지향언어에 포함되지 않는 것은?

① 코볼(COBOL)
② C 언어
③ 자바(JAVA)
④ 베이직(BASIC)

> JAVA : 객체지향프로그래밍 언어로서 네트워크 기능의 구현이 용이하기 때문에, 인터넷 환경에서 가장 활발히 사용되는 프로그래밍 언어이다.

24 다음 논리연산 명령어 중 누산기의 값이 변하지 않는 것은?(단, 여기서 X는 임의의 8bit 데이터이다.)

① CP X
② AND X
③ OR X
④ EX-OR X

> Complement : 논리 회로에서 인버터와 같은 기본적인 연산기로 이용되며, 음(-)수의 표현에 있어 1의 보수 또는 2의 보수를 구하는 데 이용할 수 있으며 누산기의 값이 변하지 않는다.

25 컴퓨터가 직접 인식하여 실행할 수 있는 언어로서 2진수 "0"과 "1"만을 이용하여 명령어와 데이터를 나타내는 언어는?

① 기계어
② 어셈블리 언어
③ 컴파일러 언어
④ 인터프리터 언어

> 기계어 : 컴퓨터가 직접 해독할 수 있는 2진수로 나타내는 언어로 프로그래밍의 기본이 된다. 즉 컴퓨터를 작동시키기 위해 0과 1로 나타낸 컴퓨터 고유 명령 형식이다.

26 다음 중 "0"에서부터 "9"까지의 10진수를 4비트의 2진수로 표현하는 코드는?

① 아스키 코드
② 3-초과 코드
③ 그레이 코드
④ BCD 코드

> BCD 코드(Binary Coded Decimal, 2진화 10진수) : 10진수 1자리를 2진수 4자리(bit)로 표현하는 가중치 코드, 8421 코드라고도 한다.

27 속도가 빠른 중앙처리장치와 속도가 느린 주기억장치 사이에 위치하며 두 장치간의 속도 차를 줄여 컴퓨터의 전체적인 동작 속도를 빠르게 하는 기억장치는?

① 캐시 메모리(Cache Memory)
② 가상 메모리(Virtual Memory)
③ 플래시 메모리(Flash Memory)
④ 자기버블 메모리(Magnetic Bubble Memory)

> 캐시 메모리(Cache Memory) : 속도가 빠른 중앙처리장치와 속도가 느린 주기억장치 사이에 위치하며 두 장치 간의 속도 차를 줄여 컴퓨터의 전체적인 동작 속도를 빠르게 하는 기억장치

28 각 세그먼트를 하나의 프로그램이 되도록 연결하고, 어셈블러가 번역한 목적프로그램을 실행 모듈로 바꾸어 주는 프로그램은?

① 에디터
② ASM
③ LINKER
④ EXE2BIN

> LINKER : 각 세그먼트를 하나의 프로그램이 되도록 연결하고, 어셈블러가 번역한 목적 프로그램을 실행 모듈로 바꾸어 주는 프로그램

29 내부저항이 20[kΩ]인 전압계의 측정 범위를 크게 하려고 80[kΩ]의 배율기를 직렬로 연결했을 때, 전압계의 지시값이 50[V]였다면 측정 전압은?

① 220[V]
② 250[V]
③ 280[V]
④ 320[V]

🔍 $R_m = r_a(m-1)$, $m = 1 + \dfrac{R_m}{r_a} = 1 + \dfrac{80 \times 10^3}{20 \times 10^3} = 5$
(R_m : 배율기 저항, r_a : 내부저항, m : 배율)
∴ $V = m \times 50 = 5 \times 50 = 250[V]$

30 적산전력계의 알루미늄 원판에 유기되는 전류는?

① 여자 전류　　② 맴돌이 전류
③ 자화 전류　　④ 최대 전류

🔍 유도형 계기는 피측정 전류 또는 전압을 여자 코일에 공급해서 자기장을 만들고, 이 자기장과 가동부의 전자 유도 작용에 의해서 생기는 맴돌이 전류 사이의 전자력에 의한 구동토크를 이용한 계기이다. 교류 배전반용 기록 장치와 전력계 및 이동 자기장식은 적산 전력계로 이용된다.

31 일반적으로 1[Ω]이하 10⁻⁵[Ω] 정도의 저저항 정밀측정에 사용되는 브리지는?

① 켈빈더블 브리지
② 휘스톤 브리지
③ 콜라우슈 브리지
④ 맥스웰 브리지

🔍 켈빈 더블 브리지(Kelvin Double Bridge)법 : 접촉저항이나 도선 저항의 영향이 매우 적어 1[Ω] 이하 10⁻⁵[Ω] 정도의 저저항 정밀측정에 적합하다.

32 표준신호발생기의 필요조건으로 옳지 않은 것은?

① 주파수가 정확하고 가변 파형이 양호할 것
② 변조특성이 좋으며 지시변조도가 정확할 것
③ 출력 임피던스가 가변될 것
④ 불필요한 출력을 내지 않을 것

🔍 표준신호 발생기의 구비조건
• 변조도의 가변범위가 넓을 것
• 발진주파수가 정확하고 파형이 양호할 것
• 안정도가 높고 주파수의 가변범위가 넓을 것
• 주변의 온도 및 습도 조건에 영향을 받지 않을 것
• 출력임피던스가 일정할 것
• 불필요한 출력을 내지 않을 것

33 오실로스코프에서 휘도(intensity)를 조정하는 것은?

① 양극전압　　② 편향판전압
③ 캐소드전압　　④ 제어그리드전압

🔍 오실로스코프에서 제어 그리드(control grid)는 음극(cathode)에 대해 부전압을 걸어주어 음극에서 방출된 전자의 흐름을 제한하도록 한다. 그러므로 이 부전압(bias 전압)을 변화시켜서 형광막에 나타나는 휘점의 밝기를 조절할 수 있다.

34 자동평형식 기록계기의 구성요소가 아닌 것은?

① 함수발생기
② 증폭회로
③ 서보모터
④ DC-AC변환회로

🔍 자동평형식 기록계기는 DC-AC 변환기, 증폭회로, 서보 모터 및 지시 기록기로 구성되어 있다.

35 유도형 계기의 특징에 대한 설명 중 옳지 않은 것은?

① 가동부에 전류를 흘릴 필요가 없으므로 구조가 간편하고, 견고하다.
② 공극이 좁고 자장이 강하므로 외부 자장의 영향이 작고, 구동 토크가 크다.
③ 주파수의 영향이 다른 계기에 비하여 크므로 정밀급 계기에는 부적합하다.
④ DC 전용 계기로 주로 사용된다.

🔍 유도형 계기의 특징
• 가동부에 전류를 흘릴 필요가 없으므로 구조가 간단하고 견고하다.
• 구동 토크가 다른 계기에 비하여 크고, 조정이 쉽다.
• 공극 내의 자기장이 강하므로 외부 자기장의 영향이 작다.
• 주파수의 영향이 다른 계기에 비하여 크기 때문에 정밀급 계기에는 사용이 곤란하다.
• 교류용이며, 직류에는 사용할 수 없다.
• 교류 배전반용 기록 장치와 전력계 및 이동 자기장식은 적산 전력계로 이용된다.

36 저주파 증폭기의 출력 측에서 기본파의 전압이 50[V], 제2고조파의 전압이 4[V], 제3고조파의 전압이 3[V]임을 측정으로 알았다면 이 때 일그러짐율[%]은?

① 5　　② 6
③ 8　　④ 10

🔍 왜형률 $x = \dfrac{\text{고조파의 실효값}}{\text{기본파의 실효값}}$
$= \dfrac{\sqrt{4^2 + 3^2}}{50} \times 100 = \dfrac{5}{50} \times 100 = 10[\%]$

37 아날로그 계측기와 비교시 디지털 계측기에만 반드시 필요한 것은?

① 비교기
② 증폭기
③ A/D 변환기
④ D/A 변환기

> A/D변환 : 아날로그(analog)량을 디지털(digital)량으로 바꾸는 것

38 다음 중 가장 높은 주파수를 측정할 수 있는 것은?

① 헤테로다인 주파수계
② 공동 주파수계
③ 흡수형 주파수계
④ 동축 주파수계

> 동축 주파수계의 측정 범위는 2500[MHz] 정도이며, 공동 주파수계의 측정 범위는 2~20[GHz] 정도로 보기 중 가장 높은 주파수를 측정할 수 있다.

39 250[V]인 전지의 전압을 어떤 전압계로 측정하여 보정 백분율을 구하였더니 0.2이었다. 전압계의 지시값은?

① 250.5
② 250.2
③ 249.5
④ 249.8

> 보정 백분율(α_0) = $\frac{T-M}{M} \times 100[\%]$ (M : 측정값, T : 참값)
>
> $\therefore M = \frac{T}{\left(1+\frac{\alpha_0}{100}\right)} = \frac{250}{\left(1+\frac{0.2}{100}\right)} = 249.5[V]$

40 전압 측정 시 계측기에 흐르는 미소 전류에 의한 전압 강하로 발생되는 오차를 줄이는 방법은?

① 계측기의 입력 저항을 크게 한다.
② 미끄럼 줄의 마찰에 의한 저항 변화를 줄인다.
③ 전압 분압기로 1[V] 정도 전압을 낮춰 측정한다.
④ 계측기에 배율기를 사용하여 측정 범위를 넓힌다.

> 전압계의 내부저항을 크게 함으로써 외부 저항에 의한 영향과 미소 전력에 의한 전압강하를 줄일 수 있어 오차를 줄인다.

41 캡스턴의 원주속도가 고르지 않을 때 생기는 현상은?

① 험
② 와우플러터
③ 모터보팅
④ 잡음

> 와우플러터(wow and flutter) : 테이프 리코더에서 테이프 속도의 변동으로 생기는 신호 주파수의 변동을 말하며, 그 변동 주기가 비교적 느린 것을 와우, 빠른 것을 플러터라 한다. 테이프 리코더에 의한 와우플러터의 원인으로서는 캡스턴의 편심이나 구동 장치 회전부의 편심, 공급 릴 측 테이프 장력의 불균일 등을 들 수 있다.

42 초음파 집진기는 초음파의 어떤 작용을 이용한 것인가?

① 응집작용
② 분산작용
③ 확산작용
④ 에멀션화작용

> 응집작용 : 기체나 액체에 초음파를 통해주면 매질은 진동하게 된다. 이때 매질 속에 고체의 미립자가 있는 경우 이 미립자는 유체매질과 같은 속도로 진동하지 못하고 미립자끼리 뭉쳐지게 된다. 이와 같은 현상은 가스의 정화장치나 액체 속의 고체 미립자를 제거하는데 사용된다.

43 기본파 진폭 20[mA], 제 2고조파 진폭 4[mA]인 고조파 전류의 왜율은 몇 [%] 인가?

① 10
② 20
③ 50
④ 80

> 왜형률 = $\frac{\text{고조파의 실효값}}{\text{기본파의 실효값}}$
>
> = $\frac{\sqrt{4^2}}{20} \times 100 = \frac{4}{20} \times 100 = 20[\%]$

44 고주파 가열 중 유전가열에 대한 설명으로 거리가 먼 것은?

① 가열이 골고루 된다.
② 온도 상승이 빠르다.
③ 피가열물의 모양에 제한을 받지 않는다.
④ 내부가열이므로 표면 손상이 되지 않는다.

> 고주파 유전가열의 단점
> • 고주파 발진기의 효율이 낮다.
> • 설비가가 비싸다.
> • 피가열물의 모양에 제한을 받게 된다.
> • 통신 방해를 준다.

45 주파수 특성의 표현법과 관계없는 것은?

① 벡터 궤적
② 나이퀴스트 선도
③ 보드 선도
④ 스칼라 궤적

> 주파수 특성의 표현법
> • 나이퀴스트 선도
> • 보드 선도
> • 벡터 궤적

46 한 조를 이루는 지상국에서 펄스 대신에 연속파를 발사하여 수신 장소에서는 그 위상차를 이용하여 거리차를 알아내는 쌍곡선 항법을 유럽에서 사용했는데 이를 무엇이라고 하는가?

① 데카(decca)
② 로란 A(loran A)
③ TACAN(tactical air navigation)
④ AN레인지(AN range)

> 데카 : 한 조를 이루는 지상국에서 펄스 대신에 연속파를 발사하여 수신 장소에서는 그 위상차를 이용하여 거리차를 알아내는 쌍곡선 항법

47 태양전지에 이용되는 효과는?

① 광기전력 효과
② 광전자 방출효과
③ 광증폭 효과
④ 펠티어 효과

> 태양전지(solar cell)는 반도체의 PN 접합에 빛이 입사할 때 기전력이 발생하는 광기전력 효과를 이용한 것이다.

48 직류전동기의 속도제어 방법이 아닌 것은?

① 전압제어법
② 계자제어법
③ 주파수제어법
④ 저항제어법

> 주파수 제어법은 교류전동기의 속도 제어방법에 속한다.

49 다음 중 잔류편차가 없는 제어 동작은?

① PI 동작
② P 동작
③ PD 동작
④ ON-OFF 동작

> PI동작 : 비례적분 동작으로 편차의 시간적인 가산에 비례하는 조절계의 동작으로 비례동작에서 생기는 잔류 편차가 없어진다.

50 다음 중 변위를 압력으로 변환하는 변환기는?

① 전자석
② 전자코일
③ 유압분사관
④ 차동변압기

> 신호 검출에서 1차일 때 2차 변환의 보기
>
> | | |
> |---|---|
> | 압력-변위 | 스프링, 다이어프램 |
> | 전압-변위 | 전자코일, 전자석 |
> | 변위-압력 | 유압 분사관 |
> | 변위-전압 | 가변저항 분압기, 차동변압기 |
> | 변위-임피던스 | 용량형 변환기, 슬라이드 저항, 유도형 변환기 |

51 슈퍼헤테로다인 수신기에서 중간주파수가 455[kHz]일 때 710[kHz]의 전파를 수신하고 있다. 이때 수신될 수 있는 영상 주파수는 몇 [kHz] 인가?

① 910
② 1165
③ 1420
④ 1620

> 영상 주파수
> $f_2 = $ 수신주파수 $ + 2 \times $ 중간주파수 $= f_o + 2f_i$
> $= 710 + (2 \times 455) = 1620 [kHz]$

52 출력이 500[W]인 송신기의 공중선에 5[A]의 전류가 흐를 때 복사저항은?

① 10[Ω]
② 20[Ω]
③ 30[Ω]
④ 40[Ω]

> $P = I^2 R$
> $\therefore R = \dfrac{P}{I^2} = \dfrac{500}{5^2} = 20[\Omega]$

53 서보 기구에 관한 일반적인 설명 중 옳지 않은 것은?

① 조작력이 강해야 한다.
② 서보 기구에서는 추종속도가 느려야 한다.
③ 유압 서보 모터나 전기적 서보 모터가 사용된다.
④ 전기식이면 증폭부에 전자관 증폭기나 자기증폭기가 사용된다.

> 서보 기구의 일반적인 특징
> • 조작량이 커야 한다.
> • 추종 속도가 빨라야 한다.
> • 서보 모터의 관성이 작아야 한다.
> • 유압 서보 모터나 전기적 서보 모터가 사용된다.
> • 전기식이면 증폭부에 전자관 증폭기나 자기 증폭기가 사용된다.

54 초음파 탐상기의 주요 구성요소가 아닌 것은?

① 수신부 ② 송신부
③ 동기부 ④ 자동방향 탐지부

> 초음파 탐상기는 비파괴 검사에 많이 사용되며, 초음파 펄스를 기계 부품과 같은 물체에 발사하여 반사파를 관측함으로써 물체 내부의 흠이나 균열 또는 불순물 등의 위치와 크기를 알아내는 데에 쓰이며 초음파 탐상기의 주요 구성은 수신부, 송신부, 동기부로 이루어져 있다.

55 항공기가 강하할 때 수직면 내에 올바른 코스를 지시하는 것으로 90[Hz] 및 150[Hz]로 변조된 두 전파에 의해 표시되는 착륙 보조장치는?

① PAR ② 팬마커
③ 글라이드 패드 ④ 지상 제어 진입장치

> 글라이드 패드(glide pad) : 항공기가 강하할 때 수직면 내에서 올바른 코스를 지시하는 것으로, 로컬라이저와 마찬가지로 90[Hz] 및 150[Hz]로 변조된 두 전파에 의하여 표시된다.

56 다음 중 화상의 질을 판단하기 위한 시험도형으로 일반적으로 사용되는 것은?

① 고스트 ② 비월주사
③ 순차주사 ④ 테스트패턴

> 테스트 패턴 : 텔레비전 송수신기의 조정을 위해 사용하는 시험 도형. 일반적으로 화상에 의해서 종횡비, 편향 일그러짐, 해상도, 콘트라스트 등의 양부 판정을 할 수 있는 어느 특정한 원이나 선으로 이루어지는 도형을 조합시킨 것

57 슈퍼헤테로다인 수신기에서 중간 주파 증폭을 하는 이유 중 옳지 않은 것은?

① 전압 변동을 적게 하기 위해
② 선택도를 높이기 위해
③ 충실도를 높이기 위해
④ 안정한 증폭으로 이득을 높이기 위해

> 중간주파 증폭기는 주파수 변환 회로에서 얻어진 중간 주파수를 증폭하여 감도와 선택도를 좋게 하고 안정된 증폭으로 이득을 높이기 위해 사용한다.

58 VTR에서 테이프 구동기구인 로딩 기구(loading mechanism)에 대한 설명으로 옳은 것은?

① 헤드 드럼에서 테이프를 끌어내어 핀치 롤러에 세트 하는 기구이다.
② 비디오 카세트에서 테이프를 끌어내어 헤드 드럼에 세트 하는 기구이다.
③ 빨리 보내기(FF), 되돌리기(REW) 시에 테이프가 비디오 헤드에 세트하는 기구이다.
④ 빨리 보내기(FF), 되돌리기(REW) 시에 테이프가 헤드 드럼과 접촉하게 하는 기구이다.

> 로딩기구(loading mechanism)
> • 로딩 기구란 비디오카세트에서 테이프를 끌어내어 헤드 드럼에 세트하는 기구이다.
> • VHS 방식의 로딩 기구에는 병렬(parallel) 로딩 기구에 의한 M자형 로딩이 채용되며, β-max 방식에는 U 로딩 기구가 채용되고 있다.

59 다음 중 태양전지에 대한 설명으로 옳지 않은 것은?

① 축전장치가 필요하다.
② 장치가 간단하고, 보수가 편하다.
③ 대전력용은 부피가 크고, 가격이 비싸다.
④ 빛의 방향에 따라 발생 출력이 변하지 않는다.

> 태양전지의 특징
> • 축전장치가 필요하다.
> • 장치가 간단하고, 보수가 편하다.
> • 대전력용은 부피가 크고, 가격이 비싸다.
> • 빛의 방향에 따라 발생 출력이 변한다.

60 TV 수상기의 영상 증폭회로에서 피킹 코일에 관한 설명으로 옳은 것은?

① 수직의 동기를 제거한다.
② 고역주파수 특성을 보상한다.
③ 저역주파수 특성을 보상한다.
④ 4.5[MHz]의 음성신호를 제거한다.

> 피킹 코일(peaking coil) : 고역 보상을 하기 위해 증폭기에 삽입하는 코일. 텔레비전 수상기에서는 분포 용량을 적게하기 위해 허니컴 감이(지그재그 모양으로 감은 것)가 사용되고 있다.

정답 2012년 2회

01 ④	02 ①	03 ②	04 ②	05 ④
06 ②	07 ③	08 ③	09 ③	10 ①
11 ③	12 ①	13 ②	14 ①	15 ①
16 ④	17 ④	18 ③	19 ②	20 ③
21 ④	22 ②	23 ③	24 ①	25 ①
26 ④	27 ①	28 ③	29 ③	30 ②
31 ①	32 ③	33 ④	34 ①	35 ④
36 ④	37 ③	38 ②	39 ③	40 ①
41 ②	42 ①	43 ②	44 ③	45 ④
46 ①	47 ①	48 ③	49 ①	50 ③
51 ④	52 ②	53 ②	54 ④	55 ③
56 ④	57 ①	58 ②	59 ④	60 ②

2012년 3회 공단 기출문제

01 다음 중 출력 임피던스가 가장 작은 회로는?

① 베이스 접지회로   ② 컬렉터 접지회로
③ 이미터 접지회로   ④ 캐소드 접지회로

🔍 트랜지스터 접지방식에 따른 증폭기 특성 비교

	CE (이미터 접지)	CB (베이스 접지)	CC (컬렉터 접지)
Ai (전류 이득)	크다(-).	작다.	크다.
Av (전압 이득)	크다(-).	크다.	작다.
Ri (입력 저항)	중간	낮다.	높다.
Ro (출력 저항)	중간	높다.	낮다.
입 출력 위상	위상반전 (180도)	동위상	동위상

02 이상적인 연산증폭기의 특징에 대한 설명으로 틀린 것은?

① 주파수 대역폭이 무한대이다.
② 입력 임피던스가 무한대이다.
③ 오픈 루프 전압이득이 무한대이다.
④ 온도에 대한 드리프트(Drift)의 영향이 크다.

🔍 이상적인 연산증폭(op-amp)기의 특징
• $A_v = \infty$ (전압이득은 무한대이다.)
• $R_i = \infty$ (입력저항은 무한대이다.)
• $R_o = 0$ (출력저항은 0이다.)
• offset = 0 (오프셋은 0이다.)
• BW = ∞ (대역폭은 무한대이다.)
• 지연응답은 0이고, 특성 변동 및 잡음이 없다.
• 입력이 0일 때 출력도 0이어야 한다.
• 동위상신호제거비(CMRR) = $\dfrac{A_d(\text{차동 이득})}{A_c(\text{동위상 이득})} = \infty$

03 가정용 전원의 교류전압은 220[V]이다. 이는 무슨 값인가?

① 최댓값   ② 순시값
③ 평균값   ④ 실효값

🔍 교류전압 220V는 실효값을 나타내며, 교류에서 실효값이란 직류가 하는 일과 동일한 열 효과를 나타내는 교류값을 말하며, 가장 일반적으로 사용되는 값이다.

04 5[V]의 입력전압을 50[V]로 증폭했을 때 전압 이득은?

① 10[dB]   ② 20[dB]
③ 30[dB]   ④ 40[dB]

🔍 $G = 20\log_{10}\dfrac{50}{5} = 20[dB]$

05 다음과 같은 정류회로에서 D_1 다이오드에 걸리는 최대 역전압[PIV]은 몇 [V]인가?(단, V_i는 정현파이다.)

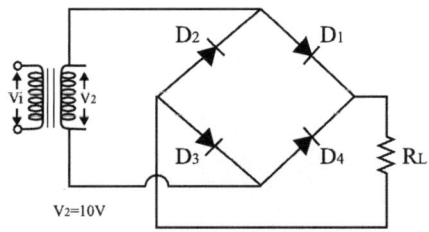

① 10[V]
② 20[V]
③ $10\sqrt{2}$ [V]
④ $20\sqrt{2}$ [V]

🔍 정류회로의 다이오드에 걸리는 최대 역전압(PIV)
$= \sqrt{2}\,V_2 = 10\sqrt{2}$ 이다.

06 전파 정류회로에서 리플전압을 나타낸 설명으로 옳은 것은?(단, 콘덴서 입력형 필터 회로의 경우이다.)

① 리플전압은 콘덴서의 용량에만 반비례한다.
② 리플전압은 부하저항 및 콘덴서 용량에 반비례한다.
③ 리플전압은 부하저항에 무관하고 콘덴서의 용량에 비례한다.
④ 리플전압은 부하저항 및 콘덴서 용량에 비례한다.

🔍 콘덴서 입력형 필터회로의 경우 리플전압은 부하저항(R_L)및 콘덴서 용량과 반비례한다.
리플(r) = $\dfrac{1}{4\sqrt{3}\,fCR_L}$

07 다음 정류회로 중 사용하는 다이오드의 수량이 가장 많은 것은?

① 반파 정류회로
② 전파 정류회로
③ 브리지 정류회로
④ 배전압 전파 정류회로

> 브리지 정류(4) 〉 전파정류(2) 〉 반파정류(1)

08 입력 전압이 500[mV]일 때 5[V]가 출력되었다면 전압 증폭도는?

① 9배
② 10배
③ 90배
④ 100배

> 전압증폭도
> $A_V = \dfrac{V_0(\text{출력전압})}{V_i(\text{입력전압})} = \dfrac{5}{500 \times 10^{-3}} = 10$배

09 발진기의 발진주파수를 높이기 위하여 사용되는 회로는?

① 주파수체배기
② 분주기
③ 영상증폭기
④ 마그네트론

> 낮은 발진 주파수를 높이기 위해서는 주파수체배기를 통해서 높이고, 반대로 낮추려면 분할하는 분주회로를 통해서 낮춘다.

10 병렬공진회로에서 공진주파수 f_o=455[kHz], L=1[mH], Q=50이면 공진 임피던스는 약 몇 [kΩ]인가?

① 83[kΩ]
② 103[kΩ]
③ 123[kΩ]
④ 143[kΩ]

11 홀 효과(hall effect)에 대한 설명으로 옳은 것은?

① 전류와 자기장으로 기전력 발생
② 자기 저항 소자
③ 빛과 자기장으로 기전력 발생
④ 광전도 소자

> 홀 효과(Hall effect) : 플레밍의 왼손법칙의 원리를 이용한 것으로 금속이나 도체의 y축 방향으로 전류를 흘리고 그와 직각인 z축 방향에 자속밀도 B[Wb/m²]의 자장을 가하면 x축 방향으로 기전력이 발생되는 현상을 Hall effect라 한다.

12 5[μF]/150[V], 10[μF]/150[V], 20[μF]/150[V]의 콘덴서를 서로 직렬로 연결하고 그 끝에 직류전압을 서서히 인가할 때 다음 중 옳은 것은?

① 5[μF] 콘덴서가 가장 먼저 파괴된다.
② 10[μF] 콘덴서가 가장 먼저 파괴된다.
③ 20[μF] 콘덴서가 가장 먼저 파괴된다.
④ 모든 콘덴서가 동시에 파괴된다.

> 직렬 연결된 콘덴서 회로에 용량 크기를 각각 다르게 하고 동일한 전압을 인가하면 용량이 작은 콘덴서가 가장 먼저 파괴된다.

13 진폭제한기가 필요치 않으며 FM파의 일그러짐을 가장 작게 복조하는 방식은?

① 슬로프 검파
② 게이티드 빔 검파
③ 포스터실리 검파
④ 비검파

> 비검파기(ratio detector) : 포스터실리 검파기와 비슷하나, 2개의 다이오드 방향이 서로 반대이고 출력이 포스터실리의 1/2밖에 되지 않아 검파감도가 나쁘나, 출력끝 부분에 대용량 콘덴서가 접속되어 펄스 잡음을 제거(흡수)하기 때문에 별도의 진폭제한기(Limiter)가 필요 없다는 장점을 갖는다. 일반적으로 FM수신기에 많이 사용된다.

14 고주파 전력증폭기에 주로 사용되는 증폭방식은?

① A급
② B급
③ C급
④ AB급

> A급 50[%], B급 78.5[%], AB급 70[%] 이상, C급 78.5~100[%]이며, 전력증폭기에는 효율이 가장 높은 C급 증폭기를 송신기 회로에 많이 사용한다.

15 과변조한 전파를 수신하면 어떤 현상이 생기는가?

① 음성파가 많이 일그러진다.
② 검파기가 과부하로 된다.
③ 음성파 전력이 작아진다.
④ 음성파 전력이 크게 된다.

> 진폭변조(AM)에서 과변조가 되면 일그러짐이 생긴다. 일그러짐이 생긴다는 것은 고조파가 발생하는 것으로 과변조는 변조 m 〉 1 일 때이다.

16 어떤 사람의 음성 주파수 폭이 100[Hz]에서 18[kHz] 음성을 진폭변조하면 점유 주파수 대역폭은 얼마나 필요한가?

① 9[kHz] ② 18[kHz]
③ 27[kHz] ④ 36[kHz]

> AM의 대역폭은 상측파(USB = $f_c + f_m$), 하측파(LSB = $f_c - f_m$)
> ∴ 대역폭(BW) = USB − LSB = $2f_m$ = 2×18 = 36[kHz]

17 컴퓨터 내부에서 연산의 중간 결과를 일시적으로 기억하거나 데이터의 내용을 이송할 목적으로 사용되는 임시 기억장치는?

① ROM ② I/O
③ buffer ④ register

> 레지스터(Register) : 주기억장치로부터 읽어온 명령어나 데이터를 저장하거나 연산된 결과를 저장하는 공간이다.

18 마이크로프로세서의 순서제어 명령어로 나열된 것은?

① 로테이트 명령, 콜 명령, 리턴 명령
② 시프트 명령, 점프 명령, 콜 명령
③ 블록 서치 명령, 점프 명령, 리턴 명령
④ 점프 명령, 콜 명령, 리턴 명령

> 마이크로프로세서의 순서제어 관한 명령에는 점프 명령, 콜 명령, 리턴 명령이 있다.

19 서브루틴에서의 복귀 어드레스가 보관되어 있는 곳은?

① 프로그램 카운터 ② 스택
③ 큐 ④ 힙

> 스택(Stack) : 스택은 데이터 입·출력이 한쪽으로만 접근할 수 있는 자료 구조로 서브루틴에서의 복귀 어드레스가 보관되어 있는 곳이다.

20 C언어에서 정수형 변수를 선언할 때 사용되는 명령어는?

① int ② float
③ double ④ char

> C언어의 변수 : 정수형(int), 실수형(float/double), 문자형(char)

21 4개의 존 비트와 4개의 숫자비트로 이루어져 있으며 영문 대문자를 포함하여 모든 문자를 표현할 수 있도록 한 범용 코드로서 대형 컴퓨터에 주로 사용하는 코드는?

① BCD 코드 ② ASCII 코드
③ 그레이 코드 ④ EBCDIC 코드

22 버스란 MPU, Memory, I/O 장치들 사이에서 자료를 상호 교환하는 공동의 전송로를 말하는데 다음 중 양방향성 버스에 해당하는 것은?

① 주소 버스(Address Bus)
② 제어 버스(Control Bus)
③ 데이터 버스(Data Bus)
④ 입출력 버스(I/O Bus)

> 데이터(Data) 버스 : 마이크로프로세서가 내외부의 메모리와 데이터를 주고받는데 사용하는 양방향 신호선이다.

23 주어진 수의 왼쪽으로부터 비트 단위로 대응을 시켜 서로가 1이면 결과를 1, 하나라도 0이면 결과가 0으로 연산 처리되는 명령은?

① OR ② AND
③ EX-OR ④ NOT

> AND : 특정한 비트 또는 문자를 삭제하고, 나머지 비트를 데이터로 사용하기 위해 사용되는 연산자

24 사용자의 요구에 따라 제조회사에서 내용을 넣어 제조하는 롬(ROM)은?

① PROM ② Mask ROM
③ EPROM ④ EEPROM

> Mask ROM : 컴퓨터 제조회사에서 필요한 자료를 제조 과정에서 기록하여 제공하는 ROM(읽기만 가능)

25 산술 시프트(shift)에 관한 설명으로 옳은 것은?

① 좌측 시프트 후 유효 비트 1을 잃는 것을 오버플로우(overflow)라 한다.
② n비트 우측으로 시프트하면 2^n으로 곱한 결과가 된다.

③ n비트 좌측으로 시프트하면 2^n으로 나눈 결과가 된다.
④ 논리 시프트와는 달리 시프트 후 빈 자리에 새로 들어오는 비트는 항상 0이다.

26 컴퓨터가 이해할 수 있는 언어로 변환 과정이 필요 없는 언어는?

① Assembly
② COBOL
③ Machine Language
④ LISP

> 기계어 : 컴퓨터가 직접 해독할 수 있는 2진수로 나타내는 언어로 프로그래밍의 기본이 된다. 즉 컴퓨터를 작동시키기 위해 0과 1로 나타낸 컴퓨터 고유 명령 형식이다.

27 순서도 작성 시 지키지 않아도 될 사항은?

① 기호는 창의성을 발휘하여 만들어 사용한다.
② 문제가 어려울 때는 블록별로 나누어 작성한다.
③ 기호 내부에는 처리 내용을 간단명료하게 기술한다.
④ 흐름은 위에서 아래로, 왼쪽에서 오른 쪽으로 그린다.

> 순서도의 작성방법
> • 위에서 아래로 내려가면서 작성한다.
> • 분기점이 있는 경우 왼쪽에서 오른쪽으로 작성한다.
> • 기호 내부에는 실행 내용을 간단, 명료하게 표시한다.
> • 과정이 길어 연속적인 표현이 어려울 때는 나누어 작성하고 연결 기호를 사용한다.

28 모든 명령어의 길이가 같다고 할 때, 수행시간이 가장 긴 주소지정방식은?

① 직접(direct) 주소지정방식
② 간접(indirect) 주소지정방식
③ 상대(relative) 주소지정방식
④ 즉시(immediate) 주소지정방식

> 간접 주소 지정 방식(Indirect Addressing Mode) : 명령어 내의 주소부에 실제 데이터가 저장된 장소의 주소를 가진 기억장소의 주소를 표현한 방식

29 초당 반복되는 파를 펄스로 변화하여 주파수를 측정하는 주파수계는?

① 계수형 주파수계
② 빈 브리지형 주파수계
③ 헤테로다인법 주파수계
④ 캠벨 브리지형 주파수계

> 계수형 주파수계 : 초당 반복되는 펄스로 변화하여 주파수를 측정하는 주파수계

30 내부저항 $r_a[\Omega]$의 전류계에 병렬로 분류기 저항 $R_s[\Omega]$를 접속하고 이것에 I[A]의 전류를 흘릴 때 전류계에 흐르는 전류 $I_a[A]$는?

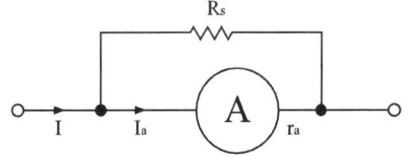

① $I_a = \dfrac{R_s}{R_s + r_a} I$

② $I_a = \dfrac{r_a}{R_s + r_a} I$

③ $I_a = \dfrac{R_s + r_a}{r_a} I$

④ $I_a = \dfrac{R_s + r_a}{R_s} I$

> $I = I_a + I_s = I_a + \dfrac{V_s}{R_s} = I_a + \dfrac{I_a r_a}{R_s} = (\dfrac{R_s + r_a}{R_s}) I_a$
> $\therefore I_a = (\dfrac{R_s}{R_s + r_a}) I$

31 주파수의 안정도와 파형이 좋기 때문에 저주파대의 기본 발진기로 사용되는 것은?

① RC 발진기
② 음차 발진기
③ 수정 발진기
④ 세라믹 발진기

> 음차발진기
> • 주파수 안정도 및 파형이 특히 좋다.
> • 저주파대의 기본 발진기로 사용 된다.
> • 주파수 가변이 불가능하다.

32 자기장 내에서 반도체 소자에 발생되는 기전력으로 자기장을 측정할 수 있는 효과는?

① 홀 효과(Hall effect)
② 톰슨 효과(Thomson effect)
③ 피에조 효과(Piezo effect)
④ 펠티어 효과(Peltier effect)

🔍 홀 효과(Hall effect) : 전류를 직각방향으로 자계를 가했을 때 전류와 자계에 직각인 방향으로 기전력이 발생하는 현상으로 전하 운반자 밀도나 자기장을 측정하는데 유용하다.

33 충전된 두 물체 간에 작용하는 정전흡인력 또는 반발력을 이용한 계기는?

① 가동코일형 계기 ② 전류력계형 계기
③ 유도형 계기 ④ 정전형 계기

🔍 정전형 계기 : 2장의 고정 전극과 그 사이에 알루미늄 가동 전극을 장치한 것으로, 구동력은 양 전극에 걸어 준 전압에 의하여 축적된 정전 에너지로서, 양 극판에 대전된 전하 사이에 작용하는 정전흡입력 또는 반발력을 이용한 것

34 오실로스코프에서 다음과 같은 그림을 얻었다. 이것은 무엇을 측정한 파형인가?(단, A=3, B=1이다.)

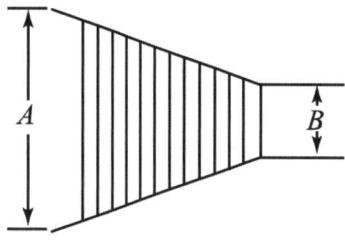

① 100[%] AM 변조파 ② 100[%] FM 변조파
③ 50[%] AM 변조파 ④ 50[%] FM 변조파

🔍 변조도 $m = \dfrac{A-B}{A+B} \times 100\% = \dfrac{3-1}{3+1} \times 100\% = 50[\%]$

35 다음 중 자동평형 기록계기의 측정 원리는?

① 영위법 ② 편위법
③ 직접 측정법 ④ 간접 측정법

🔍 자동평형 기록계기는 펜과 기록 용지에서 생기는 마찰 오차를 피하기 위하여 고안 된 것으로, 영위법에 의한 측정 원리를 이용한 것이다.

36 고주파 전력 측정 방법이 아닌 것은?

① 의사 부하법
② 3전력계법
③ C-C형 전력계
④ C-M형 전력계

🔍 3전력계법은 3상 교류전력 측정에 이용된다.

37 인덕턴스를 L, 커패시턴스를 C라고 했을 때, 흡수형 주파수계의 공진 주파수를 나타낸 식은?

① $\dfrac{1}{2\pi\sqrt{LC}}$ ② $\dfrac{1}{2\pi LC}$
③ $\dfrac{1}{\sqrt{LC}}$ ④ $\dfrac{1}{LC}$

🔍 흡수형 주파수계
• R, L, C의 공진 회로 및 검출 지시부로 구성된 공진형 주파수계이다.
• 구조가 간단하고 전원이 불필요하다.
• 선택도 Q가 150 이하로 감도가 나쁘고 확도도 낮다.
• 100[MHz] 이하의 대략 주파수 측정에 사용한다.
• 피측정 회로와는 소결합하여 측정한다.
• 전류계, 전압계, 검파회로, 공진회로 등으로 구성되어 있다.
• $f = \dfrac{1}{2\pi\sqrt{LC}}$

38 수신기의 내부 잡음 측정에서 잡음이 없는 경우 잡음지수(F)는?

① F = 1 ② F 〉 1
③ F 〈 1 ④ F = 2

🔍 잡음지수
• 무잡음 상태의 잡음지수 F = 1
• 잡음지수$(F) = \dfrac{S_i/N_i(\text{입력 신호전압과 잡음전압비})}{S_o/N_o(\text{출력 신호전압과 잡음전압비})}$

39 헤테로다인 주파수계의 정밀도를 높이기 위해 사용되는 교정 발진기는?

① 펄스 발진기 ② 수정 발진기
③ RC 발진기 ④ LC 발진기

🔍 헤테로다인 주파수계의 교정용 발진기에는 수정발진기가 사용된다.

40 지시계기의 구비 조건이 아닌 것은?

① 정확도가 높고 오차가 작을 것
② 눈금이 균등하거나 대수 눈금일 것
③ 응답도가 늦을 것
④ 절연 및 내구력이 높을 것

> 지시계기의 구비조건
> • 확도가 높고, 외부의 영향을 받지 않을 것
> • 눈금이 균등하든가 대수 눈금일 것
> • 지시가 측정값의 변화에 신속히 응답할 것
> • 튼튼하고 취급이 편리할 것
> • 절연 내력이 높을 것

41 주파수 변별기(frequency discriminator)에 대한 설명 중 옳은 것은?

① FM파에서 원래의 신호파를 꺼내는 FM 검파기이다.
② 자동으로 출력 전압을 제어한다.
③ 다중 통신의 누화를 방지한다.
④ 잡음 감쇠기이다.

> 주파수 변별기 : 주파수 변조파에서 신호파를 빼내는 복조 회로를 말하며, 진폭 변조파에 대한 검파기에 해당한다.

42 다음 중 음압의 단위는?

① [N/C] ② [μbar]
③ [Hz]   ④ [Neper]

> 음압의 단위는 μbar(bar의 100만분의 1)을 사용한다.

43 비디오테이프에서 요구되는 특성으로 가장 적합한 것은?

① 대역폭이 작을 것
② 항자력이 작을 것
③ SN비가 좋을 것
④ 잔류 자속이 작을 것

> 비디오테이프의 요구 특성
> • 잔류 자속이 클 것
> • 항자력(H_c)이 클 것
> • SN비가 좋을 것

44 VTR의 컬러 프로세스(color process)의 VHS 방식에서 사용하고 있는 색 신호 처리방식은?

① DOS 방식
② HPF_2 방식
③ PS(Phase Shift) 방식
④ PI(Phase Invert) 방식

> • PS(phase shift) 방식 : VHS 방식 비디오에 채용
> • PI(phase invert) 방식 : β-max 방식 비디오에 채용

45 공항에 수색 레이더(SRE)와 정측 레이더(PAR)의 두 레이더가 설치된 항법 보조장치는?

① ILS 장치
② 고도측정 장치
③ 거리측정 장치
④ 지상제어 진입 장치(GCA)

> 지상제어 진입 장치(GCA) : 항공기 착륙용의 지상 레이더 방식으로 수색 레이더(SRE), 정측 진입 레이더(PAR), 무선전화, 부속 설비 등을 트레일러 위에 또는 지상에 고정 장치한 것이다. 그 기능은 비행장 반경 30마일 이내의 항공기를 수색 레이더로 포착하여 그 위치를 측정하고 무선 전화에 의해서 항공기와 연락하면서 그 항공기를 착륙태세로 유도한다.

46 선박이 A 무선표지국이 있는 항구에 입항하려고 할 때, 그 전파의 방향, 즉 진북에 대한 α도의 방향을 추적함으로써, A 무선표지국이 있는 항구에 직선으로 도달하는 것을 무엇이라고 하는가?

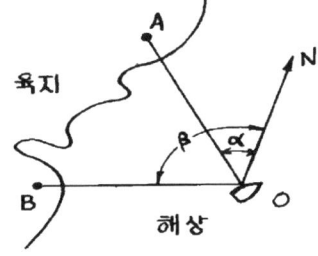

① 로란(Loran)
② 데카(Decca)
③ 호밍(Homing)
④ 센스 결정(Sense determination)

> 호밍(Homing) : 고도를 제외한 다른 항행 파라미터(parameter)를 일정하게 유지함으로써 목표를 향하여 접근해 가는 것

47 자기녹음기에서 자기헤드의 임피던스 특성은?

① 용량성　　② 저항성
③ 무특성　　④ 유도성

> 자기헤드의 임피던스는 유도성으로 주파수에 비례하여 임피던스가 증가하며, 높은 주파수(고역)에서는 특성이 나빠진다.

48 FM 수신기의 고주파 증폭에 전계효과 트랜지스터가 사용되는 주된 이유는?

① 입력 임피던스가 높기 때문에
② 증폭률이 높기 때문에
③ 고주파 특성이 우수하기 때문에
④ 회로 설계가 용이하기 때문에

> 전계효과 트랜지스터(FET)는 입력 임피던스가 매우 커서 동조 회로와의 단간결합이 용이하게 되기 때문이다.

49 전자 냉동기의 특징으로 옳지 않은 것은?

① 온도의 조절이 용이하다.
② 회전 부분이 없으므로 소음이 없다.
③ 대용량에서도 효율을 쉽게 해결할 수 있다.
④ 성능이 고르고 수명이 길며 취급이 간단하다.

> 전자 냉동기의 특징
> • 온도 조절이 용이하다.
> • 회전 부분이 없으므로 소음이 없고, 배관도 필요 없다.
> • 성능이 고르고 수명이 길며 사용기간 중에 변화가 거의 없다.
> • 크기가 작고 가벼워 취급이 간단하다.

50 비월주사를 하는 주된 이유에 해당하는 것은?

① 깜박거림(flicker)을 방지하기 위하여
② 수평 주사선 수를 줄이기 위하여
③ 콘트라스트를 좋게 하기 위하여
④ 헌팅 현상을 방지하기 위하여

> 비월주사
> • 하나의 화면을 주사하는 데 한 줄 건너 두 번의 주사로 전체의 면을 주사하는 방식이다.
> • 1회째는 실선과 같이 주사하고(홀수 필드), 두 번째는 점선과 같이 주사(짝수 필드)하여 하나의 화면을 만든다.
> • 수상화면의 플리커(flicker, 깜박거림)가 적어지고 영상신호의 최저 주파수를 높일 수 있어 전송을 용이하게 할 수 있다.

51 VTR의 재생 화면에 하나 또는 다수의 흰 수평선이 나타나는 드롭아웃(Drop Out) 현상의 원인은?

① 수평 동기가 정확히 잡히지 않기 때문에
② 영상 신호에 강한 잡음 신호가 혼입되기 때문에
③ 전원전압이 순간적으로 불안정하기 때문에
④ 테이프와 헤드 사이에 먼지 등이 끼기 때문에

> 드롭아웃(drop-out) : 비디오테이프 리코더에 사용하는 헤드의 갭은 μm 단위의 작은 것이며, 눈에 보이지 않는 먼지라도 재생 헤드의 출력이 저하하거나 없어지거나 하고, 화면에는 잡음으로서 혼입된다.

52 고주파 유도가열에서 열 발생의 원인이 되는 현상은?

① 와류
② 정전유도
③ 광전효과
④ 동조

> 고주파 유도가열(HF induction heating)은 금속과 같은 도전 물질에 고주파 자장을 가할 때 도체에서 생기는 맴돌이 전류(와류, eddy current)에 의하여 물질을 가열하는 방법이다.

53 사이클링(cycling)을 일으키는 제어는?

① ON-OFF 제어
② 비례적분제어
③ 적분제어
④ 비례제어

> 사이클링(Cycling) : 자동제어계의 온오프 동작에서 조작량을 단속하기 때문에 제어량에 주기적인 변동이 발생하는 것을 말한다.

54 컬러텔레비전 수상기 회로의 구성에서 튜너, 자동이득 조절기는 어느 계통 회로에 구성되어 있는가?

① 영상수신계 회로
② 영상 회로
③ 동기 및 편향 회로
④ 음성 회로

> 컬러텔레비전의 수상기 회로의 구성에서 튜너, 자동이득 조절기는 영상 수신계 회로에 속한다.

55 녹음기에서 마스킹 효과를 이용하여 히스 잡음을 줄이기 위하여 고안된 것은?

① 니들(needle)
② 캡스턴(capstan)
③ 캔틸레버(cantilever)
④ 돌비 시스템(dolby system)

🔍 돌비 시스템(dolby system) : 테이프 재생음의 마찰음이나 럼블 잡음과 히스 잡음 등을 현저하게 감쇄시켜주는 잡음 감쇄 회로 시스템으로 1966년 돌비 사가 개발했다.

56 프로세스 제어(process control)는 어느 제어에 속하는가?

① 추치 제어
② 속도 제어
③ 정치 제어
④ 프로그램 제어

🔍 정치제어 : 목표값이 시간적으로 일정한 자동 제어를 말하며, 프로세스 제어, 자동 조정제어 등으로 구분된다.

57 수신기의 성능에서 종합특성이 아닌 것은?

① 감도
② 충실도
③ 선택도
④ 증폭도

🔍 수신기의 특성
• 감도 : 미약한 신호의 수신 능력
• 선택도 : 희망 신호의 분리 능력
• 충실도 : 원음 재생 능력
• 안정도 : 장시간 일정한 출력

58 SN비가 40[dB]이라고 할 때, 신호가 포함된 잡음이 신호전압의 얼마임을 가리키는가?

① $\frac{1}{10}$
② $\frac{1}{100}$
③ $\frac{1}{1000}$
④ $\frac{1}{10000}$

🔍 수신기의 입력에서 본 신호대 잡음비를 $\frac{S_i}{N_i}$라 하고, 출력에서의 신호대 잡음비를 $\frac{S_o}{N_o}$라 하면 잡음지수 $F = \frac{S_i}{N_o} \cdot \frac{N_o}{S_o}$로 나타내며, $40[dB] = 20\log_{10}\frac{S_i}{N_i}$이므로 $\frac{S_i}{N_i} = 100$이 되어 잡음전압은 $\frac{1}{100}$이 된다.

59 초음파의 액체 또는 기체 중의 속도를 표시한 식으로서 옳은 것은?(단, K : 체적탄성률, d : 물질의 밀도, C : 초음파 속도)

① $C = \sqrt{\frac{K}{d}} \, [m/s]$
② $C = \sqrt{\frac{d}{K}} \, [m/s]$
③ $C = Kd \, [m/s]$
④ $C = \frac{d}{K} \, [m/s]$

60 태양전지에서 음극(-) 단자와 연결된 부분의 물질은?

① P형 실리콘판
② N형 실리콘판
③ 셀렌
④ 붕소

🔍 양극(+)은 P형 실리콘판, 음극(-)은 N형 실리콘판과 연결된다.

정답 2012년 3회

01 ②	02 ④	03 ④	04 ②	05 ③
06 ②	07 ③	08 ②	09 ①	10 ④
11 ①	12 ①	13 ④	14 ③	15 ①
16 ④	17 ④	18 ④	19 ②	20 ①
21 ④	22 ③	23 ②	24 ②	25 ①
26 ③	27 ①	28 ②	29 ①	30 ①
31 ②	32 ①	33 ④	34 ③	35 ①
36 ②	37 ①	38 ①	39 ②	40 ③
41 ①	42 ②	43 ③	44 ③	45 ④
46 ③	47 ①	48 ①	49 ①	50 ①
51 ④	52 ①	53 ①	54 ①	55 ④
56 ③	57 ④	58 ②	59 ①	60 ②

2012년 4회 공단 기출문제

01 정류회로의 종류로 옳지 않은 것은?

① 대파 정류회로
② 반파 정류회로
③ 전파 정류회로
④ 브리지 정류회로

> 교류를 직류로 변환하는 정류회로는 반파, 전파, 브리지, 배전압 정류회로가 있다.

02 다음 중 입력신호의 정(+), 부(−)의 피크(peak)를 어느 기준레벨로 바꾸어 고정시키는 회로는?

① 클리핑회로(clipping circuit)
② 비교회로(comparison circuit)
③ 클램핑회로(clamping circuit)
④ 선택회로(selection circuit)

> 파형 정형(변환)회로
> • 클램핑 회로 : 입력신호의 최대값(상단레벨)을 특정값인 (+), (−) 값으로 고정시키는 회로로 직류성분을 재생하는 목적으로 쓰인다.
> • 클리퍼(Clipper)회로 : 입력 파형에 대한 상단 파형을 자르는 피크 클리퍼, 파형의 하단을 자르는 베이스 클리퍼로 구분한다.
> • 리미터(Limiter)회로 : 입력신호의 상·하단을 제한하는 진폭 제한기라고도 한다.
> • 슬라이서(slicer)회로 : 리미터의 특별한 경우로서 입력신호 중에서 폭이 매우 좁게, (+) 일부분 혹은 (−) 일부분 토막을 추출하는 회로이며 인가되는 전압의 극성은 서로 동일하다.

03 진성반도체에 대한 설명으로 가장 적합한 것은?

① 전도전자의 다수캐리어가 정공인 반도체
② 전도전자의 다수캐리어가 전자인 반도체
③ 안티몬(Sb), 인(P) 등이 포함된 반도체
④ 불순물이 첨가되지 않은 순수한 반도체

> 반도체의 종류
> • 진성 반도체 : 불순물이 첨가되지 않은 순수한 반도체로 원소기호 4족인 실리콘(Si), 게르마늄(Ge)이 이에 속한다.
> • 불순물 반도체 : 진성 반도체에 전기 전도성을 향상시키기 위하여 불순물을 첨가한 P형(+) 과 N형(−)으로 분류한다.

04 다음과 같은 회로의 명칭은?

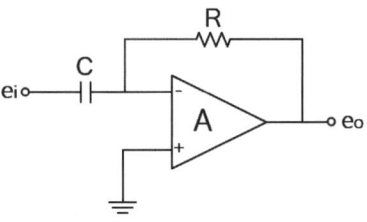

① 부호 변환기
② 신호 검파기
③ 적분기
④ 미분기

> 입력 측에 콘덴서(C)를 사용하므로 미분기(HPF)로 동작한다.
> $V_0 = -RC \dfrac{dvi}{dt}$

05 잡음 특성에 대한 설명 중 옳지 않은 것은?

① 진공관 잡음에는 산탄 잡음과 플리커 잡음이 있다.
② 트랜지스터 잡음은 진공관 잡음보다는 대체로 작다.
③ 트랜지스터 잡음은 주파수가 높아지면 감소하는 경향이 있다.
④ 이상적 잡음 지수 F = 1이다.

> • 열잡음 : 증폭회로로 구성된 저항, 트랜지스터 중에서 내부 온도 상승으로 열운동을 하는 원인으로 발생하는 잡음
> • 산탄잡음 : 진공관의 음극에서 양극으로 이동하는 전자의 흐름에 작은 맥동이 있어 일으키는 잡음
> • 플리커잡음 : 진공관의 음극 표면상태가 고르지 못하여 전자 방사가 시간적으로 일정치 않아서 발생하는 잡음
> • 트랜지스터잡음 : 진공관에 비해 크나, 주파수가 높아지면 감소한다.

06 트랜지스터 증폭기의 바이어스를 안정화하기 위하여 사용되는 소자가 아닌 것은?

① 트랜지스터
② SCR
③ 서미스터
④ 다이오드

> 트랜지스터, 다이오드, 서미스터는 증폭회로의 바이어스 안정화회로에 사용되지만, SCR는 PNPN 4층 구조를 다이리스터라 하며 오직 스위칭 소자로만 사용된다.

07 저항 4[Ω], 유도 리액턴스 3[Ω]을 병렬로 연결하면 합성 임피던스는 몇 [Ω]이 되는가?

① 2.4 ② 5
③ 7.5 ④ 10

🔍 병렬 합성 임피던스

$$\frac{1}{Z} = \sqrt{\left(\frac{1}{R}\right)^2 + \left(\frac{1}{X_L}\right)^2} = \sqrt{\left(\frac{1}{4}\right)^2 + \left(\frac{1}{3}\right)^2}$$
$$= \sqrt{\frac{1}{16} + \frac{1}{9}} = \sqrt{\frac{25}{144}} = \frac{5}{12}$$
$$\therefore Z = \frac{12}{5} = 2.4[\Omega]$$

08 전파 정류기의 입력 주파수가 60[Hz]일 경우 출력 리플 주파수는 몇 [Hz]인가?

① 60 ② 120
③ 180 ④ 360

🔍 정류 방식별 맥동주파수(60Hz인 경우)

정류 방식	맥동 주파수
단상 반파 정류회로	1상×60Hz = 60[Hz]
단상 전파 정류회로	1상×120Hz = 120[Hz]
3상 반파 정류회로	3상×60Hz = 180[Hz]
3상 전파 정류회로	3상×120Hz = 360[Hz]

09 그림과 같은 정전압회로의 설명으로 옳지 않은 것은?

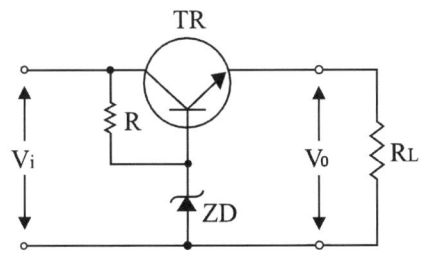

① ZD는 기준전압을 얻기 위한 제너 다이오드이다.
② 부하전류가 증가하여 V_o가 저하될 때에는 TR의 BE간 순방향 전압이 낮아진다.
③ 직렬제어형 정전압회로이다.
④ TR은 제어석이고, R은 ZD와 함께 제어석의 베이스에 일정한 전압을 공급하기 위한 것이다.

🔍 TR과 R_L이 기준전압설정(ZD), R은 ZD와 함께 제어석의 베이스에 일정한 전압을 공급하며, TR과 R_L이 직렬로 구성된 직렬 정전압 안정화회로이다.

10 실리콘 트랜지스터와 관련된 파라미터 중 온도에 따른 변동이 가장 적은 것은?

① β ② I_{CO}
③ h_{ie} ④ V_{BE}

🔍 TR의 바이어스회로에서 동작점의 변동요인은 I_{CO}의 온도 변화, V_{BE}의 온도 변화, 트랜지스터 품질의 불균일(β)이다.

11 FET를 사용한 이상 발진기에서 발진을 지속하기 위한 FET의 증폭도는 최소 얼마 이상인가?

① 10 ② 20
③ 29 ④ 59

🔍 발진을 지속하기 위해서는 $A_V \geq 29$ 이어야 한다.

12 트랜지스터(TR)가 정상적으로 증폭작용을 하는 영역은?

① 활성영역 ② 포화영역
③ 차단영역 ④ 항복영역

🔍 트랜지스터 바이어스 회로에서의 증폭작용을 하기 위해서 출력 측 단자는(베이스-컬렉터) 항상 역 바이어스 전압이 걸려야 한다.

동작영역	EB접합	CB 접합	용도
포화상태	순 bias	순 bias	펄스, 스위칭
활성영역	순 bias	역 bias	증폭작용
차단영역	역 bias	역 bias	펄스, 스위칭
역활성영역	역 bias	순 bias	사용하지 않음

13 다음 연산증폭기 회로에서 Z = 50[kΩ], Z_f = 500[kΩ]일 때 전압증폭도(A_{vf})는?

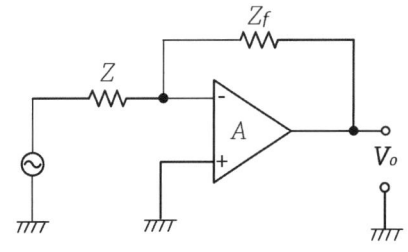

① 0.1 ② −0.1
③ 10 ④ −10

🔍 $A_v = -\frac{Z_f}{Z}V_s = -\frac{500 \times 10^3}{50 \times 10^3}V_s = -10V_s$
$\therefore A_v = -10$

14 100[V], 500[W]의 전열기를 90[V]에서 사용했을 때 소비전력은 몇 [W]인가?

① 300[W]   ② 405[W]
③ 450[W]   ④ 715[W]

> • 100[V], 500[W]일 때 전열기 저항
> 전력(P) = $I^2R = \dfrac{V^2}{R}$[W]에서
> $R = \dfrac{V^2}{P} = \dfrac{100^2}{500} = \dfrac{10000}{500} = 20[\Omega]$
> • 90[V]에서 사용할 때의 전력
> $R = \dfrac{V^2}{R} = \dfrac{90^2}{20} = \dfrac{8100}{20} = 405[W]$

15 직류 안정화 회로에서 출력석의 역할은?

① 가변저항기의 역할
② 증폭역할
③ 발진역할
④ 정류역할

> 직렬형 정전압안정화회로 기본구성요소는 제어부(TR), 증폭부(TR), 기준부(ZD), 비교부(R), 검출부(C)이며, 출력석의 기능은 전압의 차값을 비교 분할 할 수 있도록 가변저항의 역할을 담당한다.

16 그림과 같은 연산증폭기의 출력전압 V_0는?

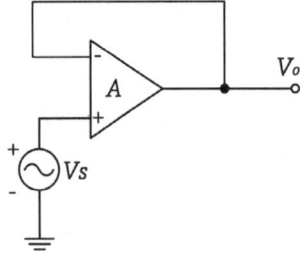

① 0   ② 1
③ $-V_S$ ④ V_S

> OP-AMP출력을 반전 입력으로 궤환시킨 회로이므로 전압 플로어이며, 전압 플로어의 출력에 입력신호(V_S)가 동위상으로 그대로 출력되며($V_0 = V_S$), 이득이 1이다.

17 자기 보수화 코드(Self Complement Code)가 아닌 것은?

① Excess-3 Code   ② 2421 Code
③ 51111 Code   ④ Gray Code

> 자기 보수화 코드는 어떤 코드의 1의 보수를 취한 값이 10진수의 9의 보수인 코드를 말하며 3초과 코드, 2421 코드, 51111 코드, 84-2-1 코드 등이 이에 해당된다.

18 객체지향 언어이고 웹상의 응용 프로그램에 알맞게 만들어진 언어는?

① 포트란(FORTRAN)
② C
③ 자바(java)
④ SQL

> JAVA : 객체지향프로그래밍 언어로서 네트워크 기능의 구현이 용이하기 때문에, 인터넷 환경에서 가장 활발히 사용되는 프로그래밍 언어이다.

19 다음 기억장치 중 접근 시간이 빠른 것부터 순서대로 나열된 것은?

① 레지스터 - 캐시메모리 - 보조기억장치 - 주기억장치
② 캐시메모리 - 레지스터 - 주기억장치 - 보조기억장치
③ 레지스터 - 캐시메모리 - 주기억장치 - 보조기억장치
④ 캐시메모리 - 주기억장치 - 레지스터 - 보조기억장치

> 기억장치의 접근 시간 순서 : 레지스터 - 캐시메모리 - 주기억장치 - 보조기억장치

20 8진수 2374를 16진수로 변환한 값은?

① 3A2
② 3C2
③ 4D2
④ 4FC

> 8진수의 각 자리수를 3bit의 2진수로 표현한 후 4bit로 표현하면 16진수가 된다.
>
> | 8진수 | 2 | 3 | 7 | 4 |
> |---|---|---|---|---|
> | 3bit | 010 | 011 | 111 | 100 |
> | 4bit | 0100 | 1111 | 1100 | 0 |
> | 16진수 | 4 | F | C | |

21 8비트로 부호와 절대치 표현 방법에 의해 27과 -27을 표현하면?

① 27:00011011, -27:10011011
② 27:10011011, -27:00011011
③ 27:00011011, -27:00011011
④ 27:10011011, -27:10011011

> 27을 8bit 2진수로 표현하면 $(00011011)_2$이 된다. -27은 부호 비트에 1을 할당하면 $(10011011)_2$이 된다.

22 다음 중 범용 레지스터에서 이용하며, 가장 일반적인 주소지정방식은?

① 0-주소지정방식
② 1-주소지정방식
③ 2-주소지정방식
④ 3-주소지정방식

> 2-주소 명령어는 오퍼랜드의 수가 2개인 명령어 형식으로 범용 레지스터에 사용하며 가장 일반적인 주소지정방식이다.

23 다음 중 데이터 전송 명령어에 해당하는 것은?

① MOV
② ADD
③ CLR
④ JMP

> MOV : 하나의 입력 자료를 갖는 단일 연산으로 전자계산기 내부에서 하나의 레지스터에 기억된 데이터를 다른 레지스터로 옮기는 데 이용된다.

24 연산장치에 대한 설명으로 옳은 것은?

① 계산기에 필요한 명령을 기억한다.
② 연산 작용은 주로 가산기에서 한다.
③ 연산은 주로 10진법으로 한다.
④ 연산 명령을 해석한다.

> 연산장치(ALU: Arithmetic Logical Unit) : 덧셈, 뺄셈, 곱셈, 나눗셈의 산술 연산만이 아니라 AND, OR, NOT, XOR와 같은 논리연산을 하는 장치로 제어장치의 지시에 따라 연산을 수행하며 누산기, 가산기, 데이터 레지스터, 상태레지스터로 구성된다.

25 컴퓨터의 중앙처리장치에서 제어장치에 해당하는 것은?

① 기억 레지스터
② 누산기
③ 상태 레지스터
④ 데이터 레지스터

> 제어장치(Control Unit) : 프로그램 명령어를 해독하고, 해석된 명령의 의미에 따라 연산장치, 주기억 장치 등에게 동작을 지시하며 어드레스 레지스터, 기억 레지스터, 명령 레지스터, 명령 해독기, 명령 계수기 등으로 구성된다.

26 다음 중 순서도(flow chart)의 특징이 아닌 것은?

① 프로그램 코딩(coding)의 기초 자료가 된다.
② 프로그램 보관 시 자료가 된다.
③ 오류 수정(debugging)이 용이하다.
④ 사용하는 언어에 따라 기호, 형태도 달라진다.

> 순서도의 특징
> • 프로그램 코딩의 기초 자료가 된다.
> • 프로그램 보관 시 자료가 된다.
> • 오류수정(debugging)이 용이하다.
> • 통일된 기호를 사용한다.

27 다음 논리 회로 중 Fan-out 수가 가장 많은 회로는?

① TTL
② RTL
③ DTL
④ CMOS

> Fan Out : 1개의 회로나 장치의 출력 단자에 접속해서 신호를 추출할 수 있는 최대 허용 출력선의 수를 말하며 CMOS는 50개 이상, TTL은 15개 정도이다.

28 연산결과가 양수(0) 또는 음수(1), 자리올림(carry), 넘침(overflow)이 발생했는가를 표시하는 레지스터는?

① 상태 레지스터
② 누산기
③ 가산기
④ 데이터 레지스터

> 상태 레지스터(Status Register) : 컴퓨터의 연산 결과를 나타내는데 사용되며, 연산값의 부호 및 오버플로 발생 유무를 표시한다.

29 회로 내부 검류계 전류가 0이 되도록 평형시키는 영위법을 이용해서 미지 저항을 구하는 방법으로 주로 중저항 측정에 사용되는 브리지는?

① 캠벨(Campbell)브리지
② 맥스웰(Maxwell)브리지
③ 휘스톤(Wheatstone)브리지
④ 코올라우시(Kohlrausch)브리지

30 다음 중 흡수형 주파수계의 설명으로 옳지 않은 것은?

① 100[MHz] 이하의 고주파 측정에 사용 된다.
② 직렬 공진회로의 공진주파수는 $\frac{1}{2\pi\sqrt{LC}}$ 이다.
③ 공진회로의 Q가 크지 않을 때에는 공진점을 찾기가 쉬워 정밀한 측정이 가능 하다.
④ 저항, 인덕턴스, 커패시턴스 등을 직렬로 연결시킨 직렬 공진회로의 주파수 특성을 이용한 것이다.

🔍 흡수형 수파수계
· R, L, C의 공진 회로 및 검출 지시부로 구성된 공진형 주파수계이다.
· 구조가 간단하고 전원이 불필요하다.
· 선택도 Q가 150 이하로 감도가 나쁘고 확도도 낮다.
· 100[MHz] 이하의 대략 주파수 측정에 사용한다.
· 피측정 회로와는 소결합하여 측정한다.
· 전류계, 전압계, 검파회로, 공진회로 등으로 구성되어 있다.
· 직렬 공진회로의 공진주파수는 $\frac{1}{2\pi\sqrt{LC}}$ 이다.

31 증폭기의 주파수 특성을 오실로스코프로 측정 하고자 할 때 입력 신호 파형은 어느 것이 이상적인가?

① 구형파   ② 정현파
③ 삼각파   ④ 음성파

🔍 증폭기의 주파수 특성을 오실로스코프로 측정하고자 할 때 입력 신호 구형파의 파형을 인가하는 것이 이상적이다.

32 수신기에 관한 측정 중 주파수 특성 및 파형의 일그러짐률에 관계되는 것은?

① 감도 측정   ② 선택도의 측정
③ 충실도의 측정 ④ 잡음 지수의 측정

🔍 수신기에 관한 측정 중 주파수 특성 및 파형의 일그러짐률 종합 특성 측정은 충실도의 측정에 관계된다.

33 대전류로 서미스터 내부에서 소비되는 전력이 증가하면 온도 및 저항값은?

① 온도는 높아지고, 저항값은 증가한다.
② 온도는 높아지고, 저항값은 감소한다.
③ 온도는 낮아지고, 저항값은 감소한다.
④ 온도는 낮아지고, 저항값은 증가한다.

🔍 서미스터는 온도에 따라서 저항값이 변하는 소자로서 온도가 올라가면 저항이 감소하고, 온도가 내려가면 저항이 증가하는 특성을 가진다.

34 표준 신호발생기의 출력을 개방했을 때 데시벨 눈금이 100[dB]이면 출력 전압은?

① 1[V]
② 0.1[V]
③ 0.01[V]
④ 1[mV]

🔍 표준신호 발생기의 출력
1[μV]를 기준으로 하여 0[dB]로 표시
$20\log_{10}\frac{x}{1\mu V} = 20\log_{10}\frac{x}{1\times 10^{-6}} = 100[dB]$
$\log_{10}\frac{x}{1\times 10^{-6}} = 5, \frac{x}{1\times 10^{-6}} = 10^5$
$\therefore x = 10^5 \times 10^{-6} = 0.1[V]$

35 아날로그 신호를 디지털 신호로 변환하는 과정으로 옳은 것은?

① 표본화 → 양자화 → 부호화
② 부호화 → 양자화 → 표본화
③ 부호화 → 표본화 → 양자화
④ 양자화 → 부호화 → 표본화

36 300[Ω]의 TV 급전선에 75[Ω]의 공중선을 접속하면 반사계수 m은?

① +0.25
② −0.6
③ +1.7
④ −1.7

🔍 반사계수 $(\Gamma) = \frac{Z_r - Z_o}{Z_r + Z_o} = \frac{75-300}{75+300} = \frac{-225}{375} = -0.6$

37 다음 설명에 가장 알맞은 계기의 명칭은?

【보기】
"회전 자장이 금속원통과 쇄교하면 맴돌이 전류가 흐른다. 이 맴돌이 전류와 회전 자장 사이의 전자력에 의하여 알루미늄 원통에 구동 토크가 생기게 된다."

① 가동코일형 계기
② 전류력계형 계기
③ 가동철편형 계기
④ 유도형 계기

🔍 유도형 계기 : 피측정 전류 또는 전압을 여자 코일에 공급해서 자기장을 만들고, 이 자기장과 가동부의 전자 유도 작용에 의해서 생기는 맴돌이 전류 사이의 전자력에 의한 구동 토크를 이용한 계기

38 다음 중 진폭 변조 신호의 변조도 주파수, 변조 신호의 편차, 잡음 등의 신호로부터 여러가지 정보를 얻는 데 사용하는 계측기는?

① 오실로스코프
② 주파수 계수기
③ 함수 발생기
④ 스펙트럼 분석기

🔍 스펙트럼 분석기 : 임의의 파형 신호에 대하여 이것을 구성하는 여러 가지 주파수의 정현파로 분해하여 그 성분을 분석하는 장치를 스펙트럼 분석기라 하며 점유 주파수 대역폭, 스퓨리어스 강도, 불요 발사, 변조지수, 주파수 변조 신호의 편차 등의 측정에 사용된다.

39 어느 측정량을 그것과 같은 종류의 기준량과 비교하여 똑같이 되도록 기준량을 조정한 후 기준량의 크기로부터 측정량을 구하는 방법으로 다음 측정법 중에서 감도가 높고 정밀측정에 적합한 측정법은?

① 영위법
② 직편법
③ 편위법
④ 반경법

🔍 영위법 : 어느 측정량과 같은 크기로 조정된 기준량으로부터 측정. 측정감도가 높아 정밀측정에 가장 적합하다.(예 : 휘트스톤 브리지 및 전위차계)

40 AC/DC 전력 측정용 디지털 멀티미터 계측기로 측정할 수 없는 것은?

① 직류 및 교류전력
② 유효 및 피상전력
③ 전압 및 전류
④ 주기와 주파수

🔍 AC/DC 전력 측정용 디지털 멀티미터 계측기로는 직류전류, 직류전압, 교류전압, 저항 등을 측정할 수 있다.

41 다음 텔레비전 수상기의 신호 처리 과정으로 순서가 옳은 것은?

【보기】
㉠ 튜너에서 원하는 채널을 선택한다.
㉡ 영상신호에서 동기신호를 분리한다.
㉢ 영상신호와 음성신호를 분리한다.
㉣ 안테나로 전파를 받는다.

① ㉠ → ㉡ → ㉢ → ㉣
② ㉣ → ㉡ → ㉢ → ㉠
③ ㉣ → ㉠ → ㉢ → ㉡
④ ㉡ → ㉢ → ㉣ → ㉠

🔍 텔레비전 수상기의 신호처리 과정
안테나로 전파를 받는다. → 튜너에서 원하는 채널을 선택한다. → 영상신호와 음성신호를 분리한다. → 영상신호에서 동기신호를 분리한다.

42 일반적으로 프로세스 제어계의 주요 구성부가 아닌 것은?

① 서보 모터
② 제어대상
③ 검출장치
④ 조절부 및 조작부

43 중간주파수가 455[kHz]이고 수신주파수가 900[kHz]일 때 영상 주파수는 몇 [kHz]인가?

① 1355
② 1610
③ 1810
④ 1955

🔍 영상주파수 = 수신주파수 + (2 × 중간주파수)
∴ 900 + (2 × 455) = 1810[kHz]

44 다음 그림은 저음 전용 스피커(W)와 고음 전용 스피커(T)를 연결한 것이다. 이에 관한 설명 중 옳지 않은 것은?

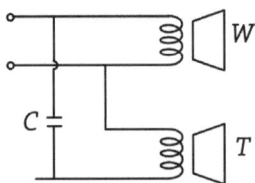

① 콘덴서는 저음만 T로 들어가도록 해 준다.
② T의 구경은 W의 구경보다 보통 작게 한다.
③ 두 스피커의 위상은 같이 해주어야 한다.
④ 콘덴서 용량은 보통 2~6[μF] 정도이다.

> **2웨이 스피커**
> • 저음과 고음을 표현한다.
> • 콘덴서 C는 저음 성분을 차단하여 고음 성분만 트위터에 가해지도록 하기 위한 것이며 콘덴서의 용량은 보통 2~6[μF] 정도이다.
> • T의 구경은 W의 구경보다 작게 하며 두 스피커의 위상은 같이 해주어야 한다.

45 송신기에서 신호파는 주파수대의 어느 부분이 타부분에 비해 특히 강조되는데 이 회로의 명칭은?

① 디엠퍼시스 회로
② 프리엠퍼시스 회로
③ 스켈치 회로
④ 주파수 변별기 회로

> **프리엠퍼시스(pre-emphasis)** : 신호 대 잡음비(S/N), 주파수 특성, 일그러짐 특성을 개선하기 위해 고음역 부분의 이득을 단계적으로 증가시켜 송신하기 위한 회로

46 주파수 특성이 평탄하고 음질이 좋아서 현재 주로 사용되고 있는 동전형 스피커의 동작 원리로 가장 적절한 것은?

① 자기의 쿨롱력
② 압전력 효과
③ 쿨롱력
④ 전류와 자계에서 생기는 힘

> **동전형 스피커(dynamic speaker)**
> • 자계 중에 둔 코일에 음성 전류를 흘리고 이 진동을 콘에 전해서 음성을 재현하는 형식의 스피커이다.
> • 코일의 임피던스는 낮아서 400Hz에서 4~16Ω 정도의 것이 많으며 OTL방식이 널리 쓰인다.
> • 자계를 만드는 데 영구 자석에 의한 것과 전자석에 의한 것이 있다.
> • 영구 자석에 의한 것은 퍼머넌트형이라고 불리며, 현재는 이 형의 것이 널리 사용되고 있다.
> • 음질은 콘 직경의 구조에 따라 다르나, 일반적으로 주파수 특성은 다른 스피커에 비해서 좋다.

47 다음 중 영상기기에서 색의 3속성이 아닌 것은?

① 채도(saturation)
② 색상(hue)
③ 명암(contrast)
④ 명도(luminosity)

> **색의 3속성** : 색의 감각을 나타내기 위해 쓰이는 3종의 성질. 색상, 명도, 채도가 그것이며, 기호 및 수치로 각각을 나타내고, 그 조합에 의해 어느 색의 감각을 기호적으로 표현할 수 있다.

48 펠티어 효과는 어떤 장치에 이용되는가?

① 자동제어   ② 온도제어
③ 전자냉동기   ④ 태양전지

> **펠티어 효과(Peltier effect)**
> • 두 개의 다른 물질의 접합부에 전류가 흐르면 열을 흡수하거나 발산하는 현상이다.
> • 금속과 금속을 접합했을 경우보다 반도체와 금속의 접합 또는 반도체의 PN접합을 이용했을 경우가 크다.
> • 반도체인 BiTe계 합금의 PN접합이 전자 냉동으로 많이 이용되고 있다.

49 초음파의 감쇠율에 관한 일반적인 설명 중 옳지 않은 것은?

① 감쇠율은 물질에 따라 다르다.
② 초음파의 진동수가 클수록 감쇠율이 크다.
③ 초음파의 세기는 진폭의 제곱에 비례한다.
④ 고체가 가장 크고, 액체, 기체의 순서로 작아진다.

> **초음파 감쇠율의 일반적인 특징**
> • 감쇠율은 물질에 따라 다르다.
> • 진동수가 클수록 감쇠율이 크다.
> • 초음파의 세기는 단위 면적을 지나는 파워이며 진폭의 제곱에 비례한다.

50 다음 컬러 수상기의 협대역 방식 구성도에서 □ 부분에 들어갈 내용은?

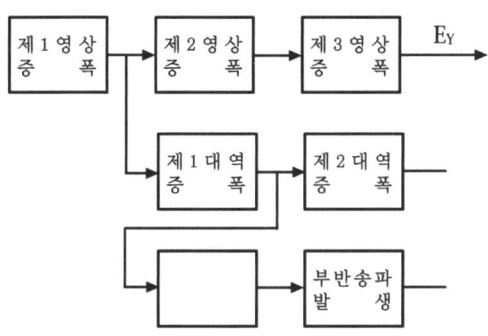

① 영상 출력 ② 버스트 증폭
③ x축 복조 ④ 수정 필터

> 협대역 방식이란 반송 색신호의 주파수 대역을 3.5[MHz]를 중심으로 하여 상하 0.5[MHz]로 한정시켜 색채를 재생함으로써 수상기 구성을 간단하게 하는 방식으로 빈 칸에는 버스트 증폭이 들어간다.

51 강한 직류 자장을 테이프에 가하여 녹음에 의한 잔류 자기를 자화시켜 소거하는 방법은?

① 교류 소거법
② 소거 헤드법
③ 직류 소거법
④ 테이프 소자기 사용법

> 직류소거법 : 강한 직류자장을 테이프에 가하여 녹음에 의한 잔류자기를 자화시켜 소거하는 방법으로, 전자석(소거헤드) 또는 영구자석이 사용된다.

52 디지털 텔레비전의 A/D 변환기에 입력되는 디지털 영상 데이터를 수평 동기신호와 수직 동기신호로 분리하여 수평 및 수직 출력단에 출력시키는 기능을 하는 것은?

① 편향 처리 회로부
② 음성 처리 회로부
③ 디지털 영상 처리 회로부
④ RGB 매트릭스와 D/A 변환기

> 편향 처리 회로부 : 디지털 텔레비전의 A/D 변환기에 입력되는 디지털 영상 데이터를 수평 동기신호와 수직 동기신호로 분리하여 수평 및 수직 출력단에 출력시키는 기능을 담당하는 회로부

53 목표값이 변화하지만 그 변화가 알려진 값이며, 예정된 스케줄에 따라 변화할 경우의 제어는?

① 프로그램 제어
② 추치 제어
③ 비율 제어
④ 정치 제어

> 추치제어(variable value control) : 목표값이 변화하는 경우, 그에 따라서 제어량을 추종시키기 위한 제어를 말하며, 추종 제어, 비율 제어, 프로그램 제어의 세 가지 형식이 있다.

54 서보 기구라 함은 어느 자동제어 장치를 나타내는 것인가?

① 속도나 전압
② 위치나 각도
③ 온도나 압력
④ 원격조정

> 서보기구 : 물체의 위치, 방위, 자세 등의 변위를 제어량(출력)으로 하고 목표값(입력)의 임의의 변화에 추종하도록 한 제어계로서 이 제어량이 기계적인 변위인 제어계

55 자기녹음기의 주파수 보상법으로 옳은 것은?

① 녹음 때에나 재생 때에 모두 고역을 보상한다.
② 녹음 때에나 재생 때에 모두 저역을 보상한다.
③ 녹음 때에는 저역을, 재생 때에는 고역을 보상한다.
④ 녹음 때에는 고역을, 재생 때에는 저역을 보상한다.

> 녹음기 회로에서 녹음 시는 고역을, 재생 시는 저역을 각각의 증폭기로 보정하여 전체를 통하여 평탄한 특성으로 만드는 것을 등화라 한다.

56 제어계의 출력신호와 입력신호와의 비를 무엇이라 하는가?

① 전달함수 ② 제어함수
③ 적분함수 ④ 미분함수

> 제어계 전체 또는 요소의 출력 신호와 입력 신호의 비를 제어계나 요소의 전달함수라 한다.

57 VTR의 가록방식에서 가록 헤드와 재생 헤드의 갭을 Ø도만큼 기울여 재생할 때의 장점은?

① 장시간 기록, 재생된다.
② 테이프 속도가 증가한다.
③ 테이프를 좁게 사용할 수 있다.
④ 휘도 신호의 크로스토크가 제거된다.

> 애지머스란 갭의 각도를 말하는데, 2개의 비디오 헤드의 갭의 기울기를 각각 벗어나게 하여 인접 트랙(track)으로부터의 크로스 토크(cross talk)를 제거하는 것이 애지머스 기록 방식이다.

58 다음 중 항공기의 착륙보조장치는?

① VOR
② ILS
③ ADF
④ TACAN

> ILS(Instrument Landing System) : 국제민간항공기구(ICAO)가 항공기의 착륙 원조 시설의 하나로 정한 국제 표준 방식. 계기 비행 방식으로 착륙 진입하는 항공기에 대해 지상에서 지향성 전파를 발사하여 활주로로 진입하는 코스를 지시하는 시스템이다.

59 유전가열은 어떤 원리를 이용하여 가열하는 방식인가?

① 유전체손
② 표피작용에 의한 손실
③ 히스테리시스손
④ 맴돌이 전류손

> 고주파 유전가열 : 전극 사이에 가열하는 물체를 놓고 수 MHz 이상의 고주파를 통해 유전체 손실로 인한 발열을 이용하여 가열하는 것이다.

60 선박에 이용되며 방향 탐지기가 없이 보통 라디오 수신기를 이용하여 방위를 측정할 수 있는 것은?

① AN 레인지 비컨
② 무지향성 비컨
③ 회전 비컨
④ 초고주파 전방향성 비컨

> 회전 라디오 비컨
> • 송신국에서 8자 특성의 지향성 전파를 발사하고 그것을 선박 측에서 수신하여 표준방향(동서 또는 남북)에 상당하는 전파를 들으면서 실제 최소음이 되는 점까지의 시간 또는 각도를 측정하여 선박의 방위를 결정하는 방식이다.
> • 측정에 필요한 시간이 너무 길어서 항공기에 사용되지 않으며 선박에만 사용된다.

정답 2012년 4회

01 ①	02 ③	03 ④	04 ④	05 ②
06 ②	07 ①	08 ②	09 ②	10 ③
11 ③	12 ①	13 ④	14 ②	15 ①
16 ④	17 ④	18 ③	19 ③	20 ④
21 ①	22 ③	23 ①	24 ②	25 ①
26 ④	27 ④	28 ①	29 ③	30 ③
31 ①	32 ③	33 ②	34 ②	35 ①
36 ②	37 ④	38 ④	39 ①	40 ④
41 ③	42 ①	43 ③	44 ①	45 ②
46 ④	47 ③	48 ③	49 ④	50 ②
51 ③	52 ①	53 ①	54 ②	55 ④
56 ①	57 ④	58 ②	59 ①	60 ③

2013년 1회 공단 기출문제

01 마스터 슬리브 J K FF에서 클록 펄스가 들어올 때마다 출력상태가 반전되는 것은?

① J = 0, K = 0
② J = 1, K = 0
③ J = 0, K = 1
④ J = 1, K = 1

> JK-FF
> • J = K = 0일 때 클록 펄스가 1이면 출력은 불변이며, J = 1, K = 0일 때 CP = 1이면 출력은 0이 된다.
> • J = K = 1일 때 CP = 1이면 출력은 현 상태에서 반전되어 나온다.
> • J = K = 1을 계속 유지하고 CP가 계속 들어오면 출력은 0과1을 반복하게 된다.

02 증폭회로에서 전압증폭도가 10000배이면 이득[dB]은?

① 10[dB]   ② 80[dB]
③ 150[dB]   ④ 10000[dB]

> $A_V = 20\log_{10}\dfrac{V_0}{V_i} = 20\log_{10}10000 = 80[dB]$

03 다음 회로의 명칭은?

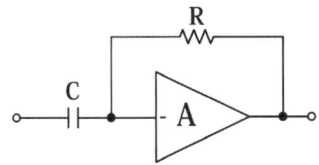

① 미분회로   ② 적분회로
③ 정현파 발생회로   ④ 톱니파 발생회로

> 입력에는 저항, 귀환에는 콘덴서를 사용하는 회로가 적분회로이고, 입력에는 콘덴서, 귀환에는 저항을 사용하는 회로가 미분회로이다.

04 P형 반도체에서 정공을 만들어 주기 위해서 공급하는 불순물을 무엇이라고 하는가?

① 도너   ② 베이스
③ 캐리어   ④ 억셉터

> • P형 반도체를 만드는 불순물(acceptor) : 인듐(In), 갈륨(Ga), 붕소(B), 알루미늄(Al) 등
> • N형 반도체를 만드는 불순물(donor) : 안티몬(Sb), 비소(As), 인(P) 등

05 증폭회로에서 되먹임(궤환)의 특징으로 옳지 않은 것은?

① 증폭도는 감소한다.
② 내부 잡음이 감소한다.
③ 대역폭이 좁아진다.
④ 주파수 특성이 좋아진다.

> 부궤환 증폭기의 특성
> • 증폭기의 이득이 감소한다.
> • 비선형 일그러짐이 감소한다. 특히 출력단의 잡음이 감소한다.
> • 주파수 특성이 개선된다.
> • 입력 임피던스가 증가하고, 출력 임피던스는 감소한다.
> • 부하의 변동이나 전원 전압의 변동에도 증폭도가 안정된다.

06 푸시풀(push-pull) 전력증폭기에서 출력 파형의 찌그러짐이 작아지는 주요 원인은?

① 기본파가 상쇄되기 때문에
② 기수고조파가 상쇄되기 때문에
③ 우수고조파가 상쇄되기 때문에
④ 우수 및 기수고조파가 모두 상쇄되기 때문에

> 푸시풀(push-pull) 전력증폭기에서 출력파형의 찌그러짐은 짝수(우수) 고조파 성분이 서로 상쇄되어 일그러짐이 없는 출력단에 적합하다.

07 트랜지스터 증폭기의 전압증폭도에 대한 설명으로 옳지 않은 것은?

① 입력전압과 출력전압의 비이다.
② 데시벨로 나타낼 수 있다.
③ 입력전압과 출력전압은 항상 동위상이다.
④ 증폭기의 접지방식에 따라 전압증폭도가 1 정도인 경우도 있다.

트랜지스터 접지방식에 따른 증폭기 특성 비교

	CE (이미터 접지)	CB (베이스 접지)	CC (컬렉터 접지)
Ai (전류 이득)	크다(-).	작다.	크다.
Av (전압 이득)	크다(-).	크다.	작다.
Ri (입력 저항)	중간	낮다.	높다.
Ro (출력 저항)	중간	높다.	낮다.
입 출력 위상	위상반전 (180도)	동위상	동위상

08 빛의 변화로 전류 또는 전압을 얻을 수 없는 것은?

① 광전 다이오드
② 광전 트랜지스터
③ 황화카드뮴(CdS)
④ 태양전지

CdS(황화카드뮴 소자)는 빛에 의한 전도성을 이용한 것으로, 입사되는 빛의 양에 따라 저항값이 변화하는 가변저항소자이다.

09 펄스폭이 2[μs]이고 주기가 20[μs]인 펄스의 듀티 사이클은?

① 0.1
② 0.2
③ 0.5
④ 20

Duty eycle(듀티 사이클)은 펄스 주기(T)에 대한 펄스폭(PW)의 비율을 나타내는 수치 PW/T로 나타내며 단위는 %이다.

$$\therefore \frac{2 \times 10^{-6}}{20 \times 10^{-6}} = 0.1$$

10 단일 접합 트랜지스터(UJT)의 전극을 옳게 나타낸 것은?

① 이미터 전극 1, 베이스 전극 1
② 이미터 전극 1, 베이스 전극 2
③ 이미터 전극 2, 베이스 전극 1
④ 이미터 전극 2, 베이스 전극 2

단일 접합 트랜지스터(uni-junction transistor UJT)
- N형의 실리콘 막대 양단에 단자 B_1, B_2를 만들고 중간 부분에 P층을 형성하여 이 부분을 E(이미터)로 하고 B_1, B_2를 베이스로 한 것으로 더블 베이스 다이오드라고도 한다.
- 부성 저항 특성에 의한 발진 작용으로 사이리스터의 트리거 펄스 발생회로 등에 사용된다.

11 트랜지스터를 증폭기로 사용하는 영역은?

① 차단영역
② 활성영역
③ 포화영역
④ 차단영역 및 포화영역

트랜지스터 바이어스 회로에서의 증폭작용을 하기 위해서 출력 측 단자는(베이스-컬렉트) 항상 역 바이어스 전압이 걸려야 한다.

동작영역	EB접합	CB 접합	용도
포화상태	순 bias	순 bias	펄스, 스위칭
활성영역	순 bias	역 bias	증폭작용
차단영역	역 bias	역 bias	펄스, 스위칭
역활성영역	역 bias	순 bias	사용하지 않음

12 톱니파 발생회로와 무관한 것은?

① 멀티바이브레이터
② 블로킹 발진기
③ UJT 발진기
④ LC 발진기

정현파 발진회로는 LC 발진회로(동조형과 3소자발진기인 콜피츠, 하틀리, 클랩형 발진기) 및 RC 발진회로(이상형 병렬, Wien-Bridge), 수정발진기로 구분된다.

13 α차단 주파수가 10[MHz]인 트랜지스터에서 이것을 이미터 접지로 사용할 경우 β차단 주파수는 몇 [kHz]인가?(단, h_{fb} = 0.98이다.)

① 49[kHz]
② 98[kHz]
③ 204[kHz]
④ 362[kHz]

$$\beta = \frac{\alpha}{1-\alpha} = \frac{0.98}{1-0.98} = 49$$
$$\therefore f_\beta = \frac{f_\alpha}{\beta} = \frac{1 \times 10^6}{49} \fallingdotseq 204 \times 10^3 = 204[kHz]$$

14 그림에서 시정수가 작을 경우의 출력파형으로 가장 적합한 것은?

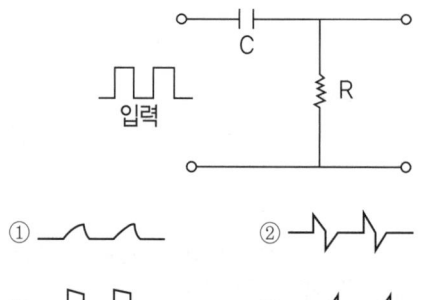

15 전원주파수가 60[Hz]일 때 3상 전파정류회로의 리플 주파수는 몇 [Hz]인가?

① 90[Hz]
② 120[Hz]
③ 180[Hz]
④ 360[Hz]

> 정류 방식별 맥동주파수(60Hz인 경우)
>
> | 정류 방식 | 맥동 주파수 |
> |---|---|
> | 단상 반파 정류회로 | 1상×60Hz = 60[Hz] |
> | 단상 전파 정류회로 | 1상×120Hz = 120[Hz] |
> | 3상 반파 정류회로 | 3상×60Hz = 180[Hz] |
> | 3상 전파 정류회로 | 3상×120Hz = 360[Hz] |

16 쌍안정 멀티바이브레이터에 관한 설명으로 적합하지 않은 것은?

① 부궤환을 하는 2단 비동조 증폭회로로 구성된다.
② 능동소자로 트랜지스터나 IC가 주로 이용된다.
③ 플립플롭 회로도 일종의 쌍안정 멀티바이브레이터이다.
④ 입력 트리거 펄스 2개마다 1개의 출력펄스가 얻어지는 회로이다.

> 쌍안정 멀티바이브레이터
> - 안정 상태를 유지하며 외부의 트리거 펄스 입력이 2개 공급될 때마다 1개의 구형파를 출력하는 회로로 일반적으로 플립플롭(Flip Flop) 회로라 한다.
> - 플립플롭(Flip Flop)은 쌍안정 상태의 멀티바이브레이터 소자로서 1과 0을 식별해서 기억할 수 있기 때문에 1비트의 기억용량을 갖는 기억소자라고도 한다.

17 전원이 공급되어 있는 동안 지정된 내용을 계속 기억하고 있는 메모리 소자로서 단위 기억소자가 플립플롭으로 구성되어 있으며 비교적 속도가 빠르고 정보를 안전하게 보존하는 것은?

① 마스크롬(Mask ROM)
② Dynamic RAM
③ Bubble Memory
④ Static RAM

> SRAM(Static RAM) : 정적인 램으로 전원이 공급되지 않아도 기억된 내용이 사라지지 않는 RAM(재충전 필요 없음), 플립플롭으로 구성된다.

18 4칙 연산이 이루어지는 곳은?

① 기억장치
② 입력장치
③ 제어장치
④ 연산장치

> 연산장치(ALU) : 덧셈, 뺄셈, 곱셈, 나눗셈의 산술 연산만이 아니라 AND, OR, NOT, XOR와 같은 논리연산을 하는 장치로 제어장치의 지시에 따라 연산을 수행하며 누산기, 가산기, 데이터 레지스터, 상태레지스터로 구성된다.

19 2진화 10진 코드(BCD Code)의 설명 중 맞는 것은?

① 4개의 존 비트(zone bit)를 가지고 있다.
② 4개의 디짓 비트(digit bit)를 가지고 있다.
③ 영문자의 소문자, 한글 등을 나타내기 쉽다.
④ 최대 128문자까지 표현 가능하다.

> BCD 코드(2진화 10진수) : 10진수 1자리를 2진수 4자리(bit)로 표현하는 가중치 코드로 8421 코드라고도 한다.

20 마이크로프로세서의 구성요소가 아닌 것은?

① 캐시메모리
② 제어장치
③ 레지스터
④ 제어버스

> 마이크로프로세서는 중앙처리장치의 기능을 집적화한 것으로서 제어장치(명령어 해석 및 실행), 레지스터, 연산장치(ALU), 제어버스 등의 기본 구성을 갖는다.

21 실수 $(0.01101)_2$을 32비트 부동 소수점으로 표현하려고 한다. 지수부에 들어갈 알맞은 표현은?(단, 바이어스된 지수(biased exponent)는 $(01111111)_2$로 나타내며 IEEE754 표준을 따른다.)

① $(01111100)_2$
② $(01111101)_2$
③ $(01111110)_2$
④ $(10000000)_2$

> - 부동 소수점 표현 : 컴퓨터 내부에서 소수점이 있는 실수를 표현할 때 사용하는 형식
> - 4바이트(32비트) 단정도 실수형 : 부호부 1bit + 지수부 8bit + 가수부 32bit
> - 부호비트는 실수가 양수이면 0, 음수이면 1로 표시하고, 지수부는 2진수로, 가수부는 10진 유효숫자를 2진수로 변환하여 표시한다.
> $0.01101 = 1.101 \times 2^{-2}$
> 지수 : $127 - 2 = 125 = (01111101)_2$가 된다.

22 다음 중 논리 비교 동작과 같은 동작은?

① AND
② OR
③ XOR
④ NAND

> Exclusive-OR 게이트 : 입력이 모두 같을 때 출력이 0, 입력이 서로 다를 때는 출력이 1이 되는 논리회로, 두 입력이 서로 다를 경우 출력이 1이 되므로 논리 비교 동작에 이용될 수 있다.

23 주 프로그램 내에서 같은 프로그램의 반복을 피하기 위한 방법은?

① 스택
② 인터럽트
③ 서브루틴
④ 푸시(push)와 팝(pop)

> 서브루틴(Subroutine) : 프로그램 가운데 하나 이상의 장소에서 필요할 때마다 되풀이해서 사용할 수 있는 부분적 프로그램. 실행 후에는 메인 루틴이 호출한 장소로 되돌아간다. 되돌아 갈 복귀 주소를 저장해 놓아야 하는데, 이때 사용되는 것이 스택(stack)이다.

24 데이터 처리 과정 및 프로그램 결과가 출력되는 전반적인 처리 과정의 흐름을 일정한 기호를 사용하여 나타낸 것을 무엇이라 하는가?

① 순서도
② 수식도
③ 로그
④ 분석도

> 순서도(Flowchart) : 데이터 처리 과정 및 프로그램 결과가 출력되는 전반적인 처리 과정의 흐름을 일정한 기호를 사용하여 나타낸 것

25 중앙처리장치와 주기억장치 사이의 속도 차이를 해결하기 위해 장치한 고속 버퍼 기억장치는?

① 캐시기억장치
② 주기억장치
③ 보조기억장치
④ 가상기억장치

> 캐시 기억장치(Cache Memory) : 프로그램 실행속도를 중앙처리장치의 속도에 가깝도록 하기 위하여 개발된 고속 버퍼 기억장치로서, 주기억장치보다 속도가 빠르고, 중앙처리장치 내에 위치하고 있으므로 레지스터 기능과 유사하다.
> ※기억장치의 접근 시간 순서 : 레지스터 〉 캐시메모리 〉 주기억장치 〉 보조기억장치

26 어셈블리어(Assembly Language)의 설명 중 틀린 것은?

① 기호 언어(Symbolic Language)라고도 한다.
② 언어번역프로그램으로 컴파일러(Compiler)를 사용한다.
③ 기종 간에 호환성이 적어 전문가들만 주로 사용한다.
④ 기계어를 단순히 기호화한 기계 중심 언어이다.

> 어셈블리 언어(Assembly Language)
> • 기호 언어(symbolic language)라고도 한다. 주로 오퍼레이팅 시스템이나 하드웨어를 소통을 위해 쓰이는 저급언어(lowlevel language)다.
> • 고급언어(high-level language)가 기계어와 1 : 2인데 반하여, 저급언어인 어셈블리 언어는 기계어와 1 : 1로 대응하는 기호로 명령어와 데이터를 작성한다.
> • 기계어보다 이해가 쉽고, 애플리케이션의 실행속도를 높이기 위해 기억하기 쉬운 부호로 이루어진 언어로서 사용이 편리하며, 프로그램의 작성, 수정이 용이하다.
> • 각각의 프로세서마다 다른 종류의 어셈블리 언어를 가지며 어셈블리 언어는 어셈블러(Assembler)에 의해 번역된다.

27 마이크로컴퓨터의 주소가 16비트로 구성되어 있을 때 사용할 수 있는 주기억장치의 최대용량은?

① 8K
② 16K
③ 32K
④ 64K

> 2^{16} = 65536[byte] = 64[Kbyte]

28 Parity Bit에 대한 설명 중 옳지 않은 것은?

① error 검출 및 교정이 가능하다.
② 기존 코드값에 1bit를 추가하여 사용한다.
③ 기수(Odd)와 우수(Even) 체크법이 있다.
④ 정보의 옳고 그름을 판별하기 위해 사용한다.

> 패리티 비트(parity bit) : 정보의 전달 과정에서 오류가 생겼는지를 검사하기 위해 원래의 정보에 덧붙이는 비트. 시스템의 논리 구조에 따라 1로 된 비트들의 개수가 항상 짝수 또는 홀수가 되도록 바이트의 끝에 붙인다. 오류 검출은 하지만 정정은 하지 않는다.

29 헤테로다인 주파수계에 대한 설명으로 옳지 않은 것은?

① 흡수형 주파수계에 비하여 측정 확도가 높다.
② 흡수형 주파수계에 비하여 측정 범위가 넓다.
③ 흡수형 주파수계에 비하여 구조가 복잡하다.

④ 흡수형 주파수계에 비하여 감도가 양호하다.

> 헤테로다인 주파수계는 흡수형 주파수계에 비하여 측정 범위가 좁다.

30 D/A 컨버터는 무슨 회로인가?

① 저항을 측정하는 회로
② 전류를 전압으로 변환하는 회로
③ 아날로그 양을 디지털 양으로 변환하는 회로
④ 디지털 양을 아날로그 양으로 변환하는 회로

> D/A변환 : 디지털(digital)량을 아날로그(analog)량으로 바꾸는 것

31 측정기의 지시로 나타낼 수 있는 최소의 측정량을 무엇이라 하나?

① 확도(precision)
② 감도(sensitivity)
③ 정도(accuracy)
④ 보정(correction)

> 감도(sensitivity) : 수신기의 규정 출력에 있어서의 S/N비를 최대 허용값으로 억제하였을 때의 수신기의 입력 전압으로 표시한다. 측정기의 지시로 나타낼 수 있는 최소의 측정량이다.

32 다음은 수신기의 감도 측정회로의 구성도이다. 빈칸의 내용이 순서대로 바르게 나열된 것은?

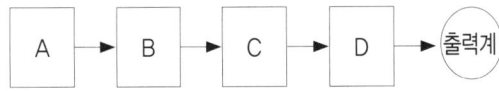

① A:의사안테나 → B:표준신호발생기 → C:수신기 → D:무유도저항
② A:의사안테나 → B:수신기 → C:표준신호발생기 → D:무유도저항
③ A:표준신호발생기 → B:의사안테나 → C:수신기 → D:무유도저항
④ A:표준신호발생기 → B:수신기 → C:의사안테나 → D:무유도저항

>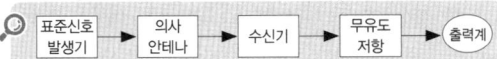

33 오실로스코프에 파형을 나타나게 하기 위해서 브라운관의 수평편향판에 인가하는 전압 파형은?

① 구형파
② 정현파
③ 톱니파
④ 펄스파

> 오실로스코프의 수평축 증폭기는 톱니파 발생기에서 발생한 톱니파 전압을 증폭하여 그 출력을 수평편향판에 가한다.

34 기준 전압이 1[V]일 때, 측정 전압이 10[V]이면 몇 [dB]인가?

① 0[dB]   ② 10[dB]
③ 14[dB]   ④ 20[dB]

> $A_v = 20\log_{10}\dfrac{측정전압}{기준전압} = 20\log_{10}\dfrac{10}{1} = 20[\text{dB}]$

35 회전 자기장 내에 금속편을 놓으면 여기에 맴돌이 전류가 생겨서 자기장이 이동하는 방향으로 금속편을 이동시키는 토크가 발생하는데 이 원리를 이용한 계기는?

① 유도형 계기
② 가동코일형 계기
③ 가동철편형 계기
④ 전류력계형 계기

> 유도형 계기 : 피측정 전류 또는 전압을 여자 코일에 공급해서 자기장을 만들고, 이 자기장과 가동부의 전자 유도 작용에 의해서 생기는 맴돌이 전류 사이의 전자력에 의한 구동 토크를 이용한 계기

36 다음 중 저항, 인덕턴스, 정전 용량을 모두 측정할 수 있는 계기는?

① Q미터
② 테스터
③ 오실로스코프
④ 스펙트럼 분석기

> Q-meter로 측정할 수 있는 사항
> • 코일과 콘덴서의 Q
> • 코일의 실효 인덕턴스 및 실효저항
> • 코일의 분포용량
> • 콘덴서의 정전용량

37 계측기로 측정한 입력측 S/N비와 출력측 S/N 비에 대한 비를 나타내며, 단위로 [dB]을 쓰는 통신 품질의 평가 척도를 무엇이라 하는가?

① 충실도
② 변조지수
③ 명료도
④ 잡음지수

> 잡음 지수 : 계측기로 측정한 입력측 S/N비와 출력측 S/N비에 대한 비를 나타내며, 단위로 [dB]를 쓴다.

38 표준신호발생기의 출력은 1[μV]를 0[dB]로 기준 삼는다. 피측정회로의 이득이 40[dB]이었다면 피측정 전압은?

① 10[μV]
② 100[μV]
③ 0.01[μV]
④ 00.1[μV]

> $A_v = 20\log_{10}\dfrac{측정진압}{기순전압} = 20\log_{10}\dfrac{x}{1 \times 10^{-6}} = 40$
> $\log_{10}\dfrac{x}{1 \times 10^{-6}} = 2, \log_{10}\dfrac{x}{1 \times 10^{-6}} = 10^2$
> $x = 10^{-6} \times 10^2 = 100[\mu V]$

39 자동평형 기록계기의 측정 방식에 속하는 것은?

① 영위법
② 직접 측정법
③ 간접 측정법
④ 편위법

> 자동평형 기록계기 : 펜과 기록 용지에서 생기는 마찰 오차를 피하기 위하여 고안 된 것으로, 영위법에 의한 측정 원리를 이용한 것

40 다음 중 고주파 전력 측정에 이용되는 전력계가 아닌 것은?

① C-C형 전력계
② C-M형 전력계
③ C-P형 전력계
④ 볼로미터 전력계

> 고주파 전력 측정에 이용되는 전력계
> • C-C형 전력계
> • C-M형 전력계
> • 볼로미터 전력계

41 VTR용 Head의 자성재료에 요구되는 특성으로 옳지 않은 것은?

① 실효 투자율이 높을 것
② 가공성이 좋을 것
③ 마모성이 클 것
④ 잡음발생이 적을 것

> VTR용 헤드의 자성재료에 요구되는 특성
> • 실효 투자율이 높을 것
> • 가공성이 좋을 것
> • 항자력(HC)이 작을 것
> • 내마모성이 좋을 것
> • 잡음의 발생이 적을 것

42 다음 중 제너다이오드를 이용한 회로로 가장 적합한 것은?

① 검파회로
② 저주파 증폭회로
③ 고주파 발진회로
④ 정전압회로

> 직류정전압회로 : 제너 다이오드를 기준 전압으로 하고, 이것을 출력 전압과 비교하여 일정 전압으로 제어하는 부하의 변동이 있어도 일정한 전압을 공급하는 회로

43 다음 중 디지털 3D 그래픽스 처리의 구성이 아닌 것은?

① 기하처리
② 렌더링
③ 프레임 버퍼
④ 모델링

> 3D 그래픽의 제작과정
> • 모델링 : 컴퓨터에서 물체의 형태를 구성하는 과정
> • 레이아웃과 애니메이션 : 물체를 작업 공간에 배치하고 그것의 움직임을 설정하는 과정
> • 렌더링 : 만들어진 장면을 컴퓨터가 조명의 배치와 면의 특성, 그 밖에 다른 설정들을 바탕으로 계산하여 그림을 생성하는 과정

44 청력을 검사하기 위하여 가청주파수 영역 중 여러 가지 레벨의 순음을 전기적으로 발생하는 음향발생 장치는?

① 심음계
② 오디오미터
③ 페이스메이커
④ 망막전도 측정기

> 오디오미터(audiometer) : 귀의 청력을 검사하기 위하여 가청주파수 영역의 여러 가지 레벨의 순음을 전기적으로 발생하는 음향 발생 장치로 신호음으로 사인파를 사용한다.

45 전고조파의 실효치와 기본파의 실효치의 비를 무엇이라 하는가?

① 변조도
② 신호대 잡음비
③ 역률
④ 일그러짐률

> 일그러짐률 : 전고조파의 실효치와 기본파의 실효치의 비

46 FM 수신기에서 도래 전파가 없을 때 일어나는 잡음을 제거하기 위해 자동적으로 저주파 증폭기가 열리고 입력파가 도래했을 때 닫히도록 한 회로는?

① 필터 회로
② 리미터 회로
③ 직선 검파회로
④ 스켈치 회로

> 스켈치(squelch) 회로 : 신호 입력이 없을 때 잡음 출력을 억제

47 녹음기에 관한 일반적인 설명 중 옳지 않은 것은?

① 소거방법에는 직류소거법과 교류소거법이 있다.
② 자기 테이프를 매체로 녹음 및 재생을 한다.
③ 캡스턴은 고음과 저음의 균형을 유지시켜 준다.
④ 자기 헤드, 테이프 전송 기구 및 증폭기 등으로 되어 있다.

> 캡스턴(capstan) : 모터에 의해 일정한 속도(테이프의 원주 속도와 거의 같음)로 회전하는 회전축

48 영상의 가장 밝은 부분에서부터 가장 어두운 부분을 단계로 표시하는 것을 무엇이라 하는가?

① 화소
② 계조
③ 비트맵
④ 추출

> 계조 : 사진 이미지에서 농도가 가장 짙은 부분에서 가장 옅은 유효 농도부까지의 농도 이행단계를 말한다. 계조의 이해단계가 많을수록 이미지를 충실하게 재현할 수 있다.

49 다음 중 광대역 VHF 안테나는?

① 수직 안테나
② 코니컬(conical) 안테나
③ 다이폴(dipole) 안테나
④ 폴디드 다이폴(folded dipole) 안테나

> 코니컬(conical) 안테나 : 광대역 폴 안테나의 일종으로, 원형은 2개의 원뿔형 안테나 정상부에서 궤전한 것과 같다. 보통은 두 도체를 부채꼴로 조합시키고, 여기에 도파기와 반사기를 부착한 것이 TV용 광대역 안테나로서 널리 사용되고 있다.

50 초음파 가공기의 공구로 사용되는 것은?

① 황동
② 강철
③ 다이아몬드
④ 베이클라이트

> 초음파 가공기는 발진기, 진동자, 금속 혼 등으로 구성되어 있다. 혼은 연강, 스테인레스강 또는 황동으로 만들며, 진동자와 혼 사이는 납땜한다.

51 녹음 바이어스를 사용하는 주된 목적은?

① 와우 플러터 제거
② 감도 향상
③ 안정도 향상
④ 일그러짐 감소

> 바이어스 전류를 적절한 값으로 선택하지 않으면, 파형이 일그러지거나 감도가 나빠지기 쉽다.

52 무선 수신기의 안테나 회로에 웨이브 트랩(wave trap)을 사용하는 목적으로 가장 적절한 것은?

① 혼신을 방지하기 위하여
② 페이딩을 방지하기 위하여
③ 델린저의 영향을 방지하기 위하여
④ 지향성을 갖게 하기 위하여

> 웨이브 트랩(wave trap) : 수신용 안테나 회로의 일부에 동조 회로를 부가하여 그것에 의해서 혼신 전파를 제거 또는 미약하게 하는 회로

53. 수평동기신호 기간에만 AGC를 동작시키고 나머지 기간에는 동작하지 않도록 한 것으로 펄스성 잡음이 특히 많은 장소 비행기에 의한 반사파의 영향을 받는 장소 또는 포터블 TV와 같이 전파의 세기가 갑자기 변동하는 경우 사용되는 AGC 방식은?

① 평균치형 AGC
② 첨두치형 AGC
③ 키드 AGC
④ 지연형 AGC

> 키드 AGC : 수평동기신호 기간에만 AGC를 동작시키고 나머지 기간에는 동작하지 않도록 한 것으로 펄스성 잡음이 특히 많은 장소, 비행기에 의한 반사파의 영향을 받는 장소 또는 포터블 TV와 같이 전파의 세기가 갑자기 변동하는 경우 사용되는 AGC

54. 다음 중 변위-임피던스 변환기가 아닌 것은?

① 다이어프램
② 용량형 변환기
③ 슬라이드 저항
④ 유도형 변환기

> 신호 검출에서 1차일 때 2차 변환의 보기
>
> | | |
> |---|---|
> | 압력-변위 | 스프링, 다이어프램 |
> | 전압-변위 | 전자코일, 전자석 |
> | 변위-압력 | 유압 분사관 |
> | 변위-전압 | 가변저항 분압기, 차동변압기 |
> | 변위-임피던스 | 용량형 변환기, 슬라이드 저항, 유도형 변환기 |

55. 라디오 수신기의 중간 주파수가 455[kHz]이고, 상측 헤테로다인 방식이라면 700[kHz] 방송을 수신할 때 국부발진 주파수는?

① 455[kHz]
② 700[kHz]
③ 1155[kHz]
④ 1600[kHz]

> • 영상주파수 = 수신주파수 + (2 × 중간주파수)
>   = 국부발진주파수 + 중간주파수
> • 국부발진주파수 = 수신주파수 + 중간주파수
> $\therefore f_o = f_s + f_i = 700 + 455 = 1155[kHz]$

56. 다음 중 자동 온수기의 제어관계가 옳지 않은 것은?

① 제어대상 – 물
② 제어량 – 온도
③ 목표값 – 희망온도
④ 조작량 – 물의 공급량

> 조작량 – 연료의 공급량

57. 다이오드를 사용한 정류회로에서 과대한 부하 전류에 의하여 다이오드가 파손될 우려가 있을 경우, 이를 방지하기 위한 조치로 옳은 것은?

① 다이오드를 병렬로 추가한다.
② 다이오드를 직렬로 추가한다.
③ 다이오드 양단에 적당한 값의 저항을 추가한다.
④ 다이오드 양단에 적당한 값의 콘덴서를 추가한다.

> • 과전압 보호 : 다이오드를 직렬로 추가
> • 과전류 보호 : 다이오드를 병렬로 추가

58. 자기테이프와 헤드의 접촉면에 있어서의 간격이 커질 경우 손실도 커지게 되는 것은?

① 두께 손실
② 와류 손실
③ 스페이싱 손실
④ 캡 손실

> 압착 패드 : 테이프를 헤드에 대하여 정확히 밀착시켜 레벨 변동이나 고역 저하의 원인이 되는 스페이싱 손실을 줄이기 위해 설치한다.

59. 서보 기구에 관한 일반적인 조건으로 옳은 것은?

① 조작력이 강해야 한다.
② 추종속도가 느려야 한다.
③ 서보 모터의 관성은 매우 커야 한다.
④ 유압식의 경우 증폭부에 트랜지스터 증폭부나 자기 증폭기가 사용된다.

> 서보 기구의 일반적인 특징
> • 조작량이 커야 한다.
> • 추종 속도가 빨라야 한다.
> • 서보 모터의 관성이 작아야 한다.
> • 유압 서보 모터나 전기적 서보 모터가 사용된다.
> • 전기식이면 증폭부에 전자관 증폭기나 자기 증폭기가 사용된다.

60 AN(Arrival Notice) 레인지 비컨(range beacon)에서 등신호 방향과 관계없는 각도는?

① 45° ② 190°
③ 135° ④ 315°

🔍 AN 레인지 비컨
- 무지향성 비컨과 마찬가지로 공항이나 항공로상의 요소에 설치하여 항공로를 형성하는데 사용된다.
- 지향성 무선표식 이라고도 하며, AN레인지 비컨에서 등신호 방향의 각도는 45°, 135°, 225°, 315°이다.

정답 2013년 1회

01 ④	02 ②	03 ①	04 ④	05 ③
06 ③	07 ③	08 ③	09 ①	10 ②
11 ②	12 ④	13 ③	14 ②	15 ④
16 ①	17 ④	18 ④	19 ②	20 ①
21 ②	22 ③	23 ③	24 ①	25 ①
26 ②	27 ④	28 ①	29 ②	30 ④
31 ②	32 ③	33 ③	34 ④	35 ①
36 ①	37 ④	38 ②	39 ①	40 ③
41 ③	42 ④	43 ③	44 ②	45 ④
46 ④	47 ③	48 ②	49 ②	50 ①
51 ④	52 ①	53 ③	54 ①	55 ③
56 ④	57 ①	58 ③	59 ①	60 ②

2013년 2회 공단 기출문제

01 저항을 R이라고 하면 컨덕턴스 G[℧]는 어떻게 표현되는가?

① R^2
② R
③ $\dfrac{1}{R^2}$
④ $\dfrac{1}{R}$

🔍 **컨덕턴스**
- 저항의 역수로서 전류의 흐르는 정도를 나타내는 것이다.
- $G = \dfrac{1}{R}$

02 쌍안정 멀티바이브레이터에 대한 설명 중 적합하지 않은 것은?

① 플립플롭회로이다.
② 분주기, 2진 계수회로 등에 많이 사용된다.
③ 입력 트리거 펄스 1개마다 1개의 출력펄스를 얻는다.
④ 저항과 병렬로 연결되는 스피드업(speed up) 콘덴서가 2개 쓰인다.

🔍 쌍안정 멀티바이브레이터(Bistable MV.) : 2개의 안정 상태를 가지며 2개의 트리거(trigger)펄스에 의해 1개의 구형파를 발생시킬 수 있다.

03 집적회로(IC)의 특징으로 적합하지 않은 것은?

① 대전력용으로 주로 사용
② 소형경량
③ 고신뢰도
④ 경제적

🔍 **집적회로(IC)**
- R, D, TR 등의 부품을 내부에 칩화, 소형, 경량화 하여 저전력으로 구동할 수 있는 회로에 사용되며 신뢰도가 높다.
- 대량생산에 적합하도록 설계 되었고 크기를 줄이기 위하여 주로 부품 L, C는 외부 회로에서 연결하여 사용하도록 설계되었다.

04 이상적인 펄스 파형 최대 진폭 A_{max}의 90[%]되는 부분에서 10[%]되는 부분까지 내려가는데 소요되는 시간은?

① 지연시간
② 상승시간
③ 하강시간
④ 오버슈트 시간

🔍
- 상승시간(t_r, rise time) : 진폭 전압(V)의 10(%)에서 90[%]까지 상승하는데 걸리는 시간
- 하강시간(t_f, fall time) : 펄스가 이상적 펄스의 진폭 전압(V)의 90(%)에서 10(%)까지 내려가는 데 걸리는 시간
- 오버슈트(overshoot) : 상승 파형에서 이상적 펄스파의 진폭 전압(V)보다 높은 부분의 높이 a를 말하며, 이 양은 $(\dfrac{a}{v}) \times 100(\%)$로 나타낸다.
- 링잉(b, ringing) : 펄스의 상승 부분에서 진동의 정도를 말하며, 높은 주파수 성분에 공진하기 때문에 생기는 것이다.

05 자기인덕턴스가 L_1, L_2이고 상호인덕턴스가 M, 결합계수가 1일 때의 관계는?

① $L_1 L_2 = M$
② $L_1 L_2 > M$
③ $\sqrt{L_1 L_2} > M$
④ $\sqrt{L_1 L_2} = M$

🔍 결합계수가 1인 경우 $M = \sqrt{L_1 L_2}$ 이다.

06 R-L 직렬회로의 시정수에 해당되는 것은?

① $\dfrac{1}{2R}$
② $2R$
③ $\dfrac{R}{L}$
④ $\dfrac{L}{R}$

07 40[dB]의 전압이득을 가진 증폭기에 10[mV]의 전압을 입력에 가하면 출력전압은 몇 [V]인가?

① 0.1[V]
② 1[V]
③ 10[V]
④ 100[V]

🔍 $A_v = 20\log_{10}\dfrac{V_0}{V_i}$[dB]
40[dB] = 100배이므로 1[V]

08 다음 중 연산증폭회로에서 되먹임 저항을 되먹임 콘덴서로 변경한 것은?

① 미분기 회로
② 적분기 회로
③ 가산기 회로
④ 감산기 회로

🔍 입력 측에 저항(R)을 사용하므로 적분기(LPF)로서 동작한다.

09 어떤 정류기 부하양단의 직류전압이 300[V]이고, 맥동률이 2[%]이면 교류성분의 실효값은?

① 2[V]
② 4.24[V]
③ 6[V]
④ 8.48[V]

🔍 $\gamma = \dfrac{\text{출력파형에 포함된 교류 성분의 실효치}}{\text{출력파형의 직류값(평균값)}} \times 100[\%]$
$= \dfrac{\Delta V}{V_d} \times 100[\%]$ (V_d:직류전압, ΔV:교류성분)
$2 = \dfrac{\chi}{300} \times 100$
$\therefore \chi = \dfrac{2 \times 300}{100} = 6[V]$

10 펄스의 상승 부분에서 진동의 정도를 말하며 높은 주파수 성분에 공진하기 때문에 생기는 것은?

① Sag
② Storage Time
③ Under Shoot
④ Ringing

🔍 링잉(b, ringing) : 펄스의 상승 부분에서 진동의 정도를 말하며, 높은 주파수 성분에 공진하기 때문에 생기는 것이다.

11 클리퍼(clipper)에 대한 설명으로 가장 옳은 것은?

① 임펄스를 증폭하는 회로이다.
② 톱니파를 증폭하는 회로이다.
③ 구형파를 증폭하는 회로이다.
④ 파형의 상부 또는 하부를 일정한 레벨로 잘라내는 회로이다.

🔍 클리핑 회로 : 입력 파형 중에서 어떤 일정 진폭 이상 또는 이하를 잘라낸 출력 파형을 얻는 회로를 클리퍼(clipper)라 하고, 이 작용을 클리핑이라 한다.

12 B급 푸시풀 증폭기에 대한 설명 중 옳은 것은?

① 최대 양극효율은 33.6[%]이다.
② 고주파 전압증폭용으로 널리 쓰인다.
③ 우수고조파가 상쇄되어 찌그러짐이 적다.
④ 출력변성기의 철심이 직류에 의해 포화된다.

🔍 B급 푸시풀 증폭회로의 특징
- B급 동작이므로 직류 바이어스 전류가 매우 작아도 된다.
- 입력이 없을 때의 컬렉터 손실이 적으며 큰 출력을 낼 수 있다.
- 짝수(우수차) 고조파 성분은 서로 상쇄되어 일그러짐이 없는 출력단에 적합하다.
- B급 증폭기의 특징인 크로스오버 왜곡이 있다.

13 저항 R=5[Ω], 인덕턴스 L=100[mH], 정전용량 C=100[μF]의 RLC 직렬회로에 60[Hz]의 교류전압을 가할 때 회로의 리액턴스 성분은?

① 저항
② 유도성
③ 용량성
④ 임피던스

🔍 $X_L = \omega L = 2\pi f L$
$= 2 \times 3.14 \times 60 \times 100 \times 10^{-3}$
$= 37.68[\Omega]$
$X_c = \dfrac{1}{2\pi f c} = \dfrac{1}{\omega C}$
$= \dfrac{1}{2 \times 3.14 \times 60 \times 100 \times 10^{-6}}$
$= 26.53[\Omega]$
$\therefore X_L > X_c$이므로 유도성이다.

14 회로에서 V_o를 구하면 몇 [V]인가?(단, $I_2 \gg I_B$, V_{BE} = 0.3[V], $I_C \approx I_E$임)

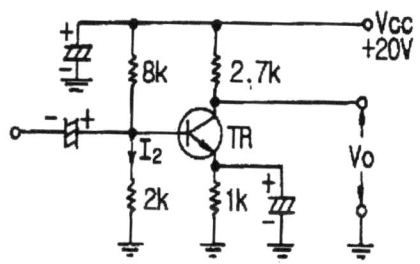

① 9.82[V]
② 10.82[V]
③ 11.82[V]
④ 12.82[V]

$$V_B = \frac{R_2}{R_1+R_2}V_{cc}$$
$$= \frac{2\times 10^3}{8\times 10^3 + 2\times 10^3}\times 20 = 4[V]$$
$$V_E = V_B - V_{BE} = 4 - 0.6 = 3.4[V]$$
$I_C \fallingdotseq I_E$이므로
$$I_C = I_E = \frac{V_E}{R_E} = \frac{3.4}{1\times 10^3} = 3.4[mA]$$
$$V_C = V_{cc} - I_C R_C$$
$$= 20 - 3.4\times 10^{-3}\times 2.7\times 10^3 = 9.18[V]$$
$$V_0 = V_{cc} - V_C = 20 - 9.18 = 10.82[V]$$

15 전압안정화 회로에서 리니어(linear) 방식과 스위칭(switching) 방식의 장·단점 비교가 옳은 것은?

① 효율은 리니어 방식보다 스위칭 방식이 좋다.
② 회로구성에서 리니어 방식은 복잡하고 스위칭 방식은 간단하다.
③ 중량은 리니어 방식은 가볍고 스위칭 방식은 무겁다.
④ 전압정밀도는 리니어 방식은 나쁘고 스위칭 방식은 좋다.

구분	특징
리니어 방식	• 직류(DC)출력이 건전지에 가깝게 양질이다. • 적은 부품으로 간단하다. • 소출력 회로에 많이 사용된다. • 발열이 심하며, 효율이 낮다.
스위칭 방식	• 직류 속에 잡음이 있다. • 많은 부품으로 구성되어 회로가 복잡하다. • 대전력용으로 많이 사용된다. • 효율이 높다.

16 구형파의 입력을 가하여 폭이 좁은 트리거 펄스를 얻는 데 사용되는 회로는?

① 미분회로   ② 적분회로
③ 발진회로   ④ 클리핑회로

입력 측에 C를 사용하므로 미분기(HPF)로서 동작한다.

17 다음 10진수 756.5를 16진수로 옳게 표현한 것은?

① 2F4.8   ② 2E4.8
③ 2F4.5   ④ 2E4.5

10진수 756.5를 16진수로 변환
• 정수 부분을 16으로 나눈다.

```
16) 756  - 4
16)  47  - F(15)
      2
```

• 소수 부분의 소수점의 자리를 16으로 곱한다.
$0.5 \times 16 = 8.0$
$\therefore (756.5)_{10} = (2F4.8)_{16}$

18 중앙처리장치 중 제어장치의 기능으로 가장 알맞은 것은?

① 정보를 기억한다.
② 정보를 연산한다.
③ 정보를 연산하고, 기억한다.
④ 명령을 해석하고, 실행한다.

제어장치(Control Unit) : 프로그램 명령어를 해석하고, 해석된 명령의 의미에 따라 연산장치, 주기억장치 등에게 동작을 지시한다.

19 기억장치의 주소를 4비트(bit)로 구성할 경우 나타낼 수 있는 최대 경우의 수는?

① 8   ② 16
③ 32   ④ 64

4비트(bit)로 구성할 최대의 경우의 수는 $2^4 = 16$

20 논리함수 (A+B)(A+C)를 불 대수에 의해 간략화한 것은?

① A + BC   ② AB + C
③ AC + BC   ④ AB + BC

$(A+B)(A+C) = AA + AB + AC + BC = A(1+B+C) + BC$
$= A + BC$
$\because AA = A, (1+B+C) = 1$

21 프로그램에 대한 설명으로 틀린 것은?

① 컴퓨터가 이해할 수 있는 언어를 프로그래밍 언어라 한다.
② 프로그램을 작성하는 일을 프로그래밍이라 한다.
③ 프로그래밍 언어에는 C, 베이직, 포토샵 등이 있다.

④ 컴퓨터가 행동하도록 단계적으로 지시하는 명령문의 집합체를 프로그램이라 한다.

🔍 포토샵은 프로그래밍 언어가 아닌 컴퓨터 그래픽 프로그램이다.

22 다음 명령어 형식 중 틀린 것은?

| 연산자 | Address 1 | Address 2 |

① 주소부는 2개로 구성되어 있다.
② 명령어 형식은 명령코드부와 operand(주소)부로 되어 있다.
③ 주소부는 동작 지시뿐 아니라 주소부의 형태를 함께 표현한다.
④ 주소부는 처리할 데이터가 어디에 있는지를 표현한다.

🔍 2-주소 형식
 • 주소부는 2개로 구성되어 있다.
 • 명령어 형식은 명령코드부와 Operand(주소)부로 되어 있다.
 • 주소부는 처리할 데이터가 어디에 있는지를 표현한다.

23 제어장치 중 다음에 실행될 명령어의 위치를 기억하고 있는 레지스터는?

① 범용 레지스터
② 프로그램 카운터
③ 메모리 버퍼 레지스터
④ 번지 해독기

🔍 프로그램 카운터(Program Counter) : 기억장치에 기억된 명령이 순서대로 중앙 처리 장치에서 실행될 수 있도록 그 주소를 지정해 주는 레지스터

24 미국 표준 코드로서 Data 통신에 많이 사용되는 자료의 표현 방식은?

① BCD 코드   ② ASCII 코드
③ EBCDIC 코드   ④ GRAY 코드

🔍 ASCII 코드(American Standad Code for Information Interchange Code) : 미국의 표준코드, 문자를 표시하기 위한 7비트 코드로서 영어 대문자, 소문자로 구별할 수 있으며, 가장 왼쪽의 한 비트는 코드의 오류 검출용 패리티 비트를 부가하여 8비트로 표시하고 데이터 통신에서 표준코드로 사용하며 개인용 컴퓨터에 사용한다.

25 명령어 내의 주소부에 실제 데이터가 저장된 장소의 주소를 가진 기억장소의 주소를 표현한 방식은?

① 즉시 주소지정방식
② 직접 주소지정방식
③ 암시적 주소지정방식
④ 간접 주소지정방식

🔍 간접 주소 지정 방식(Indirect Addressing Mode) : 명령어 내의 주소부에 실제 데이터가 저장된 장소의 주소를 가진 기억장소의 주소를 표현한 방식

26 컴퓨터의 연산 결과를 나타내는 데 사용되며, 연산값의 부호 및 오버플로우 발생 유무를 표시하는 레지스터는?

① 데이터 레지스터
② 상태 레지스터
③ 누산기
④ 연산 레지스터

🔍 상태 레지스터(Status Register) : 컴퓨터의 연산 결과를 나타내는 데 사용되며, 연산값의 부호 및 오버플로우 발생 유무를 표시한다.

27 운영체제의 종류가 아닌 것은?

① MS-DOS
② WINDOWS
③ UNIX
④ P-CAD

🔍 P-CAD는 운영체제가 아닌 EDA(Electronic Design Automation), 전자회로 등을 설계하기 위하여 만들어진 CAD 프로그램이다.

28 C 언어의 변수명으로 적합하지 않은 것은?

① KIM50   ② ABC
③ 5P0P   ④ E182U3

🔍 C 언어 변수명 규칙
 • 변수명으로 사용할 수 있는 문자는 알파벳, 숫자, _ 세 가지이다.
 • 변수명의 첫 글자는 숫자가 될 수 없다.(알파벳 또는 _ 로 시작)
 • 변수명은 최대 32자까지다.
 • 예약어를 변수명으로 사용할 수 없다.
 • 알파벳 대문자와 소문자는 서로 다른 것으로 구분된다.

29 안테나의 급전선 임피던스(Zr)가 75[Ω]이고, 여기에 특성임피던스(Zo)가 50[Ω]인 필터를 연결한다면 반사계수는 얼마인가?

① 0.1　　② 0.2
③ 0.4　　④ 0.75

🔍 반사계수$(\Gamma) = \dfrac{Z_r - Z_o}{Z_r + Z_o} = \dfrac{75 - 50}{75 + 50} = \dfrac{25}{125} = 0.2$

30 다음 중 회로시험기로 측정이 곤란한 것은?

① 직류 전압
② 교류 전압 및 저항
③ 직류 전류
④ 교류 전압의 주파수

🔍 회로시험기(Multi-Circuit-Tester) : 회로시험기는 저항, 전압 및 전류를 측정할 수 있는 계기가 하나의 몸체에 조립되어 있는 전기 계측기를 말하며 지시계기로는 수 10[μA]에서 1[mA] 정도의 가동코일형 전류계를 사용한다.

31 디지털 전압계의 원리는 다음 중 어느 것과 가장 유사한가?

① A/D 변환기　　② D/A 변환기
③ 분류기　　　　④ 비교기

🔍 디지털 전압계 : 피측정 전압을 수치로 직접 표시하는 전압계. 일반적으로 쓰이는 것은 전압-주파수 변환형으로, 적분기 등을 사용한 V-F변환기에 의해서 전압(아날로그량)을 주파수(디지털량)로 변환하여 디지털 신호로서 이 출력 펄스를 계수하여 디지털 표시를 하도록 되어 있다.

32 자동평형 기록계의 구성에 포함되지 않는 것은?

① DC-AC 변환기　　② 증폭회로
③ 서보모터　　　　　④ 발진기

🔍 자동평형 기록계기는 DC-AC 변환기, 증폭회로, 서보 모터 및 지시 기록계로 구성되어 있다.

33 다음 중 오실로스코프로 측정할 수 없는 것은?

① 주파수　　② 위상
③ 회전수　　④ 파형

🔍 오실로스코프로는 전압, 전류, 파형, 위상 및 주파수, 변조도, 시간 간격, 펄스의 상승시간 등의 제현상을 측정할 수 있다.

34 길이의 참값이 1.2[m]인 막대의 측정값이 1.212[m]이었다. 백분율 오차는?

① 0.212[%]　　② 1[%]
③ 1.2[%]　　　④ 2.12[%]

🔍 백분율 오차$(\alpha) = \dfrac{M - T}{T} \times 100[\%]$
$= \dfrac{1.212 - 1.2}{1.2} \times 100 = 1[\%]$

35 C-M형 전력계에 대한 설명으로 옳지 않은 것은?

① 초단파대의 전력측정에 사용된다.
② 표유용량 C를 통하여 전류가 흐른다.
③ 반사전력이 없으므로 부하의 정합 상태를 알 수 없다.
④ 실제로 부하에 공급되는 전력을 측정된다.

🔍 C-M형 전력계
・동축 급전선과 같은 불평형 급전선에 사용되는 초단파대의 전력측정에 사용된다.
・표유용량 C를 통하여 전류가 흐른다.
・실제로 부하에 공급되는 전력을 측정한다.

36 다음 중 1[V] 이하의 미세 직류전압을 정밀하게 측정할 수 있는 계기는?

① 가동 코일형
② 직류 전위차계
③ 진공관 전압계
④ 정전장의 영향

🔍 직류 전위차계의 원리 : 직류전위차계는 전류를 흘리지 않고 전위차를 표준전지의 기전력과 미지 전지의 기전력을 비교하여 1[V] 이하의 직류전압을 정밀하게 측정할 수 있다.

37 표준신호발생기의 구비 조건으로 적합하지 않은 것은?

① 변조도의 가변범위가 작아야 할 것
② 발진주파수가 정확하고 파형이 양호할 것
③ 안정도가 높고 주파수의 가변범위가 넓을 것
④ 주변의 온도 및 습도 조건에 영향을 받지 않을 것

> 표준신호 발생기의 구비조건
> - 변조도의 가변범위가 넓을 것
> - 발진주파수가 정확하고 파형이 양호할 것
> - 안정도가 높고 주파수의 가변범위가 넓을 것
> - 주변의 온도 및 습도 조건에 영향을 받지 않을 것
> - 출력임피던스가 일정할 것
> - 불필요한 출력을 내지 않을 것

38 송신기의 스퓨리어스 방사를 측정하는 방법과 거리가 먼 것은?

① 전력측정법
② 브라운관법
③ 전구부하측정법
④ 전장강도측정법

> 송신기의 스퓨리어스 방사를 측정하는 방법
> - 전력측정법
> - 브라운관법
> - 전장강도측정법

39 헤테로다인 주파수계(heterodyne frequency meter)에 대한 설명 중 옳지 않은 것은?

① 측정 범위가 넓고, 구조가 간단하다.
② 헤테로다인 검파의 원리를 이용한 것이다.
③ 작은 전력의 주파수를 측정할 수 있고 감도가 좋다.
④ 100[kHz]~35[MHz], 20[MHz]~100[MHz] 범위의 종류가 있다.

> 헤테로다인 주파수계 특징
> - 헤테로다인 검파의 원리를 이용한 것이다.
> - 작은 전력의 주파수를 측정할 수 있고 감도가 좋다.
> - 100[KHz]~35[MHz], 20[MHz]~100[MHz] 범위의 종류가 있다.

40 브리지법에 의한 측정의 적용에 대한 설명으로 옳지 않은 것은?

① 저저항 정밀측정에는 켈빈 더블 브리지법을 이용한다.
② 중저항 측정에는 휘스톤 브리지법을 이용한다.
③ 접지저항 측정에는 콜라우시 브리지법을 이용한다.
④ 전해액의 저항측정에는 맥스웰 브리지법을 이용한다.

> - 켈빈 더블 브리지(Kelvin Double Bridge) : 저저항 정밀측정
> - 휘스톤 브리지법 : 중저항 측정
> - 콜라우슈 브리지(Kohlraush Bridge) : 접지저항 측정, 전해액의 저항 측정
> - 맥스웰 브리지(Maxwell Bridge) : 미지 인덕턴스 측정

41 고주파 유도가열에서 전류의 침투 깊이 S의 값은 주파수가 높아짐에 따라 어떻게 변하는가?

① 증가한다.
② 감소한다.
③ 변화하지 않는다.
④ 감소-증가 상태를 반복한다.

> 고주파 유도가열에서 전류의 침투깊이 S의 값은 주파수가 높아짐에 따라 감소한다.

42 방송국으로부터 직접파와 반사파가 수상될 때 수상되는 시간차로 다중상이 생기는 현상을 무엇이라 하는가?

① 고스트(ghost)
② 글로스(gloss)
③ 그라데이션(gradation)
④ 콘트라스트(contrast)

> 고스트(ghost) : TV 화면의 영상이 부적절한 전파 수신으로 인해 2중 3중으로 겹쳐 나오는 것을 말하며 송신 공중선에서 발사된 직접파와 건물 등에 부딪혀 반사되어 나온 전파가 시간차로 조금 늦게 안테나에 도달하기 때문에 일어나는 현상이다.

43 비선형 증폭기에서 일그러짐률이 1[%]라면 몇 [dB]인가?

① −40[dB]
② −50[dB]
③ +60[dB]
④ +70[dB]

> $\dfrac{S}{N} = 20\log\dfrac{1}{100} = -40[dB]$

44 잡음전압이 10[μV]이고 신호전압이 10[V]일 때, S/N은 몇 [dB]인가?

① 40[dB]
② 60[dB]
③ 80[dB]
④ 120[dB]

$$\frac{S}{N} = 20\log\frac{신호전압}{잡음전압}$$
$$= 20\log\frac{10}{10\times 10^{-6}} = 120[dB]$$

45 전자빔이 시료를 투과할 때 속도가 다른 여러 전자가 생겨서 상이 흐려지는 현상은?

① 색수차
② 구면수차
③ 라디오존데
④ 축 비대칭수차

> 전자 현미경의 분해능에 영향을 주는 수차
> • 구면수차(spherical aberration) : 렌즈의 축에 가까운 곳과 먼 곳에서의 굴절률이 다르기 때문에 빛이 한 점에 모이지 않고 퍼진다.
> • 색수차(chromatic aberration) : 전자빔이 시료를 투과할 때 속도가 다른 여러 전자가 생겨서 상이 흐려지는 현상
> • 축 비대칭수차 : 전자장의 분포가 축에 대하여 비대칭으로 되는 데 기인한 수차

46 동축 케이블(TV 수신용 급전선)에 관한 설명이 아닌 것은?

① 광대역 전송이 불가능하다.
② 고스트가 많은 시가지에 적합하다.
③ 특성 임피던스가 약 75[Ω]의 것이 많다.
④ 평행 2선식 피더보다 외부로부터의 방해를 잘 받지 않는다.

> 동축 케이블 특징
> • 특성 임피던스가 약 75[Ω]의 것이 많다.
> • 감쇠 특성이 주파수의 평방근에 비례하므로 전송손실이 극히 적다.
> • 다중화 전송이 가능하다.
> • 광대역, 장거리 전송로로 사용된다.
> • 평행 2선식 피더보다 외부로부터의 방해를 잘 받지 않는다.

47 다음 중 서보 모터의 일반적인 조건으로 옳지 것은?

① 조작량이 커야 한다.
② 추종 속도가 빨라야 한다.
③ 서보 모터의 관성이 작아야 한다.
④ 유압식의 경우 증폭부에 트랜지스터 증폭기나 자기증폭기가 사용된다.

> 서보 기구의 일반적인 특징
> • 조작량이 커야 한다.
> • 추종 속도가 빨라야 한다.
> • 서보 모터의 관성이 작아야 한다.
> • 유압 서보 모터나 전기적 서보 모터가 사용된다.
> • 전기식이면 증폭부에 전자관 증폭기나 자기 증폭기가 사용된다.

48 FM 통신 방식 중 고음부를 강조하여 S/N비를 개선하는 회로는?

① De-emphasis 회로
② Pre-emphasis 회로
③ Limiter 회로
④ Squelch 회로

> 프리엠퍼시스(pre-emphasis) : 신호 대 잡음비(S/N), 주파수 특성, 일그러짐 특성을 개선하기 위해 고음역 부분의 이득을 단계적으로 증가시켜 송신하기 위한 회로

49 VTR의 β-max 방식과 VHS 방식에 대한 설명으로 옳지 않은 것은?

① 두 방식 모두 1/2인치 테이프를 이용한다.
② 두 방식의 처리방식과 원리가 유사하다.
③ 두 방식은 서로 호환이 된다.
④ 현재 VHS 방식이 많이 사용된다.

> VTR의 β-max 방식과 VHS 방식은 모두 1/2인치 테이프를 이용하는 처리방식과 원리가 유사하나 서로 호환이 되지 않고 현재 VHS 방식이 많이 사용된다.

50 전력 증폭기는 스피커를 구동시키는 데 요구되는 충분한 전력을 보내주는 역할을 한다. 전력 증폭기의 구성으로 옳지 않은 것은?

① 전압 증폭단
② 전치 구동단
③ 등화 증폭단
④ 출력단

> 전력증폭기는 전치 증폭단, 전압 증폭단, 출력단으로 구성된다.

51 FM 수신기에서 AFC(Automatic Frequency Control circuit)가 사용되는 목적은?

① 감도조정　　② 선택도 향상
③ 충실도 향상　④ 수신기 감도 향상

> 자동주파수제어(AFC) 회로 : 주파수 변환을 위한 국부발진기의 주파수 변동을 제거하기 위하여 주파수를 자동적으로 검출하고 제어하는 회로

52 다음 중 장거리용 항법장치는?

① ADF　　② LORAN
③ TACAN　④ VOR

> 로란(LORAN) : 두 국(주국과 종국) A, B로부터 동기하여 발사된 펄스 신호를 어떤 지점에서 수신하여 두 국(주국과 종국)의 전파의 도래 시간차를 측정한다.

53 녹음기의 녹음 특성이 저역에서 저하되므로 이 특성을 보상하는 증폭기는?

① 주 증폭기
② 전력 증폭기
③ 등화 증폭기
④ DEPP와 SEPP 회로

> 녹음기 회로에서 녹음 시는 고역을, 재생 시는 저역을 각각의 증폭기로 보정하여 전체를 통하여 평탄한 특성으로 만드는 것을 등화라 한다.

54 초음파 발생장치의 진동자로 사용할 수 없는 것은?

① 수정　　② 니켈
③ 탄화붕소　④ 티탄산바륨

> 초음파 발생장치의 진동자
> • 자기왜형진동자 : 니켈, 페라이트
> • 피에조 진동자 혹은 압전진동자 : 수정, 로셀염
> • 전기왜형진동자 : 지르콘, 티탄산바륨

55 테이프 리코드의 구성 중 자기헤드의 순서는?

① 녹음헤드 → 재생헤드 → 소거헤드
② 소거헤드 → 녹음헤드 → 재생헤드
③ 재생헤드 → 소거헤드 → 녹음헤드
④ 녹음헤드 → 소거헤드 → 재생헤드

56 초음파를 이용한 측심기로 바다 깊이를 측정한 결과 4초의 왕복시간이 걸렸다. 바다 속의 깊이는 얼마인가?(단, 바닷물 온도는 15[℃], 초음파 속도는 1527[m/sec])

① 6108[m]
② 3801[m]
③ 3054[m]
④ 1527[m]

> $h = \dfrac{vt}{2} = \dfrac{1527 \times 4}{2} = 3054[m]$

57 두 개의 트랜지스터가 부하에 대하여 직렬로 동작하고 직류 전원에 대해서는 병렬로 접속되는 회로는?

① SEPP 회로
② BTL 회로
③ OTL 회로
④ DEPP 회로

> • DEPP(Double Ended Push-Pull) : 2개의 트랜지스터가 부하에 대하여 직렬로 동작하고, 직류 전원에 대해서는 병렬로 접속된다.
> • SEPP(Single Ended Push-Pull) : 2개의 트랜지스터 부하에 대해서는 병렬, 전원에 대해서는 직렬로 접속된다.

58 납땜이 잘 되지 않는 알루미늄 납땜에 이용되는 초음파 성질은?

① 초음파 응집
② 초음파 굴절
③ 초음파 탐상
④ 초음파 진동

> 납땜이 잘 되지 않는 알루미늄 납땜에는 초음파 진동의 성질을 이용한다.

59 자동제어장치로부터 제어 대상으로 보내지는 것을 무엇이라 하는가?

① 제어량　　② 설정량
③ 목표량　　④ 조작량

> 조작량이란 제어량을 지배하기 위하여 제어장치가 제어대상에 주는 양을 이른다.

60 다음 중 바리스터(varistor)가 이용되지 않는 것은?

① 온도 보상장치
② 회로의 전압조정
③ 낙뢰로부터 통신기기의 보호
④ 스파크를 제거함으로써 접점 보호

> 바리스터(varistor)의 용도
> • 회로의 전압조정
> • 반도체 정류기, 트랜지스터 등의 서지전압으로부터의 보호
> • 전기접점의 불꽃을 소거함으로써 접점 보호

정답 2013년 2회

01 ④	02 ③	03 ①	04 ③	05 ④
06 ④	07 ②	08 ②	09 ③	10 ④
11 ④	12 ③	13 ②	14 ②	15 ①
16 ①	17 ①	18 ④	19 ②	20 ①
21 ③	22 ③	23 ②	24 ②	25 ④
26 ②	27 ④	28 ③	29 ②	30 ④
31 ①	32 ④	33 ③	34 ②	35 ③
36 ②	37 ①	38 ③	39 ①	40 ④
41 ②	42 ①	43 ①	44 ④	45 ①
46 ①	47 ④	48 ②	49 ①	50 ③
51 ③	52 ②	53 ③	54 ③	55 ②
56 ③	57 ④	58 ④	59 ④	60 ①

2013년 3회 공단 기출문제

01 그림과 같은 회로에 대한 것으로 옳은 것은?

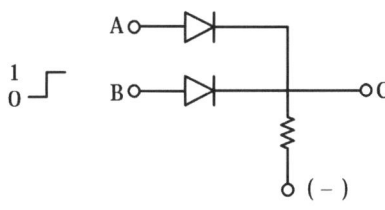

① 정논리 AND
② 부논리 AND
③ 정논리 OR
④ 부논리 OR

🔍 OR(논리합) : 입력 A, B 중 어느 하나라도 1이면 출력 C는 1이 출력되는 논리회로

02 그림의 파형 A, B가 AND 게이트를 통과했을 때의 출력 파형은?

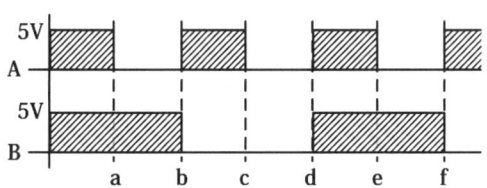

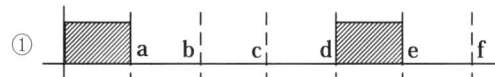

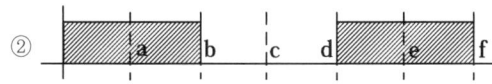

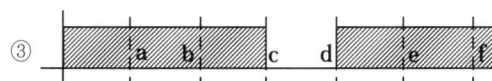

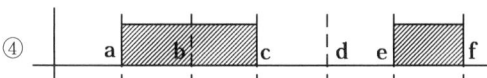

🔍 AND 게이트에서는 A와 B가 모두 1일 때 결과가 1이 된다.

03 쌍안정 멀티바이브레이터에 대한 설명으로 적합하지 않은 것은?

① 구형파 발생회로이다.
② 2개의 트랜지스터가 동시에 ON 한다.
③ 입력펄스 2개마다 1개의 출력펄스를 얻는 회로이다.
④ 플립플롭 회로이다.

🔍 쌍안정 멀티바이브레이터(Bistable MV) : 2개의 안정 상태를 가지며 2개의 트리거(trigger) 펄스에 의해 하나의 구형파를 발생시킬 수 있다.(2:1). 이 회로를 플립플롭(Flip-flop)이라고 하며 기억장치 등에 사용된다.

04 다음 중 N형 반도체를 만드는데 사용되는 불순물의 원소는?

① 인듐(In)
② 갈륨(Ga)
③ 비소(As)
④ 알루미늄(Al)

🔍 • P형 반도체를 만드는 불순물(acceptor) : 인듐(In), 갈륨(Ga), 붕소(B), 알루미늄(Al) 등
• N형 반도체를 만드는 불순물(donor) : 안티몬(Sb), 비소(As), 인(P) 등

05 JK 플립플롭에서 클록 펄스가 인가되고 JK 입력이 모두 1일 때 출력은?

① 1
② 반전
③ 0
④ 변화 없다.

🔍 • JK 플립플롭(MS-JK 플립플롭) : RS 플립플롭에서 R=S=1 의 상태에서는 동작이 불확실한 상태가 되므로, RS 플립플롭에서 Q를 R로, /Q를 S로 되먹임하여 불확실한 상태가 나타나지 않도록 한 회로가 JK플립플롭이다.
• JK 플립플롭는 J=K=1의 상태에서는 출력(Q)값이 반전(토글)되어 /Q가 된다.

06 전류의 흐름을 방해하는 소자를 무엇이라 하는가?

① 전압
② 전류
③ 저항
④ 콘덴서

🔍 전기회로에 전류가 흐를 때 전류의 흐름을 방해하는 작용은 저항으로 기호는 R, 단위는 옴(ohm, [Ω])이다.

07 과변조(over modulation)한 전파를 수신하면 어떤 현상이 발생하는가?

① 음성파 출력이 크다.
② 음성파 전력이 작다.
③ 검파기가 과부하된다.
④ 음성파가 많이 일그러진다.

🔍 변조(Modulation)
• 100%변조 : m = 1 인 경우. 포락선 최소점이 0[V]일 때이다.
• 부족변조 : m < 1 인 경우이다.
• 과변조 : m > 1 인 경우이며 일그러짐이 발생한다.

08 회로에서 다음과 같은 조건일 때 동작 상태를 가장 잘 나타낸 것은?(단, $R_1 = R_2 = R_3 = R$ 이고, $R > R_f$ 이다.)

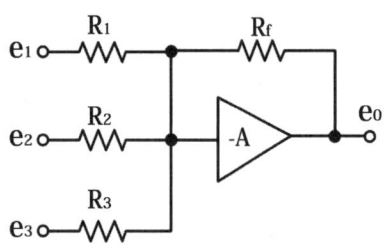

① 반전 가산 증폭기
② 반전 가산 감쇠기
③ 반전 차동 증폭기
④ 반전 차동 감쇠기

🔍 $e_0 = -\frac{R_f}{R}e_i$ 이므로
$= -(\frac{R_f}{R_1}e_1 + \frac{R_f}{R_2}e_2 + \frac{R_f}{R_3}e_3)$ —— a
식 a에서 $R_1 = R_2 = R_3 = R$ 이라면
$e_0 = -\frac{R_f}{R}(e_1 + e_2 + e_3)$ 이며 R값이 크므로 출력은 반전 가산되어 감쇠한다.

09 트라이액(TRIAC)에 관한 설명 중 옳지 않은 것은?

① 쌍방향성 소자이다.
② 교류 제어에 사용한다.
③ (+) 또는 (-) 전류로 통전시킬 수 있다.
④ 게이트 전압을 가변하여 부하전류를 조절한다.

🔍 트라이액(TRIAC)은 2개의 SCR을 역병렬로 접속한 형태의 3단자 교류 스위치로서 양방향 전력제어에 다이액과 함께 사용한다. SCR은 단방향 제어를 하는데 반하여, 트라이액은 양방향 제어를 하는 소자로 전력제어와 모터제어 등에 사용한다.

10 트랜지스터의 특성에 대한 설명 중 옳지 않은 것은?

① 트랜지스터는 전류를 증폭하는 소자이다.
② 트랜지스터의 전류 이득은 h_{fe}로 일반적으로 표기한다.
③ 트랜지스터의 전류 이득은 컬렉터의 전류에 따라 변한다.
④ 트랜지스터의 전류 이득은 집합부의 온도가 증가하면 감소한다.

🔍 • 트랜지스터(transistor)는 전류제어 방식이다.
• 스위치나 게이트로서의 역할로 사용할 수 있다.
• 트랜지스터는 각각 전류를 운반할 능력을 가지고 있는 PNP, NPN 세 개의 반도체 물질 계층으로 구성된다.
• 트랜지스터의 중요한 특성 중 h_{fe}는 교류 전류증폭률이고, 전류와 온도의 영향은 온도가 감소하면 전류이득이 감소한다.

11 전자 유도에 의한 유도 기전력의 방향을 정하는 법칙은?

① 렌츠의 법칙
② 패러데이 법칙
③ 앙페르의 법칙
④ 플레밍의 오른손 법칙

🔍 유도 기전력의 크기는 패러데이의 법칙(Faraday's law), 유도 기전력의 방향은 렌츠의 법칙(Lenz' Law)으로 정의된다.

12 다음 중 이상적인 연산증폭기의 특성으로 적합하지 않은 것은?

① 입력 저항이 무한대이다.
② 동상신호제거비가 0이다.
③ 입력 오프셋 전압이 0이다.
④ 오픈 루프 전압이득이 무한대이다.

> 이상적인 연산증폭(op-amp)기의 특징
> - $A_v = \infty$ (전압이득은 무한대이다.)
> - $R_i = \infty$ (입력저항은 무한대이다.)
> - $R = 0$ (출력저항은 0이다.)
> - offset = 0 (오프셋은 0이다.)
> - BW = ∞ (대역폭은 무한대이다.)
> - 지연응답은 0이고, 특성 변동 및 잡음이 없다.
> - 입력이 0일 때 출력도 0이어야 한다.
> - 동위상신호제거비(CMRR) = $\frac{A_d(\text{차동 이득})}{A_c(\text{동위상 이득})} = \infty$

13 다음 그림과 같은 부궤환증폭기의 일반적인 특성이 아닌 것은?

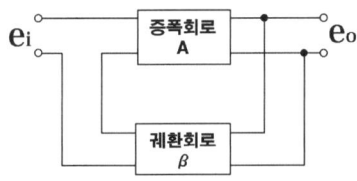

① 부궤환증폭기의 동작은 $|1-A\beta| < 1$인 때를 말한다.
② 부궤환을 충분히 시켰을 때, 즉 $A\beta \gg 1$이면 주파수 특성이 좋아진다.
③ 비직선 일그러짐을 감소시킨다.
④ 잡음을 감소시킨다.

> 부궤환 증폭기
> - 이득이 감소한다.(안정도 증가)
> - 이득이 보통 -3[dB] 감소하므로 대역폭(BW)이 넓어져 주파수 특성이 개선된다.
> - 일그러짐과 잡음이 감소한다.
> - 입력 임피던스는 증가하고 출력 임피던스는 감소한다.

14 그림과 같이 회로에 입력을 주었을 때 출력 파형은 어떻게 되는가?

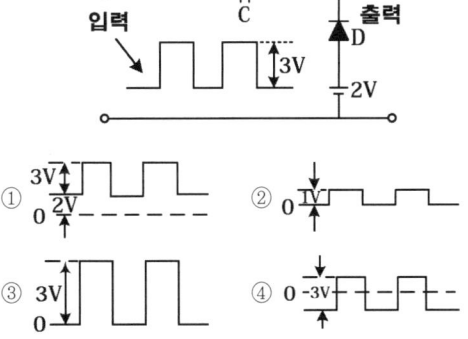

- 클램핑 회로 : 입력신호의 최대값(상단레벨)을 특정값인 +, - 값으로 고정시는 회로로 직류성분을 재생하는 목적으로 쓰인다.
- 파형 해석 : 입력에 구형파전압 3V에 클램핑회로인 다이오드와 직류전압(2V)이 순방향으로 구성되었으므로 출력은 입력 구형파 3V가 2V높게 부가되어 출력된다.

15 정보가 부호화되어 있는 변조방식은?

① PAM
② PWM
③ PCM
④ PPM

> 펄스부호변조(PCM)
> - 펄스 신호레벨에 따라서 펄스열 부호(2진수)을 변화 시킨다.
> - 펄스변조는 아날로그 신호를 압축 표본화하고 양자화 신호를 부호화한 디지털 신호이다.

16 어떤 증폭기의 전압 증폭도가 20일 때 전압이득은?

① 10[dB]
② 13[dB]
③ 20[dB]
④ 26[dB]

> $A_v = 20\log_{10}\frac{V_0}{V_i} = 20\log_{10}20 = 26[\text{dB}]$

17 순서도는 일반적으로 표시되는 정도에 따라 종류를 구분하게 되는데 다음 중 순서도 종류에 해당되지 않는 것은?

① 시스템 순서도(system flowchart)
② 일반 순서도(General flowchart)
③ 세부 순서도(detail flowchart)
④ 실체 순서도(entity flowchart)

> 순서도의 종류
> - 시스템 순서도 : 단위 프로그램을 하나의 단위로 하여 업무의 전체적인 처리 과정의 흐름을 나타낸 순서도
> - 프로그램 순서도 : 프로그램의 논리적인 작업 순서를 나타낸 순서도
>   - 일반 순서도 : 프로그램의 기본 골격(프로그램의 전개 과정)만을 나타낸 순서도
>   - 세부 순서도 : 기본 처리 단위가 되는 모든 항목을 프로그램으로 바로 나타낼 수 있을 정도까지 상세하게 나타낸 순서도

18 다음 중 객체 지향 언어에 속하지 않는 것은?

① COBOL
② Delphi
③ Power Builder
④ JAVA

> 객체지향언어 종류 : JAVA, C++, Delphi, Power Builder, C# 등

19 다음은 어떤 명령어 실행 주기인가?(단, EAC : 끝자리 올림과 누산기라는 의미)

【보기】
$q_1C_2t_0$: MAR ← MAR(AD)
$q_1C_2t_1$: MAR ← M
$q_1C_2t_2$: EAC ← AC + MBR

① 덧셈(ADD)
② 뺄셈(SUB)
③ 로드(LDA)
④ 스토어(STA)

> 메모리 버퍼(MBR)의 내용을 불러와 누산기(AC)와 더한 것을 누산기(AC)에 적재(LOAD)하는 명령어 실행주기이다.

20 2진수 100100을 2의 보수(2's complement)로 변환한 것은?

① 011100
② 011011
③ 011010
④ 010101

> 2의 보수는 주어진 2진수를 모두 부정을 취하여 1의 보수로 바꾼다. 1의 보수에 1을 더하면 2의 보수가 된다. 즉 2의 보수는 1의 보수보다 1이 크다.
> 100100 → 011011(1의 보수) + 1 → 011100(2의 보수)

21 BCD코드 0001 1001 0111을 10진수로 나타내면?

① 195
② 196
③ 197
④ 198

> BCD 코드의 각 자리수를 10진수로 변환한다.

0001	1001	0111
1	9	7

22 다음 중 고정 소수점 표현 방식의 설명으로 옳은 것은?

① 부호, 지수부, 가수부로 구성되어 있다.
② 2의 보수 표현 방법을 많이 사용한다.
③ 매우 큰 수와 작은 수를 표시하기에 편리하다.
④ 연산이 복잡하고 시간이 많이 걸린다.

> 고정 소수점 표현
> • 컴퓨터 내부에서 정수를 표현할 때 사용하는 형식으로 2바이트(16비트) 정수형과 4바이트(32비트) 정수형이 있다.
> • 부호부에는 정수부가 양수이면 0을, 음수이면 1을 표시한다. 2의 보수 표현 방법을 많이 사용한다.

23 다음 카르노 맵의 표현이 바르게 된 것은?

AB\CD	00	01	11	10
00	1	1	1	1
01	0	1	1	0
11	0	1	1	0
10	0	1	1	0

① $Y = \overline{A}\,\overline{B} + D$
② $Y = A\overline{B} + \overline{D}$
③ $Y = \overline{A}\,\overline{B} + \overline{D}$
④ $Y = AB + \overline{D}$

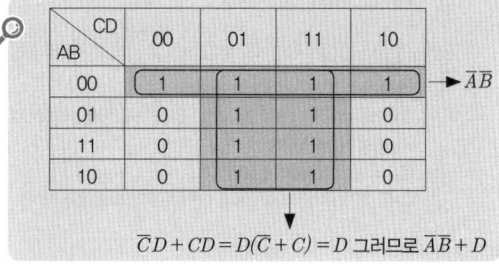

$\overline{C}D + CD = D(\overline{C} + C) = D$ 그러므로 $\overline{A}\overline{B} + D$

24 다음 중 C언어의 관계연산자가 아닌 것은?

① ≪
② >=
③ ==
④ >

> C언어 관계 연산자

기호	연산자 의미	관계식
>	~보다 크다.	a > b
>=	~보다 크거나 같다.	a >= b
<	~보다 작다.	a < b
<=	~보다 작거나 같다.	a <= b
==	같다.	a == b
!=	다르다.	a != b

25 컴퓨터의 기억장치에서 번지가 지정된 내용은 어느 버스를 통해서 중앙처리장치로 가는가?

① 제어 버스 ② 데이터 버스
③ 어드레스 버스 ④ 입출력 포트 버스

> 데이터(Data) 버스 : 입·출력시키는 데이터 및 기억장치에 써 넣고 읽어내는 데이터의 전송 통로

26 채널(channel)의 종류로 옳게 묶인 것은?

① 다이렉트(direct) 채널과 멀티플렉서 채널
② 멀티플렉서 채널과 블록 멀티플렉서 채널
③ 셀렉터 채널과 스트로브(strobe) 채널
④ 스트로브 채널과 다이렉트 채널

> 채널의 종류
> • 셀렉터 채널(Selector) : 하나의 입·출력 장치를 선택하면 전송이 종료될 때 까지 계속 동작하여, 채널은 그 장치의 전용선으로 동작한다.
> • 멀티플렉서 채널(Multiplexor Channel) : 직렬형으로 비교적 입·출력 장치 가동 시에 여러 개 동작하는 채널. 바이트 멀티플렉서 채널(저속), 블록 멀티플렉서 채널(고속)이 있다.

27 가상기억장치(virtual memory)의 개념으로 가장 적합한 것은?

① 기억장치를 분할한다.
② data를 미리 주기억장치에 넣는다.
③ 많은 data를 주기억장치에서 한 번에 가져오는 것을 의미한다.
④ 프로그래머가 필요로 하는 주소공간보다 작은 주기억장치의 컴퓨터가 큰 기억장치를 갖는 효과를 준다.

> 가상기억장치(Virtual Memory) : 제한된 주기억장치의 용량을 초과하여 사용하기 위하여 보조기억장치의 기억공간을 사용자의 주기억장치가 확장된 것과 같이 사용하는 방법이다.

28 컴퓨터의 주기억장치와 주변장치 사이에서 데이터를 주고받을 때, 둘 사이의 전송속도 차이를 해결하기 위해 전송할 정보를 임시로 저장하는 고속 기억장치는?

① Address ② Buffer
③ Channel ④ Register

> 버퍼(Buffer) : 컴퓨터의 주기억장치와 주변장치 사이에서 데이터를 주고받을 때, 둘 사이의 전송속도 차이를 해결하기 위해 전송할 정보를 임시로 저장하는 고속 기억장치

29 각종 무선기기의 주파수 특성이나 수신기의 중간주파 증폭기의 특성을 관측할 때 사용되는 발진기는?

① 이상 발진기 ② 음차 발진기
③ 비트 발진기 ④ 소인 발진기

> 소인 발진기(Sweep Generator)는 발진 주파수가 주기적인 변화를 갖는 주파수 발진기로서 각종 무선 주파회로의 주파수 특성을 관측, 수신기 중간 주파 증폭기의 특성, 주파수 변별기 또는 증폭회로 등의 조정에 사용되는 발진기이다.

30 디지털 전압계의 원리는 다음 중 어느 것과 가장 유사한가?

① D/A 변환기 ② A/D 변환기
③ 분류기 ④ 비교기

> 디지털 전압계 : 피측정 전압을 수치로 직접 표시하는 전압계. 일반적으로 쓰이는 것은 전압-주파수 변환형으로, 적분기 등을 사용한 V-F변환기에 의해서 전압(아날로그량)을 주파수(디지털량)로 변환하여 디지털 신호로서 이 출력 펄스를 계수하여 디지털표시를 하도록 되어 있다.

31 콜라우슈 브리지의 측정 용도로 적합한 것은?

① 전해액의 저항 측정
② 저저항의 측정
③ 정전 용량의 측정
④ 인덕턴스의 측정

> 콜라우슈 브리지(Kohlraush Bridge) : 전해액의 저항 측정

32 측정값을 M, 참값을 T라 할 때 오차(error)를 올바르게 표현한 것은?

① $\dfrac{M-T}{2}$ ② $\dfrac{M+T}{2}$
③ $M-T$ ④ $M+T$

> 오차(ε) = $M-T$

33 큰 제동을 필요로 하는 기록계기나 정전형 계기에 쓰이는 제동장치는?

① 공기제동   ② 액체제동
③ 전자제동   ④ 맴돌이 전류제동

> 액체제동 : 공기 대신 날개를 글리세린과 같은 액체 속에서 움직이게 하여 강한 제동력을 얻는 것으로 기록 계기나 정전형 계기로 주로 쓰인다.

34 다음 파형은 오실로스코프로 교류 전압을 측정했을 때의 파형이다. 이때 교류 전압 최댓값은?(단, VOLTS/DIV[4mV/DIV], 10 : 1 프로브 사용)

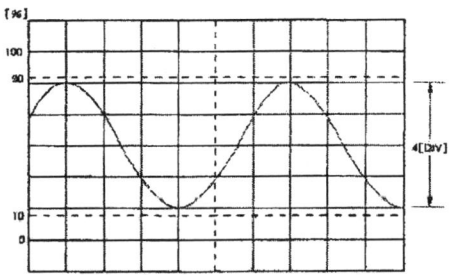

① 40[mV]
② 60[mV]
③ 80[mV]
④ 160[mV]

> 교류전압 최댓값 측정
> 최댓값 = 파형의 수직 칸 수 × VOLTS/DIV × 프로브의 배율
> = 4 × 4[mV] × 10 = 160[mV]

35 증폭기의 일그러짐률 측정법이 아닌 것은?

① 필터법   ② 검류계법
③ 왜율계법   ④ 공진 브리지법

> 증폭기의 왜율(일그러짐)의 측정에는 필터에 의한 방법, 공진브리지에 의한 방법, 왜율계를 이용한 방법 등이 사용된다.

36 전압계와 전류계의 연결 방법으로 가장 적합한 것은?(단, A는 전류계, V는 전압계)

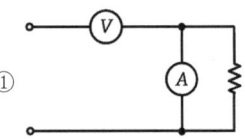

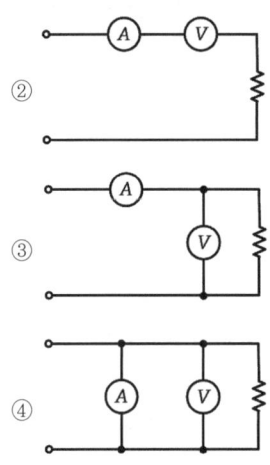

> 전류계는 부하에 직렬로, 전압계는 부하에 병렬로 접속해야 한다.

37 계수형 주파수계에서 게이트의 시간이 0.02초인데 그 동안의 펄스 카운터가 1000이라면 피측정 주파수는?

① 500[Hz]   ② 5[kHz]
③ 50[kHz]   ④ 500[kHz]

> $f = \dfrac{\text{펄스 수}}{\text{시간}} = \dfrac{1000}{0.02} = 50,000[Hz] = 50[kHz]$

38 Q 미터 구성 요소가 아닌 것은?

① 발진부   ② 입력 감시부
③ 동조회로부   ④ 조절부

> Q-meter의 회로 구성 : 발진부, 입력 감시부, 동조부, Q 지시부 및 전원부

39 수신기의 감도를 측정할 때 의사 안테나에 변조파를 인가하는 것은?

① 펄스 발진기(Pulse Generator)
② 함수 발진기(Function Generator)
③ 저주파 발진기(Audio Generator)
④ 표준 신호 발생기(Standard Signal Generator)

> 표준 신호 발생기(standard signal generator)는 정확도가 큰 주파수와 전압을 발생하는 장치로 일반적으로 수신기의 감도를 측정할 때 의사 안테나에 변조파를 인가한다.

40 다음 중 가장 높은 주파수를 측정할 수 있는 계기는?

① 동축 주파수계 ② 흡수형 주파수계
③ 헤테로다인 주파수계 ④ 전류력계형 주파수계

> 동축 주파수계 : 동축선의 공진 특성을 이용한 것으로 2500[MHz] 정도까지의 초고주파 주파수를 측정하는데 사용된다.

41 자동조정의 제어량에 해당하지 않는 것은?

① 온도 ② 전압
③ 전류 ④ 속도

> 제어량의 성질에 의한 분류
> • 프로세스 제어(공정제어, 정치제어) : 압력, 온도, 유량, 액위, 농도 등의 공업 프로세스의 상태량을 제어량으로 하는 제어계
> • 자동조정 : 전압, 속도, 주파수, 힘 등 전기적 기계적인 양을 제어량으로 하는 제어계로서 응답속도가 빨라야 한다.

42 전자 냉동기는 어떤 효과를 응용한 것인가?

① 줄 효과(Joule effect)
② 제벡 효과(Seebeck effect)
③ 톰슨 효과(Thomson effect)
④ 펠티어 효과(Peltier effect)

> 펠티어 효과(Peltier effect)
> • 두 개의 다른 물질의 접합부에 전류가 흐르면 열을 흡수하거나 발산하는 현상이다.
> • 금속과 금속을 접합했을 경우보다 반도체와 금속의 접합 또는 반도체의 PN접합을 이용했을 경우가 크다.
> • 반도체인 BiTe계 합금의 PN접합이 전자 냉동으로 많이 이용되고 있다.

43 두 점으로부터의 거리 차가 일정한 점의 궤적으로서 이때 두 점은 쌍곡선의 초점이 되는 것을 이용한 전파 항법은?

① VOR ② ILS
③ 쌍곡선 항법 ④ DME

> 쌍곡선항법
> • 쌍곡선은 두 점으로부터의 거리의 차가 일정한 점의 궤적으로 이때 두 점은 쌍곡선의 초점이 된다. 쌍곡선항법은 이와 같은 사실을 이용하는 전파항법이다.
> • 로란 A(Loran A)와 로란 C 및 데카(Decca) 등이 운영되고 있다.

44 다음 중 아날로그 오디오를 디지털 오디오로 변환하는 방법이 아닌 것은?

① 표본화(sampling)
② 양자화(quantization)
③ 부호화(encoding)
④ 복호화(decoding)

> 복호화란 디지털 오디오를 아날로그 오디오로 변환하는 조작이다.

45 다음 중 고주파 유전가열 장치로서 가공되는 것은?

① 금속의 용접
② 금속의 열처리
③ 강철의 표면 처리
④ 플라스틱의 접착

> 유전가열 : 열경화성 접착제의 가열, 목재나 섬유질 물질의 건조, 플라스틱을 성형하기 전의 예열, 거품고무를 굳히고 건조시키는 경우 등에 사용된다.

46 초음파 가공기에서 혼(horn)의 역할로 가장 적절한 것은?

① 진동을 약하게 하기 위해
② 공구의 진폭을 크게 하기 위해
③ 공구와 결합을 쉽게 하기 위해
④ 발진기와 임피던스 매칭을 하기 위해

> 초음파 가공기의 혼(horn)은 공구를 붙여서 사용하는 부분으로 공구의 진폭을 크게 하기 위한 역할이다.

47 단파통신에서 다이버시티를 사용하는 주된 이유는?

① 주파수 특성을 향상시키기 위하여
② 페이딩을 방지하기 위하여
③ 이득을 높이기 위하여
④ 출력을 높이기 위하여

> 주파수 다이버시티는 전파 도중에 일어나는 페이딩을 제거하여 전송 품질의 저하를 방지하기 위하여 사용한다.

48 반사파가 많은 경우 직접파와 반사파 사이에 간섭이 일어나 직접파에 의한 영상이 반사파에 의한 영상보다 시간적으로 벗어나기 때문에 상이 2중, 3중으로 나타나는 현상은?

① 고스트(ghost)
② 이미지 혼신
③ 해상도
④ 색도

> 고스트(ghost) : TV 화면의 영상이 부적절한 전파 수신으로 인해 2중 3중으로 겹쳐 나오는 현상을 지칭하는 것으로 송신 공중선에서 발사된 직접파와 건물 등에 부딪혀 반사되어 나온 전파가 시간차로 조금 늦게 안테나에 도달하기 때문에 일어나는 현상이다.

49 녹음기에 사용되는 자기헤드를 기능상으로 분류한 것으로 가장 적당한 것은?

① 녹음, 증폭, 재생헤드
② 녹음, 소거, 발진헤드
③ 녹음, 발진, 재생헤드
④ 녹음, 소거, 재생헤드

> 녹음기에 쓰이는 자기헤드는 기능상 녹음, 재생, 소거의 헤드가 필요하다.

50 전자현미경에서 초점은 무엇으로 조정하는가?

① 투사렌즈의 여자전류
② 대물렌즈의 여자전류
③ 집광렌즈의 여자전류
④ 전자총

> 전자현미경의 초점은 대물렌즈의 여자전류로 조정한다.

51 제어하려는 양을 목표에 일치시키기 위하여 편차가 있으면 그것을 검출하여 정정 동작을 자동으로 행하는 것을 의미하는 것은?

① 제어대상
② 설정값
③ 제어량
④ 자동제어

> 자동제어(Automatic control) : 제어하려는 양을 목표값에 일치시키기 위하여, 편차가 있으면 그것을 검출하여 수정하는 동작을 자동적으로 하는 것

52 기구에 관측 장치를 적재하여 대기로 띄워 보내는 것을 무엇이라 하는가?

① 라디오존데
② 레이더
③ 메카
④ 전파 고도계

> 라디오존데 : 항공기나 기구, 연 또는 낙하산 등에 기상 지원 업무의 자동 무선 발신기를 장비하고 그 곳에서 발사되는 전파의 주파수, 변주 주파수, 기타의 신호요소를 지상에서 수신하여 상공의 기압, 기온, 습도의 변화를 관측하게 한 것을 말한다.

53 오디오 시스템(Audio System)에서 잡음에 대하여 가장 영향을 많이 받는 부분은?

① 등화 증폭기
② 저주파 증폭기
③ 전력 증폭기
④ 주출력 증폭기

> 등화 증폭기(equalizing amplifier)
> • 고역에 대한 이득을 낮추어 원음 재생이 실현되도록 한다.
> • 고음역의 잡음을 감쇠시킨다.
> • 미약한 신호를 증폭한다.
> • 오디오 시스템에서 잡음에 대해 가장 영향을 많이 받는다.

54 압력을 변위로 변화시키는 변환기는?

① 전자석
② 전자코일
③ 스프링
④ 차동 변압기

> 신호 검출에서 1차일 때 2차 변환의 보기
>
> | | |
> |---|---|
> | 압력-변위 | 스프링, 다이어프램 |
> | 전압-변위 | 전자코일, 전자석 |
> | 변위-압력 | 유압 분사관 |
> | 변위-전압 | 가변저항 분압기, 차동변압기 |
> | 변위-임피던스 | 용량형 변환기, 슬라이드 저항, 유도형 변환기 |

55 다음 중 컬러 수상기에서 흑백 방송은 정상으로 수신되나 컬러 방송을 수신할 때 색이 나오지 않는 경우 고장 회로는?

① 제2영상 증폭회로
② 대역 증폭회로
③ X 복조회로
④ 매트릭스회로

> 컬러킬러(color killer)회로 : 흑백 방송 수신 시 반송 색신호를 선택 증폭하는 대역 증폭회로의 동작을 정지시키는 동작을 한다. 따라서 색이 전혀 안 나오는 때에는 이 회로를 조사해 보아야 한다.

56 태양전지의 특징에 대한 설명 중 옳지 않은 것은?

① 빛의 방향에 따라 발생 출력이 변한다.
② 장치가 복잡하고 보수가 어렵다.
③ 연속적으로 사용하기 위해서는 축전장치가 필요하다.
④ 대전력용은 부피가 크고 가격이 비싸다.

🔍 태양전지의 특징
• 축전장치가 필요하다.
• 장치가 간단하고, 보수가 편하다.
• 대전력용은 부피가 크고, 가격이 비싸다.
• 빛의 방향에 따라 발생 출력이 변한다.

57 VTR에서 테이프의 속도를 일정하게 유지하기 위한 기구는?

① 임피던스 롤러 ② 핀치 롤러
③ 캡스턴   ④ 텐션 포스트

🔍 캡스턴(capstan) : 모터에 의해 일정한 속도(테이프의 원주속도와 거의 같음)로 회전하는 회전축

58 그림과 같은 적분회로의 시정수는 얼마인가?

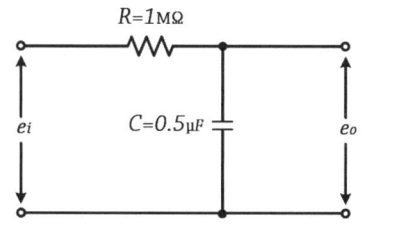

① 0.2[sec]   ② 0.5[sec]
③ 2[sec]   ④ 5[sec]

🔍 $\tau = RC = 1 \times 10^6 \times 0.5 \times 10^{-6} = 0.5[sec]$

59 청력 검사기(Audiometer)에서 신호음으로 사용하는 신호의 파형은?

① 삼각파   ② 톱니파
③ 사인파   ④ 삼각파

🔍 오디오미터(audiometer) : 귀의 청력을 검사하기 위하여 가청 주파수 영역의 여러 가지 레벨의 순음을 전기적으로 발생하는 음향 발생 장치로 신호음으로 사인파를 사용한다.

60 증폭기를 통과하여 나온 출력 파형이 입력 파형과 닮은꼴이 되지 않는 경우의 일그러짐은?

① 과도 일그러짐
② 위상 일그러짐
③ 비직선 일그러짐
④ 파형 일그러짐

🔍 비직선 일그러짐(nonlinear distortion) : 증폭기를 통과하여 나온 출력파형이 입력파형과 닮은꼴이 되지 않는 경우의 일그러짐

정답 2013년 3회				
01 ③	02 ①	03 ②	04 ③	05 ②
06 ③	07 ④	08 ②	09 ④	10 ④
11 ①	12 ②	13 ①	14 ①	15 ③
16 ④	17 ④	18 ①	19 ①	20 ①
21 ③	22 ②	23 ①	24 ①	25 ②
26 ②	27 ④	28 ②	29 ④	30 ②
31 ①	32 ②	33 ②	34 ①	35 ②
36 ③	37 ③	38 ④	39 ④	40 ①
41 ①	42 ②	43 ②	44 ④	45 ④
46 ②	47 ②	48 ①	49 ④	50 ②
51 ④	52 ①	53 ①	54 ③	55 ②
56 ②	57 ③	58 ②	59 ③	60 ③

2013년 4회 공단 기출문제

01 다음 그림과 같은 회로의 명칭은?

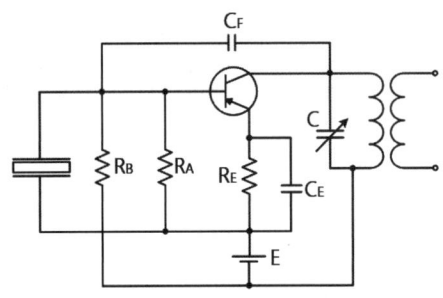

① 피어스 C-B형 발진회로
② 피어스 B-E형 발진회로
③ 하틀리 발진회로
④ 콜피츠 발진회로

> 트랜지스터를 이용한 수정발진회로는 수정(x-tal)편을 트랜지스터 베이스(B), 이미터(E), 컬렉터(C), 단자의 접속점에 따라 이름을 부여한다. 그림의 회로는 수정 진동자(회로에서 좌측에 있는 기호)가 트랜지스터 베이스(B), 이미터(E) 접속되어 회로 구성되어 있으므로 피어스(Pierce) B-E형 발진기라 부른다.

02 FET의 핀치오프(Pinch-off) 전압이란?

① 드레인 전류가 포화일 때의 드레인 - 소스간의 전압
② 드레인 전류가 0인 때의 드레인 - 소스간의 전압
③ 드레인 전류가 0인 때의 게이트 - 드레인간의 전압
④ 드레인 전류가 0인 때의 게이트 - 소스간의 전압

> 게이트와 소스간 역전압을 서서히 증가시키면 내부의 전류 통로인 채널(전하층)이 증가하면서 드레인 전류가 0이 될 때의 게이트와 소스간 역전압을 핀치오프전압(pinch off volt)이라 한다.

03 JK 플립플롭을 이용한 비동기식 계수기의 오동작에 대한 설명으로 적합한 것은?

① 오동작과 클록 주파수와는 관련 없다.
② 클록 주파수가 높을수록 오동작 가능성이 크다.
③ 클록 주파수가 낮을수록 오동작 가능성이 크다.
④ 직렬로 연결된 플립플롭의 수가 많을수록 오동작의 가능성이 적다.

> 비동기형(Asynchronous type) 계수기는 플립플롭을 직렬(종속)로 구성하고 클럭펄스는 첫단 플립플롭에만 입력을 인가하고 다음 단 플립플롭에는 첫단 출력이 입력으로 사용되는 방식으로 플립플롭 마다 클럭 입력이 다른 (비동기)방식이기 때문에 주파수가 높으면 오동작 가능성이 크다.

04 증폭기에서 바이어스가 적당하지 않으면 일어나는 현상으로 옳지 않은 것은?

① 이득이 낮다.
② 전력 손실이 많다.
③ 파형이 일그러진다.
④ 주파수 변화 현상이 일어난다.

> 바이어스전압이 이상적인 전압보다 크거나 작으면 동작점 위치가 변화 되므로 입력 전압에 비례한 출력을 얻을 수 없고 파형의 일그러짐과 전력 손실을 가져온다.

05 열전자 방출 재료의 구비조건으로 옳지 않은 것은?

① 일함수가 적을 것
② 융점이 낮을 것
③ 방출효율이 좋을 것
④ 가공, 공작이 용이할 것

> 재료의 구비조건
> • 일함수가 작을 것
> • 융점이 높을 것
> • 방출 효율이 좋을 것
> • 진공 속에서 증발이 안 될 것
> • 가공 및 공작이 용이할 것

06 트랜지스터와 비교하여 전계효과 트랜지스터(FET)에 관한 설명 중 옳지 않은 것은?

① 다수 캐리어 제어 방식이다.
② 게이트 전압 제어로 드레인 전류를 제어한다.
③ 출력 임피던스가 매우 높다.
④ 열적으로 안정된 동작을 한다.

> 전계효과트랜지스터(FET)
> • 입력임피던스가 매우 높다.
> • TR보다 잡음이 적다.
> • 열 안정성이 좋다.
> • 비교적 방사능 현상의 영향을 덜 받는다.
> • BJT보다 이득 대역폭 적(積)이 작다.

> 제너 다이오드는 내부 임계전압 범위에 따른 순방향 전압을 유지하고 그 이상 혹은 이하의 전압이 걸리면 제너브레이크다운(제너 항복)으로 역으로 급격한 전류를 흘리며 순방향 전류흐름을 차단하므로 기준전압 이상의 전압변동에 따른 전압안정 및 회로를 보호할 수 있다.

07 다음과 같은 회로에서 출력 V_o는?

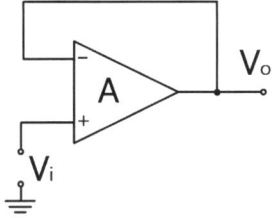

① ∞
② 1
③ V_i
④ $-V_i$

> 전압 플로어(Voltage follower)의 구성은 반전 입력과 출력 단자를 궤환시킨다. 비반전 입력(+)에 신호를 인가하면 입력신호(V_i)가 출력(V_o)에 동상으로 따라오는 회로이다. 즉, $V_i = V_o$가 된다.

08 직렬형 정전압 회로의 특징에 대한 설명 중 옳지 않은 것은?

① 과부하시 전류가 제한된다.
② 경부하시 효율이 병렬에 비하여 훨씬 크다.
③ 출력 전압의 안정 범위가 비교적 넓게 설계된다.
④ 증폭단을 증가시킴으로써 출력저항 및 전압 안정계수를 매우 작게 할 수 있다.

> 정전압회로
> • 직렬 정전압 안정화 회로 : 제어용 TR과 부하저항 RL이 직렬로 구성되며, 전압제어용 회로로서 경부하 시 효율은 높다. 기준전압을 설정하는 제너 다이오드 전압에 따라 전압 범위를 설정할 수 있어 전압 설정범위가 크다.
> • 병렬 정전압 안정화 회로 : 부하저항과 병렬로 구성되어 있으며 소비전력이 크므로 효율이 직렬형 보다 낮고 전류제어용이다.

09 다음 중 제너 다이오드를 사용하는 회로는?

① 검파회로
② 전압안정회로
③ 고주파발진회로
④ 고압정류회로

10 Y 결선의 전원에서 각 상의 전압이 100[V] 일 때 선간전압은?

① 약 100[V]
② 약 141[V]
③ 약 173[V]
④ 약 200[V]

> 교류의 3∅의 Y결선 $V_l = \sqrt{3}$
> $V_p = V_l \times$ 각 상전압
> $= \sqrt{3} \times 100[V] ≒ 173[V]$

11 다음 중 집적회로(Integrated Circuit)의 장점이 아닌 것은?

① 신뢰성이 높다.
② 대량 생산할 수 있다.
③ 회로를 초소형으로 할 수 있다.
④ 주로 고주파 대전력용으로 사용된다.

> 집적회로(Integrated circuit)는 전력출력이 작아도 되는 소형·경량의 회로에 적합하며, 신뢰성이 특히 중요시된다.

12 이상형 병렬 저항형 CR발진회로의 발진주파수는?

① $f_o = \dfrac{1}{2\pi\sqrt{6}\,CR}$
② $f_o = \dfrac{1}{2\pi\sqrt{6CR}}$
③ $f_o = \dfrac{1}{2\pi LC}$
④ $f_o = \dfrac{\sqrt{6}}{2\pi CR}$

> 이상형 CR발진회로 콜렉터에서 3단 CR로 구성하여 입력 베이스에 양되먹임 되어 위상이 180°와 트랜지스터의 역위상 180°가 가산된 360° 정현파 출력을 얻는 발진기로서 발진 조건 및 주파수는 다음과 같다.
> • 발진을 지속하기 위해서는 $A_v \geq -29$로 한다.
> • $A_v = -\dfrac{R_f}{R_1} \geq -29$, $f_o = \dfrac{1}{2\pi\sqrt{6}\,RC}$(C직렬회로)이다.

13 다음 중 플립플롭 회로와 같은 것은?

① 클리핑회로
② 무안정 멀티바이브레이터회로
③ 단안정 멀티바이브레이터회로
④ 쌍안정 멀티바이브레이터회로

> 쌍안정 멀티바이브레이터(Bistable MV) : 2개의 안정 상태를 가지며 2개의 트리거(trigger) 펄스에 의해 하나의 구형파를 발생시킬 수 있다(2 : 1). 이 회로를 플립플롭(Flip-flop)이라고 하며 기억장치 등에 사용된다.

14 100[Ω]의 저항에 10[A]의 전류를 1분간 흐르게 하였을 때의 발열량은?

① 36[kcal]   ② 72[kcal]
③ 144[kcal] ④ 288[kcal]

> $H = 0.24I^2Rt$[cal]
> $= 0.24 \times 10^2 \times 100 \times 1 \times 60$
> $= 144,000$[cal] $= 144$[kcal]

15 고전압 고전류를 얻기 위해서는 다음 중 어느 정류 회로가 좋은가?

① 반파정류기
② 단상 양파정류기
③ 브리지정류기
④ 배전압 반파정류기

> 브리지정류기는 다이오드 4개에 각각 분배되어 역전압비가 작아지므로 고전압 고전류에 적합하다.

16 다음 중 저주파 발진기로 가장 적합한 것은?

① CR 발진기   ② 콜피츠 발진기
③ 수정 발진기   ④ 하틀리 발진기

17 2진수 11010.11110를 8진수와 16진수로 올바르게 변환한 것은?

① $(32.74)_8$, $(D0.F)_{16}$
② $(32.74)_8$, $(1A.F)_{16}$
③ $(62.72)_8$, $(D0.F)_{16}$
④ $(62.72)_8$, $(1A.F)_{16}$

> • 2진수를 3bit의 BCD 코드로 묶은 후 8진수로 변환한다.
>
> | 011 | 010 | . | 111 | 100 |
> |---|---|---|---|---|
> | 3 | 2 | . | 7 | 4 |
>
> $(11010.11110)_2 = (32.74)_8$
>
> • 2진수를 4bit의 BCD 코드로 묶은 후 16진수로 변환한다.
>
> | 0001 | 1010 | . | 1111 |
> |---|---|---|---|
> | 1 | A | . | F |
>
> $(11010.11110)_2 = (1A.F)_{16}$

18 ADD 명령을 사용하여 1을 덧셈하는 것과 같이 해당 레지스터의 내용에 1을 증가시키는 명령어는?

① DEC
② INC
③ MUL
④ SUB

> INC : ADD 명령을 사용하여 1을 덧셈하는 것과 같이 해당 레지스터의 내용에 1을 증가시키는 명령어

19 다음 중 C 언어의 자료형과 거리가 먼 것은?

① integer
② double
③ char
④ short

> C언어 기본 자료형 : int, short, long, char, double 등

20 다음 중 제어장치의 역할이 아닌 것은?

① 명령을 해독한다.
② 두수의 크기를 비교한다.
③ 입출력을 제어한다.
④ 시스템 전체를 감시 제어한다.

> 제어장치 기능
> • 주기억장치에 기억된 프로그램의 순서에 따라 명령을 해독하여 필요한 장치에 신호를 보낸다.
> • 해독된 명령은 입출력장치, 주기억장치, 보조기억장치 등에 제어신호를 보내 작동되며, 컴퓨터의 모든 장치는 반드시 제어장치가 지시한 신호에 의해서만 작동한다.

21 마이크로프로세서의 구성요소가 아닌 것은?

① 제어 장치　　② 연산 장치
③ 레지스터　　　④ 분기 버스

🔍 마이크로프로세서는 중앙처리장치의 기능을 집적화한 것으로서, 제어장치(명령어 해석 및 실행), 레지스터, 연산장치(ALU) 등의 기본 구성을 갖는다.

22 8비트로 부호와 절대값 방법으로 표현된 수 42를 한 비트씩 좌우측으로 산술 시프트 하면?

① 좌측 시프트 : 42, 우측 시프트 : 42
② 좌측 시프트 : 84, 우측 시프트 : 42
③ 좌측 시프트 : 42, 우측 시프트 : 21
④ 좌측 시프트 : 84, 우측 시프트 : 21

🔍 Shift
- 입력 데이터의 모든 비트를 좌측 또는 우측으로 자리를 옮기는 것으로, 이동 방향에 따라 오른쪽 시프트와 왼쪽 시프트 두 가지가 있다.
- 42 왼쪽 시프트 : 먼저 2진수로 변환 101010, 한 비트 좌측 시프트 하면 1010100 이 되므로 84가 된다.
- 42 오른쪽 시프트 : 먼저 2진수로 변환 101010, 한 비트 우측 시프트하면 10101 이 되므로 21이 된다.

23 불 대수의 기본 정리 중 틀린 것은?

① $x + x \cdot y = y$
② $x \cdot (x + y) = x$
③ $\overline{(x \cdot y)} = \overline{x} + \overline{y}$
④ $x \cdot (y + z) = x \cdot y + x \cdot z$

🔍 $x + x \cdot y = x(1 + y) = x \because 1 + y = 1$

24 다음 중 설명이 바르게 된 것은?

① 자심(magnetic core)은 보조기억장치로 사용된다.
② 자기디스크, 자기 테이프는 주기억장치로 사용된다.
③ DRAM은 SRAM보다 용량이 크고 속도가 빠르다.
④ 누산기는 사칙연산, 논리연산 등의 중간 결과를 기억한다.

🔍 누산기(Accumulator) : 연산장치를 구성하는 중심이 되는 레지스터로서 사칙연산, 논리연산 등의 결과와 인터럽트 신호를 기억한다.

25 입출력 장치에 대한 설명으로 옳지 않은 것은?

① 대표적인 출력장치로는 프린터, 모니터, 플로터 등이 있다.
② 스캐너는 그림이나 사진, 문서 등을 이미지 형태로 입력하는 장치이다.
③ 광학마크판독기(OMR)는 특정한 의미를 지닌 굵고 가는 막대로 이루어진 코드를 판독하는 입력장치이며 판매시점 관리시스템에 주로 사용한다.
④ 디지타이저는 종이에 그려져 있는 그림, 차트, 도형, 도면 등을 판 위에 대고 각각의 위치와 정보를 입력하는 장치이며 CAD/CAM 시스템에 사용한다.

🔍 특정한 의미를 지닌 굵고 가는 막대로 이루어진 코드를 판독하는 입력장치이며 판매시점 관리시스템에 주로 사용하는 것은 바코드와 관련된 설명이다.

26 연산에 관계되는 상태와 인터럽트(interrupt) 신호를 기억하는 것은?

① 가산기
② 누산기
③ 상태 레지스터
④ 보수기

🔍 누산기(Accumulator) : 연산장치를 구성하는 중심이 되는 레지스터로서 사칙연산, 논리연산 등의 결과와 인터럽트 신호를 기억한다.

27 순서도를 사용함으로써 얻을 수 있는 효과가 아닌 것은?

① 프로그램 코딩의 직접적인 자료가 된다.
② 프로그램을 다른 사람에게 쉽게 인수, 인계할 수 있다.
③ 프로그램의 내용과 일 처리 순서를 한눈에 파악할 수 있다.
④ 오류가 발생했을 때 그 원인을 찾아 수정하기가 어렵다.

🔍 프로그램의 정확성 여부를 판단하는 자료가 되며, 오류가 발생하였을 때 그 원인을 찾아 수정하기가 쉽다.

28 ROM에 대한 설명 중 틀린 것은?

① 비휘발성 소자이다.
② 내용을 읽어내는 것만이 가능하다.
③ 사용자가 작성한 프로그램이나 데이터를 저장하고 처리 할 수 있다.
④ 시스템 프로그램을 저장하기 위해 많이 사용된다.

> ROM(Read Only Memory) : 한번 기록한 정보에 대해 오직 읽기만을 허용하도록 설계된 비휘발성 기억장치이며, 시스템 프로그램을 저장하는데 사용한다.

29 어떤 전자 기술자가 색 띠 저항을 측정하고자 한다. 그런데 그 저항의 색 띠가 벗겨져 값을 읽을 수 없었다. 그래서 그 전자 기술자는 옆에 있는 테스터기(Multi Tester)를 두고, 연구실에 있는 휘트스톤 브리지(Wheatstone Bridge)를 가져와 저항 값을 측정하였다. 그 이유로 가장 적당한 것은?

① 시간이 남아서
② 저항의 정밀한 값을 알고 싶어서
③ 저항 값과 전류 용량을 알고 싶어서
④ 저항의 저항 값뿐만 아니라 저항의 전력(W) 용량까지 알아보려고

> 휘트스톤 브리지법 : 회로 내부 검류계 전류가 0이 되도록 평형시키는 영위법을 이용해서 미지 저항을 구하는 방법으로 주로 중저항 측정에 사용된다.

30 가동코일형 전류계에서 측정하고자 하는 전류가 50[mA] 이상으로 클 때에는 계기에 무엇을 접속하여 측정하는가?

① 정류기
② 분류기
③ 검류기
④ 배율기

> 분류기(Shunt) : 전류를 측정하려는 경우에 전로의 전류가 전류계의 정격보다 큰 경우에는 전류계와 병렬로 다른 전로를 만들고, 전류를 분류하여 측정한다. 이와 같이 전류를 분류하는 저항기를 분류기라 한다.

31 다음 ( ) 안에 들어갈 내용으로 옳은 것은?

【보기】
"대전류를 측정할 경우에는 열전쌍의 허용 전류가 커지므로 열선이 굵어지고, 필연적으로 (㉠)가 커져서 차단 주파수가 낮아진다. 그러므로 높은 주파수의 대전류는 철심을 사용한 (㉡)를 사용한다."

① ㉠ 우연오차, ㉡ 분배기
② ㉠ 전위오차, ㉡ 배율기
③ ㉠ 표피오차, ㉡ 고주파 변류기
④ ㉠ 전위오차, ㉡ 고주파 변류기

> 대전류를 측정할 경우에는 열전쌍의 허용 전류가 커지므로 열선이 굵어지고, 필연적으로 표피오차가 커져서 차단 주파수가 낮아진다. 그러므로 높은 주파수의 대전류는 철심을 사용한 고주파 변류기를 사용한다.

32 저항값을 측정하는 방법 중 중저항 1[Ω]~1[MΩ]을 측정하는 방법으로 가장 적합하지 않은 것은?

① 전류 전압계법
② 전위차계법
③ 브리지법
④ 저항계법

> 중저항의 측정법 : 전압강하법, 휘트스톤 브리지법, 저항계법 등

33 참값이 25.00[V]인 전압을 측정하였더니 24.85[V]라는 값을 얻었다. 이때 보정 백분율은 약 몇 [%]인가?

① +0.6[%]
② −0.6[%]
③ +0.15[%]
④ −0.15[%]

> 보정 백분율(α_0) = $\dfrac{T-M}{M} \times 100[\%]$
> = $\dfrac{25.00-24.85}{24.85} \times 100 = 0.6[\%]$

34 기록계기의 기록 방법에 해당하지 않는 것은?

① 실선식
② 타점식
③ 자동평형식
④ 흡수식

> 기록계기 종류
> • 실선식 계기
> • 타점식 기록계기
> • 자동평형식 기록계기
> • X-Y 기록계기

35 3상 전력을 측정하는 방법으로 적합하지 않은 것은?

① 2 전력계법
② 3 전력계법
③ 고주파 전력계법
④ 멀티미터 전력계법

> 3상 전력의 측정에는 1전력계법, 2전력계법, 3전력계법, 멀티미터 전력계법 등이 있다.

36 안테나의 실효 저항은 희망주파수에서 공진시킨 상태에서 측정해야 한다. 실효 저항 측정법이 아닌 것은?

① 저항 삽입법
② 작도법(Pauli의 방법)
③ 치환법
④ coil 삽입법

> 안테나의 실효 저항 측정법에는 저항 삽입법, 작도법, 치환법, 미터법이 사용된다.

37 표준신호 발생기의 출력은 1[μV]를 기준으로 하여 0[dB]로 표시하는 것이 보통이다. 환산된 출력이 60[dB]일 때, 전압은 몇 [μV] 인가?

① 1[μV]
② 10[μV]
③ 100[μV]
④ 1000[μV]

> $20\log_{10}\dfrac{x}{1\mu V} = 20\log_{10}\dfrac{x}{1\times 10^{-6}} = 60[dB]$
> $\log_{10}\dfrac{x}{1\times 10^{-6}} = 3, x = 10^3 \times 10^{-6} = 1000[\mu V]$

38 오실로스코프로 전압을 측정할 때 수평 편향판에 가하는 전압의 파형은?

① 정현파
② 직류
③ 톱니파
④ 구형파

> 오실로스코프의 수평축 증폭기는 톱니파 발생기에서 발생한 톱니파 전압을 증폭하여 그 출력을 수평 편향판에 가한다.

39 R, L, C 등을 직렬로 연결시켜 직렬 공진회로의 특성을 이용한 주파수계는?

① 동축 주파수계
② 흡수형 주파수계
③ 헤테로다인 주파수계
④ 공동 주파수계

> 흡수형 주파수계
> • R, L, C의 공진 회로 및 검출 지시부로 구성된 공진형 주파수계이다.
> • 구조가 간단하고 전원이 불필요하다.
> • 선택도 Q가 150이하로 감도가 나쁘고 확도도 낮다.
> • 100[MHz] 이하의 대략 주파수 측정에 사용한다.
> • 피측정 회로와는 소결합하여 측정한다.
> • $f = \dfrac{1}{2\pi\sqrt{LC}}$

40 다음은 무엇에 대한 설명인가?

【보기】
"시간적으로 연속적인 아날로그 신호에서 어느 시간 간격마다 원신호의 크기를 추출하는 조작을 말하며, 원신호에서 추출된 값을 샘플값이라 한다."

① 표본화
② 양자화
③ 부호화
④ 복호화

> • 표본화 : 아날로그 신호를 일정한 간격으로 샘플링하는 것
> • 양자화 : 간단한 수치로 고치는 것
> • 부호화 : 양자화 값을 2진 디지털 부호로 바꾸는 것

41 다음 제어량 중 서보 기구에 속하는 것은?

① 압력
② 유량
③ 위치
④ 속도

> 서보기구 : 물체의 위치, 자세, 방위 등의 기계적 변위를 제어량으로 하는 제어계

42 다음 중 공정제어에 속하지 않는 것은?

① 온도 제어
② 전압 제어
③ 액면 제어
④ 압력 제어

> 프로세스 제어(공정제어, 정치제어) : 압력, 온도, 유량, 액위, 농도 등의 공업 프로세스의 상태량을 제어량으로 하는 제어계

43 다음 설명 중 전장 발광과 관계가 없는 것은?

① 전장 발광판, 고유형 EL형과 주입형 EL 등 3종 류로 나눈다.
② 전장 발광 현상을 일렉트로 루미네센스라고 한다.
③ 전장 발광판은 발광재료에 따라 발광색이 다르 나 주파수에는 관계가 없다.
④ 전장 발광은 반도체의 성질을 가지고 있는 물질에 전장을 가하였을 때 생기는 발광 현상을 말한다.

> 전장 발광
> • 반도체의 형광물질을 포함한 물체에 전장을 가하면 빛을 방 출하는 발광 현상을 전장 발광(electroluminescence, EL) 이 라하며, 형광체(ZnS 등)의 미소한 결정을 유전체 속에 넣고 높은 교류전압을 가하면 전압에 따라 결정 내부에 높은 전장 이 유기 되어서 발광을 한다.
> • 전장 발광판은 발광 재료에 따라 발광색이 다르며 같은 재료 이더라도 주파수에 따라서 발광되는 빛깔이 다르다.
> • EL 현상의 종류 : 고유형 EL, 주입형 EL, 전장 발광판(EL 램프)

44 다음 중 태양전지는 무슨 효과를 이용한 것인가?

① 광전자 방출 효과
② 광방전 효과
③ 광기전력 효과
④ 광증폭 효과

> 태양전지(solar cell)는 반도체의 PN 접합에 빛이 입사할 때 기 전력이 발생하는 광기전력 효과를 이용한 것이다.

45 초음파의 발생 소자 중 전기왜형 진동자로 사용되는 소자는?

① 페라이트
② 수정
③ 티탄산 바륨
④ 롯셀염

> 초음파 발생장치의 진동자
> • 자기왜형 진동자 : 니켈, 페라이트
> • 피에조 진동자 : 수정, 롯셀염
> • 전기왜형 진동자 : 지르콘, 티탄산바륨

46 그림과 같이 복합유전체를 선택 가열하는 경우 온도가 높은 순서로 옳은 것은?(단, 그림은 3개의 비커를 축이 일 치하도록 하여 전극판 사이에 놓고 유전가열 하는 경우로 서 주파수는 20[MHz]로 하며, 식염수는 0.1% NaCl 이다.)

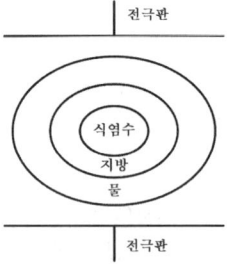

① 식염수 > 지방 > 물
② 물 > 식염수 > 지방
③ 지방 > 식염수 > 물
④ 식염수 > 물 > 지방

> 온도가 높아지는 순서는 저주파 일 때와 고주파 일 때 다르다.
> • 저주파(1[MHz]) 인가 시 : 물 > 지방 > 식염수
> • 고주파(20[MHz]) 인가 시 : 식염수 > 지방 > 물

47 다음 중 자동 온수기에서 제어대상은?

① 온도
② 물
③ 연료
④ 조절밸브

> 자동온수기
> • 제어대상 : 물
> • 제어량 : 온도
> • 목표값 : 희망온도
> • 조작량 : 연료의 공급량

48 흑백 방송은 정상이나 컬러 방송 수신이 전혀 나온다 면 조사 할 요소는?

① 제2영상 증폭회로
② X 복조회로
③ 컨버전스 회로
④ 컬러 킬러회로

> 컬러킬러(color killer) 회로 : 흑백 방송 수신 시 반송 색신호를 선택 증폭하는 대역 증폭회로의 동작을 정지시키는 동작을 한 다. 따라서 색이 전혀 안 나오는 때에는 이 회로를 조사해 보아 야 한다.

49 펄스레이더에서 전파를 발사하여 수신할 때까지 2.8[μs]가 걸렸다면 목표물까지의 거리는?

① 14[m] ② 28[m]
③ 280[m] ④ 420[m]

🔍 $d = \dfrac{ct}{2} = \dfrac{3 \times 10^8 \times 2.8 \times 10^{-6}}{2} = 420[m]$

50 다음 그림은 동작 신호량(Z)과 조작량(Y)의 관계를 나타낸 것이다. 그림의 (　) 안에 알맞은 것은?

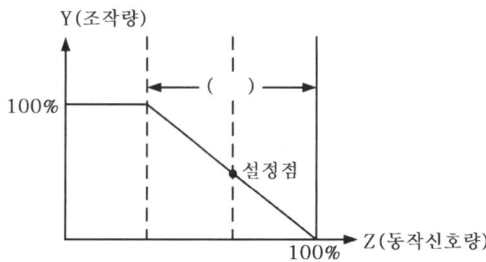

① 적분시간
② 미분시간
③ 동작범위
④ 비례대

🔍 그림은 조작량이 편차, 즉 동작신호에 비례하는 비례동작(P동작) 선도로서, 편차와 조작량이 비례하는 (　) 부분을 비례대(proportion band)라 한다.

51 전자 냉동기의 기본원리를 나타낸 것이다. "ㄷ"점에서 발열이 있었다면 흡열현상이 나타나는 곳은?

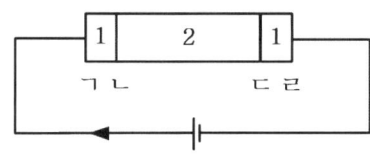

① ㄱ ② ㄴ
③ ㄷ ④ ㄹ

🔍 펠티어 효과(Peltier effect)란 두 개의 다른 물질의 접합부에 전류가 흐르면 열을 흡수하거나 발산하는 현상
• ㄱ, ㄹ 사이에 전압이 가한다.
• 도체 1, 2를 통하여 전류가 흐르면 ㄴ, ㄷ 접합점에서는 전류에 비례하는 열의 흡수 및 발산한다.
• ㄴ점에서 열을 흡수한다면 ㄷ점에서는 열을 발산한다.

52 수신기의 종합특성에 해당되지 않는 것은?

① 감도
② 충실도
③ 선택도
④ 변조도

🔍 수신기의 특성
• 감도(sensitivity) : 수신기의 성능을 나타내는 하나의 성질로, 어느 정도의 세기의 전파를 수신할 수 있는가의 능력을 나타내는 것이다.
• 선택도(selectivity) : 무선 수신기에서 희망 신호와 불필요한 신호를 주파수의 차로 분리하는 능력의 정도를 나타내는 것이다.
• 충실도(fidelity) : 입력 신호파가 얼마만큼 정확하게 출력으로 재현되는가를 나타내는 것이다.
• 안정도(stability) : 주파수와 진폭이 일정한 신호 전파를 수신하면서 장시간에 걸쳐 일정한 출력을 낼 수 있는지의 능력을 나타내는 것이다.

53 2개의 스피커를 병렬 연결했을 때의 합성 임피던스는 1개의 스피커 때보다 어떻게 되는가?

① 1/4 ② 1/2
③ 2배 ④ 4배

🔍 병렬접속의 합성 임피던스는 $\dfrac{R}{n}$이므로 $\dfrac{1}{2}$배가 된다.

54 FM 수신기에서 스켈치(squelch) 회로의 사용 목적은?

① 입력신호가 없을 때 수신기 내부 잡음을 제거한다.
② FM 전파 수신시 수신기 내부 잡음을 증폭한다.
③ 국부발진 주파수의 변동을 막는다.
④ 안테나로부터 불필요한 복사를 제거한다.

🔍 스켈치(squelch)회로 : 신호 입력이 없을 때 잡음 출력을 억제

55 녹음 때는 고역을 재생 때는 저역을 각각의 증폭기로 보정하여 전체를 통하여 평탄한 특성으로 만드는 것을 무엇이라고 하는가?

① 등화 ② 소거
③ 증폭 ④ 재생

🔍 녹음기 회로에서 녹음 시는 고역을, 재생 시는 저역을 각각의 증폭기로 보정하여 전체를 통하여 평탄한 특성으로 만드는 것을 등화라 한다.

56 다음 중 TV 수신 안테나가 아닌 것은?

① 반파장 다이폴 안테나
② 폴디드(folded) 안테나
③ 야기(yagi) 안테나
④ 비윌 안테나

🔍 TV 수신 안테나
- 반파장 다이폴 안테나(더블릿 안테나)
- 폴디드(folded) 안테나
- 야기(Yagi) 안테나
- 인라인(inline)형 안테나

57 오디오 앰프(audio amp)에 부궤환을 걸어줄 때의 현상이 아닌 것은?

① 주파수 특성이 개선된다.
② 안정도가 향상된다.
③ 찌그러짐이 감소된다.
④ 증폭도가 증가한다.

🔍 부궤환(음되먹임) 증폭기의 특징
- 주파수 특성이 개선된다.
- 안정도가 향상된다.
- 비직선 일그러짐이 감소한다.
- 증폭 이득은 감소하여 출력이 낮아진다.

58 다음 중 산란 효과를 보완하여 X-선 영상의 해상도를 높이기 위해 사용되는 것은?

① 필터
② 셔터
③ 그리드
④ 증감지

🔍 X-ray가 피사체를 통과하면서 발생하는 난반사를 제거해 깨끗하고 선명한 영상을 얻을 수 있게 하는 X-ray DR(Digital Radiography) 장비의 핵심 부품이 그리드(GRID)이며, 그리드는 X선 촬영 시 피사체의 외부에 발생하는 산란선을 제거하고 콘트라스트가 높은 X선 사진을 얻기 위해 납박판을 분리기와 함께 교대로 조밀하게 늘어놓은 것이다.

59 다음 중 전력 증폭기의 출력 P[W]는?(단, V는 출력되는 음성전압, R은 스피커의 부하저항)

① $P = \dfrac{V^2}{R}$[W]
② $P = \dfrac{R}{V^2}$[W]
③ $P = \dfrac{V}{R}$[W]
④ $P = \dfrac{R}{V}$[W]

🔍 $P = VI$[W], $I = \dfrac{V}{R}$ 이므로 $P = \dfrac{V^2}{R}$[W]가 된다.

60 광학 현미경의 광원은 전자현미경의 어느 곳에 해당되는가?

① 전자총
② 전자렌즈
③ 여자 전류전원
④ 시료

🔍

	광학 현미경	전자 현미경
광원	광선	전자선
매질	공기	진공
배율	렌즈 교환	투사 렌즈의 여자전류 변화
초점	대물렌즈와 시료의 거리조절	대물렌즈의 여자전류를 조절
렌즈	회전대칭 유리렌즈	형광막상의 상 또는 사진
상 관찰 수단	육안 또는 사진	형광막상의 상 또는 사진
재물대	재물 유리	박막

정답 2013년 4회

01 ②	02 ④	03 ②	04 ④	05 ②
06 ③	07 ③	08 ①	09 ②	10 ③
11 ④	12 ①	13 ④	14 ③	15 ③
16 ①	17 ③	18 ②	19 ①	20 ②
21 ④	22 ④	23 ①	24 ④	25 ③
26 ③	27 ③	28 ②	29 ③	30 ②
31 ③	32 ③	33 ①	34 ④	35 ③
36 ④	37 ③	38 ③	39 ②	40 ①
41 ③	42 ②	43 ③	44 ③	45 ③
46 ①	47 ②	48 ④	49 ③	50 ④
51 ②	52 ④	53 ②	54 ①	55 ①
56 ④	57 ④	58 ③	59 ①	60 ①

2014년 1회 공단 기출문제

01 궤환증폭기에서 궤환을 시켰을 때의 증폭도 $A = \dfrac{A_0}{1-A_0\beta}$라면 이 식에서 $|1-A_0\beta| > 1$일 때 나타나는 특성 중 옳지 않은 것은?

① 증폭도가 감소된다.
② 출력 임피던스가 커진다.
③ 주파수 특성이 양호하다.
④ 증폭기와 잡음이 감소된다.

🔍 일반적인 증폭기는 특성 및 안정을 위하여 출력 이득 일부를 입력으로 궤환시키는 부궤환(Negative feedback) 방식으로 사용함으로 다음과 같은 특성이 개선된다.
• 이득이 감소한다.(안정도 증가)
• 이득이 보통 −3[dB] 감소하므로 대역폭(BW)이 넓어져서 주파수 특성이 개선된다.
• 일그러짐과 잡음이 감소한다.
• 입력 임피던스는 증가하고 출력 임피던스는 감소한다.

02 최고 주파수가 8[kHz]인 신호파를 펄스 변조할 경우 표본화 주파수의 최저값과 이때의 표본화 주기는 각각 얼마인가?

① 8[kHz], 125[μs]
② 10[kHz], 160[μs]
③ 13[kHz], 120[μs]
④ 16[kHz], 62.5[μs]

🔍 표본화 주파수는 사용하는 최고 주파수(f_s)의 2배이며, 표본화 주기는 주파수의 역수이다.
∴ $2f_s = 2 \times 8 = 16$[kHz], $T = \dfrac{1}{f_s} = \dfrac{1}{16000} = 62.5$[μs]

03 송신기 등에 사용하는 고주파 전력 증폭기로 가장 많이 사용되는 증폭 방식은?

① A급　　② B급
③ C급　　④ AB급

🔍 A급 50[%], B급 78.5[%], AB급 70[%]이상, C급 78.5~100[%]이며, C급 증폭기는 효율이 가장 좋기 때문에 송신기의 전력증폭기 사용된다.

04 공진회로에 있어서 선택도 Q를 표시하는 식은?(단, RLC 직렬공진회로이다.)

① $\dfrac{\omega L}{R}$　　② $\dfrac{\omega C}{R}$
③ $\dfrac{R}{\omega C}$　　④ $\dfrac{R}{\omega L}$

🔍 $Q = \dfrac{\omega L}{R} = \dfrac{1}{\omega CR}$, $Q = \dfrac{1}{R}\sqrt{\dfrac{L}{C}}$

05 그림과 같은 연산증폭기의 완전한 평형 조건은?

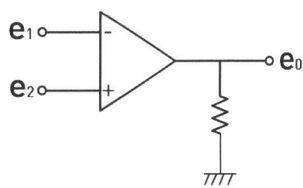

① $e_1 = e_2 = e_0$
② $e_1 = e_2$, $e_0 = 0$
③ $e_1 \neq e_2$, $e_0 = \infty$
④ $e_1 = e_2$, $e_0 = -\infty$

🔍 입력 오프셋(offset) 전압은 차동 출력을 0[V]로 만들기 위해 두 입력 단자 사이에 요구되는 차동 직류전압이므로 $e_1 = e_2$의 상태가 되어야 $e_0 = 0$이 된다.

06 연산증폭기의 정확도를 높이기 위한 조건으로 적합하지 않은 것은?

① 높은 안정도가 필요하다.
② 좋은 차단 특성을 가져야 한다.
③ 증폭도는 가능한 한 작아야 한다.
④ 많은 양의 부궤환을 안정하게 걸 수 있어야 한다.

🔍 연산증폭기는 TR이나 FET를 사용하여 이상적인 증폭기를 실현시키기 위한 목적으로 만든 아날로그 집적회로(IC)이다. 정확도를 높이기 위하여 큰 증폭도와 좋은 안정도가 필요하다. 그리고 많은 양의 부궤환을 안정하게 걸 수 있어야 한다. 또한 저역과 고역 차단 특성도 좋아야 한다.

07 푸시풀 증폭회로의 이점이 아닌 것은?

① 비교적 큰 출력이 얻어진다.
② 출력 변압기의 직류여자가 상쇄된다.
③ 전원전압에 함유되는 험(hum)이 상쇄된다.
④ 기수 고조파가 제거된다.

> B급 전력증폭기인 푸시풀 증폭회로에서는 크로스오버 일그러짐을 상쇄하기 위해서 우수(짝수) 고조파 성분을 상쇄시킨다.

08 신호파의 진폭과 반송파의 진폭의 비를 m이라 할 때 m > 1이면 어떤 상태인가?

① 무변조
② 100% 변조
③ 과변조
④ 얕은 변조

> 진폭변조(AM)에서 과변조가 되면 일그러짐이 생기며, 이는 고조파가 발생한다는 것이다. 과변조는 m > 1일 때이다.

09 "임의의 접속점에 유입되는 전류의 합은 접속점에서 유출되는 전류의 합과 같다"라는 법칙은?

① 옴의 법칙
② 가우스의 법칙
③ 패러데이의 법칙
④ 키르히호프의 법칙

> 키르히호프 제1 전류법칙 : 유입하는 합의 전류와 유출하는 전류의 합은 같다.

10 단상 전파정류기의 DC 출력전압은 단상 반파정류기 DC 출력전압의 몇 배인가?

① 2배
② 3배
③ 4배
④ 5배

> 단상 전파정류회로의 정류 효율은 반파정류회로의 2배인 81.2[%]이며, 맥동률이 매우 작게 되므로 평활회로의 L 및 C는 작아도 된다.

11 압전기(piezo effect) 현상을 이용하여 발진하는 회로는?

① 콜피츠 발진
② 하틀리 발진
③ LC 발진
④ 수정 발진

> 수정 진동자는 압전효과(piezo effect)를 이용한 것으로 수정 결정에 압력 또는 비튼 힘이 작용함으로써 결정이 상대하는 두개의 면에 전압이 발생하는 현상으로서 이것을 대신하여 전압을 가하여 압력을 가한 것과 같은 효과에 따라 진동하며 수정 자체의 고유진동수의 안정된 주파수값을 얻을 수 있다. 리액턴스가 유도성이 되는 범위가 $f_s < f < f_p$인 주파수 범위가 좁아 발진 주파수가 매우 안정하기 때문에 많이 사용된다.

12 전류계 회로에서 전류를 측정하고자 할 때 고려해야 할 사항 중 옳지 않은 것은?

① 전류계는 반드시 회로와 직렬로 연결해야 한다.
② 전류계의 내부저항은 무시할 정도로 작아야 한다.
③ 전류계의 내부저항은 전류를 못 흐르게 할 만큼 커야 한다.
④ 전류계에는 분배저항이 들어 있다.

> 전류계를 이용한 전류의 측정 시 측정할 곳에 직렬로 전류계가 연결되어야 하며, 전류계 자체의 내부저항으로 인하여 전압강하가 생기면 전류를 측정할 수 없으므로 전압강하를 막기 위하여 내부 저항값을 가능한 작게 해야 한다.

13 콘덴서 입력형 전파 정류회로의 입력 전압이 실효값으로 12[V]일 경우 정류 다이오드의 최대 역 전압은?

① 약 12[V]
② 약 17[V]
③ 약 24[V]
④ 약 34[V]

> 첨두 역전압
> $V_o = 2\sqrt{2}\, V_i$
> $\therefore V_o = 2 \times \sqrt{2} \times 12 = 2.828 \times 12 ≒ 34[V]$

14 트랜지스터 증폭회로에 대한 설명으로 옳지 않은 것은?

① 베이스 접지회로의 입력은 이미터가 된다.
② 컬렉터 접지회로의 입력은 베이스가 된다.
③ 베이스 접지회로의 입력은 컬렉터가 된다.
④ 이미터 접지회로의 입력은 베이스가 된다.

> TR 접지방식에 따른 입력단자
> • 이미터 접지(CE) : 베이스
> • 베이스 접지(CB) : 이미터
> • 컬렉터 접지(CC) : 베이스

15 브리지 정류회로에서 교류 200[V]를 정류시킨다면 최대 출력전압은?

① 141[V] ② 246[V]
③ 282[V] ④ 314[V]

> 최대값 = 실효값 $\times \sqrt{2}\,[V] = 200 \times \sqrt{2} = 282\,[V]$

16 진성반도체에 대한 설명으로 가장 적합한 것은?

① As를 함유한 n형 반도체
② In을 함유한 p형 반도체
③ 과잉 전자를 만드는 도너 불순물
④ 불순물을 첨가하지 않은 순수한 반도체

> 진성 반도체 : 불순물이 첨가되지 않은 순수한 반도체로 원소 기호 4족인 실리콘(Si), 게르마늄(Ge)이 이에 속한다.

17 다음 Diagram에서 A와 B의 값이 입력될 때 최종 결과 X는?(단, A = 0101, B = 1011)

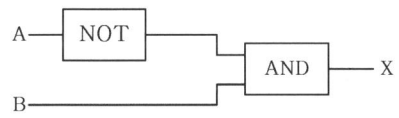

① 1010 ② 1110
③ 1101 ④ 0101

> 주어진 Diagram의 논리식은 $X = \overline{A} \cdot B$가 되므로 결과는 아래 표와 같다.
>
> | $\overline{A}$ | B | X |
> |---|---|---|
> | 1 | 1 | 1 |
> | 0 | 0 | 0 |
> | 1 | 1 | 1 |
> | 0 | 1 | 0 |

18 다음 중 반복구간으로 설정된 프로그램을 정해진 횟수만큼 반복 실행시키는 분기명령어는?

① JMP 명령 ② JNP 명령
③ MOV 명령 ④ LOOP 명령

> LOOP 명령 : 반복구간으로 설정된 프로그램을 정해진 숫자만큼 반복 실행시키는 분기명령

19 컴퓨터의 중앙처리장치 내부에서 기억장치 내의 정보를 호출하기 위하여 그 주소를 기억하고 있는 제어용 레지스터는?

① 명령 레지스터
② 프로그램 카운터
③ 메모리 데이터 레지스터
④ 메모리 어드레스 레지스터

> MAR(Memory Address Register) : 중앙처리장치 내부에서 기억장치 내의 정보를 호출하기 위해 그 주소를 기억하고 있는 제어용 레지스터

20 입출력장치와 메모리사이에서 CPU의 도움 없이 직접 데이터가 전달되도록 관리하는 것은?

① PPI
② PIO
③ DMA
④ Control unit

> DMA(Direct Memory Access) : 데이터의 입·출력 전송이 중앙처리장치의 간섭 없이 직접 메모리 장치와 입·출력 장치 사이에서 이루어지는 인터페이스

21 플립플롭의 종류에 해당되지 않는 것은?

① RS 플립플롭
② T 플립플롭
③ D 플립플롭
④ K 플립플롭

> 플립플롭의 종류
> - R-S 플립플롭 : 래치에 입력 게이트를 추가하여 플립플롭이 클록 펄스가 발생하는 동안에만 동작하도록 만든 논리 회로이다. 입력을 위한 두 개의 AND 게이트와 NOR 게이트를 사용한 R-S 래치로 구성된다.
> - D 플립플롭 : 입력 단자 R과 S에 동시에 1이 입력되는 것을 회로적으로 차단한다. 입력신호 D가 클럭 펄스에 의해서 변화 없이 그대로 출력에 전달되는 특성을 가지고 있어, 데이터를 전달하는 것이 지연을 의미하는 D 플립플롭이라고 한다.
> - J-K 플립플롭 : R-S 플립플롭에서 S=1, R=1인 경우 불능 상태가 되는 것을 해결한 논리 회로로서 J는 S에, K는 R에 대응하는 입력으로 J와 K의 입력이 동시에 1이 입력되면 플립플롭의 출력은 이전 출력의 보수 상태로 변화하게 된다.
> - T 플립플롭 : J-K 플립플롭의 J와 K 입력을 묶어서 하나의 입력신호 T로 동작시키는 플립플롭이다. 입력이 0이 되면 이전상태(Q)의 값이 그대로 출력되고 입력이 1이 되면 이전상태의 보수 값이 출력되게 되는 플립플롭이다.

22 C 언어에서 정형화된 입출력(formatted I/O)에 사용하는 입력문과 출력문을 나타낸 것은?

① getchar, putchar
② max, min
③ scanf, printf
④ static, extern

> • scanf : 주어진 문자열 스트림 소스에서 지정된 형식으로 데이터를 읽어내는 기능의 함수
> • printf : 일반적으로 몇 가지 프로그래밍 언어와 연결된 함수의 일종이다. 다양한 자료형 변수를 문자열로 변환하는 방식을 지정해주는 형식 문자열(format string)인 문자열 변수를 받아들인다. 이 문자열은 기본적으로 표준 출력 시스템에 인쇄된다.

23 컴퓨터가 직접 인식하여 실행할 수 있는 언어로 0과 1만을 사용하여 명령어와 데이터를 나타내는 것은?

① 기계어
② 어셈블리어
③ 컴파일 언어
④ 인터프리터 언어

> 기계어 : 컴퓨터가 직접 해독할 수 있는 2진수로 나타내는 언어로 프로그래밍의 기본이 된다. 즉 컴퓨터를 작동시키기 위해 0과 1로 나타낸 컴퓨터 고유 명령 형식이다.

24 다음 메모리 중 가장 빠르게 액세스되는 메모리는?

① 가상 메모리
② 주기억 메모리
③ 캐시 메모리
④ 보조기억 메모리

> 기억장치의 접근 시간 순서 : 레지스터 > 캐시메모리 > 주기억장치 > 보조기억장치

25 출력장치로 사용할 수 있는 것은?

① 카드판독기
② 광학마크판독기
③ 자기잉크판독기
④ 디스플레이장치

> • 입력장치 : 키보드, 마우스, 디지타이저, 이미지 스캐너, 라이트 펜 등
> • 출력장치 : 모니터, 프린터, X-Y 플로터, 포토 플로터 등

26 4개의 입력과 2개의 출력으로 구성된 회로에서 4개의 입력 중 하나가 선택되면 그에 해당하는 2진수가 출력되는 논리 회로는?

① 디코더
② 인코더
③ 전가산기
④ 플립플롭

> • 인코더(Encoder) : 여러 개의 입력 단자와 여러 개의 출력 단자로 이루어져 있으며, 어느 1개의 입력 단자에 "1"이라는 신호가 주어지면 그 입력 단자에 대응하는 출력 단자의 조합 각각에 "1"의 신호가 나타난다.
> • 디코더(Decoder) : n개의 입력으로 들어오는 데이터를 받아 그것을 숫자로 보고 2의 n제곱 개의 출력 회선 중 그 숫자에 해당되는 번호에만 1을 내보내고 나머지는 모두 0을 내보내는 논리 회로

27 다음 내용이 설명하는 프로그래밍 언어는?

【보기】
- UNIX 시스템 프로그래밍 언어
- 수식이나 시스템 제어 및 자료 구조를 간편하게 표현
- 연산자가 풍부
- 범용 프로그래밍 언어

① C 언어
② BASIC 언어
③ COBOL 언어
④ JAVA 언어

28 다음 논리함수를 최소화하면?

【보기】

$$X(\overline{X} + Y)$$

① X
② Y
③ $\overline{X}Y$
④ XY

> $X(\overline{X} + Y) = X\overline{X} + XY = XY$

29 다음 중 펜과 기록 용지에서 생기는 마찰 오차를 피하기 위하여 고안된 것으로 영위법에 의한 측정원리를 이용한 기록계기는?

① 직동식 기록계기
② 실선식 기록계기
③ 타점식 기록계기
④ 자동평형식 기록계기

> 자동평형식 기록계기 : 펜과 기록 용지에서 생기는 마찰 오차를 피하기 위하여 고안된 것으로, 영위법에 의한 측정 원리를 이용한 것이며, 직동식 계기에 비하여 고정밀도의 측정이 가능하다.

30 Q-미터(Q-meter)는 무엇을 측정하는 것인가?

① 코일의 리액턴스와 저항의 비
② 코일에 유기는 전계강도
③ 반도체 소자의 정수
④ 공진회로의 주파수

> Q-meter로 측정할 수 있는 사항
> • 코일과 콘덴서의 Q
> • 코일의 실효inductance 및 실효저항
> • 코일의 분포용량
> • 콘덴서의 정전용량

31 대전류로 서미스터 내부에서 소비되는 전력이 증가하면 온도 및 저항 값은?

① 온도는 높아지고, 저항 값은 변동이 없다.
② 온도는 높아지고, 저항 값은 감소한다.
③ 온도는 낮아지고, 저항 값은 감소한다.
④ 온도는 낮아지고, 저항 값은 증가한다.

> 서미스터는 온도에 따라서 저항값이 변화하는 소자로서 온도가 올라가면 저항이 감소하고, 온도가 내려가면 저항이 증가하는 특성을 가진다.

32 헤테로다인 주파수 측정기의 교정용 발진기로는 어떤 것을 쓰는가?

① LC 발진기   ② RC 발진기
③ 음차 발진기   ④ 수정 발진기

> 헤테로다인 주파수계의 교정용 발진기에는 수정발진기가 사용된다.

33 볼로미터 전력계의 구성 소자 중 서미스터의 용도는?

① 전류 감지용   ② 전압 감지용
③ 온도 감지용   ④ 습도 감지용

> 볼로미터 전력계의 구성 소자 중 서미스터는 온도 감지 역할을 한다.

34 디지털 전압계의 원리는 어느 것과 가장 유사한가?

① A/D변환기
② D/A변환기
③ 변환기
④ 비교기

> 디지털 전압계 : 피측정 전압을 수치로 직접 표시하는 전압계. 일반적으로 쓰이는 것은 전압-주파수 변환형으로 적분기 등을 사용한 V-F변환기에 의해서 전압(아날로그량)을 주파수(디지털량)로 변환하여 디지털 신호로서 이 출력 펄스를 계수하여 디지털 표시를 하도록 되어 있다.

35 지시계기의 3대 요소가 아닌 것은?

① 구동장치
② 제어장치
③ 출력장치
④ 제동장치

> 지시계기의 3대 요소 : 구동장치, 제어장치, 제동장치

36 참값이 50[V]인 전압을 측정하였더니 51.4[V]이었다. 이때의 오차 백분율은?

① 1.3[%]   ② 1.4[%]
③ 1.5[%]   ④ 2.8[%]

> 백분율 오차(α) = $\dfrac{M-T}{T} \times 100$[%]
> = $\dfrac{51.4-50}{50} \times 100 = 2.8$[%]

37 표준 전지의 기전력과 미지 전지의 기전력을 비교하여 1[V] 이하의 직류 전압을 정밀하게 측정할 수 있는 직류용 전압계는?

① 직류 전위차계
② 계기용 변압기(PT)
③ 변류기(CT)
④ 교류 전위차계

> 직류 전위차계의 원리 : 직류전위차계는 전류를 흘리지 않고 전위차를 표준전지의 기전력과 미지 전지의 기전력을 비교하여 1[V] 이하의 직류전압을 정밀하게 측정할 수 있다.

38 무선 수신기의 랜덤잡음(Random Noise)을 측정하기 위하여 레벨미터(Level Meter) 앞에 설치하는 필터는?

① 저역 필터
② 소거저역 필터
③ 고역 필터
④ 통과대역 필터

> 🔍 랜덤잡음(Random Noise)
> • 일정시간동안 파형의 진폭과 위상에 규칙성이 없는 불규칙성 잡음을 말한다.
> • 무선 수신기의 랜던 잡음을 측정하기 위해 레벨미터 앞에 고역필터(HPF)를 설치한다.

39 1차 코일의 인덕턴스 3[mH], 2차 코일의 인덕턴스 11[mH]를 직렬로 연결했을 때 합성 인덕턴스가 24[mH]이었다면, 이들 사이의 상호 인덕턴스는?

① 2[mH]
② 5[mH]
③ 10[mH]
④ 19[mH]

> 🔍 직렬접속 인덕턴스
> $L_a = L_1 + L_2 + 2M$
> $24[mH] = 4[mH] + 10[mH] + 2M$
> $\therefore M = \dfrac{10}{2} = 5[mH]$

40 다음 중 오실로스코프로 직접 관측하지 못하는 것은?

① 변조도 ② 주파수
③ 왜곡율 ④ 임피던스

> 🔍 오실로스코프로는 전압, 전류, 파형, 위상 및 주파수, 변조도, 시간 간격, 펄스의 상승시간 등의 제현상을 측정할 수 있다.

41 다음 중 PI 동작이란?

① 온·오프동작   ② 비례미분동작
③ 비례적분동작   ④ 비례적분미분동작

> 🔍 자동제어 조절계의 제어 동작
> • 비례동작(proportional action) : P동작
> • 미분동작(derivative action) : D동작
> • 적분동작(integral action) : I동작
> • 비례적분 미분동작 : PID동작

42 자동제어의 제어목적에 따른 분류 중 어떤 일정한 목표값을 유지하는 것에 해당하는 것은?

① 비율제어   ② 정치제어
③ 추종제어   ④ 프로그램제어

> 🔍 정치제어 : 목표값이 시간적으로 일정한 자동 제어를 말하며, 프로세스 제어, 자동 조정 제어 등으로 구분된다.

43 다음 중 초음파 성질에서 파동과 속도의 설명으로 옳지 않은 것은?

① 파동 전파속도는 횡파가 종파 보다 느리다.
② 기체 중에서는 파동의 전파 방향으로 입자가 진동하는 종파만 존재한다.
③ 고체 중에서는 파동의 전파 방향에 수직 방향으로 입자가 진동하는 횡파만 존재한다.
④ 액체 중에서는 파동의 전파 방향으로 입자가 진동하고 횡파만 존재한다.

> 🔍 초음파 성질
> • 파동의 전파속도는 횡파가 종파보다 느리다.
> • 기체 중에서는 파동의 전파 방향으로 입자가 진동하는 종파만 존재한다.
> • 고체 중에는 파동의 전파 방향에 수직방향으로 입자가 진동하는 횡파만 존재한다.
> • 액체 중에서는 파동의 전파 방향으로 입자가 진동하는 종파만 존재한다.

44 초음파 가공에서 사용되는 연마가루에 적합하지 않은 것은?

① 강한 철분
② 탄화실리콘
③ 산화알루미늄
④ 탄화붕소

> 🔍 초음파 가공에서 연마가루는 가공하려는 물질에 따라 카보런덤(탄화실리콘, caborundum), 알런덤(산화알루미늄, alundum), 보론카바이드(탄화붕소, boroncarbide), 다이아몬드 등의 고운 가루를 사용한다.

45 컬러킬러(color killer) 회로에 대한 설명으로 옳은 것은?

① 컬러 화면에 나오는 색 잡음을 없애는 것이다.
② 컬러 화면을 흑백 화면으로 전환시키는 것이다.

③ 강한 컬러를 부드럽게 하는 일종의 색 콘트라스트이다.
④ 흑백 방송 수신시에 색 노이즈가 화면에 나오는 것을 방지하는 것이다.

> 컬러킬러(color killer) 회로 : 흑백 방송 수신 시 반송 색신호를 선택 증폭하는 대역 증폭회로의 동작을 정지시키는 동작을 한다. 따라서 색이 전혀 안 나오는 때에는 이 회로를 조사해 보아야 한다.

46 스피커의 감도 측정에 있어서 표준 마이크로폰이 받는 음압이 4[μbar]이면 스피커의 전력 감도는?(단, 스피커의 입력에는 1[W]를 가한 것으로 한다.)

① 약 9[dB]　　② 약 12[dB]
③ 약 16[dB]　　④ 약 20[dB]

> $S_P = 20\log\dfrac{P}{\sqrt{W}}[dB]$ (P : 음압레벨)
> $= 20\log_{10}\dfrac{4}{\sqrt{1}} = 20\log_{10}4 ≒ 12\,[dB]$

47 마스킹 효과를 이용하여 히스 잡음을 줄이는 방식을 무엇이라 하는가?

① 돌비시스템
② 녹음시스템
③ 서라운드시스템
④ 재생시스템

> 돌비시스템(dolby system) : 테이프 재생음의 마찰음이나 럼블 잡음과 히스 잡음 등을 현저하게 감쇄시켜주는 잡음 감쇄 회로 시스템으로 1966년 돌비 사가 개발했다.

48 전자냉동에 대한 설명으로 가장 옳지 않은 것은?

① 온도조절이 용이하다.
② 대용량에 더욱 효율이 좋다.
③ 소음이 없고 배관도 필요 없다.
④ 전류방향만 바꾸어 냉각과 가열을 쉽게 변환할 수 있다.

> 전자 냉동기의 특징
> • 온도 조절이 용이하다.
> • 회전 부분이 없으므로 소음이 없고, 배관도 필요 없다.
> • 성능이 고르고 수명이 길며 사용기간 중에 변화가 거의 없다.
> • 크기가 작고 가벼워 취급이 간단하다.

49 3웨이(Three-way) 스피커 시스템의 구조에 포함되지 않는 것은?

① 트위터　　② 스코커
③ 리미터　　④ 우퍼

> • 우퍼(woofer) : 490[Hz] 이하의 저음역만을 담당
> • 스코커(squawker) : 400[Hz]~1[kHz] 중음역 담당
> • 트위터(tweeter) : 수 [kHz] 이상의 고음역만을 재생

50 텔레비전 화면을 구성하는 3요소는?

① 화소, 주사, 동기
② 주사, 동기, 휘점
③ 화소, 동기, 휘점
④ 화소, 휘점, 편향

> TV의 3요소
> • 화소(Picture Element) : 화면을 구성하는 최소한의 미소한 면적(점)
> • 주사(Scanning) : 화면 구성을 위해 화소를 분해 또는 조립하는 것
> • 동기(Synchronization) : 송신측의 분해주사와 수신측의 조립주사를 일치시키는 것

51 다음 그림은 슈퍼헤테로다인 수신기의 구성도이다. Ⓐ와 Ⓒ의 내용으로 옳은 것은?

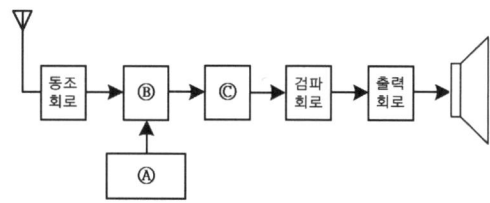

① Ⓐ 국부발진회로, Ⓒ 중간주파증폭회로
② Ⓐ 혼합회로, Ⓒ 중간주파증폭회로
③ Ⓐ 혼합회로, Ⓒ 저주파증폭회로
④ Ⓐ 국부발진회로, Ⓒ 혼합회로

> 슈퍼헤테로다인 수신기의 구성

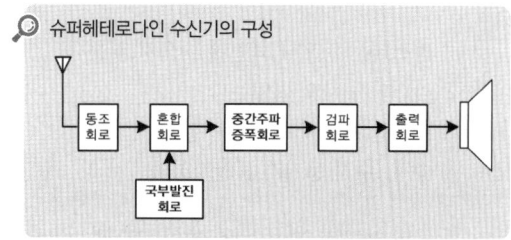

52 태양 전지를 연속적으로. 사용하기 위하여 필요한 장치는?

① 변조장치
② 정류장치
③ 축전장치
④ 검파장치

🔍 태양전지를 연속적으로 사용하기 위해서는 태양광선을 얻을 수 없는 경우를 대비하여 축전장치가 필요하다.

53 센서의 명명법에서 X형 센서로 표시하지 않는 것은?

① 변위 센서
② 속도 센서
③ 열 센서
④ 반도체형 가스센서

🔍 • X형 센서 : 변위 센서, 속도 센서, 열 센서, 광 센서 등
• Y형 센서 : 반도체형 가스 센서, 세라믹형 압력 센서 등
• Z형 센서 : 온도 센서, 압전형 센서 등

54 그림과 같은 수상관 회로에서 콘덴서 C가 단락되었을 때의 고장 증상은?

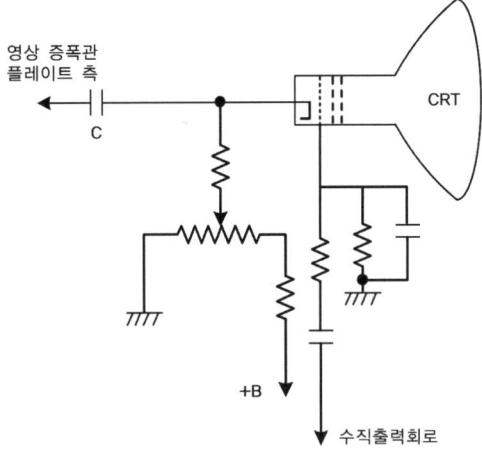

① 라스터는 나오나 화면이 나오지 않는다.
② 라스터가 나오지 않는다.
③ 밝아진 채로 어두워지지 않는다.
④ 수평, 수직 동기가 불안정하다.

🔍 수상관 회로에서 C가 단락되어 고장이 나게 되면 라스터(raster)가 나오지 않게 된다.

55 포마드, 크림 등 화장품이나 도료의 제조에 이용되는 초음파는 어떤 작용을 응용한 것인가?

① 소나 작용
② 응집 작용
③ 확산 작용
④ 분산 에멀션화 작용

🔍 초음파의 분산 에멀션화 작용 : 포마드, 크림 등의 화장품이나 도료의 제조, 기름의 탈색, 탈취, 폴리에틸렌 합성고무의 중합의 촉진, 향료, 합성수지의 속성 등에 널리 이용된다.

56 테이프를 헤드에 밀착시켜 레벨 변동이나 고역 저하의 원인이 되는 스페이싱 손실을 줄이는 것은?

① 캡스턴(capstan)
② 압착 패드(pressure pad)
③ 핀치 롤러(pinch roller)
④ 테이프 가이드(tape guide)

🔍 압착 패드 : 테이프를 헤드에 대하여 정확히 밀착시켜 레벨 변동이나 고역 저하의 원인이 되는 스페이싱 손실을 줄이기 위해 설치한다.

57 측심기로 물속으로 초음파를 발사하여 0.8초 후에 반사파를 받았다면 물의 깊이는 몇 [m] 인가?(단, 바닷물 속의 초음파 속도는 1500[m/sec] 이다.)

① 100[m]   ② 300[m]
③ 600[m]   ④ 1000[m]

🔍 측심기는 초음파가 배와 바다 밑 사이를 왕복하는 시간을 측정하여 물의 깊이를 측정한다.
$$\therefore h = \frac{vt}{2}[m] = \frac{1500 \times 0.8}{2} = 600[m]$$

58 콘트라스트(contrast)에 대한 설명으로 옳은 것은?

① 잡음지수를 말한다.
② 음성신호의 이득을 말한다.
③ 국부발진기의 주파수 조정 정도를 나타낸다.
④ 화면의 가장 밝은 부분과 가장 어두운 부분에 대한 밝기의 비를 말한다.

🔍 콘트라스트(contrast) : 한 장면 내의 가장 밝은 부분과 가장 어두운 부분과의 상대적 차이

59 다음 중 전자 현미경에 대한 짝이 옳지 않은 것은?

① 매질 – 진공
② 상관찰 수단 – 형광 막상의 상 또는 사진
③ 초점 조절 – 대물렌즈와 시료의 거리를 조절
④ 콘트라스트가 생기는 이유 – 산란 또는 흡수

	광학 현미경	전자 현미경
광원	광선	전자선
매질	공기	진공
배율	렌즈 교환	투사 렌즈의 여자전류 변화
초점	대물렌즈와 시료의 거리조절	대물렌즈의 여자전류를 조절
렌즈	회전대칭 유리렌즈	형광막상의 상 또는 사진
상 관찰 수단	육안 또는 사진	형광막상의 상 또는 사진
재물대	재물 유리	박막

60 항공기가 강하할 때 수직면 내에서의 올바른 코스를 지시하는 것은?

① 팬 마커
② 로컬라이저
③ 로란
④ 글라이드 패드

글라이드 패드(Glide Pad) : 항공기가 강하할 때 수직면 내에서 올바른 코스를 지시하는 것으로 로컬라이저와 마찬가지로 90[Hz] 및 150[Hz]로 변조된 두 전파에 의하여 표시된다.

정답 2014년 1회

01 ②	02 ④	03 ③	04 ①	05 ②
06 ③	07 ④	08 ③	09 ④	10 ①
11 ④	12 ③	13 ④	14 ④	15 ③
16 ④	17 ①	18 ④	19 ④	20 ③
21 ④	22 ③	23 ①	24 ③	25 ④
26 ②	27 ①	28 ④	29 ④	30 ①
31 ②	32 ④	33 ③	34 ①	35 ③
36 ④	37 ①	38 ③	39 ②	40 ④
41 ③	42 ②	43 ④	44 ①	45 ④
46 ②	47 ①	48 ②	49 ③	50 ①
51 ①	52 ③	53 ④	54 ②	55 ④
56 ②	57 ③	58 ④	59 ③	60 ④

2014년 2회 공단 기출문제

01 멀티바이브레이터의 비안정, 단안정, 쌍안정이라고 말하는 것은 무엇으로 결정하는가?

① 전원의 크기
② 바이어스 전압의 크기
③ 저항의 크기
④ 결합회로의 구성

> 펄스를 생성하는 멀티바이브레이터는 결합회로의 구성에 따라 단안정, 비안정, 쌍안정 멀티바이브레이터로 구분된다.

02 정현파의 파고율은 얼마인가?

① $\sqrt{2}$
② $\dfrac{2}{\pi}$
③ $\dfrac{\pi}{2\sqrt{2}}$
④ $\dfrac{\pi}{2}$

> 평균값 = 최대값 × $\dfrac{2}{\pi}$, 최대값 = 실효값 × $\sqrt{2}$

03 다음 사이리스터 중 단방향성 소자는?

① TRIAC
② DIAC
③ SSS
④ SCR

> 사이리스터(thyristor)
> • 단방향성 소자 : Shockley 다이오드, SCR, SCS, GTO 등
> • 쌍방향성 소자 : DIAC, TRIAC, SSS 등

04 도체에 전압이 가해졌을 때 흐르는 전류의 크기는 가해진 전압에 비례한다는 법칙은?

① 줄의 법칙
② 옴의 법칙
③ 중첩의 법칙
④ 키르히호프의 전류의 법칙

> 옴(Ohm 법칙) : 도체에 흐르는 전류(I)는 전압(V)에 비례하고 저항(R)에 반비례한다.
> ∴ $I = \dfrac{V}{R}[A],\ V = IR[V],\ R = \dfrac{V}{I}[\Omega]$

05 저역통과 RC 회로에서 시정수가 의미하는 것은?

① 응답의 상승 속도를 표시한다.
② 응답의 위치를 결정해 준다.
③ 입력의 진폭 크기를 표시한다.
④ 입력의 주기를 결정해 준다.

> 저역통과 RC 회로에서 시정수 τ = RC는 응답상승 속도를 표시한다.

06 다음 중 이상적인 연산증폭기의 특징으로 적합하지 않은 것은?

① 입력임피던스가 무한대이다.
② 출력임피던스가 무한대이다.
③ 주파수 대역폭이 무한대이다.
④ 오픈 루프 이득이 무한대이다.

> 이상적인 연산증폭(op-amp)기의 특징
> • $A_V = \infty$(전압이득은 무한대)
> • $R_i = \infty$(입력저항값은 무한대)
> • $R = 0$(출력저항은 0)
> • $BW = \infty$(대역폭은 무한대), 지연응답은 0
> • offset = 0(오프셋은 0)
> • 특성변동 및 잡음이 없다.
> • 입력이 0일 때 출력도 0일 것
> • 동위상신호제거비(CMRR) = $\dfrac{A_d(\text{차동 이득})}{A_c(\text{동위상 이득})} = \infty$

07 다음 중 FET에 대한 설명으로 적합하지 않은 것은?

① 입력임피던스가 매우 높다.
② 전압제어형 트랜지스터이다.
③ BJT 보다 잡음특성이 양호하다.
④ 베이스, 드레인, 게이트 전극이 있다.

> 전계효과트랜지스터(FET) : 다수 반송자의 흐름에 따라 변화하는 단일 극성 소자이며 게이트(Gate)의 역전압에 따라서 드레인(drain)에서 소스(source)로 흐르는 전류를 제어하는 전압제어 소자이다.

08 쌍안정 멀티바이브레이터의 결합저항에 병렬로 접속한 콘덴서의 목적은?

① 증폭도를 높이기 위한 것이다.
② 스위칭 속도를 높이는 동작을 한다.
③ 트랜지스터의 이미터 전위를 일정하게 한다.
④ 트랜지스터의 베이스 전위를 일정하게 한다.

🔍 결합소자 중 저항과 병렬로 구성된 콘덴서(C)의 목적은 스위칭 속도를 높이는 동작을 한다.

09 고정 바이어스 회로를 사용한 트랜지스터의 β가 50이다. 안정도 S 는 얼마인가?

① 49　　② 50
③ 51　　④ 52

🔍 고정 바이어스 안정도 S = 1 + β
∴ S = 1 + 50 = 51

10 수정 진동자의 직렬공진주파수를 fo, 병렬공진주파수를 fs라 할 때 수정진동자가 안정한 발진을 하기 위한 리액턴스 성분의 주파수 f의 범위는?

① fo < f < fs　　② fo < fs < f
③ fs < f < fo　　④ f = fs = fo

🔍 수정 진동자는 압전효과(piezo effect)를 이용한 것으로 수정 결정에 압력 또는 비튼 힘이 작용함으로써 결정이 상대하는 두개의 면에 전압이 발생하는 현상으로서 이것을 대신하여 전압을 가하여 압력을 가한 것과 같은 효과에 따라 진동하며 수정 자체의 고유진동수의 안정된 주파수값을 얻을 수 있다. 리액턴스가 유도성이 되는 범위는 fo < f < fs인 주파수 범위가 좁아 발진 주파수가 매우 안정하기 때문에 많이 사용된다.

11 다음 중 저주파 증폭기의 핵심 능동소자로 알맞은 것은?

① 저항　　② 콘덴서
③ 코일　　④ 트랜지스터

🔍 ・능동부품(Active Component) : 트랜지스터(TR), 전계효과 트랜지스터(FET), 단접합 트랜지스터(UJT), IC, 연산증폭기(OPAMP) 등을 말하며, 능동소자는 증폭, 발진, 신호 변환 등의 기능을 갖는다.
・수동부품(Passive Component) : 전기 신호의 중계, 제어 등을 행하는 기구부품으로 저항기, 커넥터, 소켓, 스위치 등이 수동소자에 속한다.

12 다음 회로에서 $R_1 = R_f$일 때 적합한 명칭은?

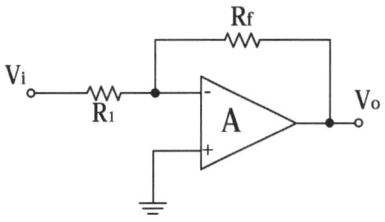

① 적분기
② 감산기
③ 부호변환기
④ 전류증폭기

🔍 OP-AMP, R을 이용한 회로로서 보통 입력 저항 R와 출력 궤환저항 R_f 조건에 따라 반전 증폭기로 많이 사용되나, 문제의 조건에는 $R_1 = R_f$, 출력은 $-V_i$이므로 부호 변환기 회로이다.

13 일반적으로 크로스 오버 일그러짐은 증폭기를 어느 급으로 사용했을 때 생기는가?

① A급 증폭기
② B급 증폭기
③ 증폭기
④ AB급 증폭기

🔍 B급 증폭기는 하나의 npn 트랜지스터와 하나의 pnp 트랜지스터로 구성되어 두 개의 트랜지스터가 동작할 때 발생되는 전위 장벽으로 인하여 크로스오버 왜곡이 발생한다.

14 반송파전력이 100[W]이고, 변조도 60[%]로 진폭변조 시키면 피변조파의 전력은 몇 [W]인가?

① 50[W]
② 100[W]
③ 118[W]
④ 136[W]

🔍 $P_m = P_C + P_U + P_L$
$= P_C + P_C \dfrac{m^2}{4} + P_C \dfrac{m^2}{4}[W]$
$= P_C(1 + \dfrac{m^2}{4} + \dfrac{m^2}{4})$
$= P_C(1 + \dfrac{m^2}{2})[W]$
∴ $P_m = 100(1 + \dfrac{0.6^2}{2}) = 118[W]$

15 연산증폭기에서 차동 출력을 0[V]가 되도록 하기 위하여 입력단자 사이에 걸어주는 것은?

① 입력 오프셋 전압
② 출력 오프셋 전압
③ 입력 오프셋 전류
④ 입력 오프셋 전류 드리프트

> • 입력 오프셋 전압 : 차동 출력을 0[V]로 만들기 위한 입력 직류전압
> • 출력 오프셋 전압 : OP-AMP에서 두 입력 단자를 접지 되었을 때 두 출력 단자 사이에 나타나는 직류전압의 차

16 다음 ( ) 안에 들어갈 내용으로 알맞은 것은?

【보기】
D 플립플롭은 1개의 S-R 플립플롭과 1개의 ( ) 게이트로 구성할 수 있다.

① AND
② OR
③ NOT
④ NAND

> D 플립플롭은 1개의 S-R 플립플롭과 1개의 NOT게이트로 구성할 수 있다.

17 후입선출(LIFO) 동작을 수행하는 자료구조는?

① RAM
② ROM
③ STACK
④ QUEUE

> 스택(Stack) : 스택은 데이터 입·출력이 한쪽으로만 접근 할 수 있는 자료 구조이다. 스택에서 가장 나중에 들어간 데이터가 제일 먼저 나오게 된다. 그래서 스택을 LIFO(Last In First Out) 구조라고 한다.

18 중앙처리장치(CPU)를 구성하는 주요 요소로 올바르게 짝지어진 것은?

① 연산장치와 보조기억장치
② 입·출력장치와 보조기억장치
③ 연산장치와 제어장치
④ 제어장치와 입·출력장치

> CPU(중앙처리장치)의 구성 : 프로그램 명령어를 실행하는 일을 담당하는 중앙처리장치는 제어장치, 연산장치, 레지스터들의 세 부분으로 구성된다.

19 명령어는 전자계산기의 동작을 수행시키기 위한 비트들의 집합으로 나누어진다. 각 명령은 어떻게 구성되는가?

① 오퍼레이션코드와 실행프로그램
② 오퍼랜드와 목적프로그램
③ 오퍼레이션코드와 소스코드
④ 오퍼레이션코드와 오퍼랜드

> 명령어는 명령부(명령코드부, OP code)와 처리부(피연산자부, operand)로 구성되어 있다.

20 순서도를 작성하는 방법으로 틀린 것은?

① 처리순서의 방향은 아래에서 위로, 오른쪽에서 왼쪽 화살표로 표시한다.
② 논리적 타당성을 확보할 수 있도록 작성한다.
③ 처리과정을 간단명료하게 표시한다.
④ 순서도가 길거나 복잡할 경우 기능별로 분할한 후 연결 기호를 사용하여 연결한다.

> 순서도의 작성방법
> • 위에서 아래로 내려가면서 작성한다.
> • 논리적 타당성을 확보할 수 있도록 작성한다.
> • 기호 내부에는 실행 내용을 간단, 명료하게 표시한다.
> • 과정이 길어 연속적인 표현이 어려울 때는 나누어 작성하고 연결 기호를 사용한다.

21 컴퓨터 기억용량의 1K 바이트는 몇 바이트인가?

① 1000
② 1001
③ 1024
④ 1212

> Kbyte = 2^{10} = 1024byte

22 데이터 처리 과정 및 프로그램 결과가 출력되는 전반적인 처리과정의 흐름을 일정한 기호를 사용하여 나타낸 것을 무엇이라 하는가?

① 순서도
② 수식도
③ 로그
④ 분석도

> 순서도(Flowchart) : 컴퓨터로 처리해야 할 작업 과정을 약속된 기호를 사용하여 순서대로 일관성 있게 그림으로 나타낸 것

23 다음 스위치 회로를 불 대수로 표현하면?

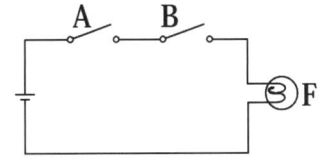

① F = A + B ② F = A · $\overline{B}$
③ F = A · B ④ F = $\overline{A}$ · B

🔍 A, B 모두 스위치가 닫힐 때 F가 점등된다. 즉, 입력 A, B 모두 1일 때 출력 F가 1이 되는 논리식으로 AND(논리곱)로 나타낼 수 있다.

24 다음 중 일반적으로 가장 적은 bit로 표현 가능한 데이터는?

① 영상 데이터
② 문자 데이터
③ 숫자 데이터
④ 논리 데이터

🔍 논리데이터는 0과 1로 표현되는 1bit의 데이터이다.

25 10진수 0.375를 2진수로 변환하면?

① $(0.11)_2$ ② $(0.011)_2$
③ $(0.110)_2$ ④ $(0.111)_2$

🔍 소수점의 자리를 2로 곱하여 소수점의 자리가 0이 될 때까지 곱한다.
0.375 × 2 = 0.75, 0.75 × 2 = 1.5, 0.5 × 2 = 1.0
∴ $(0.375)_{10} = (0.011)_2$

26 논리식 F = $\overline{A}$BC + A$\overline{B}$C + ABC + AB$\overline{C}$를 카르노맵에 의해 간소화 시킨 식은?

① F = AB + $\overline{B}$C
② F = A + A$\overline{C}$
③ F = $\overline{A}$B + B$\overline{C}$
④ F = BC + A$\overline{C}$

🔍 F = $\overline{A}$BC + A$\overline{B}$C + ABC + AB$\overline{C}$
 = BC($\overline{A}$ + A) + A$\overline{C}$($\overline{B}$ + C) = BC + A$\overline{C}$
∴ $\overline{A}$ + A = 1, $\overline{B}$ + B = 1

27 상태 레지스터 중 2진 연산의 수행 결과 나타난 자리올림 또는 내림 상태를 판별하는 것은?

① Z(zero) 비트
② C(carry) 비트
③ S(sign) 비트
④ P(parity) 비트

🔍 Carry 비트 : 상태 레지스터 중 2진 연산의 수행 결과 나타난 자리올림 또는 내림 상태를 판별하는 것

28 데이터 처리를 위하여 연산 능력과 제어 능력을 가지도록 하나의 칩 안에 연산 장치와 제어 장치를 집적시킨 것은?

① 컴퓨터 ② 레지스터
③ 누산기 ④ 마이크로프로세서

🔍 마이크로프로세서 : 데이터 처리를 위하여 연산 능력과 제어 능력을 가지도록 하나의 칩 안에 연산장치와 제어장치를 집적시킨 것

29 지시계기는 고정 부분과 가동 부분으로 구성 되어 있는데 기능상 지시계기의 3대 요소에 속하지 않는 것은?

① 구동장치 ② 가동장치
③ 제어장치 ④ 제동장치

🔍 지시계기의 3대 요소 : 구동장치, 제어장치, 제동장치

30 다음 그림은 오실로스코프 상에 나타난 정현파이다. 주파수는 몇 [Hz]인가?

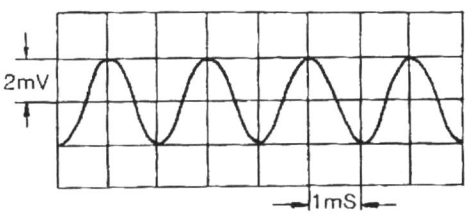

① 500[Hz] ② 1000[Hz]
③ 5[Hz] ④ 1[Hz]

🔍 주기(T) = 주기 파형의 수평 칸 수 × TIME/DIV
∴ 주파수(f) = $\frac{1}{T} = \frac{1}{2 \times 10^{-3}} = 500[Hz]$

31 지침형 주파수계의 동작 원리에 따른 분류에 속하지 않는 것은?

① 진동편형 ② 가동철편형
③ 편위형   ④ 전류력계형

🔍 지침형 주파수계의 동작 원리에 따라 진동편형, 가동철편형, 전류력계형으로 구분한다.

32 마이크로파 측정에서 정재파비가 2일 때 반사 계수는?

① $\frac{1}{2}$ ② $\frac{1}{3}$
③ 1   ④ 2

🔍 반사계수 $\rho = \frac{S-1}{S+1} = \frac{2-1}{2+1} = \frac{1}{3}$

33 분류기 없이 상당히 큰 전류까지 측정할 수 있고, 취급이 용이하지만 감도가 높은 것은 제작하기 어려운 계기는?

① 가동코일형 전류계   ② 전류력계형 전류계
③ 가동철편형 전류계   ④ 유도형 전류계

🔍 가동철편형 계기
- 구조가 간단하고 견고하며, 가격이 저렴하다.
- 분류기 없이 비교적 큰 전류까지 측정할 수 있다.
- 눈금은 0부근을 제외하고는 균등 눈금에 가깝게 할 수 있다.
- 히스테리시스 오차 때문에 직류 측정은 곤란하고, 교류전용 계기로 사용된다.

34 디지털 주파수계에서 입력 주파수가 너무 높아서 계수가 어려울 경우 입력회로와 게이트 사이에 추가하는 회로로 적합한 것은?

① 분주회로 ② 변조회로
③ 복조회로 ④ 체배회로

🔍 분주회로 : 디지털 주파수계에서 입력 주파수가 너무 높아서 계수가 어려울 경우 입력회로와 게이트 사이에 추가하는 회로

35 1차 coil의 인덕턴스가 10[mH]이고, 2차 coil의 인덕턴스가 20[mH]인 변성기를 직렬로 접속하고 측정하니, 합성 인덕턴스가 36[mH]이었다. 이들 사이의 상호 인덕턴스는?

① 6[mH] ② 4[mH]
③ 3[mH] ④ 2[mH]

🔍 직렬접속 인덕턴스
$L_a = L_1 + L_2 + 2M$
$36[mH] = 10[mH] + 20[mH] + 2M$
$\therefore M = \frac{6}{2} = 3[mH]$

36 발진 주파수가 주기적인 변화를 갖는 주파수 발진기로서 각종 무선 주파회로의 주파수 특성을 관측, 수신기 중간 주파 증폭기의 특성, 주파수 변별기 또는 증폭회로 등의 조정에 사용되는 발진기는?

① 이상 발진기 ② 비트 발진기
③ 음차 발진기 ④ 소인 발진기

🔍 소인 발진기(Sweep Generator) : 발진 주파수가 주기적인 변화를 갖는 주파수 발진기로서 각종 무선 주파회로의 주파수 특성을 관측, 수신기 중간 주파 증폭기의 특성, 주파수 변별기 또는 증폭회로 등의 조정에 사용되는 발진기

37 가동코일형 계기로 교류전압을 측정하고자 할 때 필요한 것은?

① 정류기 ② 분류기
③ 배율기 ④ 공중선계

🔍 가동코일형 계기로 교류전압을 측정하려면 정류기를 접속하여 교류전압을 직류전압으로 변환해야 한다.

38 참값이 100[mA]이고, 측정값이 102[mA]일 때 오차율은?

① -2[%]   ② 2[%]
③ -1.96[%] ④ 1.96[%]

🔍 백분율 오차(α) = $\frac{M-T}{T} \times 100[\%]$
$= \frac{102-100}{100} \times 100 = 2[\%]$

39 이미터 접지회로를 이용하여 β를 측정하였더니 49가 되었다. 트랜지스터의 α는 얼마인가?

① 1   ② 0.9
③ 0.96 ④ 0.98

🔍 이미터 접지시 전류증폭률(h_{fe})
$\alpha = \frac{\beta}{1+\beta} = \frac{49}{1+49} = 0.98$

40 표준 저항기용 저항 재료에 요구되는 조건으로 옳지 않은 것은?

① 저항값이 안정할 것
② 온도계수가 작을 것
③ 고유저항이 클 것
④ 구리에 대한 열기전력이 클 것

> 표준 저항기용 저항 재료의 필요 조건
> • 저항값이 안정할 것
> • 온도계수가 작을 것
> • 고유저항이 클 것
> • 구리에 대한 열기전력이 작을 것

41 초음파의 전파에 있어서 캐비테이션(cavitation)에 대한 설명으로 옳은 것은?

① 액체인 매질에서 기포의 생성과 소멸 현상
② 액체인 매질에서 기포의 생성과 횡파 현상
③ 액체인 매질에서 종파에 의한 협대역 잡음
④ 액체인 매질에서 횡파에 의한 광대역 잡음

> 캐비테이션(cavitation) : 초음파가 용액 중으로 전파될 때 초음파의 큰 압력변화에 의해 미세기포군이 생성되고 소멸되는 현상으로 매우 큰 압력과 고온을 동반한다.

42 온도의 예정 한도를 검출하는 데 사용되는 것은?

① 레벨미터(level meter)
② 서모스탯(thermostat)
③ 리밋스위치(limit switch)
④ 압력스위치(pressure switch)

> 서모스탯(Thermostat) : 온도를 일정하게 유지하는 장치이다. 간단한 것은 바이메탈을 이용하여 전기히터의 스위치를 개폐함으로써 제어한다.

43 사이클링과 오프셋(offset)이 제거되고 응답 속도가 빠르며 안정성이 좋은 제어동작은?

① 온-오프 동작
② P 동작
③ PI 동작
④ PID 동작

> 비례적분미분제어(PID동작) : 제어 변수와 기준 입력 사이의 편차에 근거하여 계통의 출력이 기준 전압을 유지하도록 하는 피드백 제어

44 라디오존데로서 측정할 수 없는 사항은?

① 풍속
② 온도
③ 기압
④ 습도

> 라디오존데 : 항공기나 기구, 연 또는 낙하산 등에 기상 지원 업무의 자동 무선 발신기를 장비하고 그 곳에서 발사되는 전파의 주파수, 변주 주파수, 기타의 신호요소를 지상에서 수신하여 상공의 기압, 기온, 습도의 변화를 관측하게 한 것을 말한다.

45 다음 중 서미스터(thermistor)와 관계없는 것은?

① 온도 측정
② 자동이득조정
③ 마이너스의 온도계수
④ 전압에 의하여 저항값 변화

> 서미스터는 미소한 온도 변화에 의해서 저항의 변화가 크게 일어나도록 제작된다. 따라서 미세한 온도의 측정을 수반하는 체온계나 온도계, 습도계, 기압계, 풍속계 등에 서미스터가 활용된다. 참고로 전압에 의해 저항값이 변화는 반도체 소자는 바리스터이다.

46 녹음기에 녹음 바이어스 회로를 사용하는 주된 이유는?

① 증폭을 높이기 위하여
② 대역폭을 넓히기 위하여
③ 신호를 없애기 위하여
④ 일그러짐을 없애기 위하여

> 바이어스 전류를 적절한 값으로 선택하지 않으면, 파형이 일그러지거나 감도가 나빠지기 쉽다.

47 귀의 청력을 검사하기 위하여 가청 주파수 영역의 여러 가지 레벨의 순음을 전기적으로 발생하는 음향 발생 장치는?

① 심전계
② 뇌파계
③ 근전계
④ 오디오미터

> 오디오미터(audiometer) : 귀의 청력을 검사하기 위하여 가청 주파수 영역의 여러 가지 레벨의 순음을 전기적으로 발생하는 음향 발생 장치로 신호음으로 사인파를 사용한다.

48 AM/FM 수신기의 성능 특성을 표시하는 것으로 가장 관련이 적은 것은?

① 감도 ② 변조도
③ 충실도 ④ 선택도

> 수신기의 특성
> • 감도 : 미약한 신호의 수신 능력
> • 선택도 : 희망 신호의 분리 능력
> • 충실도 : 원음 재생 능력
> • 안정도 : 장시간 일정한 출력

49 초음파 세척은 무슨 작용을 이용한 것인가?

① 반사 ② 굴절
③ 진동 ④ 간섭

> 진동자로부터 발생된 초음파를 용액내에 전달시키면 미세한 기포들이 발생하고 이들이 성장, 파괴되면서 강력한 에너지를 발생한다. 이 충격파에 의해 수중에 담겨 있는 세척물의 표면과 내부 깊숙이 보이지 않는 곳까지 단시간 내에 세척이 가능하다.

50 다음 그림과 같은 정전압 회로의 동작을 옳게 설명한 것은?

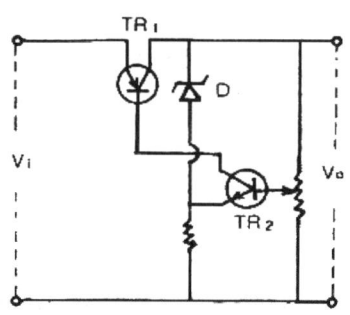

① V_i가 커지면 TR_1의 내부저항이 작아진다.
② V_i가 커지면 D 양단의 전위차는 거의 변동이 없다.
③ V_i가 작아지면 D 양단의 전위차가 작아진다.
④ V_i가 작아지면 TR_2의 Base 전압은 커진다.

> 정전압 회로에서 V가 커지면 D 양단의 전위차는 거의 변동이 없다.

51 다음 중 비월 주사의 이점으로 가장 옳은 것은?

① 고압발생이 용이하다.
② 색상재현이 용이하다.
③ 임피던스 매칭이 용이하다.
④ 일정 주파수대역에 대해서 플리커를 감소시킬 수 있다.

> 비월주사
> • 하나의 화면을 주사하는 데 한 줄 건너 두 번의 주사로 전체의 면을 주사하는 방식이다.
> • 1회째는 실선과 같이 주사하고(홀수 필드), 두 번째는 점선과 같이 주사(짝수 필드)하여 하나의 화면을 만든다.
> • 수상화면의 플리커(flicker, 깜박거림)가 적어지고 영상신호의 최저 주파수를 높일 수 있어 전송을 용이하게 할 수 있다.

52 유전가열의 공업제품에 대한 응용에 해당하지 않는 것은?

① 목재의 세척
② 목재의 접착
③ 합성수지의 접착
④ 합성수지의 예열 및 성형가공

> 고주파 유전 가열의 응용
> • 목재 공업에의 응용 : 목재의 건조, 성형, 접착 등
> • 고주파 머신 : 비닐이나 플라스틱 시트의 집착
> • 고주파 용접 : 비닐 가방이나 비닐 시계줄의 제조
> • 고주파 의료기

53 무지향성 비컨, 호밍 비컨은 어떤 전파 항법 방식을 사용하는 것인가?

① $\rho-\theta$ 항법 ② 극좌표 항법
③ 방사상 항법 ④ 쌍곡선 항법

> 방사상 항법[1]
> • 지향성 수신 방식으로 공항이나 항구에 송신국을 설치한다.
> • 전파를 모든 방향으로 발사하며, 항공기나 선박에서는 지향성 공중선으로 전파의 도래 방향을 탐지하여 자기위치를 탐지하는 방식이다.
> • 무지향성 비컨, 호밍 비컨 또는 호머(homer) 등이 있다.

54 다음 블록도는 FM 수신기의 계통도이다. 빈 칸 A, B에 해당하는 명칭은?

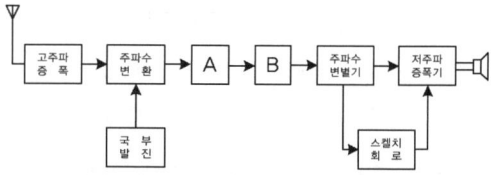

① A = 중간 주파 증폭기, B = 저주파 증폭기
② A = 고주파 증폭기, B = 진폭 제한기
③ A = 중간 주파 증폭기, B = 진폭 제한기

④ A = 고주파 증폭기, B = 검파기

🔍 FM 수신기의 계통도에서 A에는 중간 주파 증폭기, B에는 진폭 제한기가 접속된다.

55 항법 보조장치의 ILS란?

① 계기 착륙 시스템 ② 회전 비컨
③ 무지향성 무선표식 ④ 호머

🔍 계기착륙방식(ILS, instrument landing system) : 현재 국제적인 표준 시설로 로컬라이저, 글라이드 패드, 마커 비컨의 1조인 지상 무선 설비와 지상의 계기 착륙방식 수신기로 이루어진다.

56 다음 중 초음파 속도가 1500[m/s]일 때 반사파의 도달시간이 1.5초이면 물속의 깊이는 몇 [m]인가?

① 1125[m] ② 1527[m]
③ 2000[m] ④ 2250[m]

🔍 깊이$(h) = \dfrac{vt}{2} = \dfrac{1500 \times 1.5}{2} = 1125[m]$

57 다음 녹음기의 녹음 헤드(HEAD)의 특징이 아닌 것은?

① 투자율이 높은 합금의 박판을 사용한다.
② 공극의 형상에 따라 녹음주파수 특성이 달라진다.
③ 공극의 길이는 녹음파장에 비하여 충분히 넓은 것이 요망된다.
④ 특수 퍼멀로이나 페라이트 등의 자성합금을 이용한다.

🔍 녹음 헤드의 특징
• 투자율이 높은 합금의 박판을 사용한다.
• 공극의 형상에 따라 녹음 주파수 특성이 달라진다.
• 특수 퍼멀로이나 페라이트 등의 자성합금을 이용한다.

58 오디오 시스템에서 마이크로폰 신호가 입력되는 증폭기는?

① 주증폭기(main amplifier)
② 전치증폭기(pre-amplifier)
③ 전력증폭기(power amplifier)
④ 등화증폭기(equalizing amplifier)

🔍 전치 증폭기(pre amplifier) : 마이크로폰이나 테이프 헤드 등으로부터 나오는 작은 신호 전압을 증폭하고, 음량과 음질 조정을 하여 주 증폭기에 전달한다.

59 인간의 영상 인식 과정 중 가시광선의 반사 패턴 또는 발광 패턴을 인식하는 과정을 무엇이라 하는가?

① 패턴 매칭 ② 특징 추출
③ 전처리 ④ 영상의 입력

🔍 영상의 입력 : 인간의 영상 인식 과정 중 가시광선의 패턴 또는 발광 패턴을 인식하는 과정

60 다음 중 음압의 단위는?

① [N/C] ② [kcal]
③ [μbar] ④ [Neper]

🔍 음압의 단위는 μbar(bar의 100만분의 1)을 사용한다.

정답 2014년 2회

01 ④	02 ①	03 ④	04 ②	05 ①
06 ②	07 ④	08 ②	09 ③	10 ①
11 ④	12 ③	13 ②	14 ③	15 ①
16 ③	17 ③	18 ②	19 ③	20 ①
21 ③	22 ①	23 ③	24 ①	25 ②
26 ④	27 ②	28 ②	29 ③	30 ①
31 ③	32 ②	33 ③	34 ①	35 ③
36 ④	37 ①	38 ②	39 ③	40 ④
41 ①	42 ②	43 ④	44 ①	45 ④
46 ④	47 ④	48 ②	49 ③	50 ②
51 ④	52 ①	53 ③	54 ①	55 ①
56 ①	57 ③	58 ②	59 ④	60 ③

2014년 3회 공단 기출문제

01 굵기가 균일한 전선의 단면적이 S[m²]이고, 길이가 ℓ[m]인 도체의 저항은 몇 [Ω]인가?(단, ρ는 도체의 고유 저항이다.)

① $R = \rho \dfrac{S}{l}[\Omega]$ ② $R = \rho \dfrac{l}{S}[\Omega]$
③ $R = l\dfrac{S}{\rho}[\Omega]$ ④ $R = lS\rho[\Omega]$

> 전기저항 R은 길이 ℓ에 비례하고 단면적(A)에 반비례한다.
> ∴ $R = \rho \dfrac{l}{A}[\Omega]$

02 720[kHz]인 반송파를 3[kHz]의 변조신호로 진폭 변조했을 때 주파수 대역폭 B는 몇 [kHz]인가?

① 3[kHz]   ② 6[kHz]
③ 8[kHz]   ④ 10[kHz]

> f_H(상측파대) $= f_c + f_s = 720 + 3 = 723[kHz]$
> f_L(하측파대) $= f_c - f_s = 720 - 3 = 717[kHz]$
> ∴ $BW = f_H - f_L = 723 - 717 = 6[kHz]$

03 주파수가 100[MHz]인 반송파를 3[kHz]의 신호파로 FM 변조했을 때 최대 주파수 편이가 ±15[kHz]이면 변조지수는?

① 3   ② 5
③ 10   ④ 15

> 변조지수 $m_f = \dfrac{\triangle f_c}{f_s} = \dfrac{15 \times 10^3}{3 \times 10^3} = 5$

04 그림의 회로에서 결합계수가 k일 때 상호인덕턴스 M은?

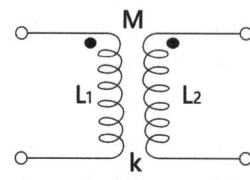

① $M = k\sqrt{L_1 L_2}$ ② $M = kL_1 L_2$
③ $M = \dfrac{k}{\sqrt{L_1 L_2}}$ ④ $M = \dfrac{k}{L_1 L_2}$

> 두 코일간의 유도결합의 정도를 나타내는 양으로서 다음과 같이 정의되는 결합계수(Coefficient of coupling) k를 쓴다.
> $k = \dfrac{M}{\sqrt{L_1 L_2}}$
> ∴ $M = k\sqrt{L_1 L_2}$ 이다.

05 다음과 같은 회로의 명칭은?

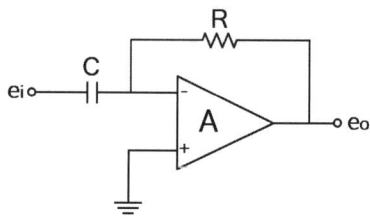

① 부호 변환기   ② 전류 증폭기
③ 적분기   ④ 미분기

> • 미분기(HPF) : 입력에 콘덴서, 궤환에 저항으로 구성
> • 적분기(LPF) : 입력에 저항, 궤환에 콘덴서로 구성

06 10[V]의 전압이 100[V]로 증폭되었다면 증폭도는?

① 20[dB]
② 30[dB]
③ 40[dB]
④ 50[dB]

> 이득(Gain) $= 20\log_{10}\dfrac{v_0}{v_i}[dB]$
> ∴ $G = 20\log_{10}\dfrac{100}{10} = 20[dB]$

07 시미트 트리거 회로의 입력에 정현파를 넣었을 경우 출력파형은?

① 톱니파   ② 삼각파
③ 정현파   ④ 구형파

> 슈미트(시미트) 트리거 회로는 정현파 신호 입력을 받아서 구형파 출력을 만드는 회로로서 TTL에 사용한다.

08 이상형 CR 발진회로의 CR을 3단 계단형으로 조합할 경우, 컬렉터측과 베이스측의 총 위상편차는 몇 도인가?

① 90°
② 120°
③ 180°
④ 360°

> 이상형 CR발진회로 콜렉터에서 3단 CR로 구성하여 입력 베이스에 양되먹임 되어 위상이 180°와 트랜지스터의 역위상 180°가 가산된 360° 정현파 출력을 얻는 발진기로서 발진 조건 및 주파수는 다음과 같다.
> • 발진을 지속하기 위해서는 $A_v \geq -29$로 한다.
> • $A_v = -\dfrac{R_f}{R_i} \geq -29$, $f_o = \dfrac{1}{2\pi\sqrt{6}\,RC}$ (C직렬회로)이다.

09 RC 결합 저주파 증폭회로의 이득이 높은 주파수에서 감소되는 이유는?

① 증폭기 소자의 특성이 변화하기 때문에
② 결합 커패시턴스의 영향 때문에
③ 부성저항이 생기기 때문에
④ 출력회로의 병렬 커패시턴스 때문에

> • RC결합 저주파 증폭회로에서는 출력회로 내의 병렬 커패시터 때문에 고주파에서 이득이 감소한다.
> • 출력간의 임피던스 정합(매칭)이 어렵고 손실은 많으나 주파수 특성이 평탄하여 저주파 증폭회로에 주로 사용된다.

10 PN 접합 다이오드에 가한 역방향 전압이 증가할 때 옳은 것은?

① 저항이 감소한다.
② 공핍층의 폭이 감소한다.
③ 공핍층 정전용량이 감소한다.
④ 다수 캐리어의 전류가 증가한다.

> PN 접합에 역바이어스를 증가시키면 내부 공핍층(공간 전하영역)이 증가하게 되면서 반송자(정공, 전자)의 흐름이 없고, 전류가 흐를 수 없게 된다.

11 트랜지스터의 컬렉터 역포화 전류가 주위온도의 변화로 12[μA]에서 112[μA]로 증가되었을 때 컬렉터 전류의 변화가 0.71[mA]이었다면 이 회로의 안정도계수는?

① 1.2
② 6.3
③ 7.1
④ 9.7

> 안정계수 $S = \dfrac{\triangle IC}{\triangle I_{CO}} = 1 + \beta$
> $\therefore S = \dfrac{0.71 \times 10^{-3}}{(112 \times 10^{-6}) - (12 \times 10^{-6})} = 7.1$

12 펄스의 주기 등은 일정하고 그 진폭을 입력 신호 전압에 따라 변화시키는 변조방식은?

① PAM
② PFM
③ PCM
④ PWM

> 펄스변조방식
> • 펄스 진폭 변조(PAM) : 펄스 신호레벨에 따라서 펄스 진폭을 변화시킨다.
> • 펄스 폭 변조(PWM) : 펄스 신호레벨에 따라서 펄스의 폭을 변화시킨다.
> • 펄스 위상 변조(PPM) : 펄스 신호레벨에 따라서 펄스의 위상을 변화시킨다.
> • 펄스 부호 변조(PCM) : 신호 레벨(높낮이)에 따라 펄스열의 유무를 변화시키는 방법으로, 각 샘플별로 신호 레벨을 일정 비트를 갖는 2진 부호로 바꾸어 부호화한다.

13 크로스오버 일그러짐은 어디에서 생기는 증폭 방식인가?

① A급
② B급
③ C급
④ AB급

> B급 푸시풀 증폭호로의 특징
> • B급 동작이므로 직류 바이어스 전류가 매우 작아도 된다.
> • 입력이 없을 때의 컬렉터 손실이 작으며 큰 출력을 낼 수 있다.
> • 짝수 고조파 성분은 서로 상쇄되어 일그러짐이 없는 출력단에 적합하다.
> • B급 증폭기의 특징인 크로스오버(crossover) 왜곡이 있다.
> • 효율은 78.5[%]로 높다.

14 반도체 소자 중 정전압회로에서 전압조절(VR)과 같은 동작 특성을 갖는 것은?

① 서미스터
② 바리스터
③ 제너다이오드
④ 트랜지스터

> 제너 다이오드는 내부 임계전압 범위에 따른 순방향 전압을 유지하고 그 이상 혹은 이하의 전압이 걸리면 제너브레이크다운(제너 항복)으로 역으로 급격한 전류를 흘리며 순방향 전류흐름을 차단하므로 기준전압 이상의 전압변동에 따른 전압안정 및 회로를 보호할 수 있다.

15 최대값이 I_m[A]인 전파정류 정현파의 평균값은?

① $\sqrt{2}I_m$[A]   ② $\dfrac{I_m}{\pi}$[A]

③ $\dfrac{2I_m}{\pi}$[A]   ④ $\dfrac{I_m}{2}$[A]

> 교류회로의 평균값이란 정현피 교류전압의 파형은 + 파형과 − 파형이 서로 대칭이므로, 1주기 값을 평균하면 0이 된다. 따라서 평균값 계산은 반주기 동안의 교류전압 또는 교류전류의 평균값은 다음과 같다.

구분	평균치	실효치
정현파	$\dfrac{2I_m}{\pi} = 0.637I_m$[A]	$\dfrac{I_m}{\sqrt{2}}$
전파정류	$\dfrac{2I_m}{\pi} = 0.637I_m$[A]	$\dfrac{I_m}{\sqrt{2}}$
반파정류	$\dfrac{I_m}{\pi}$[A]	$\dfrac{I_m}{2}$

16 N형 반도체의 다수 반송자는?

① 정공   ② 도너
③ 전자   ④ 억셉터

> N형 반도체 : 순수한 진성반도체인 게르마늄(Ge), 실리콘(Si) 등에 5족의 불순물 원자인 안티몬(Sb), 비소(As), 인(P) 등을 넣으면 공유결합을 하고 한 개의 과잉 전자(−)를 발생시킨다. 이렇게 과잉 전자를 제공한 불순물을 도너(donor)라 하며, 다수 반송자는 전자(−)에 해당한다.

17 가상기억장치(virtual memory)에서 주기억장치의 내용을 보조기억장치로 전송하는 것을 무엇이라 하는가?

① 로드(Load)
② 스토어(Store)
③ 롤아웃(Roll-out)
④ 롤인(Roll-in)

> 롤아웃 (roll-out) : 다중 프로그램 구조를 갖는 컴퓨터 시스템에서 우선순위가 높은 작업(job)이 들어오면, 우선순위가 낮은 작업은 주기억장치로부터 외부의 보조기억장치로 전송된다. 그 대신에 보조기억장치에서 주기억장치로 우선순위가 높은 프로그램이 전송되어 와서 실행된다. 여기서 우선순위가 낮은 작업이 주기억장치에서 외부의 보조기억장치로 전송되는 것을 롤아웃이라고 한다.

18 데이터 전송 속도의 단위는?

① bit   ② byte
③ baud   ④ binary

> Baud : 매 초당 몇 번의 신호 변화가 있었는지 혹은 매 초당 몇 번의 다른 상태로 변화가 있었는지를 나타내는 신호 속도의 단위이다.

19 마이크로컴퓨터에서 오퍼랜드가 존재하는 기억장치의 어드레스를 명령 속에 포함시켜 지정하는 주소지정 방식은?

① 직접 어드레스 지정방식
② 이미디어트 어드레스 지정방식
③ 간접 어드레스 지정방식
④ 레지스터 어드레스 지정방식

> 직접 주소 지정 방식(Direct Addressing Mode) : 명령어의 오퍼랜드에 실제 데이터가 들어 있는 주소를 직접 갖고 있는 방식

20 컴퓨터 회로에서 Bus Line을 사용하는 가장 큰 목적은?

① 정확한 전송
② 속도 향상
③ 레지스터 수의 축소
④ 결합선 수의 축소

> 컴퓨터 회로에서 버스 라인은 결합선 수의 축소를 위하여 사용한다.

21 누산기(accumulator)에 대한 설명으로 올바른 것은?

① 상태 신호를 발생시킨다.
② 제어 신호를 발생시킨다.
③ 주어진 명령어를 해독한다.
④ 연산의 결과를 일시적으로 기억한다.

> 누산기(Accumulator) : 연산에 관계되는 상태와 인터럽트 신호를 기억한다.

22 다음 중 8421 코드는?

① BCD 코드   ② Gray 코드
③ Biquinary 코드   ④ Excess-3 코드

> BCD 코드(Binary Coded Decimal, 2진화 10진수) : 10진수 1자리를 2진수 4자리(bit)로 표현하는 가중치 코드, 8421 코드라고도 한다.

23 비가중치 코드이며 연산에는 부적합하지만 어떤 코드로부터 그 다음의 코드로 증가하는 데 하나의 비트만 바꾸면 되므로 데이터의 전송, 입·출력장치 등에 많이 사용되는 코드는?

① BCD 코드
② Gray 코드
③ ASCII 코드
④ Excess-3 코드

> 그레이 코드(Gray Code) : 비가중치 코드이며 연산에는 부적합하지만 어떤 코드로부터 그 다음의 코드로 증가하는데 하나의 비트만 바꾸면 되므로 데이터의 전송, 입·출력 장치 등에 많이 사용한다.

24 데이터의 입·출력 전송이 중앙처리장치의 간섭 없이 직접 메모리 장치와 입·출력장치 사이에서 이루어지는 인터페이스는?

① DMA
② FIFO
③ 핸드셰이킹
④ I/O 인터페이스

> DMA(Direct Memory Access) : 데이터의 입·출력 전송이 중앙처리장치의 간섭 없이 직접 메모리 장치와 입·출력 장치 사이에서 이루어지는 인터페이스

25 기억장치의 성능을 평가할 때 가장 큰 비중을 두는 것은?

① 기억장치의 용량과 모양
② 기억장치의 크기와 모양
③ 기억장치의 용량과 접근속도
④ 기억장치의 모양과 접근속도

> 기억장치의 성능을 평가할 때 가장 큰 비중을 두는 것은 기억장치의 용량과 접근 속도이다.

26 명령어의 기본적인 구성 요소 2가지를 옳게 짝지은 것은?

① 기억장치와 연산장치
② 오퍼레이션 코드와 오퍼랜드
③ 입력장치와 출력장치
④ 제어장치와 논리장치

> 명령어는 명령부(명령코드부, OP code)와 처리부(피연산자부, operand)로 구성되어 있다.

27 단항(Unary) 연산을 행하는 것은?

① OR
② AND
③ SHIFT
④ 4칙 연산

> · 단항연산 : MOVE, Shift, Rotate, Complement
> · 이항연산 : 사칙연산, OR, AND, EX-OR

28 다음 논리회로에서 출력이 0이 되려면, 입력 조건은?

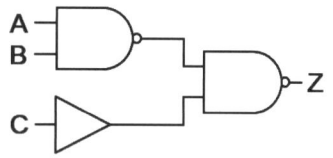

① A=1, B=1, C=1
② A=1, B=1, C=0
③ A=0, B=0, C=0
④ A=0, B=1, C=1

> $Z = \overline{(\overline{A \cdot B}) \cdot \overline{C}} = (A \cdot B) = \overline{C}$ 이므로 이 식에 보기를 대입하면 ①, ②, ③의 경우는 결과가 1이 되고, ④의 경우만 결과가 0이 된다.

29 수신기에 관한 측정 중 주파수 특성 및 파형의 일그러짐률에 관계되는 것은?

① 감도 측정
② 선택도의 측정
③ 충실도의 측정
④ 명료도의 측정

> 충실도(fidelity) 측정 : 송신측에서 변조된 신호를 어느 정도까지 충실히 재현할 수 있는지의 정도를 나타내며 주파수 특성 및 파형의 일그러짐률에 관계된다.

30 고주파 전력을 측정하는 방법 중 콘덴서를 사용하여 부하전력의 전압 및 전류에 비례하는 양을 구하고, 열전쌍의 제곱 특성을 이용하여 부하 전력에 비례하는 직류 전류를 가동코일형 계기로 측정하도록 한 전력계는?

① C-C형 전력계
② C-M형 전력계
③ 볼로미터 전력계
④ 의사 부하법

> C-C형 전력계 : 고주파 전력을 측정하는 방법 중 콘덴서를 사용하여 부하 전력의 전압 및 전류에 비례하는 양을 구하고, 열전쌍의 제곱 특성을 이용하여 부하 전력에 비례하는 직류 전류를 가동코일형 계기로 측정하도록 한 전력계

31. 무부하 시 단자전압이 100[V]이고, 부하가 연결됐을 때 단자전압이 80[V]이면, 이때의 전원 전압변동률은?

① 15[%] ② 20[%]
③ 25[%] ④ 35[%]

> 전압변동율(ε) = $\frac{(V_0 - V_n)}{V_n} \times 100$
> = $\frac{100 - 80}{80} \times 100 = 25[\%]$

32. 전류계의 측정범위를 넓히기 위해서 계기와 병렬로 연결해주는 저항을 무엇이라 하는가?

① 분류기 저항 ② 분압기 저항
③ 전류 저항   ④ 전압 저항

> 분류기(Shunt) : 전류를 측정하려는 경우에 전로의 전류가 전류계의 정격보다 큰 경우에는 전류계와 병렬로 다른 전로를 만들고, 전류를 분류하여 측정한다. 이와 같이 전류를 분류하는 저항기를 분류기라 한다.

33. 다음 중 흡수형 주파수계의 설명으로 옳지 않은 것은?

① 50[MHz] 정도의 고주파 측정에 사용할 수 있다.
② 직렬 공진회로의 공진주파수는 $\frac{1}{2\pi\sqrt{LC}}$이다.
③ 공진회로의 Q가 크지 않을 때에는 공진점을 찾기가 쉬워 정밀한 측정이 가능 하다.
④ 저항, 인덕턴스, 커패시턴스 등을 직렬로 연결시킨 직렬 공진회로의 주파수 특성을 이용한 것이다.

> 흡수형 주파수계
> • R, L, C의 공진 회로 및 검출 지시부로 구성된 공진형 주파수계이다.
> • 구조가 간단하고 전원이 불필요하다.
> • 선택도 Q가 150이하로 감도가 나쁘고 확도도 낮다.
> • 100[MHz] 이하의 대략 주파수 측정에 사용한다.
> • 피측정 회로와는 소결합하여 측정한다.
> • $f = \frac{1}{2\pi\sqrt{LC}}$

34. 가청 주파수의 측정에 사용되는 것이 아닌 것은?

① 빈 브리지   ② 공진 브리지
③ 캠벨 브리지 ④ 동축 주파수계

> 가청 주파수의 측정 방법으로 공진 브리지, 캠벨 브리지, 빈 브리지 등을 사용한다.

35. 직동식 기록계기의 동작 원리 방식은?

① 영위법
② 편위법
③ 치환법
④ 반경법

> 직동식 기록계기 : 편위법 지시계기의 동작 원리로서, 지침이 달린 기록용 펜을 직접 움직여 측정량을 기록하는 계기로서 실선식과 타점식이 있다.

36. 저항 2[kΩ]에서 소비되는 전력을 1[W] 이내로 하기 위해서 전류는 약 몇 [mA] 이내로 되어야 하는가?

① 20.4[mA]
② 22.4[mA]
③ 26.2[mA]
④ 30.5[mA]

> $P = I^2 R$
> $\therefore I = \sqrt{\frac{P}{R}} = \sqrt{\frac{1}{2 \times 10^2}}$
> $= \sqrt{0.0005} \fallingdotseq 0.0224 \fallingdotseq 22.4[mA]$

37. 표준신호발생기(SSG)가 갖추어야 할 조건으로 옳지 않은 것은?

① 불필요한 출력을 내지 않을 것
② 출력 임피던스가 크고, 가변적일 것
③ 주파수가 정확하고, 파형이 양호할 것
④ 변조도가 자유롭게 조절될 수 있을 것

> 표준신호 발생기의 구비조건
> • 변조도의 가변범위가 넓을 것
> • 발진수파수가 정확하고 파형이 양호할 것
> • 안정도가 높고 주파수의 가변범위가 넓을 것
> • 주변의 온도 및 습도 조건에 영향을 받지 않을 것
> • 출력임피던스가 일정할 것
> • 불필요한 출력을 내지 않을 것

38. 표본화된 연속적인 샘플값을 디지털량으로 하기 위해서 소구간으로 분할하여 유한의 자리수를 가지는 수치를 할당하는 것은?

① 표본화 ② 구체화
③ 부호화 ④ 양자화

> **A/D변환**
> - 아날로그(analog)량을 디지털(digital)량으로 바꾸는 것
> - 아날로그 신호를 디지털 신호로 변환하는 과정 : 표본화 → 양자화 → 부호화
>   - 표본화 : 아날로그 신호를 일정한 간격으로 샘플링하는 것
>   - 양자화 : 간단한 수치로 고치는 것
>   - 부호화 : 양자화 값을 2진 디지털 부호로 바꾸는 것

39 오실로스코프로 측정할 수 없는 것은?

① 교류전압 ② 주파수
③ 위상차   ④ 코일의 Q

> 오실로스코프로는 전압, 전류, 파형, 위상 및 주파수, 변조도, 시간 간격, 펄스의 상승시간 등의 제현상을 측정할 수 있다.

40 다음 중 정전용량의 측정에 적합한 브리지는?

① 셰링브리지
② 휘스톤브리지
③ 콜라우슈브리지
④ 켈빈더블브리지

> 셰링브리지(Schering Bridge)는 정전 용량이나 유전체 손실각의 측정에 사용된다.

41 유전 가열의 특징으로 옳지 않은 것은?

① 가열이 골고루 된다.
② 전원을 끌 때 과열이 적다.
③ 표면 손상이 없다.
④ 온도 상승이 늦다.

> **유전가열의 특징**
> - 열전도율이 나쁜 물체나 두꺼운 물체 등도 단시간내에 골고루 가열 된다.
> - 온도 상승이 빠르다.
> - 내부가열이므로 표면상의 손상이 없고 국부적인 가열이 된다.
> - 열 이용이 쉽다.

42 계기 착륙 방식이라고도 하며 로컬라이저, 글라이드 패드 및 팬 마커로 구성되는 것은?

① ILS   ② NDB
③ VOR   ④ DME

> 계기착륙방식(ILS, instrument landing system) : 현재 국제적인 표준 시설로 로컬라이저, 글라이드 패드, 마커 비컨의 1조인 지상 무선 설비와 지상의 계기 착륙방식 수신기로 이루어진다.

43 그림과 같은 회로의 1차측에서 본 임피던스 Zp를 구하는 식은?

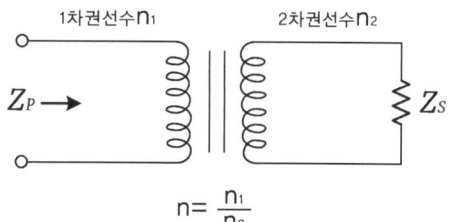

$$n = \frac{n_1}{n_2}$$

① $Zp = nZs$ ② $Zp = n^2 Zs$
③ $Zp = \dfrac{Zs}{n}$ ④ $Zp = \dfrac{Zs}{n^2}$

> $\dfrac{n_1}{n_2} = \dfrac{V_1}{V_2} = \dfrac{I_2}{I_1}$ 에서 $V_1 = \dfrac{n_1}{n_2}V_2, I_1 = \dfrac{n_2}{n_1}I_2$
> 1차 측에서 본 임피던스 $Z_P = \dfrac{V_1}{I_1}$(옴의 법칙), V_1, I_1을 대입하면
> $Z_P = \dfrac{\frac{n_1}{n_2}V_2}{\frac{n_2}{n_1}I_2} = \dfrac{n_1^2}{n_2^2}\dfrac{V_2}{I_2} = n^2 Z_S$

44 전자 현미경에서 배기장치(펌프)가 필요한 이유는?

① 시료를 압축하기 위해서
② 전자렌즈의 압력을 높이기 위해서
③ 현미경 내부를 진공으로 하기 위해서
④ 전자빔을 한 곳으로 집중시키기 위해서

> 전자 현미경 배기장치 : 현미경 내부를 10^{-4}[mmHg] 정도의 진공으로 하기 위한 장치

45 항공기나 선박이 전파를 이용하여 자기 위치를 탐지할 때 무지향성 비컨 방식이나 호밍 비컨 방식을 이용하는 항법은?

① 쌍곡선 항법   ② $\rho - \theta$ 항법
③ 방사상 항법[1] ④ 방사상 항법[2]

> **방사상 항법[1]**
> - 지향성 수신 방식으로 공항이나 항구에 송신국을 설치한다.
> - 전파를 모든 방향으로 발사하며, 항공기나 선박에서는 지향성 공중선으로 전파의 도래 방향을 탐지하여 자기위치를 탐지하는 방식이다.
> - 무지향성 비컨, 호밍 비컨 또는 호머(homer) 등이 있다.

46 다음 중 초음파의 성질에 대한 설명으로 옳은 것은?

① 지향성은 진동수가 많을수록 작아진다.
② 기체나 액체 중에서는 종파로 전파된다.
③ 감쇠율은 고체, 액체, 기체 순으로 작아진다.
④ 특성 임피던스가 같은 물질의 경계면에서 반사 및 굴절을 한다.

🔍 초음파 성질
- 파동의 전파속도는 횡파가 종파보다 느리다.
- 기체 중에서는 파동의 전파 방향으로 입자가 진동하는 종파만 존재한다.
- 고체 중에는 파동의 전파 방향에 수직방향으로 입자가 진동하는 횡파만 존재한다.
- 액체 중에서는 파동의 전파 방향으로 입자가 진동하는 종파만 존재한다.

47 자기 녹음기의 교류 바이어스에 사용되는 주파수는?

① 약 60~100[Hz]
② 약 100~200[Hz]
③ 약 30~200[kHz]
④ 약 200~2000[kHz]

🔍 교류 바이어스법 : 자기 녹음에서 녹음 헤드를 어느 정도 자화해 두는 것을 자기 바이어스라고 한다. 이것을 주기 위해 음성 주파수보다 훨씬 높은 주파수(30~200kHz)의 교류를 사용하는 방식이 교류 바이어스 녹음이다.

48 다음 중 태양전지를 연속적으로 사용하기 위하여 필요한 장치는?

① 변조장치
② 정류장치
③ 검파장치
④ 축전장치

🔍 태양전지를 연속적으로 사용하기 위해서는 태양광선을 얻을 수 없는 경우를 대비하여 축전장치가 필요하다.

49 변위신호가 가해지면 출력단자에는 변위에 비례한 크기를 가진 교류신호가 나오는 것은?

① 리졸버
② 저항식 서보기구
③ 차동변압기
④ 싱크로

🔍 신호 검출에서 1차일 때 2차 변환의 보기

압력-변위	스프링, 다이어프램
전압-변위	전자코일, 전자석
변위-압력	유압 분사관
변위-전압	가변저항 분압기, 차동변압기
변위-임피던스	용량형 변환기, 슬라이드 저항, 유도형 변환기

50 전자냉동은 무슨 효과를 이용한 것인가?

① 제벡 효과(Seebeck effect)
② 톰슨 효과(Thomson effect)
③ 펠티어 효과(Peltier effect)
④ 줄 효과(Joule effect)

🔍 펠티어 효과(Peltier effect)
- 두 개의 다른 물질의 접합부에 전류가 흐르면 열을 흡수하거나 발산하는 현상이다.
- 금속과 금속을 접합했을 경우보다 반도체와 금속의 접합 또는 반도체의 PN접합을 이용했을 경우가 크다.
- 반도체인 BiTe계 합금의 PN접합이 전자 냉동으로 많이 이용되고 있다.

51 다음 중 VOR의 설명으로 옳지 않은 것은?

① AN 레인지 비컨보다 정밀도가 높다.
② VHF를 사용한 전방향식 AN 레인지 비컨이다.
③ 사용 주파수는 108~118[MHz]의 초단파를 사용한다.
④ 일종의 라디오 비컨으로 90°의 방향에서는 항공기와 수신하고 다른 90° 방향에서는 비행 코스를 알려준다.

🔍 VOR(VHF omni-directional range) : 전방향식 AN레인지 비컨이라고도 하며 사용 주파수가 108~118[MHz]의 초단파이므로 NDB보다 정밀도가 높고 공전의 방해를 덜 받는다.

52 다음 중 초음파를 이용한 것이 아닌 것은?

① 기포를 발생시킨다.
② 급속 냉동에 이용한다.
③ 물건의 세척에 이용한다.
④ 용접한 곳의 균열을 검사한다.

- 초음파의 응용
  - 물체 내부의 흠이나 균열 또는 불순물 등의 위치와 크기 파악
  - 초음파 세척
  - 미립자의 응집
  - 물과 기름의 유화
  - 초음파 용접, 납땜 등

53 무선 수신기의 공중선 회로를 밀 결합했을 때, 생길 수 있는 현상은?

① 발진을 일으킨다.
② 동조점이 2개 나온다.
③ 내부잡음이 많아진다.
④ 영상혼신이 없어진다.

> 무선 수신기의 공중선 회로를 밀 결합하면 동조점이 2개가 나오게 되어 선택 특성이 나빠진다.

54 디지털 오디오 테이프란 디지털 오디오 신호를 저장하기 위한 테이프 형식이다. 3가지 샘플링 주파수[kHz]가 아닌 것은?

① 32[kHz]   ② 44.1[kHz]
③ 48[kHz]   ④ 55[kHz]

> 디지털 오디오 테이프
> - 소니(Sony)사에서 개발한 신호 녹음 및 재생 매체이다.
> - 16비트로 양자화하는 CD보다 더 높거나 같거나 낮은 샘플링 레이트(각각 48, 44.1 또는 32kHz 샘플링 레이트)로 기록할 수 있는 성능을 갖추고 있다.

55 변위-임피던스 변환기에 해당하지 않는 것은?

① 스프링   ② 슬라이드 저항
③ 용량형 변환기   ④ 유도형 변환기

> 신호 검출에서 1차일 때 2차 변환의 보기

압력-변위	스프링, 다이어프램
전압-변위	전자코일, 전자석
변위-압력	유압 분사관
변위-전압	가변저항 분압기, 차동변압기
변위-임피던스	용량형 변환기, 슬라이드 저항, 유도형 변환기

56 초음파 측심기로 수심을 측정하고자 초음파를 발사하였다. 이때 물의 깊이(h)를 계산하는 식은 어떻게 되는가?(단, 물속에서의 초음파 속도는 v[m/s], 초음파가 발사된 후 다시 돌아올 때까지의 시간은 t[sec]이다.)

① $h = \dfrac{vt}{2}[m]$

② $h = vt[m]$

③ $h = 2vt[m]$

④ $h = \dfrac{2}{vt}[m]$

> 측심기는 초음파가 배와 바다 밑 사이를 왕복하는 시간을 측정하여 물의 깊이를 측정한다.
> ∴ $h = \dfrac{vt}{2}[m]$

57 다음 중 DVD(Digital versatile Disc)의 설명으로 옳지 않은 것은?

① 콤팩트 디스크와 같은 지름의 디스크에 고화질의 정보를 저장할 수 있다.
② 광 저장 매체이며 1매의 기록 용량은 일반 CD의 6~8배 정도이다.
③ 광원으로는 적외선 반도체 레이저(파장 780[nm] 정도)를 사용하였다.
④ 영상 데이터는 국제표준방식인 MPEG 2로 압축한다.

> DVD의 광원 파장은 640[nm]를 사용한다.

58 컬러 TV 수상기에서 특정 채널만이 흑백으로 나올 때의 고장은?

① 위상검파회로 불량
② 컬러킬러의 동작상태 불량
③ 국부발진기 세밀조정 불량
④ 3.58[MHz] 발진 주파수의 발진 정지

> 컬러 TV 수상기에서 국부발진기의 세밀 조정이 불량하면 특정 채널이 흑백으로 나온다.

59 비스무스(Bi)와 안티몬(Sb)을 접합하여 전류를 흘리면 접촉점에서 흡열 또는 발열 현상이 일어난다. 다음 중 이와 관계있는 것은?

① 줄 효과(Joule effect)
② 핀치 효과(Pinch effect)
③ 톰슨 효과(Thomson effect)
④ 펠티어 효과(Peltier effect)

🔍 펠티어 효과(Peltier effect) : 2개의 다른 물질인 비스무스(Bi)와 안티몬(Sb)을 접합하여 전류를 흘리면 접촉점에서 흡열 또는 발열 현상이 일어난다.

60 VTR에 사용되는 자기테이프에 기록되는 신호의 파장을 λ[cm], 자기테이프 주행속도를 V[cm/sec], 신호의 주파수를 f[Hz]라 할 때 이들의 관계식으로 옳은 것은?

① $\lambda = $ [cm]
② $\lambda = \dfrac{V^2}{f}[cm]$
③ $\lambda = \dfrac{f}{V}[cm]$
④ $\lambda = \dfrac{V}{f}[cm]$

🔍 자기 테이프에 기록된 신호의 파장 λ는 자기 테이프의 주행속도(V)에 비례하고, 신호의 주파수(f)에 반비례한다.

기록파장 = $\dfrac{\text{자기테이프의 주행속도}(cm/sec)}{\text{신호의 주파수}[Hz]} = \dfrac{V}{f}[cm]$

정답 2014년 3회

01 ②	02 ②	03 ②	04 ①	05 ④
06 ①	07 ④	08 ③	09 ④	10 ③
11 ③	12 ①	13 ②	14 ③	15 ③
16 ③	17 ③	18 ②	19 ①	20 ④
21 ④	22 ①	23 ②	24 ①	25 ③
26 ②	27 ③	28 ④	29 ③	30 ①
31 ③	32 ①	33 ②	34 ④	35 ②
36 ②	37 ②	38 ④	39 ④	40 ①
41 ④	42 ①	43 ②	44 ④	45 ③
46 ②	47 ③	48 ④	49 ③	50 ③
51 ④	52 ②	53 ②	54 ④	55 ①
56 ①	57 ③	58 ③	59 ④	60 ④

2014년 4회 공단 기출문제

01 PN 접합 다이오드의 기본 작용은?

① 증폭작용
② 발진작용
③ 발광작용
④ 정류작용

> PN 접합 다이오드는 애노드(anode)에서 캐소드(cathode)방향으로 전류가 흐르는 단방향성이고 정류작용을 기본으로 하여 정류회로에 많이 사용된다.

02 이미터 접지 증폭회로에서 바이어스 안정지수 S는 얼마인가?(단, 고정 바이어스임)

① β
② $1+\beta$
③ $1-\beta$
④ $1-\alpha$

> - 트랜지스터 이미터 접지시 전류 증폭률(β)
> $= \frac{\Delta I_C}{\Delta I_B}, \beta = \frac{\alpha}{1-\alpha}$
> - 트랜지스터 베이스 접지시 전류 증폭률(α)
> $= \frac{\Delta I_C}{\Delta I_E}, \alpha = \frac{\beta}{1+\beta}$
> - 고정 바이어스 안정도 $S = 1+\beta$
> - 안정계수 $S = \frac{\Delta IC}{\Delta I_{CO}} = 1+\beta$, S는 작을수록 좋다.

03 그림은 연산회로의 일종이다. 출력을 바르게 표시한 것은?

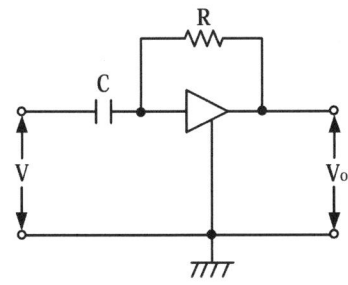

① $V_o = \frac{1}{CR}\int_0^t v\,dt$
② $V_o = -\frac{1}{CR}\int_0^t v\,dt$
③ $V_o = -RC\frac{dv}{dt}$
④ $V_o = RC\frac{dv}{dt}$

> - 미분기(HPF) : 입력에 콘덴서, 궤환에 저항으로 구성
> $V_o = -RC\frac{dv_i}{dt}$
> - 적분기(LPF) : 입력에 저항, 궤환에 콘덴서로 구성
> $V_o = -\frac{1}{RC}\int_0^t v_i\,dt$

04 다음과 같은 연산증폭기의 출력 e_o는?

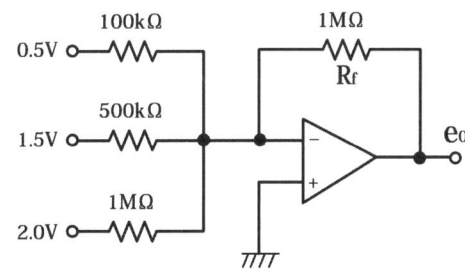

① $-6[V]$
② $-10[V]$
③ $-15[V]$
④ $-20[V]$

> op-amp, R 이용한 가산기 회로
> $e_o = -\frac{R_f}{R}e_i$ 이므로
> $= -(\frac{R_f}{R_1}e_1 + \frac{R_f}{R_2}e_2 + \frac{R_f}{R_3}e_3)$ --- ⓐ
> 위 식 ⓐ에서
> $e_o = -(\frac{1\times 10^6}{100\times 10^3}\times 0.5 + \frac{1\times 10^6}{500\times 10^3}\times 1.5 + \frac{1\times 10^6}{1\times 10^6}\times 2.0)$
> $\therefore = -(5+3+2) = -10[V]$

05 4[Ω]의 저항과 8[mH]의 인덕턴스가 직렬로 접속된 회로에 60[Hz], 100[V]의 교류전압을 가하면 전류는 약 몇 [A]인가?

① 20[A]
② 25[A]
③ 30[A]
④ 35[A]

> $Z = R + X_L$
> $= R + j\omega L = \sqrt{R^2 + (\omega L)^2}$
> $= \sqrt{4^2 + (2\times 3.14 \times 60)^2}$
> $= \sqrt{4^2 + 3^2} = \sqrt{25} = 5[\Omega]$
> $\therefore I = \frac{V}{Z} = \frac{100}{5} = 20[A]$

06 정류회로의 직류전압이 300[V]이고, 리플 전압이 3[V]이었다. 이 회로의 리플률은 몇 [%]인가?

① 1[%]　　② 2[%]
③ 3[%]　　④ 5[%]

> 맥동률 : 정류된 직류전압 속의 교류성분
> $r = \dfrac{\Delta v (\text{출력파형 속의 교류성분의 실효값})}{V_d (\text{직류출력값})} \times 100\%$
> $= \dfrac{3}{300} \times 100 = 1[\%]$

07 A급 저주파 증폭기의 최대 효율은 몇 [%]인가?

① 25[%]　　② 50[%]
③ 78.5[%]　　④ 100[%]

> 저주파 증폭기
> • A급 : 일그러짐(왜율)이 가장작고 원음에 가깝게 재생 하므로 직선성이 좋으며, 효율은 50[%]로 가장 적다.(입력 신호가 없을 때도 컬렉터 전류가 흐른다.)
> • B급 : 일그러짐이 두 번째로 크며, 효율은 78.5% 정도로 높다.(입력 신호가 없을 때 컬렉터 전류는 흐르지 않는다.)
> • AB급 : B급에서 발생하는 일그러짐인 +상측파와 −하측파가 교차하는 교차점에서 일그러짐(크로스 오버 왜곡)을 개선하는 특징이 있으며 가청주파대역 에서는 들을 수 없다.
> • C급 : 일그러짐이 가장 크지만 효율은 78.5%~100% 정도로 높다.

08 T 플립플롭의 설명으로 옳지 않은 것은?

① 클록 펄스가 가해질 때마다 출력상태가 반전한다.
② 출력파형의 주파수는 입력주파수의 1/2이 되기 때문에 2 분주회로 및 계수회로에 사용된다.
③ JK 플립플롭의 두 입력을 묶어서 하나의 입력으로 만든 것이다.
④ 어떤 데이터의 일시적인 보존이나 디지털신호의 지연 작용 등의 목적으로 사용되는 회로이다.

> T 플립플롭은 JK 플립플롭의 두 입력단자를 묶어서 만든 토글(toggle) 전용 플립플롭으로 현재 상태 Q에 무관하게 입력 T = 1이면 매 클록(CLK)마다 출력이 반전(toggle)되는 플립플롭이다. 입력 T = 0이면 보존상태로 이전 출력이 그대로 유지된다.

09 변조도 "m 〉 1"일 때 과변조(over modulation) 전파를 수신하면 어떤 현상이 생기는가?

① 검파기가 과부하 된다.
② 음성파 전력이 커진다.
③ 음성파 전력이 작아진다.
④ 음성파가 많이 일그러진다.

> 변조(Modulation)
> • 100%변조 : m = 1 인 경우, 포락선 최소점이 0[V]일 때이다.
> • 부족변조 : m 〈 1 인 경우이다.
> • 과변조 : m 〉 1 인 경우이며 일그러짐이 발생한다.

10 다음 중 억셉터(acceptor)에 속하지 않는 것은?

① 붕소(B)　　② 인듐(In)
③ 게르마늄(Ge)　　④ 알루미늄(Al)

> • P형 반도체를 만드는 불순물(acceptor) : 인듐(In), 갈륨(Ga), 붕소(B), 알루미늄(Al) 등
> • N형 반도체를 만드는 불순물(donor) : 안티몬(Sb), 비소(As), 인(p) 등

11 이상적인 연산증폭기에 대한 설명으로 옳지 않은 것은?

① 대역폭은 일정하다.
② 출력저항은 0이다.
③ 전압이득은 무한대이다.
④ 입력저항은 무한대이다.

> 이상적인 연산증폭(op-amp)기의 특징
> • $A_v = \infty$ (전압이득은 무한대이다.)
> • $R_i = \infty$ (입력저항은 무한대이다.)
> • $R = 0$ (출력저항은 0이다.)
> • offset = 0 (오프셋은 0이다.)
> • $BW = \infty$ (대역폭은 무한대이다.)
> • 지연응답은 0이고, 특성 변동 및 잡음이 없다.
> • 입력이 0일 때 출력도 0이어야 한다.
> • 동위상신호제거비(CMRR) = $\dfrac{A_d(\text{차동 이득})}{A_c(\text{동위상 이득})} = \infty$

12 트랜지스터가 정상 동작(전류 증폭)을 하는 영역은?

① 포화영역(saturation region)
② 항복영역(breakdown region)
③ 활성영역(active region)
④ 차단영역(cutoff region)

동작영역	EB접합	CB 접합	용도
포화상태	순 bias	순 bias	펄스, 스위칭
활성영역	순 bias	역 bias	증폭작용
차단영역	역 bias	역 bias	펄스, 스위칭
역활성영역	역 bias	순 bias	사용하지 않음

13 J-K Flip-Flop에서 입력이 J=1, K=1일 때 Clock pulse가 계속 들어오면 출력의 상태는?

① Toggle
② Set
③ Reset
④ 동작불능

> RS-F/F(RS 플립플롭)의 Set와 Reset 입력이 모두 1인 경우 출력은 불확실한 상태로서 이러한 상태를 개선시킨 JK-F/F(JK 플립플롭)으로 JK 입력 모두 1일 때에 출력은 반전(Toggle)출력으로 $\overline{Q}$가 된다.

14 직렬형 정전압 회로의 특징에 대한 설명으로 틀린 것은?

① 경부하 시 효율이 병렬에 비하여 훨씬 크다.
② 과부하 시 전류가 제한된다.
③ 출력전압의 안정 범위가 비교적 넓게 설계된다.
④ 증폭단을 증가시킴으로써 출력저항 및 전압 안정계수를 매우 작게 할 수 있다.

> 정전압 회로
> • 직렬 정전압 안정화 회로 : 제어용 TR과 부하저항 RL이 직렬로 구성되며, 전압제어용 회로로서 경부하 시 효율은 높다. 기준전압을 설정하는 제너 다이오드 전압에 따라 전압 범위를 설정할 수 있어 전압 설정범위가 크다.
> • 병렬 정전압 안정화 회로 : 부하저항과 병렬로 구성되어 있으며 소비전력이 크므로 효율이 직렬형 보다 낮고 전류제어용이다.

15 다음과 같은 연산증폭기의 기능으로 가장 적합한 것은?(단, Ri = Rf 이고 연산증폭기는 이상적이다.)

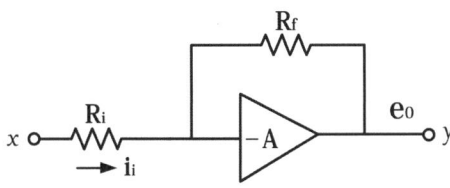

① 적분기
② 미분기
③ 배수기
④ 부호변환기

> $e_o = -\frac{R_f}{R_i}e_i$ 이므로
> 이때 저항 $R_i = R_f$에 따라 반전된 e_i 출력($-e_i$)을 얻으므로 부호변환 회로이다.

16 자체 인덕턴스 0.2[H]의 코일에 흐르는 전류를 0.5초 동안에 10[A]의 비율로 변화시키면 코일에 유도되는 기전력은?

① 2[V]   ② 3[V]
③ 4[V]   ④ 5[V]

> $v = L\frac{\Delta I}{\Delta i} = 0.2 \times \frac{10}{0.5} = 4[V]$

17 16진수 D27을 2진수로 변환하면?

㉮ 110101110010
㉯ 110100100111
㉰ 011111010010
㉱ 011100101101

> $(D27)_{16}$을 2진수 4비트로 표현한다.
>
> | 16진수 | D | 2 | 7 |
> |---|---|---|---|
> | 2진수 | 1101 | 0010 | 0111 |

18 다음 ( ) 안에 들어갈 용어로 알맞은 것은?

【보기】
마이크로프로세서에서 버스 요구 사이클(bus request cycle)은 주변장치가 CPU로부터 버스 사용을 허락받아 CPU의 간섭 없이 독자적으로 메모리와 데이터를 주고받는 방식인 ( ) 동작에 필요하다.

① interrupt   ② polling
③ DMA   ④ MAR

> DMA(Direct Memory Access) : 데이터의 입·출력 전송이 중앙처리장치의 간섭 없이 직접 메모리 장치와 입·출력 장치 사이에서 이루어지는 인터페이스

19 마이크로프로세서의 내부 구성요소 중 산술연산과 논리연산 동작을 수행하는 것은?

① PC   ② MAR
③ IR   ④ ALU

> 연산장치(ALU) : 덧셈, 뺄셈, 곱셈, 나눗셈의 산술 연산만이 아니라 AND, OR, NOT, XOR와 같은 논리연산을 하는 장치로 제어장치의 지시에 따라 연산을 수행하며 누산기, 가산기, 데이터 레지스터, 상태 레지스터로 구성된다.

20 정적인 기억소자 SRAM은 무슨 회로로 구성되어 있는가?

① COUNTER
② MOSFET
③ ENCODER
④ FLIPFLOP

> SRAM(static random access memory) : 플립플롭 방식의 메모리 장치를 가지고 있는 RAM의 하나이다. 전원이 공급되는 동안만 저장된 내용을 기억하고 있다.

21 컴퓨터 시스템에서 자료를 처리하는 최소 단위는?

① 바이트(byte)
② 비트(bit)
③ 워드(word)
④ 니블(Nibble)

> • 비트(bit) : 0과 1로 표현되는 데이터의 최소 단위이며 논리 데이터로 표현
> • 바이트(byte) : 1개의 문자나 수를 기억하는 데이터 단위로서 8개의 비트로 구성
> • 워드(word) : 몇 개의 바이트의 모임으로, 하나의 기억 장소에 기억되는 데이터 범위를 의미
> • 항목(field) : 정보의 전달을 위한 최소한의 문자의 집단

22 다음 중 인간 중심 언어인 고급 언어가 아닌 것은?

① BASIC
② COBOL
③ FORTRAN
④ ASSEMBLY

> • 저급 언어 : 컴퓨터 이해하기 쉽게 작성된 프로그래밍 언어로, 일반적으로 기계어와 어셈블리어를 일컫는다.
> • 고급 언어 : 사람이 알기 쉽도록 써진 프로그래밍 언어로서, 저급 프로그래밍 언어보다 가독성이 높고 다루기 간단하다는 장점이 있다. BASIC, FORTRAN, COBOL, ALGOL, C, PL/I, C++, JAVA 등이 있다.

23 다음 중 "0"에서부터 "9"까지의 10진수를 4 비트의 2진수로 표현하는 코드는?

① 아스키 코드
② 3-초과 코드
③ 그레이 코드
④ BCD 코드

> BCD 코드(Binary Coded Decimal, 2진화 10진수) : 10진수 1자리를 2진수 4자리(bit)로 표현하는 가중치 코드, 8421 코드라고도 한다.

24 다음 그림은 순서도의 기호를 나타낸 것이다. 무엇을 나타내는 기호인가?

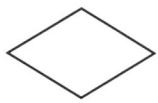

① 처리
② 판단
③ 터미널
④ 준비

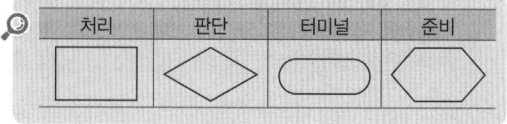

25 다음 회로의 출력 결과로 맞는 것은?(단, A, B는 입력, Y는 출력이다.)

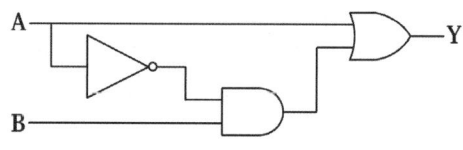

① $Y = \overline{A} + \overline{B}$
② $Y = A + (\overline{A} + B)$
③ $Y = \overline{A + B}$
④ $Y = A + B$

> $Y = \overline{A} \cdot B + A = A + B$

26 다음 중 컴퓨터를 구성하는 기본 소자의 발전 과정을 순서대로 옳게 나열한 것은?

① Tube → TR → IC
② Tube → IC → TR
③ TR → IC → Tube
④ IC → TR → Tube

세대구분	제1세대	제2세대	제3세대	제4세대
회로구성 소자	진공관 (Tube)	TR, DIODE	IC	LSI, VLSI

27 프로그램에서 자주 반복하여 사용되는 부분을 별도로 작성한 후 그 루틴이 필요할 때마다 호출하여 사용하는 것으로, 개방된 서브루틴이라고도 하는 것은?

① 매크로
② 레지스터
③ 어셈블러
④ 인터럽트

> 매크로(Macro) : 프로그램에서 자주 반복하여 사용되는 부분을 별도로 작성한 후 그 루틴이 필요할 때 마다 호출하여 사용하는 것으로, 개방된 서브루틴이라고도 한다.

28 컴퓨터에서 보수(complement)를 사용하는 가장 큰 이유는?

① 가산과 승산을 간단히 하기 위해
② 감산을 가산의 방법으로 처리하기 위해
③ 가산의 결과를 정확히 하기 위해
④ 감산의 결과를 정확히 하기 위해

> 컴퓨터에서 보수(complement)를 사용하는 가장 큰 이유는 감산을 가산의 방법으로 처리하기 위해서이다.

29 그림에서 a=15[mm], b=13[mm]라 하면 수직 수평 두 전압의 위상차는?

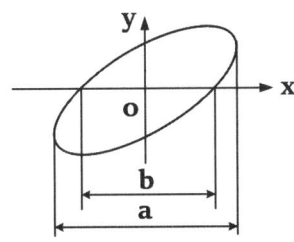

① 약 30° ② 약 45°
③ 약 60° ④ 약 75°

> $\theta = \sin^{-1}\frac{b}{a} = \sin^{-1}\frac{13}{15} = \sin^{-1}0.867 = 60°$

30 시간에 따라서 직선적으로 증가하는 전압은?

① 비교 전압 ② 계수 전압
③ 직류 전압 ④ 램프 전압

> 램프전압 : 시간에 따라서 직선적으로 증가하는 전압

31 다음 중 가장 높은 주파수를 측정할 수 있는 계기는?

① 동축형 주파수계 ② 흡수형 주파수계
③ 헤테로다인 주파수계 ④ 전력계형 주파수계

> 동축 주파수계 : 동축선의 공진 특성을 이용한 것으로, 2500[MHz] 정도까지의 초고주파 주파수를 측정하는데 사용된다.

32 다음 중 흡수형 주파수계의 구성으로 필요하지 않은 것은?

① 발진기 ② 검파기
③ 직류 전류계 ④ 공진회로

> 흡수형 주파수계는 전류계, 전압계, 검파회로, 공진회로 등으로 구성되어 있다.

33 정전 용량이나 유전체 손실각의 측정에서 사용되는 브리지는?

① 맥스웰 브리지 ② 셰링 브리지
③ 헤이 브리지 ④ 하트숀 브리지

> 셰링 브리지(Schering Bridge) : 정전 용량이나 유전체 손실각의 측정에 사용

34 중저항 측정방법이 아닌 것은?

① 편위법
② 직편법
③ 미끄럼줄 브리지법
④ 휘트스톤 브리지법

> 중저항 측정방법에는 전압강하법, 휘트스톤 브리지법, 편위법, 미끄럼줄 브리지법 등이 있다.

35 다음 중 펄스형 주파수와 전압을 측정하는 데 가장 적합한 것은?

① VTVM ② 헤테로다인 주파수계
③ 회로시험기 ④ 오실로스코프

> 오실로스코프로는 전압, 전류, 파형, 위상 및 주파수, 변조도, 시간 간격, 펄스의 상승시간 등의 제현상을 측정할 수 있다.

36 자동 평형 기록기는 어느 측정법에 속하는가?

① 영위법 ② 변위법
③ 직접측정법 ④ 간접측정법

> 자동평형식 기록계기 : 펜과 기록 용지에서 생기는 마찰 오차를 피하기 위하여 고안된 것으로, 영위법에 의한 측정 원리를 이용한 것이며, 직동식 계기에 비하여 고정밀도의 측정이 가능하다.

37 내부저항 4[kΩ], 최대눈금 50[V]의 전압계로 300[V]의 전압을 측정하기 위한 배율기 저항은 몇 [Ω]인가?

① 670[Ω]   ② 800[Ω]
③ 20000[Ω]   ④ 24000[Ω]

🔍 $R_m = r_a(m-1)$ [R_m : 배율기 저항, r_a : 내부저항, m : 배율]
$= (6-1) \times 4[kΩ] = 20[kΩ] = 20000[Ω]$

38 표준 신호 발생기의 필요조건으로 옳지 않은 것은?

① 주파수가 정확하고 가변범위가 넓을 것
② 변조도가 자유롭게 조절될 수 있을 것
③ 출력 임피던스가 크고 가변적일 것
④ 불필요한 출력을 내지 않을 것

🔍 표준 신호 발생기의 구비조건
- 변조도의 가변범위가 넓을 것
- 발진주파수가 정확하고 파형이 양호할 것
- 안정도가 높고 주파수의 가변범위가 넓을 것
- 주변의 온도 및 습도 조건에 영향을 받지 않을 것
- 출력임피던스가 일정할 것
- 불필요한 출력을 내지 않을 것

39 다음 중 캠벨 브리지(Campbell bridge)는 주로 무엇을 측정하는가?

① 고저항   ② 컨덕턴스
③ 정전 용량   ④ 상호 인덕턴스

🔍 상호 인덕턴스의 측정에는 맥스웰 브리지법과 캠벨 브리지법을 사용한다.

40 그림과 같이 전압계 및 전류계를 연결하였다. 부하전력은 얼마인가?(단, 전압계, 전류계의 지시는 각각 100[V], 4[A]이고 전류계의 내부 저항은 0.5[Ω]이다.)

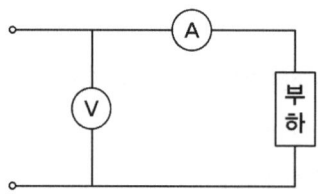

① 400[W]   ② 398[W]
③ 392[W]   ④ 384[W]

🔍 $P = VI - r_a I^2 = (100 \times 4) - (0.5 \times 4^2) = 392[W]$

41 초음파 진동자에서 자기 왜형 진동자에 적합한 진동자는?

① 니켈   ② 연강
③ 수정   ④ 압전결정체

🔍 초음파 발생장치의 진동자
- 자기왜형진동자 : 니켈, 페라이트
- 피에조 진동자 혹은 압전진동자 : 수정, 로셀염
- 전기왜형진동자 : 지르콘, 티탄산바륨

42 공정제어에서 제어량의 종류에 속하지 않는 것은?

① 온도   ② 장력
③ 유량   ④ 압력

🔍 정치제어(목표값이 일정한 경우의 제어)의 구분
- 공정제어(process control) : 온도, 압력, 유량, 액위, 혼합비 등을 제어량으로 하는 자동제어
- 자동조정 : 전압, 전류, 속도, 토크 등의 기계적 또는 전기적 양을 제어하는 정치제어
- 서보기구(servomechanism) : 방향이나 위치의 추치제어

43 다음 중 마이크로폰의 종류가 아닌 것은?

① 가동코일형 마이크로폰
② 트랜지스터 마이크로폰
③ 일렉트리트형 마이크로폰
④ 콘덴서 마이크로폰

🔍 마이크로폰의 종류
- 콘덴서 마이크
- 다이내믹 마이크
- 가동코일형 마이크
- 일렉트리트형 마이크

44 제어요소의 동작 중 연속동작이 아닌 것은?

① D 동작   ② P+D 동작
③ P+I 동작   ④ ON-OFF 동작

🔍 온-오프 동작이란 편차가 양인가 음인가에 따라 조작부를 온(on) 또는 오프(off)하므로 연속적인 동작이 아니다.

45 태양전지에 축전장치가 필요한 이유로 옳은 것은?

① 빛의 반사를 위해서
② 빛의 굴절을 위해서

③ 연속적인 사용을 위해서
④ 광전자를 방출하기 위해서

🔍 태양전지의 특징
• 연속적으로 사용하기 위해 축전장치가 필요하다.
• 장치가 간단하고, 보수가 편하다.
• 대전력용은 부피가 크고, 가격이 비싸다.
• 빛의 방향에 따라 발생 출력이 변한다.

46 유전가열의 공업상의 응용에 있어서 옳지 않은 것은?

① 고무의 가황   ② 섬유류의 염색
③ 목재의 건조   ④ 섬유류의 건조

🔍 유전가열 : 열경화성 접착제의 가열, 목재나 섬유질 물질의 건조, 플라스틱을 성형하기 전의 예열, 거품고무를 굳히고 건조시키는 경우 등에 사용된다.

47 다음 중 전장 발광 장치의 설명으로 옳지 않은 것은?

① 형광체의 미소한 결정을 유전체와 혼합하여 여기에 높은 직류전압을 가하면 지속적으로 발광한다.
② 전극으로부터 전자나 정공이 직접 결정에 유입되지 않는다.
③ 반도체의 성질을 가지고 있는 물질(형광체를 포함)에 전장을 가하면 발광현상이 생긴다.
④ 발광은 결정 내부의 인가전압에 따라 높은 전장이 유기되어서 생기므로 고유형 EL이라 한다.

🔍 반도체의 형광물질을 포함한 물체에 전장을 가하면 빛을 방출하는 발광 현상을 전장 발광(electroluminescence, EL)이라 하며, 형광체(ZnS 등)의 미소한 결정을 유전체 속에 넣고 높은 교류전압을 가하면 전압에 따라 결정 내부에 높은 전장이 유기되어서 발광을 한다.

48 공기 중에 떠 있는 먼지나 가루를 제거하는 장치는 초음파의 어느 작용을 응용한 것인가?

① 응집작용   ② 캐비테이션
③ 확산작용   ④ 에멀션화작용

🔍 응집작용 : 기체나 액체에 초음파를 통해주면 매질은 진동하게 된다. 이때 매질 속에 고체의 미립자가 있는 경우 이 미립자는 유체매질과 같은 속도로 진동하지 못하고 미립자끼리 뭉쳐지게 된다. 이와 같은 현상은 가스의 정화장치나 액체 속의 고체 미립자를 제거하는데 사용된다.

49 컬러 TV(수상기) 회로에서 색 동기회로의 링잉(Ringing)에 관한 설명으로 옳은 것은?

① 주파수 선택도가 높은 수정 필터에 간헐파의 버스트 신호를 직접 가하여 연속파의 3.58[MHz]를 재생하는 회로 방식이다.
② 제1대역 증폭회로에 의해 증폭된 반송 색신호에 포함된 컬러 버스트 신호를 분리하여 증폭하는 회로이다.
③ 3.58[MHz]의 자려 발진회로에 수정 필터를 통한 정확한 3.58[MHz]의 신호를 가하여 자려 발진기의 발진 주파수를 강제적으로 컬러 버스트에 동기를 취하게 하는 방식이다.
④ 컬러 버스트와 수상기 측의 3.58[MHz]의 발진기의 위상차를 검출하여 3.58[MHz] 발진기의 위상을 제어하여 부반송파를 얻을 수 있도록 한 회로이다.

🔍 링잉(Ringing) 방식 : 주파수 선택도가 높은 수정 필터에 간헐파의 버스트 신호를 직접 가하여 연속파의 3.58[MHz]를 재생하는 회로 방식

50 FM 통신 방식의 특징으로 옳은 것은?

① SN 비가 나쁘다.
② 혼신 방해를 적게 할 수 있다.
③ 수신기의 출력 준위 변동이 많다.
④ 송신 시의 효율을 높일 수 있고, 일그러짐이 많다.

🔍 FM 통신 방식의 특징
• 신호대 잡음비(S/N)가 개선된다.
• 점유주파수대역폭이 넓다.
• 혼신 방해를 적게 할 수 있다.
• 레벨 변동의 영향이 없다.

51 색의 3요소에 해당하지 않는 것은?

① 색상
② 채도
③ 투명도
④ 명도

🔍 색의 3속성 : 색의 감각을 나타내기 위해 쓰이는 3종의 성질. 색상, 명도, 채도가 그것이며, 기호 및 수치로 각각 나타내고, 그 조합에 의해 어느 색의 감각을 기호적으로 표현할 수 있다.

52 790[kHz]의 중파방송을 수신하려 할 때 슈퍼헤테로다인 수신기의 국부 발진 주파수는 얼마로 조정해야 하는가?(단, 중간 주파수는 450[kHz]이다.)

① 340[kHz]   ② 450[kHz]
③ 790[kHz]   ④ 1240[kHz]

> • 국부발진주파수 = 수신주파수 + 중간주파수
> • 영상주파수 = 수신주파수 + (2 × 중간주파수)
>   = 국부발진주파수 + 중간주파수
> ∴ 790 + 450 = 1240[kHz]

53 다음 중 캐비테이션(공동작용)을 이용한 것은?

① 소나
② 초음파 세척
③ 초음파 납땜
④ 고주파 가열

> 캐비테이션(cavitation) : 초음파가 용액 중으로 전파될 때 초음파의 큰 압력변화에 의해 미세기포군이 생성되고 소멸되는 현상으로 매우 큰 압력과 고온을 동반한다. 이를 초음파 세척, 분산, 에멀션화 등에 이용한다.

54 전축 바늘이 레코드판 음구의 벽을 밀기 때문에 생기는 잡음을 제거하기 위하여 사용하는 필터(filter)는?

① 수정 필터
② 스크래치 필터
③ RC 필터
④ CL 필터

> 스크래치 필터(scratch filter)는 픽업 카트리지의 바늘이 레코드 음구의 벽을 긁기 때문에 생기는 스크래치 잡음이나 AM 방송 수신시의 비트음을 제거하기 위해 설치된다.

55 다음 중 소나(sonar)와 관계없는 것은?

① 수중 레이더
② 어군 탐지기
③ 물의 깊이와 수위
④ 물속에 녹아 있는 염분의 농도측정

> 소나(sonar)는 초음파를 발사하여 그 반사파를 측정하여 거리와 방향을 알아내는 장치로 수중 레이더, 어군 탐지기, 수심의 측정 등에 이용된다.

56 다음 각 항법장치의 설명 중 옳은 것은?

① TACAN : 전파의 도래 방향을 자동적으로 측정한다.
② ADF : 두 국 A, B의 전파의 도래 시간차를 측정한다.
③ VOR : 사용주파수는 108[MHz]~118[MHz]의 초단파를 사용한다.
④ 로란(Loran) : 지상국으로부터 방위와 거리를 측정하는 시스템이다.

> • TACAN : VOR-DME 국과 같은 기능을 가지는 비컨국으로 거리와 방위의 두 정보를 동시에 항공기에 줄 수 있다. 주파수는 DME와 비슷한 962~1213[MHz]이다.
> • 자동 방향 탐지기(ADF) : 항공기의 기수 방향에 대한 전파의 도래방향을 자동적으로 측정한다.
> • VOR : 전방향식 AN레인지 비컨이라고도 하며 사용 주파수가 108~118[MHz]의 초단파이다.
> • 로란(Loran) : 두 국 A, B로부터 동기해서 발사된 펄스 신호를 어떤 지점에서 수신하여 두국의 전파의 도래 시간차를 측정한다.

57 등화 증폭기의 역할로서 거리가 먼 것은?

① 고역에 대한 이득을 낮추어 원음 재생이 실현되도록 한다.
② 고음역의 잡음을 감쇠시킨다.
③ 라디오의 음질을 좋게 한다.
④ 미약한 신호를 증폭한다.

> 등화 증폭기(equalizing amplifier)
> • 고역에 대한 이득을 낮추어 원음 재생이 실현되도록 한다.
> • 고음역의 잡음을 감쇠시킨다.
> • 미약한 신호를 증폭한다.
> • 오디오 시스템에서 잡음에 대해 가장 영향을 많이 받는다.

58 다음 제어계 블록선도에서 전달함수 C/R는?

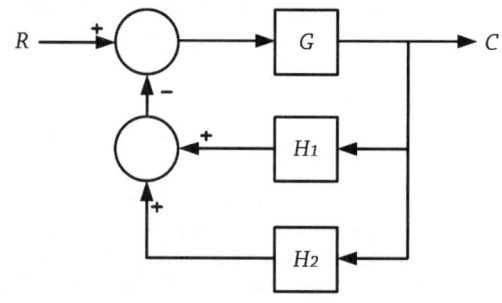

① $\dfrac{C}{R} = \dfrac{G}{1 + H_1 + H_2 G}$

② $\dfrac{C}{R} = \dfrac{G}{1 - G(H_1 + H_2)}$

③ $\dfrac{C}{R} = \dfrac{GH_1H_2}{1 + G(H_1 + H_2)}$

④ $\dfrac{C}{R} = \dfrac{G}{1 + G(H_1 + H_2)}$

$C = \dfrac{G}{1 + G(H_1 + H_2)} R$

$\therefore \dfrac{C}{R} = \dfrac{G}{1 + G(H_1 + H_2)}$

59 수신안테나의 특성으로 사용하지 않는 것은?

① 종횡비　　　② 대역폭
③ 지향성　　　④ 이득

수신안테나의 성능 파라미터에는 지향성, 이득, 대역폭 등이 있다.

60 수신기의 성능에서 종합특성이 아닌 것은?

① 감도　　　② 충실도
③ 선택도　　④ 증폭도

수신기의 특성
- 감도(sensitivity) : 수신기의 성능을 나타내는 하나의 성질로, 어느 정도의 세기의 전파를 수신할 수 있는가의 능력을 나타내는 것이다.
- 선택도(selectivity) : 무선 수신기에서 희망 신호와 불필요한 신호를 주파수의 차로 분리하는 능력의 정도를 나타내는 것이다.
- 충실도(fidelity) : 입력 신호파가 얼마만큼 정확하게 출력으로 재현되는가를 나타내는 것이다.
- 안정도(stability) : 주파수와 진폭이 일정한 신호 전파를 수신하면서 장시간에 걸쳐 일정한 출력을 낼 수 있는지의 능력을 나타내는 것이다.

정답 2014년 4회

01 ④	02 ②	03 ③	04 ②	05 ①
06 ①	07 ②	08 ④	09 ④	10 ③
11 ①	12 ③	13 ①	14 ②	15 ④
16 ③	17 ②	18 ③	19 ④	20 ④
21 ②	22 ④	23 ④	24 ②	25 ④
26 ①	27 ①	28 ②	29 ③	30 ④
31 ①	32 ②	33 ②	34 ②	35 ④
36 ①	37 ③	38 ③	39 ②	40 ③
41 ①	42 ②	43 ②	44 ④	45 ③
46 ②	47 ①	48 ①	49 ①	50 ②
51 ③	52 ④	53 ②	54 ②	55 ④
56 ③	57 ③	58 ④	59 ①	60 ④

2015년 1회 공단 기출문제

01 진공관에서 음극 표면의 상태가 고르지 못해 전자의 방사가 시간적으로 일정하지 않아 발생하는 잡음으로 가청 주파수대에서만 일어나는 잡음은?

① 열잡음　　② 산탄 잡음
③ 플리커 잡음　　④ 트랜지스터 잡음

> 플리커 잡음(flicker noise)
> • 도전율의 변화에 의해 생기는 잡음으로 주파수가 낮은 가청 주파수 20Hz~20kHz대에서 발생된다.
> • 진공관(Vacuum tube)에서 음극 표면의 상태가 고르지 못해 전자의 방사가 시간적으로 일정하지 않아 발생하며, 반도체에서는 표면 상태가 영향을 준다.

02 다음 연산증폭기 회로에서 $Z = 50[k\Omega]$, $Z_f = 500[k\Omega]$일 때 전압증폭도(Avf)는?

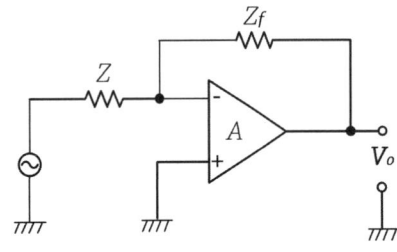

① 0.5　　② -0.5
③ 10　　④ -10

> op-amp 이용한 반전 증폭기로서
> $v_0 = -\dfrac{Z_f}{Z}V_s = -\dfrac{500}{50}V_s = -10V_s$

03 주파수 변조 방식에 대한 설명으로 가장 적합한 것은?

① 반송파의 주파수를 신호파의 크기에 따라 변화시킨다.
② 신호파의 주파수를 반송파의 크기에 따라 변화시킨다.
③ 반송파와 신호파의 위상을 동시에 변화 시킨다.
④ 신호파의 크기에 따라 반송파의 크기를 변화 시킨다.

> • 진폭변조 회로(AM) : 신호파(변조파) 진폭에 따라 반송파의 진폭을 변화시키는 변조방식
> • 주파수변조 회로(FM) : 신호파(변조파)에 따라 반송파의 진폭은 일정하며 주파수만 변화시키는 변조방식
> • 위상변조 회로(PM) : 신호파(변조파)에 따라 반송파의 위상을 변화시키는 변조방식
> • 펄스변조 회로(PCM) : 아날로그 신호를 압축 표본화하고 양자화 신호를 부호화한 디지털 신호

04 9[μF]의 같은 콘덴서 3개를 병렬로 접속하면 콘덴서의 합성용량은?

① 3[μF]　　② 9[μF]
③ 27[μF]　　④ 81[μF]

> 병렬접속시 콘덴서의 합성용량(C_t) = $C_1 + C_2 + \cdots + C_n$
> ∴ $C_t = 9 \times 3 = 27[\mu F]$

05 다이오드-트랜지스터 논리회로(DTL)의 특징이 아닌 것은?

① 소비전력이 적다.
② 잡음여유도가 크다.
③ 응답속도가 비교적 빠르다.
④ 저속도 및 중속도에서 동작이 안정하다.

> DTL(Diode Transistor Logic)는 논리구조로는 NAND게이트 이다. 소비전력이 작으며, 저속도 및 중속도에서 동작이 안정하나 잡음여유도가 크다.

06 펄스 증폭회로의 설명으로 틀린 것은?

① 저역특성이 양호하면 새그가 감소한다.
② 결합콘덴서를 크게 하면 새그가 감소한다.
③ 고역특성이 양호하면 입상의 기울기가 개선된다.
④ 고역보상이 지나치면 언더슈트가 발생한다.

> • 펄스 증폭회로에서는 결합콘덴서를 크게 하므로 저주파 특성이 양호하며 펄스에서 나타나는 새그가 감소한다.
> • 고역특성이 양호하면, 입상의 기울기가 개선되고 고역보상이 지나치면 오버슈트가 발생한다.

07 전동기에서 전기자에 흐르는 전류와 자속, 회전방향의 힘을 나타내는 법칙은?

① 렌츠의 법칙
② 플레밍 왼손 법칙
③ 플레밍 오른손 법칙
④ 앙페르의 오른손 법칙

- 플레밍의 오른손법칙 : 자장(S극과 N극) 내에 도체를 놓고 운동시키면 기전력 e가 전류 방향으로 발생한다.(발전기의 원리)
- 플레밍의 왼손법칙 : 자장(S극과 N극) 내에 도체를 놓고 전류를 흘리면 힘 F가 작용하여 도체가 움직이게 되는데 이와 같이 자장과 전류 사이에 작용하는 힘을 전자력이라 한다.(전동기의 원리)

08 TR을 A급 증폭기(활성영역)로 사용할 때 바이어스 상태를 옳게 표현한 것은?

① B-E : 순방향 Bias, B-C : 순방향 Bias
② B-E : 역방향 Bias, B-C : 역방향 Bias
③ B-E : 순방향 Bias, B-C : 역방향 Bias
④ B-E : 역방향 Bias, B-C : 순방향 Bias

- 활성영역 – 입력 BE : 순 Bias, 출력 B-C : 역 Bias
- 포화영역 – 입력 BE : 순 Bias, 출력 B-C : 순 Bias
- 차단영역 – 입력 BE : 역 Bias, 출력 B-C : 역 Bias

09 다음 회로에서 공진을 하기 위해 필요한 조건은?

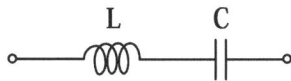

① $\omega L = \dfrac{1}{\omega C^3}$
② $\omega L = \dfrac{1}{\omega C}$
③ $\omega L = \omega C$
④ $\dfrac{1}{\omega L} = \omega C^2$

- 공진 효과 : 유도 리액턴스(X_L)는 주파수의 증가와 더불어 증대되나 용량 리액턴스(X_C)는 주파수가 증가함에 따라 감소한다. 이러한 서로 반대되는 특성 때문에 어떠한 LC결합에 대해서도 하나의 증가하면 다른 하나가 감소하므로 $X_L = X_C$가 되는 주파수가 있게 된다. 이와 같이 크기는 같고 부호가 서로 반대인 리액턴스를 갖는 경우에 공진되었다고 하며, 그때의 교류 회로를 공진 회로라 한다. 따라서 LC공진 조건은 $X_L = X_C$, $\omega L = \dfrac{1}{\omega C}$

10 자체 인덕턴스가 10[H]인 코일에 1[A]의 전류가 흐를 때 저장되는 에너지는?

① 1[J] ② 5[J]
③ 10[J] ④ 20[J]

- L만의 회로 $W = \dfrac{1}{2}I^2L[J]$
∴ $W = 0.5 \times 1^2 \times 10 = 5[J]$

11 평활회로의 출력 전압을 일정하게 유지시키는데 필요한 회로는?

① 안정화(정전압)회로
② 브리지정류회로
③ 전파정류회로
④ 정류회로

- 전압변동 되는 평활전압을 TR, Zener Diode 등을 사용하여 정전압 안정화 회로를 구성하여 안정된 전압을 얻는다.

12 5[μF]의 콘덴서에 1[kV]의 전압을 가할 때 축적되는 에너지 [J]는?

① 1.5[J] ② 2.5[J]
③ 5.5[J] ④ 10[J]

- C만의 회로 $W = \dfrac{1}{2}V^2C[J]$
∴ $W = 0.5 \times (1 \times 10^3)^2 \times (5 \times 10^{-6}) = 2.5[J]$

13 이상적인 연산증폭기의 주파수 대역폭으로 가장 적합한 것은?

① 0~100 [kHz]   ② 100~1000 [kHz]
③ 1000~2000 [kHz] ④ 무한대(∞)

- 이상적인 연산증폭(op-amp)기의 특징
  - $A_v = \infty$ (전압이득은 무한대이다.)
  - $R_i = \infty$ (입력저항은 무한대이다.)
  - $R = 0$ (출력저항은 0이다.)
  - offset = 0 (오프셋은 0이다.)
  - BW = ∞ (대역폭은 무한대이다.)
  - 지연응답은 0이고, 특성 변동 및 잡음이 없다.
  - 입력이 0일 때 출력도 0이어야 한다.
  - 동위상신호제거비(CMRR) = $\dfrac{A_d(\text{차동 이득})}{A_c(\text{동위상 이득})} = \infty$

14 연산 증폭기의 설명으로 틀린 것은?

① 직렬 차동 증폭기를 사용하여 구성한다.
② 연산의 정확도를 높이기 위해 낮은 증폭도가 필요하다.
③ 차동 증폭기에서 TR 특성의 불일치로 출력에 드리프트가 생긴다.
④ 직류에서 특정 주파수 사이의 되먹임 증폭기를 구성, 일정한 연산을 할 수 있도록 한 직류 증폭기이다.

> **op-amp 구성**
> - 연산 증폭기는 입력단에 직렬 차동 증폭기를 사용한다. 입력의 차동 증폭기에서 TR 특성의 불일치가 출력의 드리프트(drift)가 생긴다.
> - 직류에서 특성 주파수 사이의 되먹임 증폭기를 구성하고, 일정한 연산을 할 수 있도록 한 직류 증폭기 이다.
> - 연산의 정확도를 높이기 위해 높은 증폭도가 필요하다.

15 N형 반도체를 만드는 불순물은?

① 붕소(B)
② 인듐(In)
③ 갈륨(Ga)
④ 비소(As)

> - P형 반도체를 만드는 불순물(acceptor) : 인듐(In), 갈륨(Ga), 붕소(B), 알루미늄(Al) 등
> - N형 반도체를 만드는 불순물(donor) : 안티몬(Sb), 비소(As), 인(P) 등

16 이미터 접지회로에서 $I_B = 10[\mu A]$, $I_C = 1[mA]$ 일 때 전류증폭률 β는 얼마인가?

① 10
② 50
③ 100
④ 120

> **트랜지스터 이미터 접지시 전류 증폭률(β)**
> $\beta = \frac{\Delta I_C}{\Delta I_B}$, $\beta = \frac{\alpha}{1-\alpha}$
> ∴ 전류증폭률(β) = $\frac{1 \times 10^{-3}}{1 \times 10^{-6}} = 100$

17 컴퓨터의 주변장치에 해당되는 것은?

① 연산장치
② 제어장치
③ 주기억장치
④ 보조기억장치

> **보조기억장치** : 컴퓨터의 중앙처리장치가 아닌 외부에서 프로그램이나 데이터를 보관하기 위한 기억장치를 말한다. 주기억장치보다 속도는 느리지만 많은 자료를 영구적으로 보관할 수 있다.

18 2진수 $(11001)_2$에서 1의 보수는?

① 00110
② 00111
③ 10110
④ 11110

> 2진수 $(11001)_2$의 1의 보수 : 11001 → 00110

19 코드 내에 패리티 비트(parity bit)가 있어 전송 시에 오류 검사가 가능한 코드는?

① ASCII 코드
② gray 코드
③ EBCDIC 코드
④ BCD 코드

> **ASCII 코드(American Standard Code for Information Interchange Code)** : 미국의 표준코드, 문자를 표시하기 위한 7비트 코드로서 영어 대문자, 소문자로 구별할 수 있으며, 가장 왼쪽의 한 비트는 코드의 오류 검출용 패리티 비트를 부가하여 8비트로 표시하고 데이터 통신에서 표준코드로 사용하며 개인용 컴퓨터에 사용한다.

20 다음 C 프로그램의 실행 결과는?

【보기】
```
void main()
{
  int a, b, tot;
  a = 200;
  b = 400 ;
  tot = a + b:
  printf("두 수의 합 = %d\n", tot)
}
```

① tot
② 600
③ 두 수의 합 = 600
④ 두 수의 합 = tot

> tot = a(200) + b(400) = 600이므로, 출력문은 "두 수의 합 = 600"

21 읽기 전용 메모리로서 전원이 끊어져도 기억된 내용이 소멸되지 않는 비휘발성 메모리는?

① ROM
② I/O
③ control Unit
④ register

> ROM(Read Only Memory) : 한번 기록한 정보에 대해 오직 읽기만을 허용하도록 설계된 비휘발성 기억장치이며, 시스템 프로그램을 저장하는데 사용한다.

22 서브루틴의 복귀 주소(Return Address)가 저장되는 곳은?

① Stack
② Program Counter
③ Data Bus
④ I/O Bus

> 서브루틴(Subroutine) : 프로그램 가운데 하나 이상의 장소에서 필요할 때마다 되풀이해서 사용할 수 있는 부분적 프로그램. 실행 후에는 메인 루틴이 호출한 장소로 되돌아간다. 되돌아 갈 복귀 주소를 저장해 놓아야 하는데 이때 사용되는 것이 스택(stack)이다. 독립적으로 쓰는 일은 없고 메인 루틴과 결합하여 기능을 수행한다.

23 명령어의 오퍼랜드 부분과 프로그램카운터의 내용이 더해져 실제 데이터의 위치를 찾는 주소지정방식을 무엇이라 하는가?

① 직접주소 지정 방식
② 간접주소 지정 방식
③ 상대주소 지정 방식
④ 레지스터주소 지정 방식

> 상대주소 지정방식(Relative Addressing Mode) : 프로그램 카운터가 명령의 주소 부분과 더해져서 유효 주소가 결정되는 방법으로, 명령의 주소 부분은 보통 부호를 포함한 수이며, 음수(2의 보수 표현)나 양수 둘 다 될 수 있다.

24 플립플롭으로 구성되는 레지스터는 어떤 기능을 수행하는가?

① 기억
② 연산
③ 입력
④ 출력

> 컴퓨터는 저장 기능도 지녀야 하는데, 1비트의 정보를 저장하는 회로를 플립플롭(flip-flop)이라 한다.

25 마이크로프로세서(Microprocessor)를 이용하여 컴퓨터를 설계할 때의 장점이 아닌 것은?

① 소비전력의 증가
② 제품의 소형화
③ 시스템 신뢰성 향상
④ 부품의 수량 감소

> 마이크로프로세서를 이용하여 회로를 설계하면 소비전력의 감소, 제품의 소형화, 시스템의 신뢰성 향상, 부품의 수량 감소 등의 장점이 있다.

26 마이크로프로세서에서 누산기(accumulator)의 용도는?

① 연산 결과를 일시적으로 삭제
② 오퍼레이션 코드를 인출
③ 오퍼레이션의 주소를 저장
④ 연산 결과를 일시적으로 저장

> 누산기(Accumulator) : 연산에 관계되는 상태와 인터럽트 신호를 기억한다.

27 자료의 단위가 작은 크기에서 큰 크기순으로 나열된 것은?

① 니블 < 비트 < 바이트 < 워드 < 풀워드
② 비트 < 니블 < 바이트 < 하프워드 < 풀워드
③ 비트 < 바이트 < 하프워드 < 풀워드 < 니블
④ 풀워드 < 더블워드 < 바이트 < 니블 < 비트

> • 비트(bit) : 0과 1로 표현되는 데이터의 최소 단위이며 논리 데이터로 표현
> • 니블(nibble) : 1바이트의 절반, 즉 4비트를 하나의 단위로 한 것
> • 바이트(byte) : 1개의 문자나 수를 기억하는 데이터 단위로서 8개의 비트로 구성
> • 워드(word) : 몇 개의 바이트의 모임으로, 하나의 기억 장소에 기억되는 데이터 범위를 의미

28 데이터를 중앙처리장치에서 기억장치로 저장하는 마이크로 명령어는?

① $\overline{LOAD}$
② $\overline{STORE}$
③ $\overline{FETCH}$
④ $\overline{TRANSFER}$

> Store instruction : 데이터를 주기억 장치에 기억시키는 명령

29 일반적으로 지시계기의 구비 조건 중 옳은 것은?

① 절연내력이 낮아야 한다.
② 눈금이 균등하든가 대수 눈금이어야 한다.
③ 확도가 낮고, 외부의 영향을 받지 않아야 한다.
④ 지시가 측정값의 변화에 불확정 응답이어야 한다.

> 지시계기의 구비조건
> • 확도가 높고, 외부의 영향을 받지 않을 것
> • 눈금이 균등하든가 대수 눈금일 것
> • 지시가 측정값의 변화에 신속히 응답할 것
> • 튼튼하고 취급이 편리할 것
> • 절연 내력이 높을 것

30 기본파의 전압이 40[V]이고, 고조파의 전압이 80[V]라 하면 이때의 일그러짐율은 약 몇 [dB]인가?

① −3[dB] ② −6[dB]
③ 3[dB]   ④ 6[dB]

> 일그러짐률 = $\frac{고조파전압}{기본파전압} \times 100[\%] = \frac{E_h}{E_f} \times 100[\%]$
> $20\log_{10}\frac{E_h}{E_f} = 20\log_{10}\frac{80}{40} = 20\log_{10}2 = 20 \times 0.3 = 6[dB]$

31 주파수 특성측정에 사용되는 발진기로 소요 주파수 대역 내에서 발진 주파수가 자동적으로 걸려 연속적으로 변화 하는 발진기는?

① 비트 발진기   ② LC 발진기
③ 음차 발진기   ④ 소인 발진기

> 소인 발진기(Sweep Generator) : 발진 주파수가 주기적인 변화를 갖는 주파수 발진기로서 각종 무선 주파회로의 주파수 특성을 관측, 수신기 중간 주파 증폭기의 특성, 주파수 변별기 또는 증폭회로 등의 조정에 사용되는 발진기

32 측정자의 부주의에 의하여 발생하는 것으로서 측정기의 눈금을 잘못 읽거나, 부정확한 조정, 부적당한 적용 및 계산의 실수 등에 의하여 발생하는 오차는?

① 개인오차   ② 계통오차
③ 우연오차   ④ 측정오차

> 오차의 종류
> • 계통 오차 : 계측기의 눈금의 부정확에서 발생되는 오차
> • 우연 오차 : 측정조건의 변화에 의한 오차
> • 과오 오차 : 눈금오독, 기록부주의, 과실(실수)과 측정에 대한 지시부족에 의한 오차

33 오실로스코프로 다음과 같은 도형이 얻어졌다. 이 회로의 위상은?

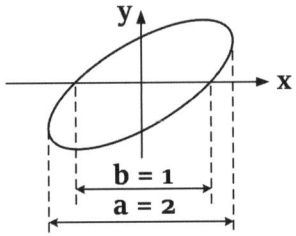

① 10°   ② 20°
③ 30°   ④ 40°

> $\theta = \sin^{-1}\frac{b}{a} = \sin^{-1}\frac{1}{2} = \sin^{-1}0.5 = 30°$

34 전력 증폭기에서 저항을 측정하는 이유로 옳은 것은?

① 전류 이득을 계산하기 위해서
② 전압 이득을 계산하기 위해서
③ 부하 저항과의 정합을 이루기 위하여
④ 주파수 응답 특성을 알기 위하여

> 부하 저항과 정합을 이루기 위하여 전력 증폭기에서 저항을 측정한다.

35 편위법을 이용한 기록계기는?

① 타점식 기록계기   ② 펜식 기록계기
③ 브리지형 기록계기   ④ 자동평형식 기록계기

> 직동식 기록계기 : 편위법 지시계기의 동작 원리로서, 지침이 달린 기록용 펜을 직접 움직여 측정량을 기록하는 계기이다.

36 [보기]의 계기와 관련 있는 측정계기는?

【보기】
공진 브리지, 캠벌 브리지, 빈 브리지

① 고주파수 측정계기
② 반송 주파수 측정계기
③ 상용 주파수 측정계기
④ 가청 주파수 측정계기

> 가청 주파수의 측정 방법으로 공진 브리지, 캠벨 브리지, 빈 브리지 등을 사용한다.

37 볼로미터(bolometer) 전력계의 저항 소자는?

① 서미스터
② 바리스터
③ 트랜지스터
④ 터널 다이오드

> 볼로미터 전력계는 저항소자(서미스터)의 변화분을 측정하여 도파관 속을 전파하는 마이크로파대의 전력을 측정한다.

38 지시 계기의 3대 요소에 해당되지 않는 것은?

① 구동 장치
② 지시 장치
③ 제동 장치
④ 제어 장치

> 지시계기의 3대 요소 : 구동장치, 제어장치, 제동장치

39 디지털 측정에 널리 이용되는 샘플홀드회로(sample-hold circuit)에 대한 설명 중 틀린 것은?

① A/D 변환기와 함께 사용된다.
② 스위치와 콘덴서로 간단히 실현할 수 있다.
③ 홀드 모드 동안에는 하나의 연산증폭기이다.
④ 샘플 모드 동안에는 콘덴서에 전하를 방전한다.

> 샘플홀드 회로 : 아날로그-디지털 변환 장치의 입력에 부가되어, 입력 전압을 샘플링하여 유지하고, 유지된 전압을 변환 장치가 변환을 끝내기까지 그대로 지속하는 회로이다.
> • A/D 변환기와 함께 사용된다.
> • 스위치와 콘덴서로 간단히 실현할 수 있다.
> • 홀드 모드 동안에는 하나의 연산증폭기이다.

40 표준 저항기의 실효 저항을 R, 실효 인덕턴스를 L 이라 했을 때 시상수를 나타내면?

① $\dfrac{L}{R}$
② $\dfrac{L^2}{R}$
③ $\dfrac{R}{L}$
④ $\dfrac{R^2}{L}$

> RL회로의 시상수는 $\tau = \dfrac{L}{R}$이다.

41 60[Hz] 4극 3상 유도전동기의 동기속도는?

① 1200[rpm]
② 1800[rpm]
③ 2400[rpm]
④ 3600[rpm]

> 유도전동기의 속도 $= \dfrac{120f}{N}$
> $\therefore \dfrac{120 \times 60}{4} = 1800[rpm]$

42 다음 중 전자기기에 사용되는 평판디스플레이의 동작 방식이 발광형인 것은?

① ECD(전자변색 디스플레이)
② LCD(액정 디스플레이)
③ TBD(착색입자 회전형 디스플레이)
④ FED(전계방출 디스플레이)

> FED(field emission display) : 전계에 의해 방출된 전자를 가속 충돌시킴으로써 빛을 일으키는 방식으로, 전계방출 디스플레이라고도 한다.

43 소나의 원리 응용과 거리가 먼 것은?

① 측심기
② 어군탐지기
③ 액면계
④ 수중레이더

> 소나(sonar) : 초음파를 방출하는 탐지 시스템. 주로 해양 환경 탐지에 사용되며, 수중레이더, 어군 탐지기, 물의 깊이와 수위, 잠수함 및 지뢰탐지용 등에 이용된다.

44 스피커의 감도 측정에 있어서 표준 마이크로폰의 음압이 4[μbar]이면 스피커의 전력감도는?(단, 스피커의 입력에는 1[W]를 가한 것으로 한다.)

① 약 9[dB]
② 약 12[dB]
③ 약 16[dB]
④ 약 20[dB]

> $S_p = 20\log \dfrac{P}{\sqrt{W}} [dB] (P : 음압레벨)$
> $= 20\log_{10} \dfrac{4}{\sqrt{1}} = 20\log_{10}4 ≒ 12[dB]$

45 서보기구에 사용되지 않는 것은?

① 싱크로   ② 차동변압기
③ 리졸버   ④ 단상전동기

> 서보 기구에 사용되는 기구의 구성
> - 싱크로(synchro) : 전기적으로 변위나 각도를 전달하는 서보기구
> - 리졸버(resolver) : 싱크로와 같이 각도를 전달하는 것
> - 저항식 서보기구
> - 차동 변압기 : 변위신호가 가해지면 출력단자의 변위에 비례하고 크기를 가진 교류신호가 나온다.

46 태양전지의 용도가 아닌 것은?

① 조도계나 노출계
② 인공위성의 전원
③ 광전자 방출 효과
④ 초단파 무인 중계국

> 태양전지의 용도
> - 조도계, 노출계
> - 인공위성, 우주발전
> - 무선중계기, 방송중계국
> - 가로등, 무인신호등
> - 등대, 선박 비상 전원

47 광학 현미경과 전자현미경의 차이점에 대한 설명으로 가장 옳은 것은?

① 광학 현미경에서는 시료 위의 정보를 전하는 매개체로 빛과 전자를 동시에 사용한다.
② 광학 현미경은 매개체로 빛과 광학렌즈를, 전자 현미경은 매개체로 전자 빔과 전자렌즈를 사용한다.
③ 전자 현미경은 전자선을 오목렌즈에 이용하고, 광학 현미경은 볼록렌즈를 사용한다.
④ 전자 현미경은 볼록렌즈에 전자선을 사용하고, 광학 현미경은 오목렌즈에 전자선을 이용한다.

> 현미경
> - 광학현미경은 매개체로 빛과 광학렌즈를 전자현미경은 매개체로 전자빔과 전자렌즈를 사용한다.
> - 전자현미경은 광학현미경에 비해 매우 높은 분해능을 갖고 있어 고배율로 대상물을 관찰 할 수 있다.
> - 주사전자현미경은 광학현미경과 달리 피사계심도가 대단히 깊어서 높낮이가 큰 대상물을 관찰할 수 있다.

48 다음 중 유전가열이 이용되지 않는 것은?

① 목재의 건조   ② 고주파 치료기
③ 고주파 납땜   ④ 비닐제품 접착

> 고주파 유전 가열의 응용
> - 목재 공업에의 응용 : 목재의 건조, 성형, 접착 등
> - 고주파 머신 : 비닐이나 플라스틱 시트의 접착
> - 고주파 용접 : 비닐 가방이나 비닐 시계줄의 제조
> - 고주파 의료기

49 비디오 신호를 기록, 재생하는 장치로 해상도나 화상의 아름답기를 결정하는 성능상 매우 중요한 부분은?

① 비디오 헤드   ② 헤드 드럼
③ 비디오테이프   ④ 로딩 기구

> 비디오 헤드
> - 비디오 신호를 기록, 재생하는 장치로 해상도나 화상의 아름답기를 결정하는 부분이다.
> - VTR에서 회전 드럼 또는 실린더에 붙여서 회전하며, 테이프는 헤드 드럼이 반회전하는 동안에 헤드의 폭에 상당하는 58[μm]만큼 주행한다.

50 녹음기에서 테이프를 일정한 속도로 움직이게 하는 것은?

① 핀치롤러와 캡스턴
② 핀치롤러와 텐션암
③ 캡스턴과 테이프 가이드
④ 테이프 가이드와 테이프 패드

> - 캡스턴(capstan) : 모터에 의해 일정한 속도(테이프의 원주 속도와 거의 같음)로 회전하는 회전축
> - 핀치롤러(pinch roller) : 테이프를 캡스턴에 압착하여 테이프가 정속 주행하도록 한다.

51 슈퍼헤테로다인 수신기에서 중간 주파 증폭을 하는 이유 중 옳지 않은 것은?

① 안정한 증폭으로 이득을 높이기 위해
② 전압 변동을 적게 하기 위해
③ 충실도를 높이기 위해
④ 선택도를 높이기 위해

> 중간주파 증폭기는 주파수 변환 회로에서 얻어진 중간 주파수를 증폭하여 감도와 선택도를 좋게 하고 안정된 증폭으로 이득을 높이기 위해 사용한다.

52 다음 의용전자 장치 중 치료에 이용되는 것은?

① 오디오미터
② 심전계
③ 망막 전도 측정기
④ 심장용 페이스메이커

> 심장용 페이스메이커 : 일시적으로 정지하거나 박동 주기가 고르지 못한 심장을 정상으로 되돌리기 위하여 전기적 펄스를 발생시켜 심장에 가하는 장치

53 공항에 수색 레이더(SRE)와 정측 레이더(PAR)의 두 레이더가 설치된 항법 보조 장치는?

① ILS 장치
② 고도측정 장치
③ 거리측정 장치
④ 지상제어 진입 장치(GCA)

> 지상제어 진입 장치(GCA) : 항공기 착륙용의 지상 레이더 방식으로 수색 레이더(SRE), 정측 진입 레이더(PAR), 무선전화, 부속 설비 등을 트레일러 위에 또는 지상에 고정 장치한 것이다. 그 기능은 비행장 반경 30마일 이내의 항공기를 수색 레이더로 포착하여 그 위치를 측정하고 무선 전화에 의해서 항공기와 연락하면서 그 항공기를 착륙태세로 유도한다.

54 FM 변조에서 변조지수가 6이고, 신호주파수가 3[kHz]일 때, 최대 주파수 편이는?

① 6[kHz]
② 9[kHz]
③ 18[kHz]
④ 36[kHz]

> 변조도$(m) = \dfrac{\Delta f_o}{f_s}$ (Δf_o : 주파수 편이, f_s : 신호 주파수)
> $\therefore \Delta f_o = m \times f_s = 6 \times 3[kHz] = 18[kHz]$

55 수평해상도 340, 수직해상도 350인 경우 해상비(resolution ratio)는?

① 0.49   ② 0.76
③ 0.83   ④ 0.97

> 해상비(resolution ratio) $= \dfrac{수평해상도}{수직해상도} = \dfrac{340}{350} \fallingdotseq 0.97$

56 무선기기의 음성신호 표본화 주파수를 8[kHz]를 사용할 경우 채널이 두 개일 때 펄스 간격 T는 얼마인가?

① 62.5[μsec]
② 125[μsec]
③ 250[μsec]
④ 500[μsec]

> $T = \dfrac{1}{f}[sec]$
> 2개의 채널이므로 $T = \dfrac{1}{f} \times \dfrac{1}{2} = \dfrac{1}{8 \times 10^3 \times 2} = 62.5[\mu s]$

57 다음 회로의 전달함수는?

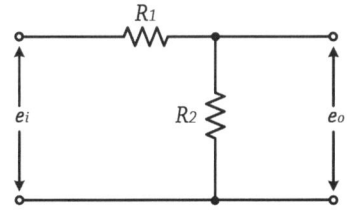

① $R_1 + R_2$
② $\dfrac{R_2}{R_1 + R_2}$
③ $\dfrac{R_1 + R_2}{R_2}$
④ $\dfrac{R_1 R_2}{R_1 + R_2}$

> $G_{(S)} = \dfrac{e_{o(s)}}{e_{i(s)}} = \dfrac{출력측\ Z_{(S)}}{입력측\ Z_{(S)}} = \dfrac{R_2}{R_1 + R_2}$

58 선박에 이용되며 방향 탐지기가 없이 보통 라디오 수신기를 이용하여 방위를 측정할 수 있는 것은?

① 회전 비컨
② 무지향성 비컨
③ AN 레인지 비컨
④ 초고주파 전방향성 비컨

> 회전 라디오 비컨
> • 송신국에서 8자 특성의 지향성 전파를 발사하고 그것을 선박측에서 수신하여 표준방향(동서 또는 남북)에 상당하는 전파를 들으면서 실제 최소음이 되는 점까지의 시간 또는 각도를 측정하여 선박의 방위를 결정하는 방식이다.
> • 측정에 필요한 시간이 너무 길어서 항공기에 사용되지 않으며 선박에만 사용된다.)

59 VTR의 컬러 프로세스(color process)의 VHS 방식에서 사용하고 있는 색 신호 처리방식은?

① DOS 방식
② HPF_2 방식
③ PS(phase shift) 방식
④ PI(phase invert) 방식

- PS 방식 : VHS 방식 비디오에 채용
- PI 방식 : β-max 방식 비디오에 채용

60 수신기에서 주파수 다이버시티(frequency diversity)의 주된 사용 목적은?

① 페이딩(fading) 방지
② 주파수 편이 방지
③ S/N저하 방지
④ 이득저하 방지

주파수 다이버시티는 전파 도중에 일어나는 페이딩을 제거하여 전송 품질의 저하를 방지하기 위하여 사용한다.

정답 2015년 1회

01 ③	02 ④	03 ①	04 ③	05 ③
06 ④	07 ②	08 ③	09 ②	10 ②
11 ①	12 ②	13 ④	14 ②	15 ④
16 ③	17 ④	18 ①	19 ①	20 ③
21 ①	22 ①	23 ③	24 ①	25 ①
26 ④	27 ②	28 ②	29 ②	30 ④
31 ④	32 ①	33 ③	34 ③	35 ②
36 ④	37 ①	38 ②	39 ④	40 ①
41 ②	42 ④	43 ③	44 ②	45 ④
46 ③	47 ②	48 ③	49 ①	50 ①
51 ②	52 ④	53 ④	54 ③	55 ④
56 ①	57 ②	58 ①	59 ③	60 ①

2015년 2회 공단 기출문제

01 다음 중 증폭회로를 구성하는 수동소자에서 자유전자의 온도에 의하여 발생하는 잡음은?

① 산탄 잡음
② 열잡음
③ 플리커 잡음
④ 트랜지스터 잡음

> 열잡음(thermal noise)은 R, L, C, 수동소자에서 자유전자의 불규칙한 운동은 온도에 비례하여 강해진다. 유효 주파수 범위에 걸쳐 거의 일정한 에너지 스펙트럼을 갖는 화이트 노이즈이며 △f[Hz]의 대역 내에 포함되는 잡음 전압의 실효값은 다음과 같다.
> $E_n = \sqrt{4kTRB\Delta f}\ [V]$

02 전원주파수가 60[Hz] 일 때 3상 전파정류회로의 리플 주파수는?

① 90[Hz]
② 120[Hz]
③ 180[Hz]
④ 360[Hz]

> 정류 방식별 맥동주파수(60Hz인 경우)
>
> | 정류 방식 | 맥동 주파수 |
> |---|---|
> | 단상 반파 정류회로 | 1상×60Hz = 60[Hz] |
> | 단상 전파 정류회로 | 1상×120Hz = 120[Hz] |
> | 3상 반파 정류회로 | 3상×60Hz = 180[Hz] |
> | 3상 전파 정류회로 | 3상×120Hz = 360[Hz] |

03 회로에서 입력단자와 출력단자가 도통되는 상태는?

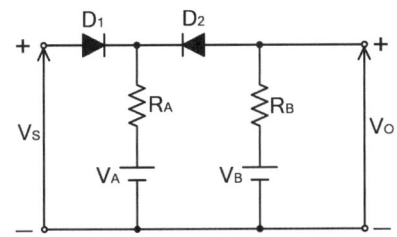

① $V_S > V_A,\ V_S < V_B$
② $V_S > V_A,\ V_S > V_B$
③ $V_S < V_A,\ V_S > V_B$
④ $V_S < V_A,\ V_S < V_B$

> 파형 정형회로의 일부인 슬라이서(slicer) 회로로서 + 전압 레벨 일부분과 – 전압 레벨 일부분의 출력전압이 작아지도록 한 것으로 다시 증폭 해주어야 한다. 보통 증폭기능을 겸한 슬라이서 회로에는 시미트 트리거가 사용된다.

04 JK 플립플롭의 J입력과 K입력을 묶어서 1개의 입력 형태로 변경한 것은?

① RS 플립플롭
② D 플립플롭
③ T 플립플롭
④ 시프트 레지스터

> T 플립플롭은 JK 플립플롭의 두 입력단자를 묶어서 만든 토글(toggle) 전용 플립플롭으로서 현재 상태 Q에 무관하게 입력 T = 1이면 매 클럭(CLK)마다 출력이 반전(toggle)되는 플립플롭이다. 입력 T = 0이면 보존 상태로 이전 출력이 그대로 유지된다.

05 트랜지스터가 스위치로 ON/OFF 기능을 하고 있다면 어떤 영역을 번갈아 가면서 동작하는가?

① 포화영역과 차단영역
② 활성영역과 포화영역
③ 포화영역과 항복영역
④ 활성영역과 차단영역

> 트랜지스터가 동작하기 위해서는 바이어스 전압을 걸어 주어야 한다. 이 전압에 따라서 증폭기로서 동작하려면 다음과 같다.
> • 활성영역(입력 : BE=순 바이어스 전압) 동작점으로 동작
> • 포화영역은 입력BE와 출력CE 모두 순 바이어스 전압 인가 시 동작점으로 동작
> • 차단영역은 논리(0,1)인 스위칭으로 동작 시 입력BE와 출력 CE 모두 역 바이어스 전압 인가 시 동작점으로 동작

06 수정발진기의 특징 중 가장 큰 장점은?

① 발진이 용이하다.
② 주파수 안정도가 높다.
③ 발진세력이 강하다.
④ 소형이며 잡음이 적다.

> • LC발진회로는 보통 1[MHz] 이상에서 발진하는 동조형과 3소자발진기인 콜피츠, 하틀리, 클랩형 발진기로 분류된다.
> • 수정발진기는 수정편을 이용하여 발진을 구동시키며 보통 1[Mz]~10[MHz] 이상에서 발진하며 안정된 발진기로 많이 쓰이고 있으며 피어스-BE형, 피어스-BC형으로 분류한다.

07 3단자 레귤레이터의 특징이 아닌 것은?

① 입력 전압이 출력 전압 보다 높다.
② 방열이 필요 없다.
③ 회로의 구성이 간단하다.
④ 전력 손실이 높다.

> 정전압 IC(3단자 레귤레이터)는 입력전압이 출력전압 보다 높아야 하며, 내부 회로 구성이 비교적 간단하고 전력 손실이 높다. 열적으로 안정을 위하여 방열판을 부착하여 사용 하도록 권장한다.

08 다음 중 펄스의 시간적 관계의 기본 조작이 아닌 것은?

① 정형
② 선택
③ 비교
④ 변이

> 파형 정형 회로는 임의의 파형에 대하여 어떤 기준 전압 레벨의 이상 또는 이하의 파형만을 잘라내는 작업을 클리핑(clipping)이라 하며 이러한 회로를 클리핑 회로 또는 클리퍼(clipper)라고 한다.

09 UJT를 이용한 기본 발진회로일 때 발진주기 τ는?(단, η는 스탠드 오프비이다.)

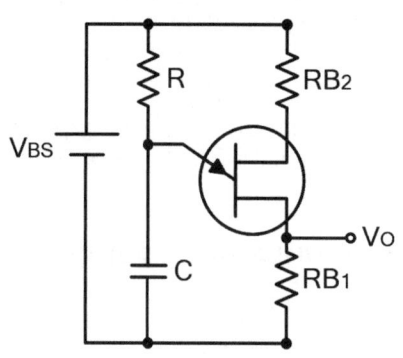

① $\tau = RC$
② $\tau = 0.69RC$
③ $\tau = 2.3RC \cdot \log(\frac{1}{1-\eta})$
④ $\tau = RC \cdot \log(\frac{1}{1-\eta})$

> UJT의 이미터에 구성된 시정수 RC에 따른 발진주기는 다음과 같다.
> $\tau = 2.3RC \cdot \log(\frac{1}{1-\eta})$

10 그림과 같은 2단궤환 증폭회로에서 궤환전압 V_f는?

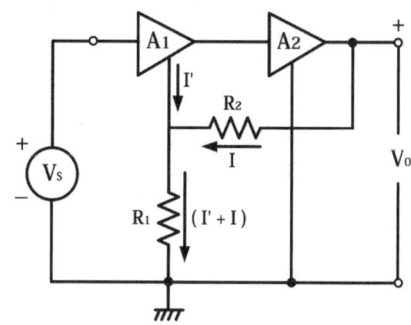

① $V_f = \frac{R_2}{R_1 + R_2}V_o$
② $V_f = \frac{R_1 \cdot R_2}{R_1 + R_2}V_o$
③ $V_f = \frac{R_1}{R_2}V_o$
④ $V_f = \frac{R_1}{R_1 + R_2}V_o$

> $v_f = v_s, v_f = v_o\beta$
> $\therefore v_f = v_o \frac{R_1}{R_1 + R_2}$
> $A_v = \frac{v_o}{v_s} = \frac{R_1 + R_2}{R_1} = 1 + \frac{R_2}{R_1}$

11 그림과 같은 4개의 콘덴서회로의 합성 정전용량은 얼마인가?(단, 각 콘덴서의 값은 4[μF]이다.)

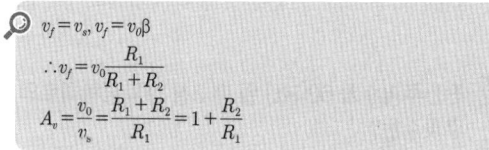

① 4[μF]
② 8[μF]
③ 12[μF]
④ 16[μF]

> 병렬 합성용량
> $C_{P1} = C_1 + C_2 = 8[μF]$
> $C_{P2} = C_3 + C_4 = 8[μF]$
> 병렬 구성된 C_{P1}과 C_{P2} 2개가 직렬로 구성됨에 따라서
> C_{s-p}(직·병렬 합성 용량)
> $= \frac{1}{\frac{1}{C_{P1}} + \frac{1}{C_{P2}}} = \frac{C_{P1} \times C_{P2}}{C_{P1} + C_{P2}} = \frac{64}{16} = 4[μF]$

12 어떤 정류회로의 무부하 시 직류 출력전압이 12[V]이고, 전부하 시 직류 출력전압이 10[V]일 때 전압변동률은?

① 5[%]
② 10[%]
③ 20[%]
④ 40[%]

> 전압변동률
> $\triangle V = \dfrac{\text{무부하시 전압} - \text{부하시 전압}}{\text{부하시 전압}} \times 100[\%]$
> $= \dfrac{12-10}{10} = 0.2 \times 100 = 20[\%]$

13 입력 전압이 500[mV] 일 때 5[V]가 출력되었다면 전압 증폭도는?

① 9배
② 10배
③ 90배
④ 100배

> 전압이득$(A_v) = 20\log_{10}\dfrac{v_0}{v_i}[dB] = 20\log_{10}\dfrac{5}{500\times10^{-3}}$,
> $\therefore 20\log_{10}\dfrac{5}{500\times10^{-3}} = 10$배

14 그림과 같은 발진기에서 A점과 B점의 파형을 옳게 나타낸 것은?

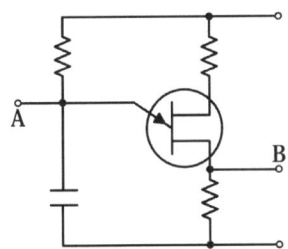

① A : 펄스,　B : 펄스
② A : 톱니파,　B : 펄스
③ A : 톱니파,　B : 톱니파
④ A : 펄스,　B : 톱니파

> UJT 특성은 전류의 증가에 따라 전압이 감소하는 부성 저항(negative resistance)특성을 가지며, 이 특성을 이용하면 발진기로서 매우 유용하게 사용 될 수 있다. 이미터 입력에 톱니파 인가 시 출력인 베이스에서는 펄스파를 얻는 UJT 이장 발진기로 이용된다.

15 저항 20[Ω]인 도체에 100[V]의 전압을 가할 때, 그 도체에 흐르는 전류는 몇 [A]인가?

① 0.2
② 0.5
③ 2
④ 5

> $I = \dfrac{V}{R}[A]$
> $\therefore I = \dfrac{100}{20} = 5[A]$

16 반도체의 다수캐리어로 옳게 짝지어진 것은?

① P형의 정공, N형의 전자
② P형의 정공, N형의 정공
③ P형의 전자, N형의 전자
④ P형의 전자, N형의 정공

> • P형 반도체[억셉터, 정공(+)] : 인듐(In), 갈륨(Ga), 붕소(B), 알루미늄(Al) 등
> • N형 반도체[도너, 전자(-)] : 안티몬(Sb), 비소(As), 인(P) 등

17 CPU의 내부 동작에서 실행하고자 하는 명령의 번지를 지정한 후 명령 레지스터에 불러오기까지의 기간은?

① 명령 사이클(Instruction cycle)
② 기계 사이클(Machine cycle)
③ 인출 사이클(Fetch cycle)
④ 실행 사이클(Execution cycle)

> 인출 사이클(Fetch Cycle) : 명령어를 주기억장치에서 CPU의 명령어 레지스터로 해독하는 단계이다.

18 불 대수에서 하나의 논리식과 다른 논리식 사이에서 AND는 OR로, OR은 AND로, 0은 1로, 1은 0으로 변환하는 원리는?

① 쌍대의 원리
② 불 대수의 원리
③ 드모르간의 원리
④ 교환법칙의 원리

> 쌍대의 원리 : 불 대수에서 하나의 논리식과 다른 논리식 사이에서 AND는 OR로, OR은 AND로, 0은 1로, 1은 0으로 변환하는 원리

19 사칙연산 명령이 내려지는 장치는?

① 입력장치
② 제어장치
③ 기억장치
④ 연산장치

> 제어장치(Control Unit) : 프로그램 명령어를 해석하고, 해석된 명령의 의미에 따라 연산장치, 주기억 장치 등에게 동작을 지시하며 어드레스 레지스터, 기억 레지스터, 명령 레지스터, 명령 해독기, 명령 계수기 등으로 구성된다.

20 연산 결과가 양인지 음인지, 또는 자리올림(carry)이나 오버플로우(overflow)가 발생했는지를 기억하는 장치는?

① 가산기(adder)
② 누산기(accumulator)
③ 데이터레지스터(data register)
④ 상태레지스터(status register)

🔍 상태 레지스터(Status Register) : 컴퓨터의 연산 결과를 나타내는데 사용되며, 연산값의 부호 및 오버플로우 발생 유무를 표시한다.

21 마이크로프로세서를 구성하고 있는 버스에 해당하지 않는 것은?

① 데이터 버스
② 번지 버스
③ 제어 버스
④ 상태 버스

🔍 마이크로프로세서를 구성하고 있는 버스
- 데이터(Data) 버스
- 주소(Address) 버스
- 신호(Signal) 버스
- 제어(Control) 버스

22 데이터의 구성 체계에 속하지 않는 것은?

① 비트
② 섹터
③ 필드
④ 레코드

🔍 자료 구성의 단계 : 비트 〈 바이트 〈 워드 〈 항목 〈 레코드 〈 파일 〈 데이터베이스

23 16진수 (5C)₁₆을 10진수로 변환하면?

① 72
② 86
③ 92
④ 96

🔍 $(5C)_{16} = 5 \times 16^1 + C \times 16^0 = 80 + 12 = 92$

24 어떤 마이크로프로세서가 1100 0110 0101 1110의 주소 버스를 점하고 있다. 이 상태는 메모리의 몇 page에 출입하고 있는 것인가?

① 37
② 124
③ B53C
④ C65E

🔍 컴퓨터에서 2진수를 이용하여 표현할 때 너무 많은 자리를 차지하기 때문에, 2진수 4개를 묶어서 16진수로 만들어 표기한다.

2진수	1100	0110	0101	1110
16진수	C	6	5	E

25 불 대수의 표현이 올바른 것은?

① A + 1 = 1
② A · 1 = 1
③ A · A = 1
④ A + A = 1

🔍
- 항등법칙 : A + 1 = 1, A · 1 = A
- 동일법칙 : A · A = A, A + A = A

26 F = (A, B, C, D) = Σ(0, 1, 4, 5, 13, 15)이다. 간략화 하면?

① F = A'C' + BC'D + ABD
② F = AC + B'CD + ABD
③ F = A'C' + ABD
④ F = AC + A'B'D'

🔍 4변수 카르노맵

AB\CD	00	01	11	10
00	0	4	12	8
01	1	5	13	9
11	3	7	15	11
10	2	6	14	10

$F = \overline{ABCD} + \overline{AB}C\overline{D} + \overline{A}BCD + \overline{A}B\overline{C}D + A\overline{BCD} + ABCD$
$= \overline{AC}(\overline{BD} + B\overline{D} + \overline{B}D + BD) + ABD(\overline{C} + C)$
$= \overline{AC}(\overline{B}(\overline{D} + D) + B(\overline{D} + D)) + ABD$
$= \overline{AC} + ABD$

27 전자계산기의 특징이 아닌 것은?

① 기억하는 능력이 크다.
② 창의적 능력이 있다.
③ 계산은 빠르고 정확하다.
④ 논리적 판단 및 비교능력이 있다.

🔍 전자계산기의 특징 : 입력된 데이터를 고속으로 처리하여 필요한 결과를 추출할 수가 있고, 논리적 판단 및 비교능력이 있으며 또한 기억하는 능력이 크다.

28 배타적(Exclusive) OR 게이트를 나타내는 논리식은?

① $Y = A \cdot \overline{B}$
② $Y = \overline{A} \cdot A\overline{B}$
③ $Y = \overline{A}B + \overline{B}$
④ $Y = \overline{A}B + A\overline{B}$

> 배타적 논리합(Exclusive-OR) : 입력이 모두 같을 때는 출력이 0이 되고, 입력이 서로 다를 때는 출력이 1이 되는 논리회로

29 Q-미터를 사용하여 측정하는데 적당하지 않은 것은?

① 절연저항
② 코일의 실효저항
③ 코일의 분포용량
④ 콘덴서의 정전용량

> Q-meter로 측정할 수 있는 사항
> • 코일과 콘덴서의 Q
> • 코일의 실효inductance 및 실효저항
> • 코일의 분포용량
> • 콘덴서의 정전용량

30 균등눈금을 갖고 상용 주파수에 주로 사용하며, 두 코일의 전류사이에 전자력을 이용하여 단상 실효 전력의 직접측정에 많이 사용되는 전력계는?

① 직류 적산 전력계
② 교류 적산 전력계
③ 진공관 전력계
④ 전류력계형 전력계

> 전류력계형 계기 : 균등눈금을 갖고 상용 주파수에 주로 사용하며 두 코일의 전류 사이에 전자력을 이용하여 단상 실효 전력의 직접측정에 많이 사용되는 전력계

31 오실로스코프에서 측정하고자하는 신호를 인가하는 단자로 맞는 것은?

① 수평축 단자
② 수직축 단자
③ 외부동기 신호단자
④ X-Y축 단자

> 오실로스코프의 수직축 증폭기는 관측하려는 신호 전압을 증폭하여 그 출력을 수직 편향판에 가한다.

32 지시계기의 구비 조건의 설명으로 틀린 것은?

① 절연 내력이 낮을 것
② 튼튼하고 취급이 편리할 것
③ 눈금이 균등하든가 대수 눈금일 것
④ 확도가 높고, 외부의 영향을 받지 않을 것

> 지시계기의 구비조건
> • 확도가 높고, 외부의 영향을 받지 않을 것
> • 눈금이 균등하든가 대수 눈금일 것
> • 지시가 측정값의 변화에 신속히 응답할 것
> • 튼튼하고 취급이 편리할 것
> • 절연 내력이 높을 것

33 충전된 두 물체 간에 작용하는 정전흡인력 또는 반발력을 이용한 계기는?

① 정전형 계기
② 유도형 계기
③ 전류력계형 계기
④ 가동코일형 계기

> 정전형 계기 : 2장의 고정 전극과 그 사이에 알루미늄 가동 전극을 장치한 것으로, 구동력은 양 전극에 걸어 준 전압에 의하여 축적된 정전 에너지로서, 양 극판에 대전된 전하 사이에 작용하는 정전흡인력 또는 반발력을 이용한 것

34 고주파수 측정에서 직렬공진회로의 주파수 특성을 이용한 것은?

① 동축 주파수계
② 공동 주파수계
③ 흡수형 주파수계
④ 헤테로다인 주파수계

> 흡수형 주파수계
> • R, L, C의 공진 회로 및 검출 지시부로 구성된 공진형 주파수계이다.
> • 구조가 간단하고 전원이 불필요하다.
> • 선택도 Q가 150 이하로 감도가 나쁘고 확도도 낮다.
> • 100[MHz] 이하의 대략 주파수 측정에 사용한다.
> • 피측정 회로와는 소결합하여 측정한다.
> • 전류계, 전압계, 검파회로, 공진회로 등으로 구성되어 있다.
> • $f = \dfrac{1}{2\pi\sqrt{LC}}$

35 지시계기의 제어장치 중 교류용 적산전력계에 대표적으로 사용되는 제어 방법은?

① 스프링 제어
② 중력 제어
③ 전기적 제어
④ 맴돌이 전류제어

> 제어 장치의 종류
> • 스프링 제어 : 대부분의 지시계에 사용
> • 중력 제어 : 값싼 배전반용 가동 철편형 계기에 사용
> • 전기력 제어 : 비율계나 메거와 같은 교차 코일형 계기에 주로 사용
> • 자기력 제어 : 가동 지침형 검류계에 사용
> • 맴돌이 전류제어 : 교류용 적산 전력계에 사용

36 정전용량이나 유전체의 손실각의 측정에 사용되는 브리지는?

① 맥스웰 브리지
② 헤비사이드 브리지
③ 헤이 브리지
④ 셰링 브리지

🔍 셰링 브리지(Schering Bridge) : 정전 용량이나 유전체 손실각의 측정에 사용

37 1[kW]의 출력을 갖는 신호 발생기의 출력에 10[dB]의 감쇠기 2대를 연결하여 사용하면 최종 출력은?

① 1[W]
② 10[W]
③ 100[W]
④ 10[mW]

🔍 감쇠비 $= 10\log_{10}\dfrac{P_o}{P_i}$

$20[dB] = 10\log_{10}\dfrac{P_o}{1000}, P_o = 0.01 \times 1000 = 10[W]$

38 250[V]인 전지의 전압을 어떤 전압계로 측정하여 보정 백분율을 구하였더니 0.2이었을 때 전압계의 지시값은?

① 250.5
② 250.2
③ 249.5
④ 249.8

🔍 보정 백분율(α_0) $= \dfrac{T-M}{M} \times 100[\%]$

$\therefore M = T\left(\dfrac{100}{100+\alpha_0}\right) = 250\left(\dfrac{100}{100+0.2}\right) = 249.5[V]$

39 디지털 측정에서 파형의 변화가 빠른 고주파 신호의 변환을 필요로 할 때 A/D 변환기와 함께 사용되는 것은?

① 파형정형 회로
② 샘플홀드 회로
③ 시미트 트리거 회로
④ 입력파형비교 회로

🔍 샘플홀드 회로 : 파형의 변화가 빠른 고주파 신호의 변환을 필요로 할 때 A/D 변환기와 함께 사용하는 회로

40 클램프미터(후크미터)의 주된 특징은?

① 임피던스 측정이 가능하다.
② 절연저항 측정이 가능하다.
③ 교류전류의 측정이 가능하다.
④ 직류전류의 측정이 가능하다.

🔍 클램프미터(후크미터) : 클램프형 전류계로서, 회로를 절단하지 않고도 회로 전류를 알 수 있는 변류기 내장형의 전류계이다. 교류전류의 측정에 주로 사용된다.

41 콘(Cone)형 다이내믹 스피커의 특성에 대한 설명으로 옳은 것은?

① 현재 중, 고음용으로 가장 널리 사용된다.
② 비교적 넓은 주파수대를 재생할 수 있다.
③ 능률이 높고 지향성이 강하나 저음특성이 나쁘다.
④ 재생음이 투명하고 섬세하나 큰소리 재생에는 불합리하다.

🔍 다이나믹 마이크의 특징
• 구조상 내구성과 충격에 강하다.
• 강한 음압에 강하다.
• 하울링에 강하다.
• 드럼, 무대 보컬 등에 사용된다.

42 회로의 어떤 부분에 있어서 신호전력과 잡음전력의 크기의 비를 무엇이라고 하는가?

① Noise Factor
② SNR
③ Distion Rate
④ Modulation Rate

🔍 SNR(signal to noise ratio) : 수신기·증폭기를 비롯하여 일반 전송계에서 취급하는 신호와 잡음의 에너지비

43 초음파 가습기, 초음파 세척기는 초음파의 어떤 현상을 이용하여 만든 것인가?

① 응집
② 소나(SONAR)
③ 히스테리시스
④ 캐비테이션(Cavitation)

🔍 캐비테이션(cavitation)
• 초음파가 용액 중으로 전파될 때 초음파의 큰 압력변화에 의해 미세기포군이 생성되고 소멸되는 현상으로 매우 큰 압력과 고온을 동반한다.
• 초음파 세척, 분산, 에멀션화 등에 이용된다.

44 다음 그림에서 LR 회로의 입출력 전압비(Vo/Vi)는?
(단, $S = \dfrac{d}{dt}$, $T = \dfrac{L}{R}$)

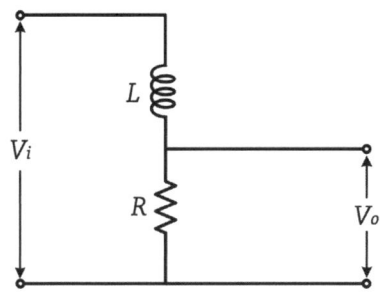

① $G(S) = (1+ST)K$
② $G(S) = \dfrac{1}{1+ST}$
③ $G(S) = 1-ST$
④ $G(S) = \dfrac{1+ST}{K}$

🔍 LR회로의 전달 함수의 전압비 $\dfrac{v_o}{v_i} = \dfrac{Ri}{Ri+L\dfrac{di}{dt}}$ 의 관계에서
$\dfrac{d}{dt}$ 를 연산자(operator) S로 표시하고, v_o를 $\dot{V_o}$, v_i를 $\dot{V_i}$로 하면
$\dfrac{\dot{V_o}}{\dot{V_i}} = \dfrac{\dot{R}I}{RI+SLI} = \dfrac{1}{1+S\dfrac{L}{R}} = \dfrac{1}{1+ST}$

45 다음 중 가로 800픽셀, 세로 600픽셀, 픽셀당 16비트 인 디지털 영상의 크기는 얼마인가?

① 480KB ② 960KB
③ 21KB   ④ 12KB

🔍 디지털 영상 크기 = 픽셀의 면적 × bit
= 800 × 600 × 16bit = 7,680,000bit
bit를 byte로 환산하면 1바이트가 8비트이므로 8로 나누면
7,680,000/8 = 960KB

46 전자 편향형 브라운관이 전자빔 진행 방향을 수정하여 라스터의 위치를 조절하기 위한 링모양의 자석을 무엇이라고 하는가?

① 센터링 마그네트   ② 편향 코일
③ AGC전압   ④ 튜너

🔍 센터링 마그네트 : 전자 편향형 브라운관의 전자빔 진행 방향 을 수정하여 라스터의 위치를 조절하기 위한 링 모양의 자석

47 디지털 LCD TV에서 전체 화면이 무지개 색으로 나올 경우 그 고장증상은?

① 인버터회로 불량
② 영상보드 회로 불량
③ 백라이트 불량
④ 패널 TAP칩 불량

🔍 TAP은 영상을 전달받아 TAP이 할당 받은 부분에 영상을 뿌려 준다. 만약 TAP이 손상되면 세로줄 또는 가로줄이 생기며, 세 로바 가로바 화면 깨짐 현상이 나타난다.

48 유도 가열은 어떤 원리를 이용하여 가열하는 방식인가?

① 저항손
② 유전체손
③ 맴돌이 전류손
④ 히스테리시스손

🔍 고주파 유도가열 : 금속 도체를 코일 내에 두고, 여기에 고주파 전류를 흘리면 금속 도체의 표면 가까이에 와전류(맴돌이 전류) 가 생겨 이 손실의 열로 가열하는 방법

49 제어계의 방식에 따른 제어용 증폭기에 속하지 않는 것은?

① 전기식   ② 유압식
③ 기계식   ④ 공기식

🔍 제어용 증폭기의 종류
• 전기식 : 트랜지스터와 진공관을 사용한 증폭기
• 유압식 : 압력기름을 이용한 증폭 방식
• 공기식 : 노즐 플래퍼(nozzle flapper)로 변위를 공기압으로 바꾸고, 공기압을 파일럿 밸브로 증폭하여 그 압력을 진동판 으로 받아서 변위를 변화시키는 방법

50 오디오미터(Audiometer)는 어떤 의료기기에 이용되는가?

① 청력계(귀)사용
② 맥파계(맥동)사용
③ 안진계(눈)사용
④ 심음계(청진기)사용

🔍 오디오미터(audiometer) : 귀의 청력을 검사하기 위하여 가청 주파수 영역의 여러 가지 레벨의 순음을 전기적으로 발생하는 음향 발생 장치로 신호음으로 사인파를 사용한다.

51 원거리용에 사용되는 레이더(Radar)의 주파수는 몇 [GHz]인가?

① 3[GHz]　　② 9[GHz]
③ 25[GHz]　　④ 30[GHz]

🔍 UHF대역인 1[GHz]~3[GHz] 대역을 사용한다.

52 테이프 레코더 구성요소에서 모터에 의해 일정한 스피드로 회전하는 축은 어느 것인가?

① 테이크업 릴　　② 가이드 롤러
③ 핀치 롤러　　④ 캡스턴

🔍 캡스턴(capstan) : 모터에 의해 일정한 속도(테이프의 원주속도와 거의 같은)로 회전하는 회전축

53 목표 값이 변화하나 그 변화가 알려진 값이며 예정된 스케줄에 따라 변화하는 제어방식은?

① 정치제어
② 추치제어
③ 수동제어
④ 프로그램제어

🔍 추치제어(variable value control) : 목표값이 변화하는 경우, 그에 따라서 제어량을 추종시키기 위한 제어를 말하며, 추종 제어, 비율 제어, 프로그램 제어의 세 가지 형식이 있다.

54 그림과 같은 되먹임계의 관계식 중 옳은 것은?

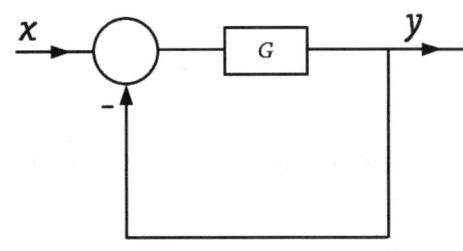

① $y = \dfrac{G}{1+G}x$　　② $y = \dfrac{1}{1+G}x$

③ $y = \dfrac{G}{1-G}x$　　④ $y = \dfrac{1}{1-G}x$

🔍 $\dfrac{y}{x}$, $y = \dfrac{G}{1+G}x$

55 TV 송신안테나의 전력을 100W에서 200W로 올리면 같은 지점에서 전계강도는 얼마로 변하는가?

① 약 1.4배　　② 약 1.5배
③ 약 1.6배　　④ 약 1.7배

🔍 자유 공간 전계 강도 $E = \dfrac{7\sqrt{P}}{D}$ 이다.(P : 복사 전력, D : 거리)

$\dfrac{\sqrt{P_2}}{\sqrt{P_1}} = \dfrac{\sqrt{200}}{\sqrt{100}} = \sqrt{2} = 1.414$

따라서, 전력을 100W에서 200W로 올리면 같은 지점에서 전계강도는 약 1.4배 증가한다.

56 물질에 빛을 비춤으로써 기전력이 발생하는 현상은?

① 광 방전효과　　② 광 전도효과
③ 광 전자 방출효과　　④ 광 기전력효과

🔍 광 기전력 효과 : 어떤 종류의 반도체에 빛을 비춤으로써 기전력이 생기는 효과

57 CD-ROM, DVD-ROM 등에 광학 드라이브 장치에서 디스크면에 기록된 부분이 일정한 시간에 일정한 거리를 움직이도록 하는 방식은?

① 헤드 일정(CHV)　　② 각속도 일정(CAV)
③ 선속도 일정(CLV)　　④ 회전속도 일정(CRV)

🔍 CD-ROM, DVD-ROM은 트랙의 선속도는 항상 일정해야 하며, 서보모터 구동은 CLV(Constant Linear Velocity)회로로 제어한다.

58 유기발광 다이오드(OLED)에 대한 설명 중 잘못된 것은?

① 자연광에 가까운 빛을 내고, 에너지 소비량도 적다.
② 전자 냉동기는 펠티에 효과를 이용한 것이다.
③ 화질 반응속도가 TFT-LCD보다 느려, 동영상 구현 시 잔상이 거의 없다.
④ 두께와 무게를 LCD의 3분의 1로 줄일 수 있는 차세대 평판 디스플레이다.

🔍 유기발광다이오드(OLED) : 형광성 유기 화합물에 전류가 흐르면 빛을 내는 자체발광현상을 이용하여 만든 디스플레이로, 화질 반응속도가 초박막액정표시장치(TFT-LCD)에 비해 1,000배 이상 빨라 동영상을 구현할 때 잔상이 거의 나타나지 않으며 에너지 소비량도 적고, 두께와 무게를 LCD의 3분의 1로 줄일 수 있는 차세대 평판 디스플레이이다.

59 전력증폭기 출력단자에서 출력되는 음성전압이 10[V]이고 스피커 부하저항이 8[Ω]일 때 출력은 몇 [W]인가?

① 10[W]
② 12.5[W]
③ 15[W]
④ 17.5[W]

$P = \dfrac{V^2}{R} = \dfrac{10^2}{8} = 12.5[W]$

60 적외선 센서에 설명으로 옳지 않은 것은?

① 자동이득 제어장치는 자동으로 에코를 조절한다.
② 리젝션은 강한 에코의 자동 조절을 하여 경계면을 선명하게 하는 회로이다.
③ 아웃풋은 초음파를 출력하는 곳이다.
④ 게인 컨트롤은 에코 증폭량을 조절한다.

적외선 센서는 발광센서, 수광센서로 구분하며, 발광센서는 적외선을 방출하고 수광센서는 적외선을 감지하는 역할로 특수 LED로 사용한다. 출력단은 초음파로, 이득(gain) 조절은 에코 증폭량을 조절한다.

정답 2015년 2회

01 ②	02 ④	03 ①	04 ③	05 ①
06 ②	07 ②	08 ①	09 ③	10 ④
11 ①	12 ③	13 ②	14 ②	15 ④
16 ①	17 ③	18 ①	19 ②	20 ④
21 ④	22 ②	23 ③	24 ④	25 ①
26 ③	27 ②	28 ④	29 ①	30 ④
31 ②	32 ①	33 ①	34 ③	35 ④
36 ④	37 ③	38 ③	39 ②	40 ③
41 ②	42 ②	43 ④	44 ①	45 ②
46 ①	47 ④	48 ③	49 ③	50 ①
51 ①	52 ④	53 ④	54 ①	55 ①
56 ④	57 ③	58 ③	59 ②	60 ②

2015년 3회 공단 기출문제

01 전류와 전압이 비례 관계를 갖는 법칙은?
① 키르히호프의 법칙 ② 주울의 법칙
③ 렌츠의 법칙 ④ 옴의 법칙

> 옴의 법칙 : 도체에 흐르는 전류는 전압에 비례하고 저항에 반비례한다.

02 그림(a)의 회로에서 출력전압 V_2와 입력전압 V_1과의 비와 주파수의 관계를 조사하면 그림(b)와 같은 경우에 저역차단주파수 f_L은?

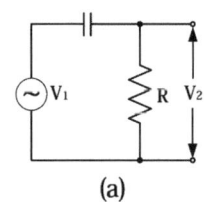
(a)
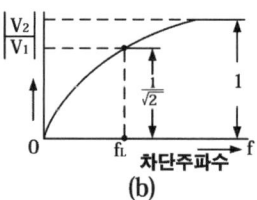
(b)

① $f_L = \dfrac{1}{2\pi RC}$
② $f_L = \dfrac{1}{2\pi R\sqrt{C}}$
③ $f_L = \dfrac{1}{2\pi R^2 C}$
④ $f_L = \dfrac{1}{2\pi \sqrt{RC}}$

> • 시정수 R C에 의해 $\dfrac{1}{\sqrt{2}} = 3[dB]$에서 차단시킨다.
> • 저역차단주파수 $f_L = \dfrac{1}{2\pi RC}$

03 다음 중 정현파 발진기가 아닌 것은?
① LC 반결합 발진기 ② CR 발진기
③ 멀티바이브레이터 ④ 수정 발진기

> • 비 정현파 발진기 : 단안정 멀티바이브레이터, 비안정 멀티바이브레이터, 쌍안정 멀티바이브레이터 등이 있다.
> • 정현파 발진기 : 이상형 CR발진회로, LC발진회로, 수정 발진기로 분류한다.

04 단측파대(single side band) 통신에 사용되는 변조 회로는?
① 컬렉터 변조회로 ② 베이스 변조회로
③ 주파수 변조회로 ④ 링 변조회로

> SSB 통신방식
> • 진폭 변조에 의해서 생긴 상하측파대 중 어느 한쪽만을 이용하는 방식이다.
> • 변조방식은 평형변조(다이오드 2개 사용) 또는 링 변조기(다이오드 4개 사용)를 통하여 상하측파를 얻고 대역통과필터(BPF)통해 SSB신호를 검출한다.

05 평활회로에서 리플율을 줄이는 방법은?
① R과 C를 적게 한다.
② R과 C를 크게 한다.
③ R을 크게, C를 적게 한다.
④ R을 적게, C를 크게 한다.

> 부하측 RC필터는 R과 C를 크게 할수록 출력 전압의 맥동은 적어진다.

06 실리콘 제어 정류기(SCR)의 게이트는 어떤 형의 반도체인가?
① N형 반도체 ② P형 반도체
③ PN형 반도체 ④ NP형 반도체

> 실리콘 제어 정류기(SCR)는 PNPN 4층 구조로 A, K, G는 각각 애노드(anode), 캐소드(cathode), 게이트(gate)단자로서 단방향 전류소자이며, 전류는 항상 애노드에서 캐소드로 흐른다.

07 다음 회로의 설명 중 틀린 것은?

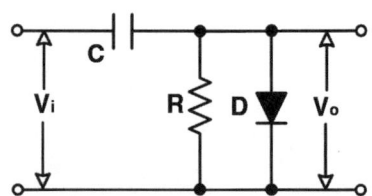

① 음 클램프 회로이다.
② 입력 펄스의 파형이 상승시 다이오드가 동작한다.
③ C가 충전되는 동안 저항(R) 값은 무한대.
④ 입력 펄스 파형이 하강시 C가 충전된다.

🔍 콘덴서 C에 Vm이 충전되며, -Vm이 인가되면 다이오드가 역바이어스 되어 off가 되므로 -2Vm 까지 내려간다. 출력파형을 0V 이하로 유지시키는 음(minus) 클램프 회로이다.

08 슈미트 트리거(schmitt trigger)회로는?

① 톱니파 발생회로   ② 계단파 발생회로
③ 구형파 발생회로   ④ 삼각파 발생회로

🔍 슈미트 트리거(schmitt trigger) 회로는 정현파 신호 입력을 받아서 구형파 출력을 만드는 회로로서 TTL에 사용한다.

09 베이스 접지 시 전류증폭률이 0.89인 트랜지스터를 이미터 접지회로에 사용할 때 전류증폭률은?

① 8.1   ② 6.9
③ 0.99 ④ 0.89

🔍
- 트랜지스터 이미터 접지시 전류 증폭률(β)
  $= \frac{\Delta I_C}{\Delta I_B}$, $\beta = \frac{\alpha}{1-\alpha}$
- 트랜지스터 베이스 접지시 전류 증폭률(α)
  $= \frac{\Delta I_C}{\Delta I_E}$, $\alpha = \frac{\beta}{1+\beta}$
- $\beta = \frac{0.89}{1-0.89} = \frac{0.89}{0.11} ≒ 8.1$

10 전계효과트랜지스터(FET)에 대한 설명으로 틀린 것은?

① BJT 보다 잡음특성이 양호하다.
② 소수 반송자에 의한 전류 제어형이다.
③ 접합형의 입력저항은 MOS형 보다 낮다.
④ BJT 보다 온도 변화에 따른 안정성이 높다.

🔍 전계효과트랜지스터(FET)
- 다수 반송자의 흐름에 따라 변화 하는 단일 극성 소자이며 게이트(Gate)의 역전압에 따라서 드레인(drain)에서 소스(source)로 흐르는 전류를 제어하는 전압제어 소자이다.
- FET는 트랜지스터(TR)의 단점을 개선 한 것으로 입력 임피던스가 매우 높다.
- TR보다 잡음이 적다. 열 안정성이 좋다.
- 비교적 방사능 현상의 영향을 덜 받는다.
- BJT보다 이득 대역폭 적(積)이 작다.

11 회로의 전원 V_S가 최대전력을 전달하기 위한 부하 저항 R_L의 값은?

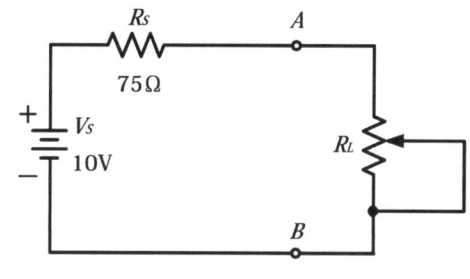

① 25[Ω]   ② 50[Ω]
③ 75[Ω]   ④ 100[Ω]

🔍 최대 전력 전달 조건은 $R_S = R_L$이다.

12 쌍안정 멀티바이브레이터에 관한 설명으로 틀린 것은?

① 부궤환을 하는 2단 비동조 증폭회로로 구성된다.
② 능동소자로 트랜지스터나 IC가 주로 이용된다.
③ 플립플롭회로도 일종의 쌍안정 멀티바이브레이터이다.
④ 입력 트리거 펄스 2개마다 1개의 출력펄스가 얻어지는 회로이다.

🔍 쌍안정 멀티바이브레이터(Bistable MV)는 2개의 안정 상태를 가지며 2개의 트리거(trigger) 펄스에 의해 하나의 구형파를 발생시킬 수 있다(2 : 1). 이 회로를 플립플롭(Flip-flop)이라고 하며 기억장치 등에 사용된다.

13 연산증폭기의 응용회로가 아닌 것은?

① 멀티플렉서   ② 미분기
③ 가산기   ④ 적분기

🔍 연산증폭기는 아날로그 량을 미분, 적분, 가산, 감산 등을 할 수 있는 직류 증폭기이다.

14 PLL회로에서 전압의 변화를 주파수로 변화하는 회로를 무엇이라 하는가?

① 공진 회로
② 신시싸이저 회로
③ 슈미트 트리거 회로
④ 전압제어 발진기(VCO)

> **PLL(Phase Lock Loop)**
> - 출력의 궤환 신호(Feedback signal)를 입력신호와 비교하여 출력신호가 일정한 값이 될 수 있도록 제어하는 궤환 시스템이다.
> - 기본적으로 위상검출기(PD), 저역필터(LPF), 전압제어 발진기(VCO)로 구성되어 있다.

15 전압 증폭도가 30[dB]와 50[dB]인 증폭기를 직렬로 연결시켰을 때 종합이득은?

① 20
② 80
③ 1500
④ 10000

> 직렬 다단 증폭기의 전체 이득을 dB로 표현하면 각 단의 dB의 합과 같다.
> ∴ 30[dB] + 50[dB] = 80[dB]

16 이상적인 다이오드를 사용하여 그림에 나타낸 기능을 수행할 수 있는 클램프회로를 만들 수 있는 것은?(단, V_i = 입력파형, V_o = 출력파형이다.)

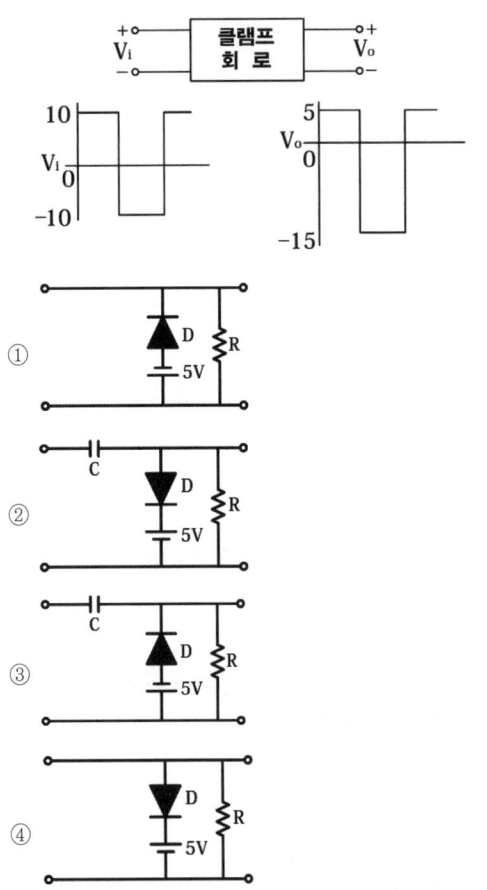

> 클램프회로로 입력시 C에 +Vm이 충전되며, 다시 -Vm이 입력되므로 다이오드(D)는 역바이어스로 OFF가 되므로 출력전압은 -2Vm 까지 내려가며, 최대값은 +5V로 고정시킨다. 따라서, 보기 ②와 같이 D와 5V가 A → K → + → -

17 논리식 $F = A + \overline{A} \cdot B$와 같은 기능을 갖는 논리식은?

① $A \cdot B$
② $A + B$
③ $A - B$
④ B

> $A + \overline{A} \cdot B = A + (\overline{A} \cdot B) = (A + \overline{A}) \cdot (A + B) = 1(A + B)$
> $= A + B$

18 반도체 기반 저장장치가 아닌 것은?

① Solid State Drive
② MicroSD
③ Floppy Disk
④ Compact Flash

> Floppy Disk : 컴퓨터에서 주로 데이터 입력용이나 파일의 매개체로 사용되는 마이크로(또는 퍼스널) 컴퓨터의 보조기억장치에 쓰이는 기억매체이며, 자기 디스크의 일종으로, 네모진 종이 자켓 속에 연질 플라스틱의 얇은 원반을 봉입한 것이다.

19 ALU(Arithmetic and Logical Unit)의 기능은?

① 산술연산 및 논리연산
② 데이터의 기억
③ 명령 내용의 해석 및 실행
④ 연산 결과의 기억될 주소 산출

> 연산장치(ALU) : 덧셈, 뺄셈, 곱셈, 나눗셈의 산술 연산만이 아니라 AND, OR, NOT, XOR와 같은 논리연산을 하는 장치로 제어장치의 지시에 따라 연산을 수행하며 누산기, 가산기, 데이터 레지스터, 상태레지스터로 구성된다.

20 데이터를 스택에 일시 저장하거나 스택으로부터 데이터를 불러내는 명령은?

① STORE/LOAD
② ENQUEUE/DEQUEUE
③ PUSH/POP
④ INPUT/OUTPUT

> 스택을 조작하는 동작은 데이터를 넣은 PUSH 동작과 데이터를 빼오는 POP동작이 있다. PUSH는 스택의 최상단 데이터 위에 새로운 데이터를 쌓는다는 의 의미이고, POP은 스택의 최상단에 있는 데이터를 빼온다는 의미이다.

21 2^n개의 입력 중에 선택 입력 n개를 이용하여 하나의 정보를 출력하는 조합회로는?

① 디코더
② 인코더
③ 멀티플렉서
④ 디멀티플렉서

> 멀티플렉서(Multiplexer) : 여러 개의 입력선 중에서 하나를 선택하여 단일 출력선으로 연결하는 조합회로이다.

22 2진수 10111을 그레이코드(Gray Code)로 변환하면 그 결과는?

① 11101
② 11110
③ 11100
④ 10110

> 변환방법 : 처음은 그대로 써내려주고, 나머지는 둘씩 XOR하면 된다.

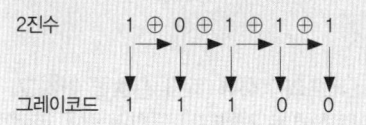

23 어셈블리어(Assembly Language)의 설명 중 틀린 것은?

① 기호 언어(Symbolic Language)라고도 한다.
② 번역프로그램으로 컴파일러(Compiler)를 사용한다.
③ 기종간에 호환성이 적어 전문가들만 주로 사용한다.
④ 기계어를 단순히 기호화한 기계 중심 언어이다.

> 어셈블리어(Assembly Language) : 기호 언어(Symbolic Language)라고 하며 기계어의 단점을 극복하고 작성 과정을 편리하도록 개발 하였으며 기계어의 명령부와 번지부를 사람이 이해하기 쉬운 기호와 1:1로 대응시켜 기호화한 프로그램 언어이다.

24 16진수 1B7를 10진수로 변환하면?

① 339
② 340
③ 438
④ 439

> $(1B7)_{16} = 1 \times 16^2 + B \times 16^1 + 7 \times 16^0$
> $= 256 + 176 + 7 = 439$

25 R/W, Reset, INT와 같은 신호는 마이크로컴퓨터의 어느 부분에 내장되어 있는가?

① 주변 I/O 버스
② 제어 버스
③ 주소 버스
④ 자료 버스

> 제어(Control) 버스 : 중앙처리장치와의 데이터 교환을 제어하는 신호의 전송 통로로서 R/W, Reset, INT와 같은 신호가 내장되어 있다.

26 여러 하드디스크 드라이브를 하나의 저장장치처럼 사용하게 하는 기술은?

① CD-ROM
② SCSI
③ EIDE
④ RAID

> RAID : 적은 용량의 저장장치 여러 대를 배열로 묶어서 대용량 저장장치를 만드는 기술로, 가격이 저렴하고 장애 발생 시 복구 기능이 있어 서버 컴퓨터에서 널리 사용되는 기술이다.

27 기억장치의 계층 구조에서 캐시 메모리(cache memory)가 위치하는 곳은?

① 입력장치와 출력장치 사이
② 주기억장치와 보조기억장치 사이
③ 중앙처리장치와 보조기억장치 사이
④ 중앙처리장치와 주기억장치 사이

> 캐시 기억장치(Cache Memory) : 프로그램 실행속도를 중앙처리장치의 속도에 가깝도록 하기 위하여 개발된 고속 버퍼 기억장치로서, 주기억장치보다 속도가 빠르고, 중앙처리장치 내에 위치하고 있으므로 레지스터 기능과 유사하다.

28 C언어에서 사용되는 관계 연산자가 아닌 것은?

① =
② !=
③ 〉
④ 〈=

> C언어 관계 연산자

기호	연산자 의미	관계식
〉	~보다 크다.	a 〉 b
〉=	~보다 크거나 같다.	a 〉= b
〈	~보다 작다.	a 〈 b
〈=	~보다 작거나 같다.	a 〈= b
==	같다.	a == b
!=	다르다.	a != b

29 다음 설명에 가장 알맞은 계기의 명칭은?

【보기】
"회전 자장이 금속원통과 쇄교하면 맴돌이 전류가 흐른다. 이 맴돌이 전류와 회전 자장 사이의 전자력에 의하여 알루미늄 원통에 구동 토크가 생기게 된다."

① 가동코일형 계기 ② 전압계형 계기
③ 가동철편형 계기 ④ 유도형 계기

🔍 유도형 계기 : 피측정 전류 또는 전압을 여자 코일에 공급해서 자기장을 만들고, 이 자기장과 가동부의 전자 유도 작용에 의해서 생기는 맴돌이 전류 사이의 전자력에 의한 구동 토크를 이용한 계기

30 수신기의 감도를 올리기 위하여 사용되고, 신호대 잡음비 및 선택도의 향상에 도움이 되는 회로는?

① 검파회로 ② 고주파 증폭회로
③ 주파수 변환회로 ④ 중간주파 증폭회로

🔍 고주파 증폭회로 : 수신기의 감도를 올리기 위하여 사용되고, 신호대 잡음비 및 선택도의 향상에 도움이 되는 회로이다.

31 60[Hz]의 주파수와 8[V_{p-p}]의 직사각형파를 입력공급 전압으로 사용하는 표시기는?

① LED 표시기 ② LCD 표시기
③ 디지털 표시관 ④ 브라운관

🔍 LCD 표시기 : 액정표시장치. 인가전압에 따른 액정 투과도의 변화를 이용하여 각종 장치에서 발생하는 여러 가지 전기적인 정보를 시각정보로 변환시켜 전달하는 전기소자이다. 자기발광성이 없어 후광이 필요하지만 소비전력이 적고 휴대용으로 편리해 널리 사용하는 평판 디스플레이다. 60[Hz]의 주파수와 8[V_{p-p}]의 직사각형파를 입력공급 전압으로 사용한다.

32 출력 임피던스가 50[Ω]인 표준 신호 발생기의 출력 레벨을 40[dB]에 고정시키고 50[Ω]의 임피던스를 가진 부하를 연결하였을 때, 부하양단의 단자 전압은?

① 50[μV] ② 100[μV]
③ 150[μV] ④ 200[μV]

🔍 $20\log_{10}\dfrac{x}{1\mu V} = 20\log_{10}\dfrac{x}{1\times 10^{-6}} = 40[dB]$
$\log_{10}\dfrac{x}{1\times 10^{-6}} = 2,\ x = 10^2 \times 10^{-6} = 100[\mu V]$

33 자동평형 기록기에서 직류 입력 전압을 교류로 바꾸는 장치로서 기계적인 부분이 없으므로 수명이 긴 것은?

① 초퍼
② 서보 모터
③ 자기 변조기
④ 자기 초퍼

🔍 자기 변조기 : 자동평형 기록기에서 직류 입력 전압을 교류로 바꾸는 장치로서 기계적인 부분

34 다음 중 회로시험기를 사용할 때 극성을 구분해서 측정해야 하는 것은?

① 저항 ② 교류전압
③ 직류전압 ④ 통전시험

🔍 직류 전압 : 2점 간의 전위의 전위차가 전압이다. 그러므로 측정시 극성을 구분해서 측정해야 한다.

35 오실로스코프의 X축에 미지 신호를 가하고, Y축에 100[Hz]의 신호를 가했더니 그림과 같은 리서쥬 도형이 얻어졌을 때, 미지 주파수는?

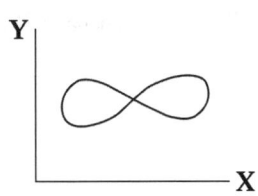

① 50[Hz] ② 100[Hz]
③ 150[Hz] ④ 200[Hz]

🔍 리서쥬 도형

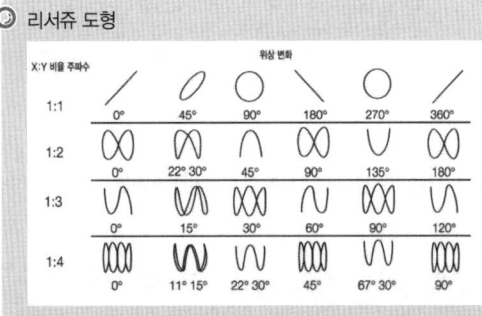

리서쥬 도형은 두개의 신호를 X, Y로 입력했을 때 나오는 도형인데, 이 두 신호가 정수배일 때 위와 같은 도형으로 나타난다. 문제의 리서쥬 도형은 1:2 에 해당하므로 X축으로 입력된 신호 50[Hz]가 된다.

36 주파수 측정 브리지의 일종일 때, 어떤 종류의 브리지인가?(단, M : 상호 인덕턴스)

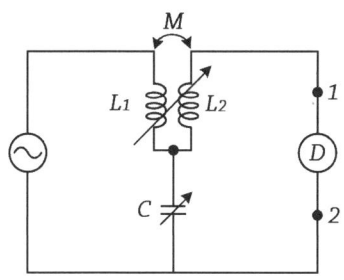

① 빈 브리지(Wein Bridge)
② 공진 브리지(Resonance Bridge)
③ 캠벨 브리지(Campbell Bridge)
④ 휘스톤 브리지(Wheatstone Bridge)

> 캠벨 브리지(Campbell Bridge)
> $\frac{1}{\omega C}f = \omega MI$
> $f = \frac{1}{2\pi\sqrt{MC}}$

37 다음은 브라운관 회로의 블록 다이어그램을 나타내었을 때, 빈 칸에 들어갈 알맞은 것은?

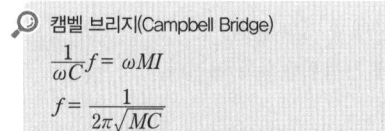

① 톱니파발생기
② 정현파발생기
③ 구형파발생기
④ 직류발생기

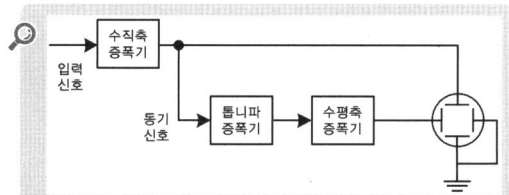

38 다음은 빈 브리지(Wien Bridge) 회로에서 R_2를 구하면?

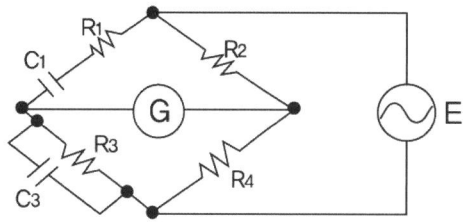

① $R_2 = \frac{R_1}{R_3 R_4} + \frac{C_3}{C_1}$

② $R_2 = \frac{R_1 R_4}{R_3} + \frac{R_4 C_3}{C_1}$

③ $R_2 = \frac{R_1 C_1}{R_3} + \frac{R_4 C_1}{C_1}$

④ $R_2 = \frac{R_1 R_4}{R_3} + \frac{R_4 C_1}{C_1}$

> $\frac{R_2}{R_4} = \frac{C_3}{C_1} + \frac{R_1}{R_3}$, $R_2 = \frac{R_1 R_4}{R_3} + \frac{R_4 C_3}{C_1}$

39 가청주파수 측정에 사용되는 주파수계에 해당되지 않는 것은?

① 주파수 브리지
② 헤테로다인 파장계
③ 오실로스코프
④ 흡수형주파수계

> 흡수형 주파수계
> • R, L, C의 공진 회로 및 검출 지시부로 구성된 공진형 주파수계이다.
> • 구조가 간단하고 전원이 불필요하다.
> • 선택도 Q가 150이하로 감도가 나쁘고 확도도 낮다.
> • 100[MHz] 이하의 대략 주파수 측정에 사용한다.
> • 피측정 회로와는 소결합하여 측정한다.
> • $f = \frac{1}{2\pi\sqrt{LC}}$

40 측정범위의 확대를 위한 장치에 대한 연결로 틀린 것은?

① 변류기 – 교류전류
② 배율기 – 직류전압
③ 분류기 – 직류전류
④ 계기용 변압기 – 교류전류

> 계기용 변압기(PT) : 교류 전압계의 측정 범위를 확대하고, 또는 고압 회로와 계기와의 절연을 위해 사용하는 변압기로, 배율은 권선비와 같다.

41 심장의 박동에 따르는 혈관의 맥동 상태를 측정하고 기록하는 의용 전자기기는?

① 맥파계(Sphygmograph)
② 근전계(Electromyograph)
③ 심음계(Phono cardiograph)
④ 심전계(Electrocardiograph)

> 맥파계 : 심장의 박동에 따르는 혈관의 맥동 상태를 측정, 기록한 맥파를 측정하는 장치

42 반도체의 성질을 가지고 있는 물질(형광체를 포함)에 전장을 가하였을 때 생기는 현상은?

① 광전효과
② 줄효과
③ 전장발광
④ 톰슨효과

> 전장 발광 현상은 형광체를 포함한 반도체에 전기장을 가하면 빛이 방출되는 현상이다.

43 VTR로 기록된 테이프를 재생할 때 VHF 출력의 채널은?

① 2-3ch
② 3-4ch
③ 4-5ch
④ 1-2ch

> VHF 수상기는 주로 3번이나 4번이 VTR용 채널로 쓰인다.

44 다음 제어요소의 동작 중 연속동작이 아닌 것은?

① D 동작
② ON-OFF 동작
③ P+D 동작
④ P+I 동작

> ON-OFF 동작 : 편차가 양인가 음인가에 따라 조작부를 ON 또는 OFF하는 동작이므로 불연속 동작이다.

45 야기(YAGI) 안테나의 특성에 대한 설명으로 옳지 않은 것은?

① 소자수가 많을수록 이득이 증가하고 지향성이 예민해 진다.
② 소자수가 많을수록 반사기나 도파기에 의한 영향으로 안테나 급전점 임피던스가 저하된다.
③ 도파기는 투사기보다 짧게 하여 용량성으로 동작한다.
④ 반사기는 투사기보다 짧게 하여 용량성으로 동작한다.

> 야기(Yagi) 안테나 특징
> • 전방에 대하여 지향성이 예민하고 이득도 크다.
> • 소자 수(도파기 수)를 늘리면 이득이 증가하고 지향성은 더욱 예민해진다.
> • 단일 채널로서의 특성이 가장 우수하여 채널전용 안테나로 가장 많이 사용된다.
> • 소자수가 많을수록 반사기나 도파기에 의한 영향으로 안테나 급전점 임피던스가 저하된다.
> • 도파기는 투사기보다 짧게 하여 용량성으로 동작한다.

46 원통형 도체를 유도 가열할 때 주파수를 높게 하여 가열하면 맴돌이 전류밀도는 어떻게 되는가?

① 축의 위치에서 가장 크다.
② 표면에 가까워질수록 작아진다.
③ 단면전체가 거의 같다.
④ 표면에 가까워질수록 커진다.

> 주파수를 높게 하면 표면에 가까울수록 맴돌이 전류밀도는 커진다.

47 자기녹음기에서 테이프를 일정한 속도로 구동시키기 위한 금속 롤러는?

① 핀치 롤러
② 캡스턴 롤러
③ 릴 축
④ 아이들러

> 캡스턴(capstan) : 모터에 의해 일정한 속도(테이프의 원주속도와 거의 같은)로 회전하는 회전축

48 방송국으로부터 직접파와 반사파가 수상될 때 수상되는 시간차이로 인하여 다중상이 생기는 현상을 무엇이라 하는가?

① 고스트(Ghost)
② 글로스(Gloss)
③ 그라데이션(Gradation)
④ 콘트라스트(Contrast)

> 고스트(ghost) : TV 화면의 영상이 부적절한 전파 수신으로 인해 2중 3중으로 겹쳐 나오는 것을 말하며 송신 공중선에서 발사된 직접파와 건물 등에 부딪혀 반사되어 나온 전파가 시간차로 조금 늦게 안테나에 도달하기 때문에 일어나는 현상이다.

49 제어계의 출력신호와 입력신호와의 비를 무엇이라 하는가?

① 전달함수
② 미분함수
③ 적분함수
④ 제어함수

> 제어계 전체 또는 요소의 출력 신호와 입력 신호의 비를 제어계나 요소의 전달함수라 한다.

50 전자빔이 시료를 투과할 때 속도가 다른 여러 전자가 생겨서 상이 흐려지는 현상은?

① 색수차
② 구면수차
③ 라디오존데
④ 축 비대칭수차

> 색수차 : 백색 광선을 렌즈를 통해서 투사하여 상을 맺었을 때 상 가장자리에 색이 붙어서 흐리게 보이는 현상

51 다음 그림은 저음 전용 스피커(W)와 고음 전용 스피커(T)를 연결한 것이다. 이에 관한 설명 중 옳지 않은 것은?

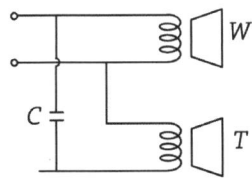

① 콘덴서는 저음만 T로 들어가도록 해 준다.
② T의 구경은 W의 구경보다 보통 작게 한다.
③ 두 스피커의 위상은 같이 해주어야 한다.
④ 콘덴서 용량은 보통 2~6[μF] 정도이다.

> 2웨이 스피커
> • 저음과 고음을 표현한다.
> • 콘덴서 C는 저음 성분을 차단하여 고음 성분만 트위터에 가해지도록 하기 위한 것이며 콘덴서의 용량은 보통 2~6[μF] 정도이다.
> • T의 구경은 W의 구경보다 작게 하며 두 스피커의 위상은 같이 해주어야 한다.

52 다음 회로에서 출력전압은 얼마인가?

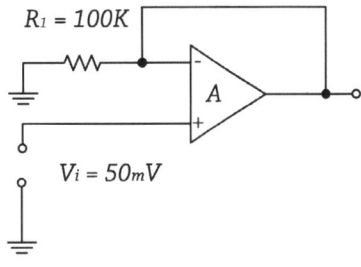

① 0V
② 50mV
③ -50mV
④ 500mV

> OP-AMP출력을 반전(-) 입력으로 궤환시킨 회로이므로 전압 폴로어이다. 전압 폴로어의 출력에 입력신호(V_i)가 동위상으로 그대로 출력되며, 이득이 1이다.
> $V_o = V_i, A_v = \dfrac{V_o}{V_i} = 1$
> 그러므로 출력은 입력과 같은 50[mV]이다.

53 펄스변조의 종류에 해당되지 않는 것은?

① PAM
② PWM
③ PSM
④ PPM

> 펄스변조의 종류
> • PAM(펄스 진폭변조) : 신호파의 진폭에 따라 펄스의 진폭이 변화됨
> • PWM(펄스폭 변조) : 신호파의 진폭에 따라 펄스의 폭이 변화됨
> • PFM(펄스위상 변조) : 신호파의 진폭에 따라 펄스의 위상이 변화됨
> • PCM(펄스부호변조) : 아날로그 신호를 디지털 신호로 변환

54 주파수 50[MHz]인 전파의 1/4 파장에 대한 값은?

① 1.5[m]   ② 3[m]
③ 15[m]   ④ 30[m]

> $\lambda = \dfrac{c}{f}$, (c : 광속도 3×10^8)
> 1/4파장에 대한 값[m] = $\dfrac{3 \times 10^8}{4 \times 50 \times 10^6} = 1.5[m]$

55 다음 중 서보기구에 사용되지 않는 것은?

① 리졸버
② 카보런덤
③ 싱크로
④ 저항식 서보기구

> 서보기구에 사용되는 기구에는 싱크로, 리졸버, 저항식 서보기구, 차동변압기 등이 있다.

56 가청증폭기에 부궤환 회로를 인가하는 목적으로 옳지 않은 것은?

① 비직선 일그러짐을 감소하기 위하여
② 주파수 특성을 개선하기 위하여
③ 잡음을 적게 하기 위하여
④ 출력을 크게 하기 위하여

> 부궤환(음되먹임) 증폭기의 특징
> • 주파수 특성이 개선된다.
> • 안정도가 향상된다.
> • 비직선 일그러짐이 감소한다.
> • 증폭 이득은 감소하여 출력이 낮아진다.

57 수직 해상도 350, 수평해상도 340인 경우 해상비는 약 얼마인가?

① 0.86
② 0.89
③ 0.94
④ 0.97

> 해상비 $= \frac{340}{350} \approx 0.97$

58 잡음 전압이 10[μV]이고 신호 전압이 10[V]일 때, S/N은 몇 [dB]인가?

① 40[dB]
② 60[dB]
③ 80[dB]
④ 120[dB]

> S/N비 $= 20\log_{10}\frac{신호전압}{잡음전압}[dB]$
> $= 20\log_{10}\frac{10}{10 \times 10^{-6}} = 120[dB]$

59 다음 중 초음파 세척은 초음파의 무슨 작용을 이용한 것인가?

① 진동
② 반사
③ 굴절
④ 간섭

> 진동자로부터 발생된 초음파를 용액내에 전달시키면 미세한 기포들이 발생하고 이들이 성장, 파괴되면서 강력한 에너지를 발생한다. 이 충격파에 의해 수중에 담겨 있는 세척물의 표면과 내부 깊숙이 보이지 않는 곳까지 단시간 내에 세척이 가능하다.

60 자동제어의 요소 분류 중 사람의 두뇌에 해당되는 부분은?

① 제어요소
② 조작부
③ 조절부
④ 검출부

> 조절부 : 기준 입력과 검출부 출력과의 차 되는 신호를 받아서 제어계가 정하여진 행동을 하는 데 필요한 신호를 만들어 조작부에 보내는 부분으로 사람에 비유하면 두뇌에 해당되며, 제어장치의 중심을 이룬다.

정답 2015년 3회

01 ④	02 ①	03 ③	04 ④	05 ②
06 ②	07 ④	08 ③	09 ①	10 ②
11 ③	12 ①	13 ①	14 ④	15 ②
16 ②	17 ②	18 ③	19 ①	20 ③
21 ③	22 ①	23 ②	24 ④	25 ②
26 ④	27 ①	28 ①	29 ①	30 ②
31 ②	32 ②	33 ③	34 ①	35 ①
36 ③	37 ①	38 ②	39 ④	40 ④
41 ①	42 ③	43 ②	44 ②	45 ②
46 ④	47 ②	46 ①	49 ①	50 ①
51 ①	52 ②	53 ③	54 ①	55 ②
56 ④	57 ④	58 ④	59 ①	60 ③

2015년 4회 공단 기출문제

01 음성 신호를 펄스 부호 변조 방식(PCM)을 통해 송신 측에서 디지털 신호로 변환하는 과정으로 옳은 것은?

① 표본화 → 양자화 → 부호화
② 부호화 → 양자화 → 표본화
③ 양자화 → 부호화 → 표본화
④ 양자화 → 표본화 → 부호화

> 펄스변조는 아날로그 신호를 압축 표본화하고 양자화 신호를 부호화한 디지털 신호이다.

02 다음 회로의 명칭은 무엇인가?

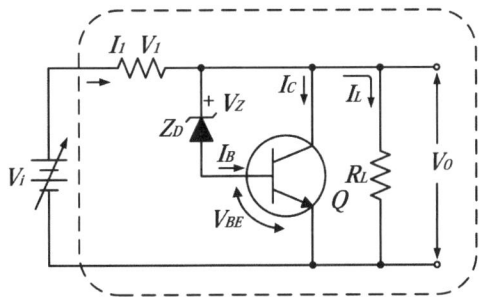

① 직렬 제어형 정전압 회로
② 병렬 제어형 정전압 회로
③ 직렬형 정전류 회로
④ 병렬형 정전류 회로

> 트랜지스터 Q가 부하와 병렬로 결합되므로 병렬 제어형이라 한다. 병렬 제어형에서는 Q에 흐르는 전류를 조절함으로서 부하 전압에 대한 조정이 이루어진다.

03 다음과 같은 회로의 명칭은?

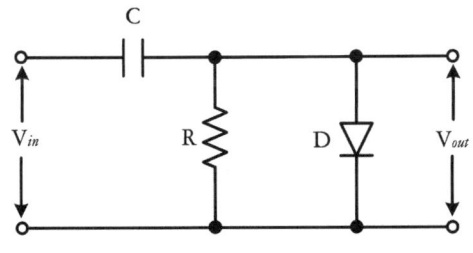

① 클램퍼(clamper) 회로
② 슬라이서(slicer) 회로
③ 클리퍼(clipper) 회로
④ 리미터(limiter) 회로

> • 클램프(Clamper)회로 : 입력신호의 최대값(상단레벨)을 특정값인 (+), (-) 값으로 고정시켜야 하는 경우 이러한 조작을 하는 회로로 직류성분을 재생하는 목적으로 쓰인다.
> • 슬라이서(Slicer) 회로 : 리미터의 특별한 경우로서 입력신호 중에서 폭이 매우 좁게, (+) 일부분 혹은 (-) 일부분 토막을 추출 하는 회로이며, 인가되는 전압의 극성은 서로 동일하다.
> • 클리퍼(Clipper)회로 : 입력 파형에 대한 상단 파형을 자르는 피크 클리퍼, 파형의 하단을 자르는 베이스 클리퍼로 구분한다.
> • 리미터(limiter) 회로 : 입력신호의 상·하단을 제한하는 회로로 진폭 제한기라고도 한다.

04 입력 상태에 따라 출력 상태를 안정하게 유지하는 멀티 바이브레이터는?

① 비안정 멀티 바이브레이터
② 단안정 멀티 바이브레이터
③ 쌍안정 멀티 바이브레이터
④ 모든 형식의 멀티 바이브레이터

> 쌍안정 멀티바이브레이터 : 2개의 안정 상태를 가지며 2개의 트리거(trigger)펄스에 의해 하나의 구형파를 발생시킬 수 있다. 이 회로를 플립플롭(Flip-flop)이라고 하며 기억장치 등에 사용된다.

05 JK 플립플롭을 이용하여 10진 카운터를 설계할 때, 최소로 필요한 플립플롭의 수는?

① 1개
② 2개
③ 3개
④ 4개

> $2^{n-1} \leq 10 \leq 2^n$
> ∴ n = 4

06 연산증폭기의 입력 오프셋 전압에 대한 설명으로 가장 적합한 것은?

① 차동출력을 0V가 되도록 하기 위하여 입력단자 사이에 걸어주는 전압이다.
② 출력전압이 무한대(∞)가 되도록 하기 위하여 입력단자 사이에 걸어주는 전압이다.
③ 출력전압과 입력전압이 같게 될 때의 증폭기의 입력 전압이다.
④ 두 입력단자가 접지되었을 때 두 출력단자 사이에 나타나는 직류전압의 차이다.

- 입력 오프셋 전압 : 차동 출력을 0[V]로 만들기 위한 입력
- 출력 오프셋 전압 : OP-AMP에서 두 입력 단자를 접지 되었을 때 두 출력 단자 사이에 나타나는 직류전압의 차

07 전원 회로의 구조가 순서대로 옳게 구성된 것은?

① 정류회로 → 변압회로 → 평활회로 → 정전압회로
② 변압회로 → 평활회로 → 정류회로 → 정전압회로
③ 변압회로 → 정류회로 → 평활회로 → 정전압회로
④ 정류회로 → 평활회로 → 변압회로 → 정전압회로

- 교류 전원 → 강압(변압기) → 정류(다이오드) → 평활(콘덴서) → 전압안정화(제너다이오드)

08 증폭회로에서 되먹임의 특징으로 옳지 않은 것은?(단, 음 되먹임(negative feedback) 증폭회로라 가정한다.)

① 이득의 감소
② 주파수 특성의 개선
③ 잡음 증가
④ 비선형 왜곡의 감소

- 부궤환 증폭기의 특징
  - 이득이 감소한다.(안정도가 증가)
  - 이득이 보통 -3[dB] 감소하므로 대역폭(BW)이 넓어져 주파수 특성이 개선된다.
  - 일그러짐과 잡음이 감소한다.
  - 입력 임피던스는 증가하고 출력 임피던스는 감소한다.

09 어떤 도체에 4A의 전류를 10분간 흘렸을 때 도체를 통과한 전하량 C는 얼마인가?

① 150 ② 300
③ 1200 ④ 2400

1[A]는 1초 동안에 1[C]의 전하, 즉 6.25×10^{18}개의 전자가 이동할 때의 전류의 크기를 나타낸다.
∴ Q = I × t = 4 × 10 × 60 = 2400[C]

10 다음 회로의 명칭은 무엇인가?

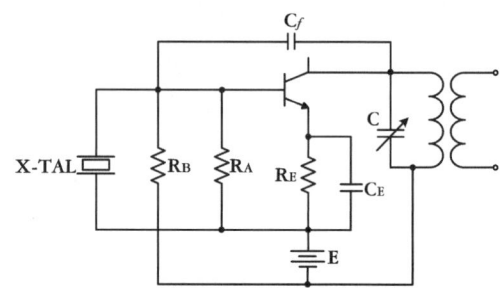

① 피어스 BC형 발진 회로
② 피어스 BE형 발진 회로
③ 하틀리 발진 회로
④ 콜피츠 발진 회로

- 트랜지스터를 이용한 수정발진회로는 수정(x-tal)편을 트랜지스터 베이스(B), 이미터(E), 컬렉터(C), 단자의 접속점에 따라 이름을 부여한다. 그림의 회로는 수정 진동자(회로에서 좌측에 있는 기호)가 트랜지스터 베이스(B), 이미터(E) 접속되어 회로 구성되어 있으므로 피어스(Pierce) B-E형 발진기라 부른다.

11 빈-브리지 발진회로에 대한 특징으로 틀린 것은?

① 고주파에 대한 임피던스가 매우 낮아 발진 주파수의 파형이 좋다.
② 잡음 및 신호에 대한 왜곡이 작다.
③ 저주파 발진기 등에 많이 사용된다.
④ 사용할 수 있는 주파수 범위가 넓다.

- 빈-브리지 발진회로
  - op-amp와 CR을 이용하여 직렬CR과 병렬CR를 브리지형태로 궤환시켜 발진시키는 방식으로 저주파 가변 발진기 등에 많이 사용된다.
  - 코일(coil)을 사용하지 않으므로 저주파에서 소형, 경량이다.
  - 발진 주파수가 안정하다.
  - 서미스터(thermistor)를 이용하여 발진강도를 안정하게 한다.

12 저항기의 색띠가 갈색, 검정, 주황, 은색의 순으로 표시되었을 경우에 저항 값은 얼마인가?

① 27~3kΩ ② 9~11kΩ
③ 0.9~1.1kΩ ④ 18~22kΩ

제1색띠	제2색띠	제3색띠	제4색띠
갈색(1)	검정(0)	주황(10^3)	은색(±10%)

$10 \times 10^3 = 10000\Omega = 10k\Omega$, 오차 ±10%

13 다음 중 공통 컬렉터 증폭기에 대한 설명으로 적합하지 않은 것은?

① 전압이득은 대략 1 이다.
② 입력저항이 높아 버퍼로 많이 사용된다.
③ 입력과 출력의 위상은 동상이다.
④ 입력은 결합 커패시터를 통하여 이미터에 인가한다.

🔍 공통 컬렉터 증폭기
- 전류 이득이 가장 크다.
- 전압 이득은 대략 1에 가깝다.(입력 베이스 전압 변동과 이미터에 있는 부하전압의 전압 변동이 같다.)
- 입력저항이 대단히 크다.
- 출력 저항이 가장 작다.
- 주로 버퍼(buffer)로서 사용된다.
- 전력 증폭기로도 사용된다.

14 모놀리식(monolithic) 집적 회로(IC)의 특징으로 적합하지 않은 것은?

① 제조 단가가 저렴하다.
② 높은 신뢰도를 가진다.
③ 대량 생산이 가능하고 소형화, 경량화 등의 특징을 가진다.
④ 높은 정밀도가 요구되는 아날로그 회로에 사용된다.

🔍 모놀리식(monolithic) 집적회로 : 1개의 기판 위에 회로의 전 부품을 만들어 하나의 기능을 갖도록 만들어진 IC로 실장 밀도가 매우 높아지며, 또한 대량 생산이 가능하여 신뢰성을 높일 수 있을 뿐 아니라 제조 단가도 낮출 수 있다.

15 다음 중 1μF를 F로 표시하면 얼마인가?

① $10^{-3}F$ ② $10^{-6}F$
③ $10^{-9}F$ ④ $10^{-12}F$

🔍 $1\mu F = 10^{-6}F$, $1nF = 10^{-9}F$, $1pF = 10^{-12}F$

16 실제 펄스 파형에서 이상적인 펄스 파형의 상승하는 부분이 기준 레벨보다 높은 부분을 무엇이라 하는가?

① 새그(sag)
② 링잉(ringing)
③ 오버슈트(overshoot)
④ 지연 시간(delay time)

🔍 오버슈트(overshoot) : 상승 파형에서 이상적 펄스파의 진폭 전압(V)보다 높은 부분의 높이 a를 말하며, 이 양은 $(\frac{a}{v}) \times 100(\%)$로 나타낸다.

17 주기억장치로 사용되는 반도체 기억소자 중에서 읽기, 쓰기를 자유롭게 할 수 있는 것은?

① RAM   ② ROM
③ EP-ROM   ④ PAL

🔍 RAM(Random Access Memory) : 전원이 공급되지 않으면 기억된 내용이 사라지는 휘발성(소멸성) 메모리로 실행 중인 프로그램이나 데이터를 저장하며, 자유롭게 데이터의 판독과 기록이 가능한 주기억 장치

18 컴퓨터 내의 입출력 장치들 중에서 입출력 성능이 높은 것에서 낮은 순으로 바르게 나열된 것은?

① 인터페이스-채널-DMA
② DMA-채널-인터페이스
③ 채널-DMA-인터페이스
④ 인터페이스-DMA-채널

🔍 입출력 성능 : 채널 > DMA > 인터페이스

19 디코더(decoder)는 일반적으로 어떤 게이트를 사용하여 만들 수 있는가?

① NAND, NOR
② AND, NOT
③ OR, NOR
④ NOT, NAND

🔍 디코더 : 데이터를 어떤 부호화된 형으로부터 다른 형으로 바꾸기 위한 회로와 장치를 가리키며 AND와 NOT게이트로 구성된다.

20 다음 문자 데이터 코드들이 표현할 수 있는 데이터의 개수가 잘못 연결된 것은?(단, 패리티 비트는 제외한다.)

① 2진화10진수(BCD)코드 : 64개
② 아스키(ASCII) 코드 : 128개
③ 확장 2진화 10진(EBCDIC) 코드 : 256개
④ 3-초과(3-Excess) 코드 : 512개

> 3초과 코드(Excess-3 Code) : 3초과 코드 는 BCD 코드로 표현한 값에 3(=0011)을 더하여 나타낸 코드이다.

21 마이크로프로세서의 주소 지정 방식 중 짧은 길이의 오퍼랜드로 긴 주소에 접근할 때 사용되는 방식은?

① 직접 주소 지정 방식
② 간접 주소 지정 방식
③ 레지스터 주소 지정 방식
④ 즉치 주소 지정 방식

> 간접 주소 지정 방식(Indirect Addressing Mode) : 명령어 내의 주소부에 실제 데이터가 저장된 장소의 주소를 가진 기억장소의 주소를 표현한 방식

22 데이터의 크기를 작은 것부터 큰 순서로 바르게 나열한 것은?

① Bit〈 Word〈 Byte〈 Field
② Bit〈 Byte〈 Field〈 Word
③ Bit〈 Byte〈 Word〈 Field
④ Bit〈 Word〈 Field〈 Byte

> 자료 구성의 단계 : Bit 〈 Byte 〈 Word 〈 Field

23 1024 × 8bit의 용량을 가진 ROM에서 address bus와 data bus의 필요한 선로 수는?

① address bus = 8선, data bus = 8선
② address bus = 8선, data bus = 10선
③ address bus = 10선, data bus = 8선
④ address bus = 1024선, data bus = 8선

> $1024 = 2^{10}$이므로 address bus = 10선, data 8bit data bus = 8선이 필요하다.

24 다음 표준 C언어로 작성한 프로그램의 연산 결과는?

【보기】
```
#include <stdio.h>
void main( )
{
    printf("%d",10^12);
}
```

① 6
② 8
③ 24
④ 14

> 연산자 ^는 두 개의 비트가 달라야 1이 되는 연산자 즉 XOR이다.
> $10 \wedge 12 = (1010)_2 \wedge (1100)_2 = (0110)_2 = 6$

25 원시 언어로 작성한 프로그램을 동일한 내용의 목적 프로그램으로 번역하는 프로그램을 무엇이라 하는가?

① 기계어
② 파스칼
③ 컴파일러
④ 소스 프로그램

> 컴파일러 : 원시언어로 된 프로그램을 목적언어로 된 프로그램으로 번역하는 프로그램

26 다음 중 10진수 (-7)을 부호화 절대치법에 의한 이진수 표현으로 옳은 것은?

① 10000111
② 10000110
③ 10000101
④ 10000100

> 10진수 (-7)을 부호화 절대치법 8bit 2진수로 표현하면 10000111로 표현된다.

27 컴퓨터의 중앙처리장치와 주기억 장치 간에 발생하는 속도차를 보완하기 위해 개발된 것은?

① 입·출력장치
② 연산장치
③ 보조기억장치
④ 캐시기억장치

> 캐시 기억장치(Cache Memory) : 프로그램 실행속도를 중앙처리장치의 속도에 가깝도록 하기 위하여 개발된 고속 버퍼 기억장치로서, 중앙처리장치와 주기억장치 사이에 위치한다.

28 지정 어드레스로 분기하고, 분기한 후에 그 명령으로 되돌아오는 명령은?

① 강제 인터럽트 명령
② 조건부 분기 명령
③ 서브루틴 분기 명령
④ 분기 명령

> 서브루틴(Subroutine) : 프로그램 가운데 하나 이상의 장소에서 필요할 때마다 되풀이해서 사용할 수 있는 부분적 프로그램. 실행 후에는 메인 루틴이 호출한 장소로 되돌아간다. 독립적으로 쓰는 일은 없고 메인 루틴과 결합하여 기능을 수행한다.

29 오실로스코프 프로브(Probe) 교정을 위해서 어떠한 파형을 이용하는가?

① 삼각파   ② 정현파
③ 구형파   ④ 스텝파

> 오실로스코프의 CAL 단자에서는 PROBE ADJUST PROBE 보정과 수직 증폭기 교정을 위한 구형파(0.5V, 1kHz)를 출력한다.

30 다음 중 계통적 오차에 속하지 않는 것은?

① 우연 오차   ② 이론적 오차
③ 기기적 오차   ④ 개인적 오차

> 계통 오차 : 계측기의 눈금의 부정확에서 발생되는 오차
> • 이론적 오차 : 이론적 근거에 기인된 오차
> • 기계적 오차 : 계측기 자신이 가지는 오차
> • 개인적 오차 : 측정자의 습성에 의한 오차

31 다음과 같은 회로에서 스위치(SW)를 열었을 때의 전압계의 지시를 V_1, 닫았을 때의 지시를 V_2라 하면 전지의 내부 저항 r_B를 구하는 식은?(단, 전압계의 전류는 무시한다.)

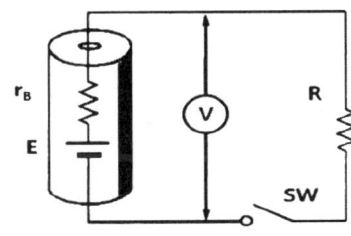

① $r_B = \dfrac{V_1 - V_2}{V_1} R[\Omega]$ ② $r_B = \dfrac{V_1}{V_2} R[\Omega]$

③ $r_B = \dfrac{V_2}{V_1} R[\Omega]$ ④ $r_B = \dfrac{V_1 - V_2}{V_2} R[\Omega]$

> $r_B = R(m-1) = R\left(\dfrac{V_1}{V_2}-1\right) = R\dfrac{V_1 - V_2}{V_2}[\Omega]$

32 오실로스코프를 이용하여 전자회로에서 전압 및 파형을 측정하였더니 파형의 반주기가 2.5[ms]이었다. 이때 측정된 주파수는?

① 50[Hz]
② 100[Hz]
③ 150[Hz]
④ 200[Hz]

> 주기$(T) = 2 \times 2.5[ms](\text{반주기}) = 5[ms]$
> 주파수$(f) = \dfrac{1}{5ms} = \dfrac{1}{5 \times 10^{-3}} = 200[Hz]$

33 디지털 계측 방식 중의 하나인 비교법에 의한 측정에서 시간에 따라 직선적으로 증가하는 전압을 무엇이라고 하는가?

① 램프 전압
② 기준 전압
③ 정형 전압
④ 비교 전압

> 램프전압 : 디지털 계측 방식 중의 하나인 비교법에 의한 측정에서 시간에 따라 직선적으로 증가하는 전압

34 다음은 수신기의 감도측정 회로 구성도이다. 빈칸 A, B에 들어갈 내용으로 옳은 것은?

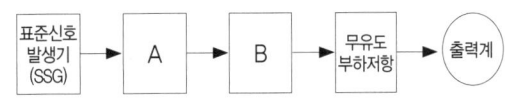

① A : 수신기, B : 감쇠기
② A : 감쇠기, B : 수신기
③ A : 수신기, B : 의사 안테나
④ A : 의사 안테나, B : 수신기

35 3상 평형 회로에서 운전하고 있는 3상 유도전동기에 2전력계법을 이용하여 전력을 측정하였더니 각각 5.96[kW]와 2.36[kW] 이었다면 전동기의 역률은 얼마인가?(단, 2전력계법으로 측정하였을 때의 선간 전압은 200[V], 선전류는 30[A]이다.)

① 0.6
② 0.7
③ 0.8
④ 0.9

> - 3상 유도전동기 2전력계법 유효전력
> $P_a = P_1 + P_2 = 5.96[kW] + 2.36[kW]$
> - 피상전력
> $P = 2\sqrt{P_1^2 + P_2^2 - (P_1 \times P_2)}$
> $= 2\sqrt{(5.96)^2 + (2.36)^2 - (5.96 \times 2.36)} = 10.6[kW]$
> - 역률($\cos\theta$) = $\dfrac{\text{유효전력}}{\text{피상전력}} = \dfrac{P_a}{P} = \dfrac{8.32}{10.6} \fallingdotseq 0.8$

36 다음 변조파형에 대한 설명으로 옳은 것은?(단, I_c는 반송파 전류, I_m은 변조파 전류이다.)

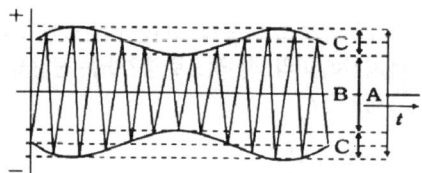

① 변조도(m)은 $m = \dfrac{I_c}{I_m}$ 으로 표시한다.
② 변조도(m)은 $m = \dfrac{A-B}{A+B}$ 으로 표시한다.
③ 주파수 변조(Frequency Modulation) 파형이다.
④ 변조가 잘 되었는지의 여부는 오실로스코프 화면상에 파형 관측만으로 알아보기가 쉽다.

> 변조도 $m = \dfrac{A-B}{A+B}$

37 증폭기에서 증폭도의 크기는 어떤 값으로 환산하여 표시하는가?

① 전압
② 전류
③ 데시벨
④ 절대온도

> 증폭기에서 입력 전력과 출력 전력과의 비를 전력 증폭도라 한다. 보통, 데시벨(기호 dB)의 단위로 나타내는 경우가 많으며, 다음 식으로 구해진다.
> $G_p = 10\log_{10}\dfrac{P_o}{P_i}$

38 그림과 같은 가동코일(Coil)형 계기에서 미터의 축에 아래위로 인청동으로 된 스프링이 장치되어 있을 때, 스프링의 역할은 무엇인가?

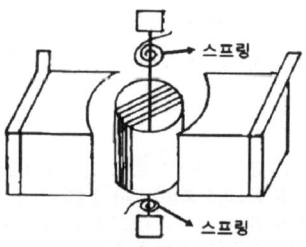

① 구동력
② 제어력
③ 제동력
④ 가동력

> 스프링제어 : 스프링의 변형에 의해 발생되는 탄력을 제어 토크로 이용하는 방식으로, 비자성의 가느다란 인청동판을 나선이나 와선 모양으로 스프링을 만들어 사용한다.

39 콜라우슈 브리지의 측정 용도로 적합한 것은?

① 전해액의 저항 측정
② 저저항의 측정
③ 정전용량의 측정
④ 인덕턴스의 측정

> - 켈빈 더블 브리지(Kelvin Double Bridge) : 저저항 정밀측정
> - 휘스톤 브리지법 : 중저항 측정
> - 콜라우슈 브리지(Kohlraush Bridge) : 접지저항 측정, 전해액의 저항 측정
> - 맥스웰 브리지(Maxwell Bridge) : 미지 인덕턴스 측정

40 정전 전압계의 특징에 대한 설명으로 틀린 것은?

① 정전 전압계 또는 전위계는 전압을 직접 측정하는 계기이다.
② 주로 저압 측정용 전압계로 많이 쓰인다.
③ 정전 전압계의 제동은 공기 제동이나 액체 제동 또는 전자 제동을 사용한다.
④ 대표적인 예로는 아브라함 빌라드형과 캘빈형의 정전 전압계가 있다.

> 정전형 계기의 특징
> - 주로 고압 측정용으로 사용된다.
> - 정전 전압계 또는 전위계는 전압을 직접 측정하는 계기이다.
> - 정전 전압계의 제동은 공기 제동이나 액체 제동 또는 전자 제동을 사용한다.
> - 대표적인 예로는 아브라함 빌라드형과 캘빈형의 정전 전압계가 있다.

41 초음파의 진동수가 가장 높은 것은?

① 초음파 가공
② 소나
③ 초음파 탐상
④ 에멀션화

> 초음파의 진동수
> • 에멀션화 : 20[kHz]
> • 초음파 가공기 : 16~30[kHz]
> • 소나 : 15~100[kHz]
> • 초음파 탐상기 : 5~15[MHz]

42 다음 중 디지털 3D 그래픽스 처리의 구성이 아닌 것은?

① 기하처리
② 렌더링
③ 프레임버퍼
④ 모델링

> 3차원 컴퓨터 그래픽(3D computer graphics)은 2차원 컴퓨터 그래픽과 달리, 컴퓨터에 저장된 모델의 기하학적 데이터(각 점의 위치를 높이, 폭, 깊이의 3축으로 하는 공간 좌표를 이용하여 저장)를 이용해 3차원적으로 표현한 뒤에 2차원적 결과물로 처리, 출력하는 컴퓨터 그래픽이다. 3차원 컴퓨터 그래픽은 때때로 3차원 모델링을 가리키기도 한다. 모델은 3차원 렌더링이라는 과정을 통해 2차원적인 그림으로 나타낼 수 있다.

43 CR결합 증폭회로에서 대역폭을 2배로 늘리려면 전압 증폭 이득을 몇 [dB]로 내려야 하는가?

① $\frac{1}{2}$[dB]
② -3[dB]
③ -6[dB]
④ 4[dB]

> 증폭 회로에서 이득과 대역폭 간에는 상반되는 성질이 있어 이득을 크게 하면 대역폭이 좁아지고, 반대로 대역폭을 넓게 하면 이득이 작아진다.

44 도래 전파가 8[mV]이고, 정재파비(SWR)가 3.0이다. 입력 회로에서 반사되는 전압은?

① 2[mV]
② 4[mV]
③ 6[mV]
④ 8[mV]

> $SWR = \frac{V_o + V_i}{V_o - V_i}, 3 = \frac{8 - V_i}{8 + V_i}, V_i = \frac{16}{4} = 4$[mV]

45 전력 증폭기는 스피커를 구동시키는데 요구되는 충분한 전력을 보내주는 역할을 한다. 전력 증폭기의 구성으로 옳지 않은 것은?

① 전압 증폭단
② 전치 구동단
③ 등화 증폭단
④ 출력단

> 전력증폭기는 전치 구동단, 전압 증폭단, 출력단으로 구성된다.

46 청력을 검사하기 위하여 가청주파수 영역 중 여러 가지 레벨의 순음을 전기적으로 발생하는 음향발생 장치는?

① 심음계
② 오디오미터
③ 페이스메이커
④ 망막전도 측정기

> 오디오미터(audiometer) : 귀의 청력을 검사하기 위하여 가청주파수 영역의 여러 가지 레벨의 순음을 전기적으로 발생하는 음향 발생 장치로 신호음으로 사인파를 사용한다.

47 표준 12cm 오디오 CD 규격의 재생 및 녹음 가능한 최대 시간은?

① 37분
② 74분
③ 120분
④ 240분

> CD 음반의 바깥지름이 120[mm]이면 재생 시간은 평균 74분이다.

48 FM 스테레오 수신기에서 19[kHz] 파일럿(Pilot) 신호의 목적은 무엇인가?

① 스테레오 신호 복조기에서 좌우신호를 분리시키는 스위칭 신호이다.
② 스테레오 차신호용 서브캐리어(Subcarrier)이다.
③ FM 전파 속의 잡음 펄스 성분을 제거한다.
④ 스테레오 신호인 좌우와의 합성신호를 만든다.

> 파일럿 신호 (pilot signal) : 스테레오 신호 복조기에서 좌우신호를 분리시키는 스위칭 신호

49 궤환 제어계(Feed Back Control)에서 공정제어 제어량에 해당하지 않는 것은?

① 유량 ② 전압
③ 압력 ④ 온도

> 프로세스 제어(공정제어)는 압력, 온도, 유량, 액위, 농도 등의 공업 프로세스의 상태량을 제어량으로 하는 제어계이며, 장력은 자동제어에 속한다.

50 음색 조절이 가능한 음향장치는?

① 턴테이블 ② 보이스레코더
③ 이퀄라이저 ④ 인티앰프

> 등화기(equalizer) : 신호의 증폭이나 전송 과정에서 생기는 변형을 보정하기 위하여 증폭나 전송로에 삽입하고, 그 특성을 종합해서 균일화하는 기능을 갖게 한 장치이며 음색조절이 가능하다.

51 다음과 같은 N/S를 갖는 수신기 중에서 잡음이 가장 큰 수신기는?

① N/S = 2[μV]/5[V]
② N/S = 1[μV]/1[V]
③ N/S = 2[μV]/15[V]
④ N/S = 2[μV]/20[V]

> N/S 값이 가장 큰 1[μV]/1[V]가 잡음이 큰 수신기이다.

52 선박이 A 무선표지국이 있는 항구에 입항하려고 할 때, 그 전파의 방향, 즉 진북에 대한 α도의 방향을 추적함으로써, A 무선표지국이 있는 항구에 직선으로 도달하는 것을 무엇이라고 하는가?

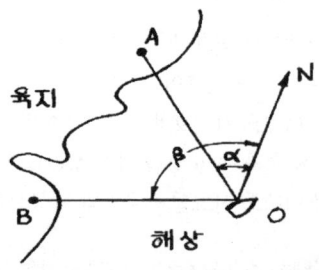

① 로란(Loran)
② 데카(Decca)
③ 호밍(Homing)

④ 센스 결정(Sense determination)

> 호밍(Homing) : 고도를 제외한 다른 항행 파라미터(parameter)를 일정하게 유지함으로써 목표를 향하여 접근해 가는 것

53 광학 현미경에서 시료 위의 정보를 전하는 매개체로서는 빛을 사용한다. 전자현미경에서는 무엇을 매개체로 하는가?

① 전자선 ② 전자 렌즈
③ 전자총 ④ 정전 렌즈

	광학 현미경	전자 현미경
광원	광선	전자선
매질	공기	진공
배율	렌즈 교환	투사 렌즈의 여자전류 변화
초점	대물렌즈와 시료의 거리조절	대물렌즈의 여자전류를 조절
렌즈	회전대칭 유리렌즈	형광막상의 상 또는 사진
상 관찰 수단	육안 또는 사진	형광막상의 상 또는 사진
재물대	재물 유리	박막

54 증폭회로에 1[mW]를 공급하였을 때 출력으로 1[W]가 얻어졌다면, 이 때 이득은?

① 40[dB]
② 30[dB]
③ 20[dB]
④ 10[dB]

> 이득 $A = 10\log_{10} \dfrac{\text{출력전력}}{\text{입력전력}}$
> $\therefore 10\log_{10} \dfrac{1}{1 \times 10^{-3}} = 10\log 10^3 = 30[dB]$

55 2개의 종류가 다른 금속 또는 합금으로 하나의 폐회로를 만들고 두 접점을 다른 온도로 유지하면 이 회로에 일정 방향의 전류가 흐르는 현상은?

① 지벡 효과 ② 펠티어 효과
③ 스킨 효과 ④ 볼츠만 효과

> 지벡 효과 : 2개의 종류가 다른 금속 또는 합금으로 하나의 폐회로를 만들고 두 접점을 다른 온도로 유지하면 이 회로에 일정 방향의 전류가 흐르는 현상

56 자동제어의 서보기구가 제어를 수행하는 요소는?

① 온도
② 유량이나 압력
③ 위치나 각도
④ 시간

> 서보기구 : 물체의 위치·방위·자세 등의 변위를 제어량(출력)으로 하고, 목표값(입력)의 임의의 변화에 추종하도록 한 제어계로서, 이 제어량이 기계적인 변위인 제어계

57 전달함수 G_1, G_2, H를 갖고 있는 요소를 아래와 같이 접속할 때 등가 전달함수 $\frac{y}{x}$는?

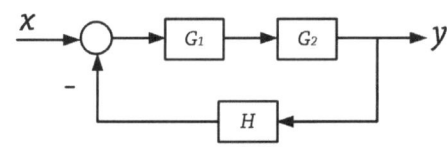

① $\dfrac{G_1G_2}{1+G_1G_2H}$ ② $\dfrac{H}{1+G_1G_2H}$

③ $\dfrac{1}{1+G_1G_2H}$ ④ $\dfrac{G_1G_2}{1-G_1G_2H}$

> $y = \dfrac{G_1G_2}{1+G_1G_2H}x$, $\dfrac{y}{x} = \dfrac{G_1G_2}{1+G_1G_2H}$

58 태양전지를 연속적으로 사용하기 위하여 필요한 장치는?

① 변조 장치   ② 정류 장치
③ 축전 장치   ④ 검파 장치

> 태양전지를 연속적으로 사용하기 위해서는 태양광선을 얻을 수 없는 경우를 대비하여 축전장치가 필요하다.

59 HDTV에 관한 설명으로 틀린 것은?

① 가로 : 세로 화면 비율은 16 : 9이다.
② CD급의 하이파이 음질의 방송이 가능하다.
③ 아날로그 TV에서는 셋톱박스가 필요하다.
④ 주사선의 수는 525~625선 정도이다.

> HDTV(high High definition television)는 주사선이 1125라인으로 기존 TV(SDTV, Standard television)의 주사선이 525라인인 것에 비해 2배 이상이 된다.

60 자기 녹음기의 교류 바이어스에 사용되는 주파수는 대략 얼마의 범위가 사용되는가?

① 30[kHz]~200[kHz]
② 100[kHz]~2000[kHz]
③ 100[kHz]~200[kHz]
④ 60[kHz]~100[kHz]

> 교류 바이어스법 : 자기 녹음에서 녹음 헤드를 어느 정도 자화해 두는 것을 자기 바이어스라고 한다. 이것을 주기 위해 음성 주파수보다 훨씬 높은 주파수(30~200kHz)의 교류를 사용하는 방식이 교류 바이어스 녹음이다.

정답 2015년 4회

01 ①	02 ②	03 ①	04 ③	05 ④
06 ①	07 ③	08 ③	09 ④	10 ②
11 ①	12 ②	13 ④	14 ④	15 ②
16 ③	17 ①	18 ③	19 ②	20 ④
21 ②	22 ③	23 ③	24 ①	25 ②
26 ①	27 ④	28 ②	29 ③	30 ①
31 ④	32 ④	33 ①	34 ④	35 ③
36 ②	37 ④	38 ②	39 ①	40 ②
41 ③	42 ①	43 ②	44 ③	45 ③
46 ②	47 ②	48 ①	49 ②	50 ③
51 ②	52 ②	53 ①	54 ②	55 ①
56 ③	57 ①	58 ③	59 ④	60 ①

2016년 1회 공단 기출문제

01 그림의 회로에서 출력전압 V_o의 크기는?(단, V는 실효 값이다.)

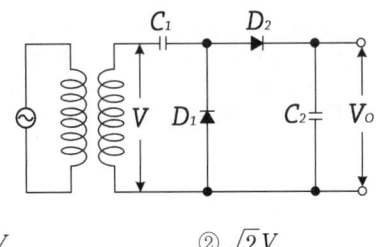

① $2V$
② $\sqrt{2}V$
③ $2\sqrt{2}V$
④ V^2

> 반파 배전압회로
> $C_1 = V, C_2 = 2V$
> $\therefore V_o = 2\sqrt{2}V$

02 발진기는 부하의 변동으로 인하여 주파수가 변화되는데 이것을 방지하기 위하여 발진기와 부하 사이에 넣는 회로는?

① 동조 증폭기
② 직류 증폭기
③ 결합 증폭기
④ 완충 증폭기

> 완충 증폭기(BUFFER-AMP)는 발진기와 부하 사이에 설치하여 부하 변동에 따른 발진주파수 변동을 방지하기 위해서 주로 사용 한다.

03 구형파의 입력을 가하여 폭이 좁은 트리거 펄스를 얻는데 사용되는 회로는?

① 미분회로
② 적분회로
③ 발진회로
④ 클리핑회로

> 입력 측에 C를 사용 하므로 미분기(HPF)로서 동작하며, 구형파(직사각형파)로부터 폭이 좁은 트리거(trigger) 펄스를 얻는 데 쓰인다.

04 J-K 플립플롭을 이용하여 D 플립플롭을 만들 때 필요한 논리 게이트(gate)는?

① AND
② NOT
③ NAND
④ NOR

> D(Delay) F/F은 J-K F/F 또는 RS F/F에서 2개의 입력 R, S가 동시에 1인 경우에도 불확정 출력상태가 되지 않도록 하기 위하여 NOT 게이트 하나를 입력 양단에 부가한 것으로 정보를 일시 유지하는 래치(Latch) 회로나 시프트 레지스터(shift register) 등에 쓰인다.

05 이상적인 펄스 파형에서 최대 진폭 A_{max}의 90% 되는 부분에서 10%가 되는 부분까지 내려가는데 소요되는 시간은?

① 지연시간
② 상승시간
③ 하강시간
④ 오버슈트 시간

> • 상승시간(rise time) : 진폭 전압(V)의 10[%]에서 90[%]까지 상승하는데 걸리는 시간
> • 지연시간(delay time) : 상승 시각으로부터 진폭의 10[%]까지 이르는 실제의 펄스 시간
> • 하강시간(fall time) : 펄스가 이상적 펄스의 진폭 전압(V)의 90[%]되는 부분에서 10[%] 까지 내려가는 데 걸리는 시간
> • 오버슈트(overshoot) : 상승 파형에서 이상적 펄스파의 진폭 전압(V)보다 높은 부분의 높이
> • 언더슈트(undershoot) : 하강 파형에서 이상적 펄스파의 기준 레벨보다 아랫부분의 높이

06 다음 중 정류기의 평활회로 구성으로 가장 적합한 것은?

① 저역 통과 여파기
② 고역 통과 여파기
③ 대역 통과 여파기
④ 고역 소거 여파기

> 평활회로는 직류출력 속에 포함된 고조파성분을 최소화하기 위해 저역통과 필터(여파기) 역할인 R과 C를 크게 한다.

07 주파수 변조 방식의 특징이 아닌 것은?

① 주파수 변별기를 이용하여 복조한다.
② 점유 주파수 대역폭이 좁다.
③ S/N이 개선된다.
④ 페이딩 영향이 적고 신호 방해가 적다.

주파수 변조 방식은 점유 주파수 대역폭(BW)이 넓다.

08 발진 회로 중에서 각 특성을 비교하였을 때 바르게 연결한 것은?

① RC 발진 회로는 가격이 저가이다.
② LC 발진 회로는 안정성이 양호하다.
③ 수정 발진 회로는 Q값이 작다.
④ 세라믹 발진 회로는 저주파 측정용 발진기 용도로 쓰인다.

- LC 발진기는 보통 1[MHz] 이상에서 사용하며, 주파수특성이 나쁘다.
- 수정 발진기(x-tal)는 10[MHz] 이상에서 많이 사용되며 선택도 Q가 매우 높고 안정도가 매우 좋다.
- RC 발진기는 1[MHz] 이하인 저주파 발진기로 사용된다.

09 어떤 사람의 음성 주파수 폭이 100Hz에서 18kHz인 음성을 진폭 변조하면 점유 주파수 대역폭은 얼마나 필요한가?

① 9kHz
② 18kHz
③ 27kHz
④ 36kHz

BW = $2f_m$이므로, 18[kHz] × 2 = 36[kHz]

10 금속표면에 10^8V/m 정도의 아주 강한 전기장을 가하면 상온에서도 금속의 표면에서 전자가 방출되는데 이 현상을 무엇이라고 하는가?(단, 진공 상태에서 금속에 열을 가하지 않는다.)

① 전계 방출
② 열전자 방출
③ 광전자 방출
④ 2차 전자 방출

- 열전자 방출 : 금속을 고온으로 가열하면 전도 전자의 운동 에너지가 커지며, 그 중에는 이탈준위를 넘어서 금속체 밖으로 뛰어나가는 전자현상
- 광전자방출 : 금속에 빛을 비추면 그 부분에서 전자가 공간으로 방출되는 현상
- 2차 전자 방출 : 금속면에 가속된 전자를 충돌시키면 충돌 전자와 가까이 있던 전자가 그 운동 에너지를 받아 일함수를 뛰어 넘을 때 공간으로 전자가 방출되는 현상

11 그림과 같은 비안정 멀티바이브레이터의 반복주기 T는 몇 ms인가?(단, $C_1 = C_2 = 0.02\mu F$, $RB_1 = RB_2 = 30k\Omega$이다.

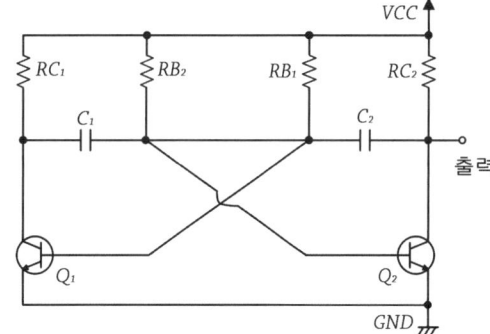

① 0.632
② 0.828
③ 1.204
④ 2.484

주기(T) = T_1(High) + T_2(Low)
T = $0.69RB_2 \cdot C_1 + 0.69RB_1 \cdot C_2$된다.
= $0.69(RB_2 \cdot C_1 + RB_1 \cdot C_2)$
= $0.69(30 \times 10^3 \times 0.02 \times 10^{-6} + 30 \times 10^3 \times 0.02 \times 10^{-6})$
= $0.69(6 \times 10^{-4} + 6 \times 10^{-4})$
= 0.69×0.0012
= 0.000828 = 0.828[ms]

12 다음 중 변압기 결합 증폭회로에 대한 설명으로 적합하지 않은 것은?

① 다음 단과의 임피던스 정합을 용이하게 시킬 수 있다.
② 직류 바이어스 회로를 교류 신호 회로와 무관하게 설계 할 수 있다.
③ 주파수 특성이 RC 결합 증폭 회로보다 더 좋다.
④ 부피가 크고 값이 비싸다.

변압기 결합 증폭회로는 주파수 특성이 RC결합보다 나쁘다.

13 다음 회로는 수정 발진기의 가장 기본적인 회로이다. 발진 회로에서 A에 들어갈 부품은?

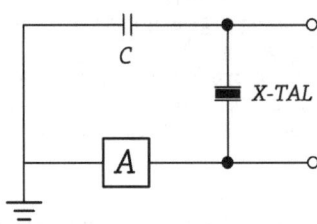

① 저항
② 코일
③ TR
④ 커패시터

🔍 발진 주파수가 비교적 높고 안정적인 발진을 하기 위한 수정 진동자 양 단자에 부하용량인 커패시터를 달아서 사용한다.

14 다음 중 R-S 플립플롭(flip-flop)에서 진리표가 R = 1, S = 1 일 때, 출력은?(단, 클럭 펄스는 1이다.)

① 0
② 1
③ 불변
④ 불능

🔍
- R-S-플립플롭(Flip-Flop)에서 클록펄스(CP) 입력에 0이면 Set와 Reset에 어떤 입력이 인가되어도 동작되지 않으므로 출력은 불변상태가 된다.
- 클록펄스(CP) 입력이 1일 때 Set와 Reset 모두 1이면 출력은 부정(불능)상태가 된다.

S	R	Q(t+1)
0	0	Q(t)
0	1	0
1	0	1
1	1	부정

15 그림과 같은 논리회로에 입력되는 값 A, B, C에 따른 출력 Y의 값으로 옳은 것은?

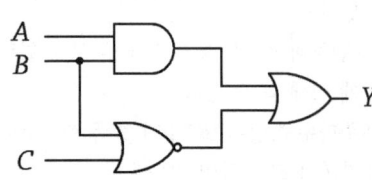

	입력			출력
①	A	B	C	Y
	0	0	0	0

	입력			출력
②	A	B	C	Y
	0	1	1	1

	입력			출력
③	A	B	C	Y
	1	0	0	1

	입력			출력
④	A	B	C	Y
	1	1	1	0

🔍 AND 출력의 경우 입력 A = 1, B = 0 일 때 출력이 0이다. NOR 출력의 경우 입력 B, C 모두 0이면 1 출력이 되므로 Y출력은 AND + NOR 로 1이다.

16 증폭기의 가장 이상적인 잡음 지수는?(단, 증폭기 내에서 잡음발생이 없음을 의미한다.)

① 0
② 1
③ 100
④ ∞(무한대)

🔍
- 무잡음 상태의 잡음지수 $F = 1$
- 잡음지수$(F) = \dfrac{S_i/N_i(\text{입력 신호전압과 잡음전압비})}{S_o/N_o(\text{출력 신호전압과 잡음전압비})}$

17 반가산기의 합과 자리올림에 대한 논리식으로 옳은 것은?(단, 입력은 A와 B이고, 합은 S, 자리올림은 C이다.)

① S = $\overline{A}B \cdot A\overline{B}$, C = A + B
② S = $\overline{A}B + A\overline{B}$, C = AB
③ S = $\overline{A}B + A\overline{B}$, C = $\overline{AB}$
④ S = $\overline{AB}$ + AB, C = $\overline{AB}$

🔍 반가산기(Half-adder) : 입력 변수인 두 개의 이진수를 더하여 합과 자리 올림수를 산출하는 회로이고 논리은 S = $\overline{A}B$ + $A\overline{B}$, C = AB이다.

18 마이크로프로세서에서 누산기의 용도는?

① 명령의 해독
② 명령의 저장
③ 연산 결과의 일시 저장
④ 다음 명령의 주소 저장

> 누산기(Accumulator) : 연산을 한 결과를 일시적으로 저장해 두는 레지스터

19 다음 중 주 기억 장치는?

① RAM
② FDD
③ SSD
④ HDD

> • 주기억장치 : RAM, ROM 등
> • 보조기억장치 : FDD, SSD, HDD, CD 등

20 다음의 프로그램 언어 중 인간중심의 고급언어로서 컴파일러 언어만으로 짝지어진 것은?

① 코볼, 베이직
② 포트란, 코볼
③ 베이직, 어셈블리 언어
④ 기계어, 어셈블리 언어

> 컴파일러에 의해 번역되는 프로그램 언어 : FORTRAN, COBOL, PASCAL, C 등

21 다음 그림과 같은 형식은 어떤 주소 지정 형식인가?

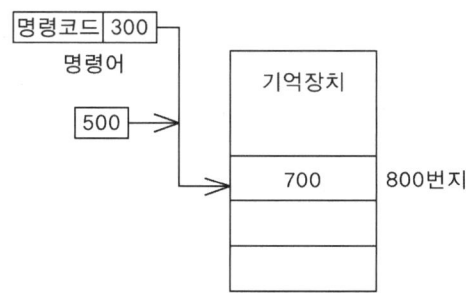

① 직접데이터 형식
② 상대주소 형식
③ 간접주소 형식
④ 직접주소 형식

> 상대 주소 지정 방식(Relative Addressing Mode) : 프로그램 카운터가 명령의 주소 부분과 더해져서 유효 주소가 결정되는 방법으로, 명령의 주소 부분은 보통 부호를 포함한 수이며, 음수(2의 보수 표현)나 양수 둘 다 될 수 있다.

22 다음 프로그래밍 언어 중 가장 단순하게 구성되어 처리 속도가 가장 빠른 것은?

① 기계어
② 베이직
③ 포트란
④ C

> 기계어 : 컴퓨터가 직접 해독할 수 있는 2진수로 나타내는 언어로 프로그래밍의 기본이 된다. 즉 컴퓨터를 작동시키기 위해 0과 1로 나타낸 컴퓨터 고유 명령 형식이다.

23 다음 중 가상기억장치를 가장 올바르게 설명한 것은?

① 직접 하드웨어를 확장시켜 기억용량을 증가시킨다.
② 자기테이프 장치를 사용하여 주소공간을 확대한다.
③ 보조기억장치를 사용하여 주소공간을 확대한다.
④ 컴퓨터의 보안성을 확보하기 위한 차폐 시스템이다.

> 가상기억장치(Virtual Memory) : 제한된 주기억장치의 용량을 초과하여 사용하기 위하여 보조기억장치의 기억공간을 사용자의 주기억장치가 확장된 것과 같이 사용하는 방법이다.

24 연산될 데이터의 값을 직접 오퍼랜드에 나타내는 주소 지정 방식은?

① 직접 주소 지정 방식
② 상대 주소 지정 방식
③ 간접 주소 지정 방식
④ 레지스터 방식

> 직접 주소 지정 방식(Direct Addressing Mode) : 명령어의 오퍼랜드에 실제 데이터가 들어 있는 주소를 직접 갖고 있는 방식

25 Von Neumann형 컴퓨터 연산자의 기능이 아닌 것은?

① 제어 기능
② 기억 기능
③ 전달 기능
④ 함수 연산 기능

> Von Neumann 컴퓨터 연산기능
> • 함수 연산기능
> • 제어기능
> • 입·출력기능
> • 전달기능

26 주 기억 장치에 대한 설명이 아닌 것은?

① 최종 결과 기억
② 데이터 연산
③ 중간 결과 기억
④ 프로그램 기억

> 주기억장치는 CPU가 직접 참조하는 고속의 메모리로, 프로그램이 실행될 때 보조 기억 장치로부터 프로그램이나 자료를 이동시켜 실행 시킬 수 있는 기억장소이며, 데이터 연산은 주기억장치가 아닌 연산장치에서 이뤄진다.

27 다음은 중앙처리장치에 있는 레지스터를 설명한 것이다. 명칭에 맞게 기능을 바르게 설명한 것은?

① 명령 레지스터(PC) – 주기억 장치의 번지를 기억한다.
② 기억 레지스터(MAR) – 중앙 처리 장치에서 현재 수행 중인 명령어의 내용을 기억한다.
③ 번지 레지스터(MBR) – 주기억 장치에서 연산에 필요한 자료를 호출하여 저장한다.
④ 상태 레지스터 – CPU의 각종 상태를 표시하며 각 비트별로 할당하여 플래그 상태를 나타낸다.

> • 프로그램 카운터(Program Counter) : 기억장치에 기억된 명령이 순서대로 중앙 처리 장치에서 실행될 수 있도록 그 주소를 지정해 주는 레지스터
> • MAR(Memory Address Register) : 중앙처리장치 내부에서 기억장치 내의 정보를 호출하기 위해 그 주소를 기억하고 있는 제어용 레지스터
> • MBR(Memory Buffer Register) : 메모리를 읽거나, 쓴 데이터를 일시적으로 저장하기 위한 레지스터

28 다음 중 스택(stack)을 필요로 하는 명령 형식은?

① 0-주소
② 1-주소
③ 2-주소
④ 3-주소

> 0-주소 명령어
> • 기억장치 스택을 사용하며 주소 필드는 사용하지 않음
> • 명령어의 길이가 짧아 기억 공간을 적게 차지하나 많은 양의 정보가 스택과 주기억장치를 이동하므로 비효율적

29 안테나의 급전선 임피던스(Z_r)가 75Ω이고, 여기에 특성 임피던스(Z_0)가 50인 필터를 연결한다면 반사계수는?

① 0.1
② 0.2
③ 0.4
④ 0.75

> 반사계수(Γ) = $\dfrac{Z_r - Z_0}{Z_r + Z_0} = \dfrac{75 - 50}{75 + 50} = \dfrac{25}{125} = 0.2$

30 인덕턴스의 측정에 사용되는 브리지의 종류가 아닌 것은?

① 맥스웰 브리지
② 윈 브리지
③ 헤이 브리지
④ 헤비사이드 브리지

> 윈 브리지는 가청주파수 측정에 사용된다.

31 오실로스코프로 직접 측정할 수 없는 것은?

① 주파수
② 위상
③ 회전수
④ 파형

> 오실로스코프로는 전압, 전류, 파형, 위상 및 주파수, 변조도, 시간 간격, 펄스의 상승시간 등의 제현상을 측정할 수 있다.

32 주파수 측정 계기로 측정하였을 때 1분 동안에 반복 회수가 72000회이었다면 주파수는 몇 Hz인가?

① 300
② 600
③ 900
④ 1200

> 매 초당 사이클의 수가 주파수이다. 1분 동안의 반복 회수(사이클)이 72000회 이므로 1초 동안의 반복 회수는 72000/60 = 1200이 되어 주파수는 1200Hz가 된다.

33 정현파와 구형파 발진기에서 정현파가 만들어진 상태에서 구형파를 출력하기 위하여 사용되는 회로는?

① 적분 회로
② 미분 회로
③ 필터(Filter) 회로
④ 시미트 트리거(Schmitt trigger) 회로

> 시미트 트리거(Schmitt trigger) : 히스테리시스 특성을 가지고 있어 어떤 입력 파형이라도 깨끗한 구형파로 만들어 낼 수 있는 회로. 파형 정형, 비교기, 펄스증폭, 펄스폭 변조 등에 쓰인다.

34 실제 이득을 측정하기 위해서 회로를 구성할 시에 LPT 앞단에 필요한 것은?

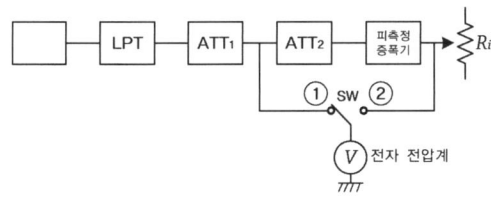

① A/D 변환기
② 저주파 발진기
③ 고역 통과 필터
④ 비교 검출기

🔍 실제 이득을 측정하기 위해서 회로를 구성할 시 LPT 앞단에는 신호발생기 즉 저주파 발진기가 필요하다.

35 전류계와 전압계를 연결하여 직류 전력을 측정하고자 할 때 측정 계기의 지시 값이 12V, 2A이고 전압계 내부 저항 $r_v = 48Ω$일 때, 저항 R의 소비 전력은 몇 W인가?

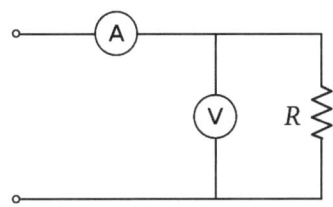

① 12
② 18
③ 21
④ 24

🔍 $P = VI - \dfrac{V^2}{r_v}[W]$
$= 12 \times 2 - (\dfrac{12^2}{48}) = 24 - 3 = 21[W]$

36 LED의 극성을 측정하기 위하여 LED의 양 리드 단자에 회로시험기의 테스트 봉을 교대로 접속했을 때의 설명으로 옳은 것은?

① 한쪽에서는 LED가 점등되고, 다른 방향에서는 소등되면 정상적인 LED이다.
② 한쪽에서는 LED가 점등되고, 다른 방향에서도 점등되면 정상적인 LED이다.
③ 한쪽에서는 LED가 소등되고, 다른 방향에서도 소등되면 정상적인 LED이다.
④ 회로시험기로는 LED의 극성을 판별할 수 없다.

🔍 LED의 극성을 측정하기 위하여 LED의 양 리드 단자에 회로시험기의 테스트 봉을 교대로 접속하면 한쪽에서는 순방향 바이어스가 되어 점등되고, 다른 방향에서는 역방향 바이어스가 되어 소등된다.

37 금속성의 도전성 피가열 재료에 코일을 감고 교류 전류를 흘리면 코일 주변에 전자기유도에 의해 유도된 2차 전류가 피가열 재료를 흐르는 경우에 발생하는 줄열(Joule's heat)을 이용하는 방식은?

① 유도 가열
② 유전 가열
③ 초음파 가열
④ 적외선 가열

🔍 유도가열 : 금속성의 도전성 피가열 재료에 코일을 감고 교류 전류를 흘리면 코일 주변에 전자기 유도에 의해 유도된 2차 전류가 피가열 재료를 흐르는 경우에 발생하는 줄열(Joule's heat)을 이용하는 방식

38 가동 코일형 계기로 교류 전압을 측정하고자 한다. 어떤 장치를 필요로 하는가?

① 증폭기
② 혼합기
③ 정류기
④ 발진기

🔍 가동코일형 계기로 교류전압을 측정하려면 정류기를 접속하여 교류전압을 직류전압으로 변환해야 한다.

39 수신기의 내부 잡음 측정에서 잡음이 없는 경우 잡음 지수(F)는?

① F = 1
② F > 1
③ F < 1
④ F = 2

🔍 잡음지수
• 무잡음 상태의 잡음지수 $F = 1$
• 잡음지수$(F) = \dfrac{S_i/N_i(입력\ 신호전압과\ 잡음전압비)}{S_0/N_0(출력\ 신호전압과\ 잡음전압비)}$

40 다음과 같은 특징을 가지는 측정 계기는?

【보기】
- 저항, 인덕턴스, 커패시턴스 등을 직렬로 연결시킨 직렬 공진 회로의 주파수 특성을 이용
- RLC로 구성된 회로의 공진 주파수를 개략적으로 측정
- 대체로 100MHz 이하의 고주파 측정에 사용

① 동축 주파수계
② 공동 주파수계
③ 계수형 주파수계
④ 흡수형 주파수계

🔍 흡수형 주파수계
- R, L, C의 공진 회로 및 검출 지시부로 구성된 공진형 주파수계이다.
- 구조가 간단하고 전원이 불필요하다.
- 선택도 Q가 150이하로 감도가 나쁘고 확도도 낮다.
- 100[MHz] 이하의 대략 주파수 측정에 사용한다.
- 피측정 회로와는 소결합하여 측정한다.
- $f = \dfrac{1}{2\pi\sqrt{LC}}$

41 초음파 집진기는 초음파의 어떤 작용을 이용한 것인가?

① 응집작용
② 분산작용
③ 확산작용
④ 에멀션화작용

🔍 응집작용 : 기체나 액체에 초음파를 통해주면 매질은 진동하게 된다. 이때 매질 속에 고체의 미립자가 있는 경우 이 미립자는 유체매질과 같은 속도로 진동하지 못하고 미립자끼리 뭉쳐지게 된다. 이와 같은 현상은 가스의 정화장치나 액체 속의 고체 미립자를 제거하는데 사용된다.

42 다음 그림의 회로에서 C=1[μF], R=1[MΩ]일 때 전달함수 G(s)는?

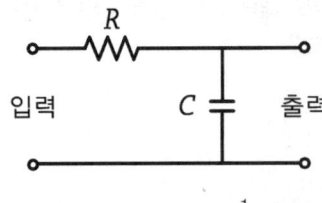

① $\dfrac{1}{S}$
② $\dfrac{1}{1+10s}$
③ s
④ $\dfrac{1}{1+s}$

🔍 $G_{(s)} = \dfrac{v_{o(s)}}{v_{i(s)}} = \dfrac{\text{출력측 } Z_{(S)}}{\text{입력측 } Z_{(S)}}$

$= \dfrac{\dfrac{1}{Cs}}{R + \dfrac{1}{Cs}} \times Cs = \dfrac{1}{RCs+1}$

조건 R, C에 따라서 ∴ $\dfrac{1}{s+1}$

43 자동차 내비게이션 등에 일반적으로 사용되는 위치 인식 장치 명칭은?

① GIS
② GNS
③ GAS
④ GPS

🔍 GPS(Global Positioning System)는 GPS 위성에서 보내는 신호를 수신해 사용자의 현재 위치를 계산하는 위성항법시스템이다. 항공기, 선박, 자동차 등의 내비게이션장치에 주로 쓰이고 있으며, 최근에는 스마트폰, 태블릿 PC등에서도 많이 활용되는 추세다.

44 주국과 종국의 전파도래 시간차를 측정하는 방식은?

① 로란(Loran) 방식
② 데카(decca) 방식
③ ρ-θ 방식
④ 방사상 방식

🔍 로란(LORAN) : 두 국(주국과 종국) A, B로부터 동기 하여 발사된 펄스 신호를 어떤 지점에서 수신하여 두 국(주국과 종국)의 전파의 도래 시간차를 측정한다.

45 전자현미경의 배율을 크게 하려면?

① 전자총의 길이를 길게 한다.
② 전자렌즈의 크기를 줄인다.
③ 전자렌즈에 자기장을 강하게 한다.
④ 전자렌즈가 오목렌즈의 역할을 하도록 한다.

🔍 자장을 강하게 하면 배율이 크게 할 수 있다.

46 Full-HD 해상도를 나타내는 1080p에서 p의 의미는?

① 프로토타입(prototype)
② 프로그램(program)
③ 프로테크닉(protechnic)
④ 프로그레시브(progressive)

🔍 1080p는 디스플레이 해상도의 분류에서 축약한 이름으로, 숫자 "1080"은 세로 해상도의 1,080줄을 가리키며 p는 순차 주사(progressive)를 가리킨다.

47 다음 회로의 시정수는 몇 s인가?

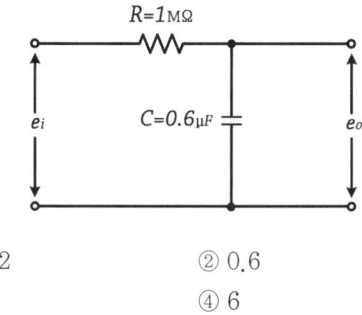

① 0.2　　　② 0.6
③ 2　　　　④ 6

🔍 $\tau = RC = 1 \times 10^6 \times 0.6 \times 10^{-6} = 0.6[sec]$

48 서보 기구에 사용되지 않는 것은?

① 싱크로　　　② 리졸버
③ 단상전동기　④ 차동 변압기

🔍 서보 기구(servomechanism)에 사용되는 기구의 구성
- 싱크로(synchro) : 전기적으로 변위나 각도를 전달하는 서보기구
- 리졸버(resolver) : 싱크로와 같이 각도를 전달하는 것
- 저항식 서보기구
- 차동 변압기 : 변위신호가 가해지면 출력단자의 변위에 비례하고 크기를 가진 교류신호가 나온다.

49 IPTV를 이용하기 위한 장치 중 반드시 필요한 장치가 아닌 것은?

① TV 수상기　② 컴퓨터
③ 인터넷회선　④ 셋톱박스

🔍 IPTV
- 인터넷 프로토콜 텔레비전(Internet Protocol Television)의 약자로 초고속 인터넷을 이용하여 정보 서비스, 동영상 콘텐츠 및 방송 등을 텔레비전 수상기로 제공하는 서비스를 말한다.
- IPTV를 이용하기 위해서는 텔레비전 수상기와 셋톱박스, 인터넷 회선만 연결되어 있으면 된다.

50 다이오드를 사용한 정류회로에서 과다한 부하 전류에 의하여 다이오드가 파손될 우려가 있을 경우, 이를 방지하기 위한 조치로 옳은 것은?

① 다이오드를 병렬로 추가한다.
② 다이오드를 직렬로 추가한다.
③ 다이오드 양단에 적당한 값의 저항을 추가한다.
④ 다이오드 양단에 적당한 값의 콘덴서를 추가한다.

🔍 • 과전압 보호 : 다이오드를 직렬로 추가
　• 과전류 보호 : 다이오드를 병렬로 추가

51 영상 편집을 위해 캠코더와 컴퓨터를 연결하기 위한 인터페이스는?

① RS-232C　　② RS-485C
③ IEEE1394　　④ IEEE1284

🔍 IEEE 1394는 하드디스크, 그래픽카드 같은 고속 주변장치까지 포함하여 디지털 캠코더와 관련 장비에서 표준으로 사용하고 있다.

52 다이나믹 스피커에 들이 있지 않은 부품은?

① 영구자석　　② 댐퍼(damper)
③ 가동전극　　④ 가동 코일

🔍 다이나믹 스피커 : 가청 주파수로 변동하는 자계(영구자석) 중에 진동판(damper)에 부속한 코일을 넣어 가청 주파 전류를 음파로 바꾸는 장치이다.

53 캐비테이션에 관한 설명 중 틀린 것은?

① 강력한 초음파를 기체에 방사했을 때 생긴다.
② 진동자의 진동면 부근에 안개 모양의 기포가 생긴다.
③ 공동작용이라고도 하며 독특한 소음을 낸다.
④ 초음파가 더욱 강해지면 분사현상이 공기 중에 분출된다.

🔍 캐비테이션(cavitation) : 초음파가 용액 중으로 전파될 때 초음파의 큰 압력변화에 의해 미세기포군이 생성되고 소멸되는 현상으로 매우 큰 압력과 고온을 동반한다. 초음파 세척, 분산, 에멀션화 등에 이용된다.

54 자기 테이프의 녹음 바이어스(recording bias)에 대한 설명으로 옳은 것은?

① 초단 증폭기의 동작점을 결정하는 바이어스
② 녹음헤드에 전류를 가하여 테이프에 자기 특성점을 결정하는 바이어스
③ 재생헤드에 전압을 가하여 출력 주파수 특성점을 결정하는 바이어스
④ 녹음 입력회로의 특성을 결정하는 바이어스

> 직류 바이어스법 : 녹음 헤드에 신호 전류와 함께 일정한 직류 전류를 흘려서 자기 테이프의 초기 자화 곡선이나 히스테리시스 곡선의 직선 부분을 이용해서 일그러짐이 적은 녹음을 하는 것을 말한다.

55 원래 사운드의 잔향 효과를 나타내기 위해 사용하는 사운드 이펙터(Effector)는?

① 디스토션(distortion)
② 리버브(reverb)
③ 오버드라이브(overdrive)
④ 컴프레서(compressor)

> 리버브(reverb) : 잔향을 이용한 공간감을 표현할 수 있는 기기이다. 조그만 공간에서 충분한 크기의 홀과 같은 분위기를 만들 수 있으며, 건조하기 쉬운 목소리나 악기소리에 사용하면 부드럽고 웅장한 분위기 있는 소리를 만들 수 있다.

56 태양전지에서 음극(-) 단자와 연결된 부분의 물질은?

① P형 실리콘판
② 셀렌
③ N형 실리콘판
④ 붕소

> 양극(+)은 P형 실리콘판, 음극(-)은 N형 실리콘판과 연결된다.

57 소리의 3요소에 포함되지 않는 것은?

① 소리의 세기　② 소리의 고저
③ 소리의 음색　④ 소리의 가락

> 음을 특징을 나타내는 데는 음의 높이, 음의 강도, 음색 등 3가지가 필요한데 이것을 소리의 3요소라고 한다.

58 오디오 시스템의 주 증폭기에 사용되는 회로로 2개의 트랜지스터가 부하에 대하여 직렬로 동작하고, 직류 전원에 대해서는 병렬로 접속되는 회로는?

① DEPP 회로　② SEPP 회로
③ OTL 회로　④ Equalizer 회로

> DEPP(Double Ended Push-Pull) : 2개의 트랜지스터가 부하에 대하여 직렬로 동작하고, 직류 전원에 대해서는 병렬로 접속된다.

59 디지털 비디오에 대한 설명으로 틀린 것은?

① 고해상도 구현이 가능하다.
② 별도의 디코더 없이 재생 가능하다.
③ 복제, 배포가 용이하다.
④ 영상의 추출 편집이 용이하다.

> 디지털 비디오는 별도의 디코더로 재생이 가능하다.

60 주파수 변조를 진폭 변조와 비교 설명한 것으로 틀린 것은?

① 점유 주파수 대역폭이 넓다.
② 초단파 내의 통신에 적합하다.
③ S/N비가 좋아진다.
④ 잡음을 제거하기가 어렵다.

> FM(주파수변조) 통신 방식의 특징
> • 신호대 잡음비(S/N)가 개선된다.
> • 점유 주파수 대역폭이 넓다.
> • 혼신 방해를 적게 할 수 있다.
> • 초단파 내의 통신에 적합하다.

정답 2016년 1회

01 ③	02 ④	03 ①	04 ②	05 ③
06 ①	07 ②	08 ①	09 ④	10 ①
11 ②	12 ③	13 ④	14 ②	15 ③
16 ②	17 ②	18 ③	19 ①	20 ②
21 ②	22 ①	23 ②	24 ①	25 ②
26 ②	27 ④	28 ①	29 ②	30 ②
31 ③	32 ④	33 ④	34 ②	35 ③
36 ①	37 ①	38 ③	39 ①	40 ④
41 ①	42 ④	43 ④	44 ①	45 ③
46 ④	47 ②	48 ③	49 ②	50 ①
51 ③	52 ③	53 ①	54 ②	55 ②
56 ③	57 ④	58 ①	59 ②	60 ④

2016년 2회 공단 기출문제

01 10진수 0~9를 식별해서 나타내고 기억하는 데에는 몇 비트의 기억 용량이 필요한가?

① 2비트　　② 3비트
③ 4비트　　④ 7비트

- 2비트 : 0~3
- 3비트 : 0~7
- 4비트 : 0~15

02 연산증폭기의 연산의 정확도를 높이기 위해 요구되는 사항이 아닌 것은?

① 좋은 차단특성을 가져야 한다.
② 큰 증폭도와 좋은 안정도를 필요로 한다.
③ 많은 양의 부귀환을 안정하게 걸 수 있어야 한다.
④ 높은 주파수의 발진출력을 지속적으로 내야 한다.

연산증폭기의 정확도를 높이기 위한 조건
- 높은 안정도가 필요하다.
- 저역과 고역의 좋은 차단 특성을 가져야 한다.
- 큰 증폭도가 필요하다.
- 많은 양의 부귀환을 안정하게 걸 수 있어야 한다.

03 정격 전압에서 100W의 전력을 소비하는 전열기에 정격 전압의 60% 전압을 가할 때의 소비 전력은 몇 W인가?

① 36　　② 40
③ 50　　④ 60

100[W]일 때 전열기 저항을 R이라 할 때 정격 전압 V를 구하면
- $V^2 = PR$, $V = \sqrt{PR} = \sqrt{100 \times R} = 10\sqrt{R}$
- 60% 전압 $V_2 = V \times 0.6 = 10\sqrt{R} \times 0.6 = 6\sqrt{R}$
- 60% 전압을 가할 때 소비전력은 $P = \dfrac{V_2^2}{R} = \dfrac{(6\sqrt{R})^2}{R} = 36$

04 LC 발진기에서 일어나기 쉬운 이상 현상이 아닌 것은?

① 기생 진동(parasitic oscillator)
② 자왜(磁歪) 현상
③ 블로킹(blocking) 현상
④ 인입 현상(pull-in phenomenon)

LC발진기에서 일어나기 쉬운 현상
- 블로킹 현상
- 인입현상
- 기생진동

05 3 단자 레귤레이터 정전압 회로의 특징이 아닌 것은?

① 발진 방지용 커패시터가 필요하다.
② 소비 전류가 적은 전원 회로에 사용 한다.
③ 많은 전력이 필요한 경우에는 적합하지 않다.
④ 전력소모가 적어 방열 대책이 필요 없는 장점이 있다.

3단자 레귤레이터는 입력전압이 출력전압보다 높아야 하며, 내부 회로 구성이 비교적 간단하고 전력 손실이 높다. 열적으로 안정을 위하여 방열판을 부착하여 사용한다.

06 다음 정전압 안정화 회로에서 제너다이오드 Z_D의 역할은?(단, 입력 전압은 출력 전압보다 높다.)

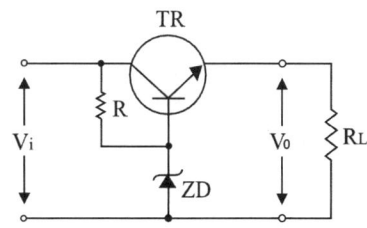

① 정류 작용
② 기준전압 유지 작용
③ 제어 작용
④ 검파 작용

제너 다이오드(ZD)는 기준전압을 유지하는 역할을 한다.

07 집적회로(Integrated Circuit)의 장점이 아닌 것은?

① 신뢰성이 높다.
② 대량 생산할 수 있다.
③ 회로를 초소형으로 할 수 있다.
④ 주로 고주파 대전력용으로 사용된다.

> 집적회로(IC)의 특징
> • 대량생산이 가능하며 경제적이다.
> • 소형, 경량화 하여 작은 전력으로 구동할 수 있는 회로에 사용된다.
> • 신뢰도가 높다.
> • 접합된 장치를 만들 수 있다.

08 적분기 회로를 구성하기 위한 회로는?

① 저역통과 RC 회로
② 고역통과 RC 회로
③ 대역통과 RC 회로
④ 대역소거 RC 회로

> 적분기(RC LPF) : 입력에 저항, 궤환에 콘덴서로 구성
> $V_o = -\dfrac{1}{RC}\int_0^t v_i dt$

09 전자기파에 대한 설명 중 틀린 것은?

① 전자기파는 수중의 표면에서 일어나는 현상을 관찰하는데 이용된다.
② 전자기파란 주기적으로 세기가 변화하는 전자기장이 공간으로 전파해 나가는 것을 말한다.
③ 전자기파는 우주 공간에서 전파의 전달이 불가능하다.
④ 전자기파는 매질이 없어도 진행할 수 있다.

> 전자기파의 특징
> • 음향파와 같이 매질을 필요로 하지 않는다.
> • 전기장, 자기장이 결합되어 에너지를 전달하며 진행하는 파동이다.
> • 빛이나 감마선, X-선 등 모든 전자기파 스펙트럼 영역을 포함한다.
> • 자연계에서 가장 우세한 복사선원으로는 태양이 있다.

10 다음과 같은 회로의 명칭은?

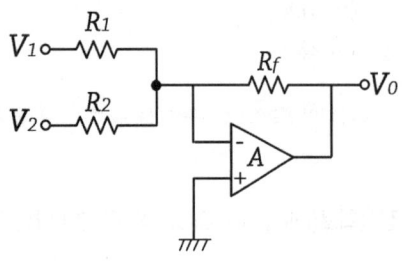

① 미분회로
② 적분회로
③ 가산기형 D/A 변환회로
④ 부호 변환회로

> 디지털 신호를 아날로그 출력을 가산하여 얻는 D/A 변환기이다.
> $V_o = -(V_1\dfrac{R_f}{R_1} + V_2\dfrac{R_f}{R_2})$

11 커패시터 중에서 고주파 회로와 바이패스(Bypass) 용도로 많이 사용되며 비교적 가격이 저렴한 커패시터는?

① 세라믹 커패시터
② 마일러 커패시터
③ 탄탈 커패시터
④ 전해 커패시터

> 세라믹 캐패시터는 인덕턴스가 적어 고주파 특성이 양호하여 고주파의 바이패스 용도로 많이 사용된다.

12 다음 중 광전 변환 소자가 아닌 것은?

① 포토 트랜지스터
② 태양 전지
③ 홀 발전기
④ CCD(Charge Coupled Device) 센서

> 홀 발전기 : 홀 효과를 이용한 전자소자를 홀 발전기 또는 홀 소자라 말한다.

13 실제적인 R-L-C 병렬 공진 회로에서 R이 2Ω, L은 400μH, C는 250pF 일 경우에 공진 주파수는 약 몇 kHz 인가?

① 200
② 300
③ 450
④ 500

> 일반적인 병렬공진 주파수
> $f_0 = \dfrac{1}{2\pi}\sqrt{\dfrac{1}{LC} - \dfrac{R^2}{L^2}} \approx \dfrac{1}{2\pi\sqrt{LC}} (\dfrac{1}{LC} \gg \dfrac{R^2}{L^2})$
> $= \dfrac{1}{2 \times 3.14\sqrt{400 \times 10^{-6} \times 250 \times 10^{-12}}} \fallingdotseq 500 \times 10^3$
> $\therefore 500[kHz]$

14 다음 중 N형 반도체를 만드는데 사용되는 불순물의 원소는?

① 인듐(In)
② 비소(As)
③ 갈륨(Ga)
④ 알루미늄(Al)

구분	원자가	불순물	다수 반송자	대표적 원소
진성반도체	4가	없음	전자=정공	Ge, Si
P형 반도체	3가	acceptor	정공	B, Al, In, Ga
N형 반도체	5가	donor	과잉전자	N, P, As, Sb

15 B급 푸시풀 증폭기에 대한 설명으로 옳은 것은?

① 효율이 낮은 대신 왜곡이 거의 없다.
② 무선 통신에서 고주파인 반송파 전력 증폭 회로에 사용된다.
③ A급 전력 증폭 회로에 비해 전력 효율이 좋다.
④ 교차 일그러짐 현상이 없다.

> B급 푸시풀 증폭기 특징
> - 최대 출력의 전원 효율은 78.5[%]로 된다.
> - 우수 고조파 성분은 서로 상쇄되어 찌그러짐이 적다.
> - 대전력 증폭 회로에 가장 많이 사용되고 있다.
> - 출력 트랜스의 직류 자화를 받지 않으므로 자기 포화에 의한 비직선 왜곡을 제거할 수 있다.
> - 크로스오버 일그러짐이 발생한다.

16 단상 전파정류기의 DC 출력전압은 단상 반파정류기 DC 출력 전압의 몇 배인가?

① 2
② 3
③ 4
④ 5

> 전파 정류기는 정류효율은 반파정류회로의 2배이며, 이론적으로 최대 81.2[%]이다.

17 CPU와 입출력 사이에 클록 신호에 맞추어 송·수신하는 전송 제어방식을 무엇이라 하는가?

① 직렬 인터페이스(serial interface)
② 병렬 인터페이스(parallel interface)
③ 동기 인터페이스(synchronous interface)
④ 비동기 인터페이스(asynchronous interface)

> 동기 인터페이스(synchronous interface) : 중앙처리장치(CPU)와 입출력장치 간에 데이터 전송을 할 때 클록 신호에 맞추어 전송을 하는 방식

18 컴퓨터의 주기억장치와 주변장치 사이에서 데이터를 주고받을 때, 둘 사이의 전송속도 차이를 해결하기 위해 전송할 정보를 임시로 저장하는 고속 기억장치는?

① Address
② Buffer
③ Channel
④ Register

> Buffer : 컴퓨터의 주기억장치와 주변장치 사이에서 데이터를 주고받을 때, 둘 사이의 전송속도 차이를 해결하기 위해 전송할 정보를 임시로 저장하는 고속 기억장치

19 비수치적 연산에서 하나의 레지스터에 기억된 데이터를 다른 레지스터로 옮기는데 사용되는 연산은?

① OR
② AND
③ SHIFT
④ MOVE

> MOVE : 하나의 입력 자료를 갖는 단일 연산으로 전자계산기 내부에서 하나의 레지스터에 기억된 데이터를 다른 레지스터로 옮기는 데 이용된다.

20 다음 중 제어장치의 역할이 아닌 것은?

① 명령을 해독한다.
② 두 수의 크기를 비교한다.
③ 입출력을 제어한다.
④ 시스템 전체를 감시 제어한다.

> 제어장치(Control Unit) : 프로그램 명령어를 해석하고, 해석된 명령의 의미에 따라 연산장치, 주기억 장치 등에게 동작을 지시하며 어드레스 레지스터, 기억 레지스터, 명령 레지스터, 명령 해독기, 명령 계수기 등으로 구성된다.

21 $(1011010)_2$를 8진수와 16진수로 변환하면?

① $(132)_8$, $(5A)_{16}$
② $(132)_8$, $(5B)_{16}$
③ $(131)_8$, $(5A)_{16}$
④ $(131)_8$, $(50)_{16}$

> - 2진수를 3bit의 BCD 코드로 묶은 후 8진수로 변환한다.
>
> | 1 | 011 | 010 |
> |---|---|---|
> | 1 | 3 | 2 |
>
> $(1011010)_2 = (132)_8$
>
> - 2진수를 4bit의 BCD 코드로 묶은 후 16진수로 변환한다.
>
> | 101 | 1010 |
> |---|---|
> | 5 | A |
>
> $(1011010)_2 = (5A)_{16}$

22 데이터베이스를 사용할 때, 데이터베이스에 접근할 수 있는 하부언어로 구조적 질의어라고도 하는 언어는?

① 포트란(FORTRAN) ② C
③ 자바(java) ④ SQL

> SQL(Structured Query Language) : 데이터베이스를 사용할 때, 데이터베이스에 접근할 수 있는 데이터베이스 하부 언어를 말한다.

23 입출력장치와 CPU 사이에 존재하는 속도차를 줄이기 위해 사용하는 것은?

① bus ② channel
③ buffer ④ device

> channel : 입출력장치와 CPU 사이에 존재하는 속도차를 줄이기 위해 사용하는 것

24 레지스터와 유사하게 동작하는 임시저장장소로써 다음 실행할 명령어의 주소를 기억하는 기능을 하는 것은?

① 레지스터
② 프로그램 카운터
③ 기억장치
④ 플립플롭

> 프로그램 카운터(Program Counter) : 기억장치에 기억된 명령이 순서대로 중앙처리장치에서 실행될 수 있도록 그 주소를 지정해 주는 레지스터

25 주변 장치의 입출력 방법이 아닌 것은?

① 데이지체인 방법
② 트랩 방법
③ 인터럽트 방법
④ 폴링 방법

> 주변 장치의 입출력 방법
> • 폴링 : 입출력 장치에서 신호가 발생 여부를 반복적으로 확인하는 방법
> • 인터럽트 : 프로세서의 외부의 장치들이 프로세서 사용을 요청하기 위해 프로세서에 보내는 신호
> • DMA : 프로세서 개입 없이 주변 장치가 메모리에 데이터 읽고 쓸 수 있는 기능
> • 데이지체인 : 신호를 전송할 때 데이지 체인 신호를 요구하지 않는 장치에서 버스를 통해 신호를 전달시키는 방법

26 순서도(flowchart)의 특징이 아닌 것은?

① 프로그램 코딩(coding)의 기초 자료가 된다.
② 프로그램 코딩 전 기초 자료가 된다.
③ 오류 수정(debugging)이 용이하다.
④ 사용하는 언어에 따라 기호, 형태도 달라진다.

> 순서도의 역할
> • 프로그램 작성의 직접적인 자료가 된다.
> • 업무의 내용과 프로그램을 쉽게 이해할 수 있고, 다른 사람에게 전달이 쉽다.
> • 프로그램의 정확성 여부를 판단하는 자료가 되며, 오류가 발생 하였을 때 그 원인을 찾아 수정하기가 쉽다.
> • 프로그램의 논리적인 체계 및 처리 내용을 쉽게 파악할 수 있다.

27 2진수 10101에 대한 2의 보수는?

① 11001
② 01010
③ 01011
④ 11000

> 2의 보수는 주어진 2진수를 모두 부정을 취하여 1의 보수로 바꾼다. 1의 보수에 1을 더하면 2의 보수가 된다. 즉 2의 보수는 1의 보수보다 1이 크다.
> 10101 → 01010(1의 보수) + 1 → 01011(2의 보수)

28 마이크로프로세서에서 가산기를 주축으로 구성된 장치는?

① 제어장치
② 입출력장치
③ 산술논리 연산장치
④ 레지스터

> 연산장치(ALU, Arithmetic Logical Unit) : 덧셈, 뺄셈, 곱셈, 나눗셈의 산술 연산만이 아니라 AND, OR, NOT, XOR과 같은 논리 연산을 하는 장치로 제어장치의 지시에 따라 연산을 수행하며 누산기, 가산기, 데이터 레지스터, 상태레지스터로 구성된다.

29 측정자의 눈금 오독, 부주의로 발생하는 오차는?

① 이론 오차 ③ 계기 오차
② 우연 오차 ④ 개인 오차

> 개인적 오차 : 측정자의 눈금 오독, 부주의로 발생하는 오차

30 직류 전기에너지를 지속적인 교류 전기에너지로 변환시키는 장치를 무엇이라 하는가?

① 복조기
② 변조기
③ 발진기
④ 증폭기

🔍 발진기 : 직류 전기에너지를 지속적인 교류 전기에너지로 변환시키는 장치

31 아날로그 계측기와 비교시 디지털 계측기에만 반드시 필요한 것은?

① 비교기
② 증폭기
③ A/D 변환기
④ D/A 변환기

🔍 A/D 변환기 : 아날로그(analog)량을 디지털(digital)량으로 바꾸는 것

32 다음 그림의 변조도 m은?

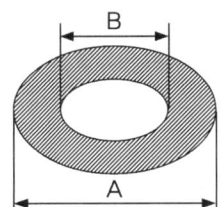

① $m = \dfrac{A-B}{A+B} \times 100$
② $m = \dfrac{A+B}{A-B} \times 100$
③ $m = \dfrac{B+A}{B-A} \times 100$
④ $m = \dfrac{B-A}{B+A} \times 100$

🔍 변조도 $m = \dfrac{A-B}{A+B} \times 100$

33 다음 중 가장 높은 주파수를 측정할 수 있는 것은?

① 헤테로다인 주파수계
② 공동 주파수계
③ 흡수형 주파수계
④ 동축 주파수계

🔍 공동 주파수계 : 마이크로파대(2~20[GHz])의 파장 측정기로서 공동 공진기를 이용한다.

34 그림과 같은 맥동 전류를 열전대로 측정하였더니 5A를 지시하였다. 이것을 가동코일형 전류계로 측정하면 그 지시값은 몇 A인가?(단, 계기는 반파를 이용한 것으로 한다.)

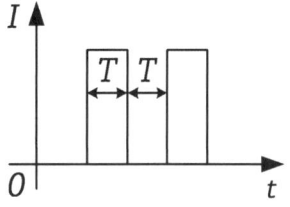

① 35.4
② 3.54
③ 2.54
④ 4.54

🔍 열전대로 측정한 전류는 최대값 $I_m = 5[A]$이고 가동 코일형 전류계로 측정한 값은 실효값이이므로 다음과 같이 구할 수 있다.
실효값$[A] = \dfrac{I_m}{\sqrt{2}} = \dfrac{5}{\sqrt{2}} ≒ 3.54[A]$

35 수신기에서 잡음 측정을 할 때 30Hz 이상을 차단시키는 경우에 사용하는 필터는?

① 랜덤필터
② 고역필터
③ 중역필터
④ 저역필터

🔍 저역필터(Low Pass Filter) : 신호에 들어 있는 주파수 중 차단주파수 f_c 이하의 낮은 주파수는 통과 시키고 그 보다 높은 주파수는 감쇠시키는 회로

36 고주파 영역에서 전력을 측정하는 방법이 아닌 것은?

① 의사부하법
② C-C형 전력계
③ 볼로미터 전력계
④ 전류력계형 전력계

🔍 고주파 전력 측정에 이용되는 전력계
• C-C형 전력계
• C-M형 전력계
• 볼로미터 전력계
• 의사부하법

37 영위 측정법의 원리를 이용하여 측정량을 전기적인 양으로 변환하여 브리지 또는 전위차계를 연결시켜 측정하는 계기는?

① 열전형 계기
② 자동평형 계기
③ 가동코일형 검류계기
④ 진동편형 주파수계기

🔍 자동평형식 기록계기 : 펜과 기록 용지에서 생기는 마찰 오차를 피하기 위하여 고안된 것으로, 영위법에 의한 측정 원리를 이용한 것이며, 직동식 계기에 비하여 고정밀도의 측정이 가능하다.

38 소인 발진기의 측정 용도로 가장 적합한 것은?

① 전자회로의 출력 전압
② 전자회로의 전류 특성
③ 전자회로의 주파수 특성
④ 전자회로의 전압 특성

🔍 소인 발진기(Sweep Generator) : 발진 주파수가 주기적인 변화를 갖는 주파수 발진기로서 각종 무선 수파회로의 주파수 특성을 관측, 수신기 중간 주파 증폭기의 특성, 주파수 변별기 또는 증폭회로 등의 조정에 사용되는 발진기

39 직류 출력 전압이 무부하시 250V이고, 전부하시 출력 전압이 200V이었다. 전압 변동율은 몇 %인가?

① 10
② 15
③ 20
④ 25

🔍 전압변동율(ε) = $\dfrac{(V_0 - V_n)}{V_n} \times 100$
$= \dfrac{250 - 200}{200} \times 100 = 25[\%]$

40 저항과 전류를 측정하여 전력을 구하는 간접 측정에서 저항계의 계급이 1.0급이다. 전류계의 측정 정도는 얼마가 되는 것이 가장 적당한가?

① 0.5%
② 1%
③ 2%
④ 4%

41 파장이 1m인 전파의 주파수는 몇 MHz인가?(단, 빛의 속도는 3×10⁸m/s이다.)

① 0.3
② 3
③ 30
④ 300

🔍 $\lambda = \dfrac{c}{f}, f = \dfrac{c}{\lambda} = \dfrac{3 \times 10^8}{1} = 300 \times 10^6 = 300[MHz]$

42 다음 그림은 VHS 방식 카세트테이프의 후면 모양을 나타내었다. 구멍 H의 역할은?

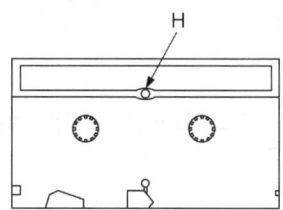

① 오소거 방지
② 종단 검출용 램프 장착
③ 릴 브레이크 해제
④ 테이프 사용시간 구분

🔍 VHS 방식 카세트테이프를 데크에 밀어 넣으면 릴 브레이크가 해제(H부분)되어 테이프가 재생될 수 있도록 한다. 평상시에는 릴 브레이크가 동작되어 릴이 이동되지 않도록 하는 역할을 한다.

43 VTR에서 테이프의 속도를 일정하게 유지하기 위한 기구는?

① 임피던스 롤러
② 핀치 롤러
③ 캡스턴
④ 텐션 포스트

🔍 캡스턴(capstan) : 모터에 의해 일정한 속도(테이프의 원주속도와 거의 같은)로 회전하는 회전축

44 VTR용 Head의 자성재료에 요구되는 특성으로 틀린 것은?

① 실효 투자율이 높을 것
② 가공성이 좋을 것
③ 잡음발생이 적을 것
④ 마모성이 클 것

🔍 VTR용 헤드의 자성재료에 요구되는 특성
• 실효 투자율이 높을 것
• 가공성이 좋을 것
• 항자력(HC)이 작을 것
• 내마모성이 좋을 것
• 잡음의 발생이 적을 것

45 청력 검사기(Audiometer)에서 신호음으로 사용하는 신호의 파형은?

① 삼각파 ② 톱니파
③ 사인파 ④ 구형파

🔍 오디오미터(audiometer) : 귀의 청력을 검사하기 위하여 가청 주파수 영역의 여러 가지 레벨의 순음을 전기적으로 발생하는 음향 발생 장치로 신호음으로 사인파를 사용한다.

46 라디오존데(radiosonde)로 측정할 수 없는 것은?

① 온도 측정 ② 습도 측정
③ 기압 측정 ④ 주파수 측정

🔍 라디오존데(radiosonde) : 수소를 채운 조그마한 기구에 기상 관측 장비와 발진기를 실어서 대기 상공에 띄워 무선으로 대기 상공의 기압, 온도, 습도 등의 기상 요소를 측정하는 기기이다.

47 장, 중파용에 사용되는 공중선으로 적합하지 않은 것은?

① 수직 안테나
② 우산형 안테나
③ T형 안테나
④ 반파장 다이폴 안테나

🔍 반파장 다이폴 안테나는 HF에서의 교신과 VHF, UHF TV 방송에 많이 사용한다.

48 영상의 가장 밝은 부분에서부터 가장 어두운 부분을 단계로 표시하는 것을 무엇이라 하는가?

① 화소 ② 계조
③ 비트맵 ④ 추출

🔍 계조(Gradation) : 사진 이미지에서 농도가 가장 짙은 부분에서 가장 옅은 유효 농도부까지의 농도 이행단계를 말한다. 계조의 이행단계가 많을수록 이미지를 충실하게 재현할 수 있다.

49 다음과 같은 전달함수를 합성할 때 G(S)?

① $G_1(S) \cdot G_2(S)$ ② $G_1(S) + G_2(S)$
③ $G_1(S) - G_2(S)$ ④ $G_2(S) - G_1(S)$

🔍 블록선도 직렬결합
$G(S) = G_1(S) \cdot G_2(S)$

50 제어 대상에 속하는 양, 제어 대상을 제어하는 것을 목적으로 하는 양은 무엇인가?

① 목표값 ② 제어량
③ 외란 ④ 조작량

🔍 제어 대상에 속하는 양, 제어 대상을 제어하는 것을 목적으로 하는 양을 제어량이라 한다.

51 출력의 전력이 500W인 송신기의 공중선에 5A의 전류가 흐를 때 복사 저항은 몇 Ω인가?

① 10 ② 20
③ 30 ④ 40

🔍 $P = I^2 R$
$\therefore R = \dfrac{P}{I^2} = \dfrac{500}{5^2} = 20[\Omega]$

52 서보 기구에 관한 일반적인 조건으로 옳은 것은?

① 조작력이 강해야 한다.
② 추종속도가 느려야 한다.
③ 서보 모터의 관성은 매우 커야 한다.
④ 유압식의 경우 증폭부에 트랜지스터 증폭부나 자기 증폭부가 사용된다.

🔍 서보 기구의 일반적인 특징
• 조작량이 커야 한다.
• 추종 속도가 빨라야 한다.
• 서보 모터의 관성이 작아야 한다.
• 유압 서보 모터나 전기적 서보 모터가 사용된다.
• 전기식이면 증폭부에 전자관 증폭기나 자기 증폭기가 사용된다.

53 뇌파의 신호 형태가 아닌 것은?

① ψ파 ② α파
③ δ파 ④ θ파

🔍 뇌파 신호는 밴드 별로 델타(δ)파, 쎄타(θ)파, 알파(α)파, 베타(β)파, 감마(γ)파의 5가지 주파수로 나눈다.

54 컬러텔레비전 수상기의 구성 요소가 아닌 것은?

① 변조 회로 ② 영상 회로
③ 음성 회로 ④ 편향 회로

🔍 변조회로는 송신기의 구성 요소이다.

55 초음파를 이용한 응용 분야로 틀린 것은?

① 세척기
② 구멍 뚫기 가공
③ GPS
④ 의학적 치료

🔍 초음파의 응용
• 물체 내부의 흠이나 균열 또는 불순물 등의 위치와 크기 파악
• 초음파 세척
• 미립자의 응집
• 물과 기름의 유화
• 초음파 용접, 납땜 등

56 유도가열(induction heating)의 특징에 대한 설명으로 틀린 것은?

① 내부가열이 가능하며, 표피층만 가열이 가능하다.
② 효율을 높이기 위해서 저주파가 필요하다.
③ 비접촉 가열이 가능하다.
④ 국부 및 균열 가열이 쉽다.

🔍 고주파 유도가열 : 금속 도체를 코일 내에 두고, 여기에 고주파 전류를 흘리면 금속 도체의 표면 가까이에 와전류가 생겨 이 손실의 열로 가열하는 방법

57 대화형 입력 장치가 아닌 것은?

① 디지타이저   ③ 터치 패널
② 라이터 펜 방식 ④ 리피터

🔍 입력장치 : 키보드, 마우스, 디지타이저, 이미지 스캐너, 라이트 펜, 터치 패널 등

58 강한 직류 자장을 자기 테이프에 가하여 녹음에 의한 잔류 자기를 자화시켜 소거하는 방법은?

① 교류 소거법   ② 소거 헤드법
③ 직류 소거법   ④ 직류 바이어스법

🔍 직류소거법 : 강한 직류자장을 테이프에 가하여 녹음에 의한 잔류자기를 자화시켜 소거하는 방법으로, 전자석(소거헤드) 또는 영구자석이 사용된다.

59 다음 중 광기전력 효과를 이용한 것은?

① 태양전지   ② 전자냉동
③ 전장발광   ④ 루미네센스

🔍 태양전지(solar cell)는 반도체의 PN 접합에 빛이 입사할 때 기전력이 발생하는 광기전력 효과를 이용한 것이다.

60 어떤 물질 1kg의 온도를 1℃ 올리는데 필요한 열량을 무엇이라 하는가?

① 대기압   ② 응축
③ 비열   ④ 압력

🔍 어떤 물질 1kg의 온도를 1℃ 높이는 데 필요한 열량을 비열이라고 한다.

$$비열(C) = \frac{열량(Q)}{질량(m) \times 온도변화(t)}$$

정답 2016년 2회

01 ③	02 ④	03 ①	04 ②	05 ④
06 ②	07 ④	08 ①	09 ③	10 ③
11 ①	12 ③	13 ④	14 ②	15 ③
16 ①	17 ③	18 ①	19 ④	20 ④
21 ①	22 ④	23 ②	24 ②	25 ②
26 ④	27 ③	28 ③	29 ③	30 ③
31 ③	32 ①	33 ③	34 ②	35 ④
36 ④	37 ②	38 ②	39 ④	40 ①
41 ④	42 ④	43 ③	44 ④	45 ③
46 ④	47 ④	48 ②	49 ①	50 ②
51 ②	52 ①	53 ①	54 ①	55 ③
56 ②	57 ④	58 ③	59 ①	60 ③

2016년 3회 공단 기출문제

01 오실로스코프에 연결하여 파형을 측정하였을 때 측정 파형이 다음 그림과 같았다. 최고점간(peak to peak) 전압(V_{p-p})은 몇 V인가?(단, 프로브는 10:1을 사용하였다.)

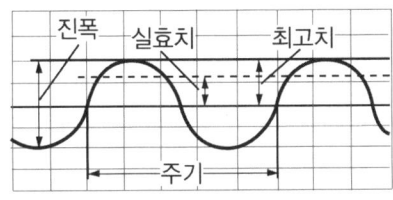

Volts/Div : 0.2V

① 0.2　　② 0.4
③ 4　　　④ 8

🔍 $V_{p-p} = 4[DIV] \times 0.2[V] \times 10 = 8[V]$

02 LC 발진 회로에서 귀환 회로에 3소자의 연결 형태에 따라 발진 회로를 구분할 수 있다. 다음 발진 회로의 발진 조건은?(단, 항상 Z_1, Z_2, Z_3 소자는 부호가 같다고 가정한다.)

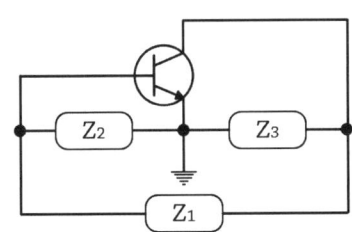

① Z_1 : 용량성, Z_2 : 용량성, Z_3 : 유도성
② Z_1 : 용량성, Z_2 : 유도성, Z_3 : 용량성
③ Z_1 : 유도성, Z_2 : 용량성, Z_3 : 용량성
④ Z_1 : 유도성, Z_2 : 용량성, Z_3 : 유도성

🔍 콜피츠 발진(Colpitts oscillation) 회로
　Z_1 : 유도성, Z_2 : 용량성, Z_3 : 용량성

03 저항 5Ω, 용량성 리액턴스 4Ω이 병렬로 접속된 회로의 임피던스는 약 몇 Ω인가?

① 0.32　　② 0.67
③ 1.49　　④ 3.12

🔍 $Z = \dfrac{R \cdot X_C}{\sqrt{R^2 + X_C^2}} = \dfrac{5 \cdot 4}{\sqrt{5^2 + 4^2}} = \dfrac{20}{6.4} \fallingdotseq 3.12[\Omega]$

04 동조회로에서 최대 이득을 얻기 위한 조건으로 옳은 것은?(단, 코일의 결합계수 k, 선택도 Q 이다.)

① $k < \dfrac{1}{Q}$　　② $k = \dfrac{1}{Q}$
③ $k > \dfrac{1}{Q}$　　④ $k = Q$

🔍 동조회로에서 최대이득을 얻기 위한 조건은 $k = \dfrac{1}{Q}$ 이다.

05 정현파(사인파) 발진 회로가 아닌 것은?

① RC 발진 회로
② LC 발진 회로
③ 수정 발진 회로
④ 블로킹 발진 회로

🔍 사인파 발진회로
　• LC 발진회로　　• RC 발진회로
　• 수정 발진회로

06 7 세그먼트 표시장치(seven-segment display)의 용도로 적합한 것은?

① 10진수 표시　　② 신호 전송
③ 레벨 이동　　　④ 잡음 방지

🔍 7 세그먼트 : 세그먼트 방식의 숫자 표시 소자로서 최대 7개의 세그먼트로 숫자를 표시하는 방식으로 0~9까지 10진수를 표시 할 수 있다.

07 정류기의 평활회로는 어떤 종류의 여파기에 속하는가?

① 대역 통과 여파기　　② 고역 통과 여파기
③ 저역 통과 여파기　　④ 대역 소거 여파기

🔍 평활회로는 정류기 출력 전압의 맥동을 감쇠시키는 회로로 저역 통과 여파기를 사용한다.

08 하나의 집적 회로(integrated circuits, IC) 속에 들어 있는 집적 소자의 개수가 10개 이하 범위에 속하는 집적 회로는?

① VLSI
② SSI
③ LSI
④ MSI

> 집적도(소자 수)에 따른 IC 분류
> • SSI(Small Scale IC, 소규모 집적회로) : 100개 이하
> • MSI(Medium Scale IC, 중간 규모 집적회로) : 100~1000개
> • LSI(Large Scale IC, 고밀도 집적회로) : 1,000~10,000개
> • VLSI(Very Large Scale IC, 초고밀도 집적회로) : 10,000~1,000,000개
> • ULSI(Ultra Large Scale IC, 초초고밀도 집적회로) : 1,000,000개 이상

09 주파수 안정도가 가장 높은 발진 회로는?

① 수정 발진 회로
② 클랩 발진 회로
③ 하틀리 발진 회로
④ 콜피츠 발진 회로

> 수정 발진기의 특징
> • 주파수 안정도가 좋다. (10^{-6} 정도)
> • 수정진동자의 Q가 매우 높다. ($10^4 \sim 10^6$)
> • 수정진동자는 기계적으로나 물리적으로 안정하다.
> • 발진조건을 만족하는 유도성 주파수 범위(fo < f < fs)가 대단히 좁다.

10 위상 천이(이상형) 발진 회로의 발진주파수는?(단, $R_1 = R_2 = R_3 = R$ 이고, $C_1 = C_2 = C_3 = C$이다.)

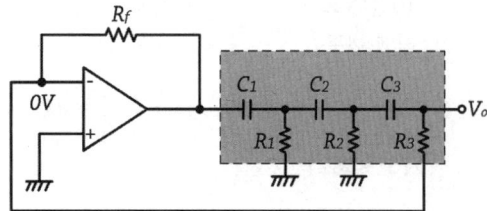

① $f_0 = \dfrac{1}{2\pi\sqrt{6}\,RC}$ ② $f_0 = \dfrac{1}{2\pi\sqrt{6RC}}$

③ $f_0 = \dfrac{1}{2\pi LC}$ ④ $f_0 = \dfrac{\sqrt{6}}{2\pi RC}$

> 이상형 RC 발진회로 $f_0 = \dfrac{1}{2\pi\sqrt{6}\,RC}$

11 JK 플립플롭을 이용한 동기식 카운터 회로에서 어떻게 동작하는가?

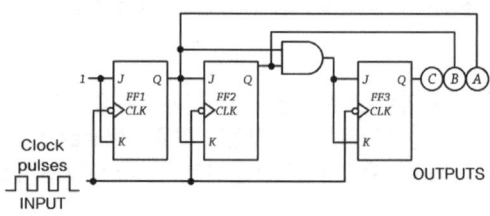

① 10진 증가(down) 카운터
② 3비트 Mod-8 카운터
③ 16진 감소(down) 카운터
④ 10비트 Mod-8 카운터

> 3비트 Mod-8 카운터로 동작한다.

12 다음 회로의 입력(V_i)에 구형파를 가하면 출력 파형(V_e)은?

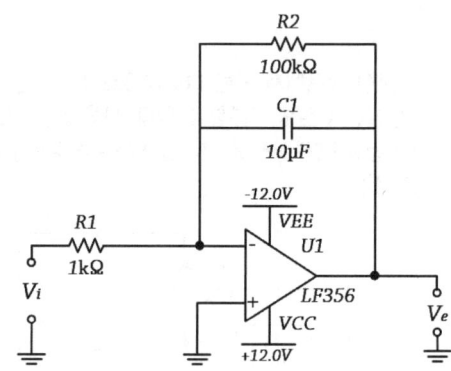

① 정현파   ② 구형파
③ 삼각파   ④ 사다리꼴파

> 출력 파형이 입력 파형의 적분형이 되는 회로로 구형파를 입력하면 삼각파가 출력된다.

13 다음 연산 증폭기의 전압 증폭도 AV는?

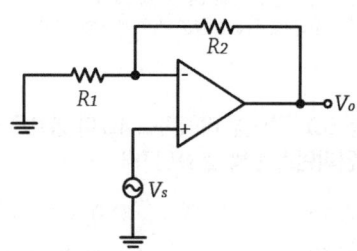

① $\dfrac{R_1+R_2}{R_1}$ ② $\dfrac{R_1}{R_1+R_2}$
③ $\dfrac{R_1}{R_2}$ ④ $\dfrac{R_2}{R_1}$

🔍 입력과 동상의 출력전압이 얻어지는 비반전 증폭회로
증폭도 $A = \dfrac{V_o}{V_i} = 1 + \dfrac{R_2}{R_1} = \dfrac{R_1+R_2}{R_1}$

14 다음 회로에 대한 설명으로 틀린 것은?

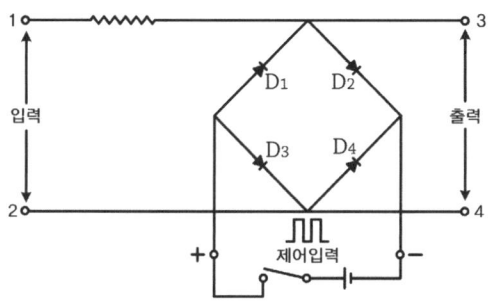

① 회로는 브리지형 게이트 회로이다.
② 스위치 S에 무관하게 입력한 전압이 그대로 출력 측의 전압으로 나타난다.
③ 스위치 S를 닫으면 $D_1 \sim D_4$가 도통되므로 단자 1~2에 가해지는 전압은 출력단자에 나타나지 않는다.
④ 스위치 S가 개방되면 단자 3~4 사이의 다이오드 임피던스는 높으므로 입력 전압은 출력에 그대로 나타난다.

🔍 • 브리지형 게이트 회로이며 스위치 S를 닫을 때와 개방일 때 출력단자의 전압은 다르게 나타난다.
• 스위치 S close : $D_1 \sim D_4$가 도통되므로 단자 1~2에 가해지는 전압은 출력단자에 나타나지 않는다.
• 스위치 S open : 단자 3~4 사이의 다이오드 임피던스는 높으므로 입력 전압은 출력에 그대로 나타난다.

15 빛의 변화로 전류 또는 전압을 얻을 수 없는 것은?

① 광전 다이오드
② 광전 트랜지스터
③ 황화카드뮴(CdS) 셀
④ 태양전지

🔍 CdS(황화카드뮴 소자)는 빛에 의한 전도성을 이용한 것으로, 입사되는 빛의 양에 따라 저항값이 변화하는 가변저항소자이다.

16 다음 회로에 입력 V_i 파형으로 펄스폭이 Δt[sec]인 구형파를 가할 때 출력 V_o 파형은?(단, 회로의 시정수 RC는 입력파형의 펄스폭보다 훨씬 크다고 가정한다.)

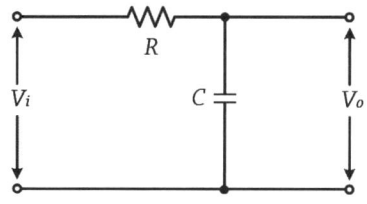

① 정현파 ② 구형파
③ 계단파 ④ 삼각파

🔍 출력 파형이 입력 파형의 적분형이 되는 회로로 구형파를 입력하면 삼각파가 출력된다.

17 중앙처리장치(CPU)의 구성요소에 해당하지 않는 것은?

① 연산장치 ② 입력장치
③ 제어장치 ④ 레지스터

🔍 프로그램 명령어를 실행하는 일을 담당하는 중앙처리장치는 제어장치, 연산장치, 레지스터들의 세 부분으로 구성된다. 그리고 주기억 장치를 비롯한 다른 장치들과는 시스템 버스로 연결되어 있다.

18 다음 중 고급언어로 작성된 프로그램을 한꺼번에 번역하여 목적프로그램을 생성하는 프로그램은?

① 어셈블리어 ② 컴파일러
③ 인터프리터 ④ 로더

🔍 컴파일러 : 원시 언어로 작성한 프로그램을 동일한 내용의 목적 프로그램으로 번역하는 프로그램

19 메모리로부터 읽어낸 데이터나 기억장치에 쓸 데이터를 임시 보관하는 레지스터는?

① 인덱스 레지스터
② 메모리 어드레스 레지스터
③ 메모리 버퍼 레지스터
④ 범용 레지스터

🔍 MBR(memory buffer register) : 메모리 버퍼 레지스터는 기억장치로부터 불러낸 정보 또는 저장할 정보를 넣어 두는 레지스터이다.

20 2진수 (1010)₂의 1의 보수는?

① 0101　　② 1010
③ 1011　　④ 1101

> 1010 → 0101(1의 보수)

21 아래 그림과 같이 두 개의 게이트를 상호 접속할 때 결과로 얻어지는 논리게이트는?

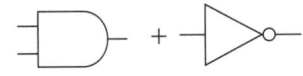

① OR　　② NOT
③ NAND　　④ NOR

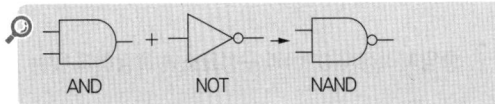

22 주소 지정방식 중 명령어의 피연산자 부분에 데이터의 값을 저장하는 주소지정 방식은?

① 즉시 주소지정 방식
② 절대 주소지정 방식
③ 상대 주소지정 방식
④ 간접 주소지정 방식

> 즉시 주소지정 방식(Immediate Addressing Mode) : 명령 속의 오퍼랜드 정보를 그대로 오퍼랜드로 사용하는 방식

23 자료전송에 발생하는 에러(error) 검출을 위하여 추가된 bit는?

① 3-초과　　② gray
③ parity　　④ error

> 패리티 검사(Parity Check) : 데이터의 저장과 전송의 정확성을 유지하기 위하여 검사 비트를 이용하는 자동오류 검사 방법

24 다음 중 선입선출(FIFO) 동작을 하는 것은?

① RAM　　② ROM
③ STACK　　④ QUEUE

> 큐(QUEUE) : 리스트의 한쪽 끝에서만 삽입과 삭제가 일어나는 스택과는 달리 리스트의 한쪽 끝에서는 원소들이 삭제되고 반대쪽 끝에서는 원소들의 삽입만 가능하게 만든 순서화된 리스트. 가장 먼저 리스트에 삽입된 원소가 가장 먼저 삭제되므로 선입선출인 FIFO(first in first out) 리스트라고 한다.

25 컴퓨터에서 2KB의 크기를 byte단위로 표현하면?

① 512 byte　　② 1024 byte
③ 2048 byte　　④ 4096 byte

> • 1Kbyte = 2^{10} = 1024byte
> • 2Kbyte = 1024byte × 2 = 2048byte

26 주기억장치(RAM)과 중앙처리장치(CPU)의 속도 차이를 해소하기 위한 기억장치의 명칭은?

① 가상 기억장치　　② 캐시 기억장치
③ 자기코어 기억장치　　④ 하드디스크 기억장치

> 캐시 기억장치(Cache Memory) : 프로그램 실행속도를 중앙처리장치의 속도에 가깝도록 하기 위하여 개발된 고속 버퍼 기억장치로서, 주기억장치보다 속도가 빠르고, 중앙처리장치 내에 위치하고 있으므로 레지스터 기능과 유사하다.

27 산술 및 논리 연산의 결과를 일시적으로 기억하는 레지스터는?

① 기억 레지스터(storage register)
② 누산기(accumulator)
③ 인덱스 레지스터(index register)
④ 명령 레지스터(instruction register)

> 누산기(Accumulator) : 연산에 관계되는 상태와 인터럽트 신호를 기억한다.

28 순서도 사용에 대한 설명 중 틀린 것은?

① 프로그램 코딩의 직접적인 기초 자료가 된다.
② 오류 발생 시 그 원인을 찾아 수정하기 쉽다.
③ 프로그램의 내용과 일 처리 순서를 파악하기 쉽다.
④ 프로그램 언어마다 다르게 표현되므로 공통적으로 사용할 수 없다.

> **순서도의 역할**
> - 프로그램 작성의 직접적인 자료가 된다.
> - 업무의 내용과 프로그램을 쉽게 이해할 수 있고, 다른 사람에게 전달이 쉽다.
> - 프로그램의 정확성 여부를 판단하는 자료가 되며, 오류가 발생 하였을 때 그 원인을 찾아 수정하기가 쉽다.
> - 프로그램의 논리적인 체계 및 처리 내용을 쉽게 파악할 수 있다.

29 표준 신호 발생기(SSG)가 갖추어야 할 조건 중 옳지 않은 것은?

① 불필요한 출력을 내지 않을 것
② 발진 주파수가 정확하고, 파형이 양호할 것
③ 출력이 가변 될 수 있고, 정확한 값을 알 수 있을 것
④ 출력 임피던스가 작고, 가변적일 것

> **표준신호 발생기의 구비조건**
> - 변조도의 가변범위가 넓을 것
> - 발진주파수가 정확하고 파형이 양호할 것
> - 안정도가 높고 주파수의 가변범위가 넓을 것
> - 주변의 온도 및 습도 조건에 영향을 받지 않을 것
> - 출력 임피던스가 일정할 것
> - 불필요한 출력을 내지 않을 것

30 1MΩ 이상의 고저항 또는 절연 저항의 측정에서 사용되는 방법으로 틀린 것은?

① 직편법 ② 전압계법
③ 충격 검류계법 ④ 헤비사이드 브리지법

31 오실로스코프에서 다음과 같은 파형을 얻었다. 이것은 무엇을 측정한 파형인가?(단, A=3, B=1 이다.)

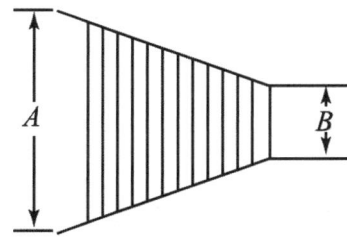

① 100[%] AM 변조파 ② 100[%] FM 변조파
③ 50[%] AM 변조파 ④ 50[%] FM 변조파

> 변조도 $m = \dfrac{A-B}{A+B} \times 100\% = \dfrac{3-1}{3+1} \times 100\% = 50[\%]$

32 정재파에 의하여 마이크로파의 임피던스를 측정하고자 한다. 싱크로스코프에 의한 정재파형이 그림과 같을 때 전압정재파비는 얼마인가?

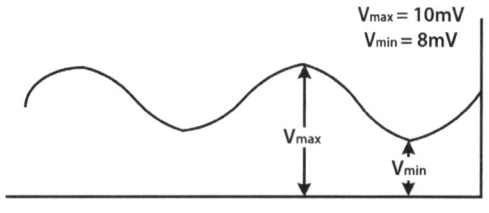

① 1.25 ② 0.8
③ 80 ④ 18

> 전압정재파비(VSWR) $= \dfrac{V_{max}}{V_{min}} = \dfrac{10}{8} = 1.25$

33 고주파 전류를 측정하는데 사용하는 계기는?

① 계기용 변류기
② 열전형 전류계
③ 직류 변류기
④ 후크 미터

> 열전형 전류계 : 미소전류로 동작되며 오차가 없고, 주파수 특성이 우수하므로 주로 고주파용 전류계로 사용된다.

34 고주파 전류측정에 적합한 계기는?

① 열전형 ② 가동 코일형
③ 정류형 ④ 가동 철편형

> 열전형 전류계 : 미소전류로 동작되며 오차가 없고, 주파수 특성이 우수하므로 주로 고주파용 전류계로 사용된다.

35 전류 측정 시 참값이 100mA이고, 측정값이 102mA 일 때 오차율은 몇 %인가?

① -2 ② 2
③ -1.96 ④ 1.96

> 백분율 오차(α) $= \dfrac{M-T}{T} \times 100[\%]$
> $= \dfrac{102-100}{100} \times 100 = 2[\%]$

36 다음은 검류계의 내부저항 측정 그림이다. 검류계의 내부 저항 R_g의 값을 구하는 계산식으로 옳은 것은?

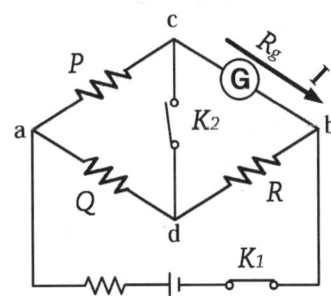

① $R_g = \dfrac{Q}{P}R$ ② $R_g = \dfrac{P}{Q}R$

③ $R_g = \dfrac{P}{R}Q$ ④ $R_g = \dfrac{Q}{R}$

🔍 브리지의 평형 조건 : $PR = QR_g$
$\therefore R_g = \dfrac{P}{Q}R$

37 아날로그 회로시험기와 비교한 디지털 멀티미터의 장점이 아닌 것은?

① 입력임피던스가 높아 피측정량에 미치는 영향이 적다.
② 측정결과를 읽을 때 개인오차가 없다.
③ 대부분의 측정이 수동으로 수행된다.
④ 측정 정밀도가 좋다.

🔍 디지털 멀티미터의 장점
• 입력임피던스가 높아 피측정량에 미치는 영향이 적다.
• 측정결과를 읽을 때 개인오차가 없다.
• 대부분의 측정이 자동으로 수행된다.
• 측정 정밀도가 좋다.

38 기전력 100V, 내부저항 33Ω인 전지에 내부저항 300Ω인 전압계를 접속할 때, 전압계의 지시값은 약 몇 V 인가?

① 90   ② 93
③ 96   ④ 100

🔍 $E = \dfrac{V}{R}(R + r)$
$\therefore V = \dfrac{ER}{R+r} = \dfrac{100 \times 300}{333} ≒ 90[V]$

39 테스트 패턴 발생기(test pattern generator)의 용도로 옳은 것은?

① 정현파 발생용
② 전자회로 도면 작성용
③ 라디오의 주파수 복조용
④ 텔레비전의 송수신기의 조정용

🔍 테스트 패턴 발생기(test pattern generator) : 텔레비전 송수신기의 조정을 위해 사용하는 시험 도형을 생성하는 장치

40 오실로스코프 측정 시 파형이 정지하지 않고 움직일 때 조정해야 하는 것은?

① 수평축 제어   ② 포지션 제어
③ 트리거 제어   ④ 수직축 제어

🔍 트리거제어는 오실로스코프 측정 시 파형이 정지하지 않고 움직일 때 조정해야 한다.

41 녹음기 헤드 사용상의 주의사항으로서 틀린 것은?

① 헤드에 충격을 주지 말 것
② 헤드면을 때때로 알코올을 가제에 적셔 가볍게 닦는 것
③ 자성체를 헤드에 접근시키지 말 것
④ 헤드가 자화되면 강한 자석을 헤드에 접근시켜 소자(消磁)하는 것

🔍 녹음기 사용 시 유의 사항
• 녹음기의 헤드면에 먼지가 쌓일 때는 알코올을 이용하여 닦아낸다.
• 테이프 속도가 일정하지 않을 때는 테이프의 주행속도와 거의 같은 원주 속도를 가진 회전축인 캡스턴과 고무바퀴로 된 핀치롤러를 압착시킨다.
• 녹음 및 재생헤드에 강한 자석을 접근시키면 자화상태가 불량해지므로 접근시키지 않는다.
• 헤드에 충격을 주지 말아야 한다.

42 반도체에 전기장을 가하면 생기는 현상은?

① 열전 효과   ② 전기 발광
③ 광전 효과   ④ 홀 효과

🔍 전기 발광이란 반도체 따위의 물질에 전기장을 가하면 발광하는 현상이다.

43 안테나 전력이 100W에서 400W로 증가하면 동일 지점의 전계 강도는 몇 배로 변하는가?

① 0.5
② 0.25
③ 2
④ 4

> $G = 10\log_{10} \dfrac{출력전력}{입력전력}$
> $= 10\log_{10} \dfrac{400}{100} = 10\log_{10} 4 \fallingdotseq 6[dB]$
> 이득이 6[dB]이므로 동일 지점의 전계강도는 2배가 된다.

44 VTR의 재생 화면에 하나 또는 다수의 흰 수평선이 나타나는 드롭 아웃(Drop Out) 현상의 원인은?

① 수평 동기가 정확히 잡히지 않기 때문에
② 영상 신호에 강한 잡음 신호가 혼입되기 때문에
③ 전원전압이 순간적으로 불안정하기 때문에
④ 테이프와 헤드 사이에 먼지 등이 끼기 때문에

> 드롭아웃(drop-out) : 비디오 테이프 리코더에 사용하는 헤드의 갭은 μm 단위의 작은 것이며, 눈에 보이지 않는 먼지라도 재생 헤드의 출력이 저하하거나 없어지거나 하고, 화면에는 잡음으로서 혼입된다.

45 태양 전지에 축전 장치가 필요한 이유는?

① 연속적인 사용을 위해서
② 빛의 반사를 위해서
③ 빛의 굴절을 위해서
④ 위의 3가지 모두를 위해서

> 태양전지를 연속적으로 사용하기 위해서는 태양광선을 얻을 수 없는 경우를 대비하여 축전장치가 필요하다.

46 음압의 단위를 올바르게 표현한 것은?

① N/C   ② μbar
③ Hz   ④ Neper

> 소리의 압력 변화를 음압(sound pressure)이라 하며, 음압의 단위로 기압의 단위와 같은 바(bar)를 사용한다. 그러나 실제의 음향은 매우 작으므로 마이크로바(μbar)를 사용하여 실효값을 나타낸다.

47 AN(Arrival Notice) 레인지 비컨(range beacon)에서 등신호 방향과 관계없는 각도는?

① 45°
② 135°
③ 190°
④ 315°

> AN 레인지 비컨
> • 무지향성 비컨과 마찬가지로 공항이나 항공로상의 요소에 설치하여 항공로를 형성하는데 사용된다.
> • 지향성 무선표식 이라고도 하며, AN레인지 비컨에서 등신호 방향의 각도는 45°, 135°, 225°, 315°이다.

48 전자현미경에서 초점은 무엇으로 조정하는가?

① 투사렌즈의 여자전류
② 대물렌즈의 여자전류
③ 집광렌즈의 여자전류
④ 드림렌즈의 여자전류

> 전자현미경의 초점은 대물렌즈의 여자전류로 조정한다.

49 오디오 시스템(Audio System)에서 잡음에 대하여 가장 영향을 많이 받는 부분은?

① 등화 증폭기
② 저주파 증폭기
③ 전력 증폭기
④ 주출력 증폭기

> 오디오 시스템에서 입력단의 등화 증폭기가 잡음에 대하여 가장 영향을 많이 받는다.

50 라디오 수신기의 중간 주파수가 455kHz 이고, 상측 헤테로다인 방식이라면 700kHz 방송을 수신할 때 국부발진 주파수는 몇 kHz인가?

① 455   ② 700
③ 1155   ④ 1600

> • 영상주파수 = 수신주파수 + (2 × 중간주파수)
> • 국부주파수 = 수신주파수 × 중간주파수
> ∴ 700 + 455 = 1155[kHz]

51 TV수상기 고스트(ghost)의 경감 대책에 관계가 없는 것은?

① 안테나 높이를 바꾼다.
② 지향성이 예민한 안테나를 사용한다.
③ 안테나와 급전선 거리를 멀리 떼어야 하다.
④ 동축케이블을 사용한다.

> TV수상기 고스트 경감대책
> • 안테나 높이를 바꾼다.
> • 지향성이 예민한 안테나를 사용한다.
> • 동축케이블을 사용한다.
> • 안테나와 급전선 거리를 최대한 짧게 한다.

52 CD 플레이어의 구조에서 광학부의 역할은?

① 모터를 구동하는 부분
② 디스크의 정해진 위치에 레이저를 비추어 그 반사광을 픽업하는 부분
③ 수록된 음악 소스의 연주 시간과 재생되는 부분을 나타내는 표시하는 부분
④ D/A 컨버터 및 리샘플링 회로에 의해 좌우로 분리된 아날로그 신호를 LPF를 통해서 증폭되어 아날로그 스테이지를 거쳐 프리앰프로 출력하는 부분

> CD 플레이어의 광학부는 디스크의 정해진 위치에 레이저를 비추어 그 반사광을 픽업하는 역할을 한다.

53 2헤드 방식의 VTR에서 한 장의 재생화면(1 frame)을 완성하려면 헤드 드럼은 몇 회전 하여야 하는가?

① 0.5
② 1
③ 30
④ 60

> 2헤드 방식의 VTR에서 한 장의 재생화면을 완성하려면 헤드 드럼은 1회전 하여야 한다.

54 스트레이트 수신기가 슈퍼헤테로다인 수신기에 비해 다른 특징이 아닌 것은?

① 조정이 복잡하다.
② 감도가 나쁘다.
③ 인접 주파수 선택도가 나쁘다.
④ 구성이 간단하다.

> 슈퍼헤테로다인 수신기는 스트레이트 수신기에 비해 회로가 복잡하고 조정이 어렵다.

55 다음 중 압력을 변위로 변환할 수 있는 것은?

① 스프링
② 전자석
③ 전자코일
④ 유도형 변환기

> 신호 검출에서 1차일 때 2차 변환의 보기
>
> | 압력-변위 | 스프링, 다이어프램 |
> |---|---|
> | 전압-변위 | 전자코일, 전자석 |
> | 변위-압력 | 유압 분사관 |
> | 변위-전압 | 가변저항 분압기, 차동변압기 |
> | 변위-임피던스 | 용량형 변환기, 슬라이드 저항, 유도형 변환기 |

56 주파수가 1MHz인 전자기파의 파장은 몇 m인가?(단, $v = 3 \times 10^8$이다.)

① 30
② 100
③ 300
④ 450

> $\lambda = \dfrac{c}{f} = \dfrac{3 \times 10^8}{1 \times 10^6} = 3 \times 10^2 = 300$

57 초음파의 감쇠율에 관한 설명으로 틀린 것은?

① 감쇠율은 물질에 따라 다르다.
② 초음파의 진동수가 클수록 감쇠율이 크다.
③ 초음파의 세기는 진폭의 제곱에 비례한다.
④ 고체가 가장 크고, 액체, 기체의 순서로 작아진다.

> 초음파 감쇠율의 일반적인 특징
> • 감쇠율은 물질에 따라 다르다.
> • 진동수가 클수록 감쇠율이 크다.
> • 초음파의 세기는 단위 면적을 지나는 파워이며 진폭의 제곱에 비례한다.

58 셀렌에 빛을 쬐면 기전력이 발생하는 원리를 이용하여 만든 계기는?

① 조도계
② 체온계
③ 압축계
④ 풍속계

> 조도계(illuminometer) : 조도를 측정하는 계기로 수광기는 셀렌의 얇은 금속판으로, 여기에 빛이 닿으면 빛의 양에 비례한 기전력이 발생하여 전류가 흐른다.

59 프로세스 제어(process control)는 어느 제어에 속하는가?

① 추치 제어
② 속도 제어
③ 정치 제어
④ 프로그램 제어

> 정치제어 : 목표값이 시간적으로 일정한 자동 제어를 말하며 프로세스 제어, 자동 조정 제어 등으로 구분된다.

60 FM 검파 회로에서 비검파(ratio) 회로가 사용되는 주된 이유는?

① 동조가 간단하므로
② 검파 출력 전압이 크므로
③ 출력 임피던스가 낮으므로
④ 진폭제한 작용을 하므로

> 비검파(ratio detection)회로는 검파 감도가 약간 낮으나 회로 자체가 진폭제한기(limiter, 리미터)의 역할도 겸할 수 있어 일반적인 FM 수신기에 많이 사용된다.

정답 2016년 3회

01 ④	02 ③	03 ④	04 ②	05 ④
06 ①	07 ③	08 ②	09 ①	10 ①
11 ②	12 ③	13 ①	14 ②	15 ③
16 ④	17 ②	18 ②	19 ③	20 ①
21 ③	22 ①	23 ②	24 ④	25 ②
26 ②	27 ②	28 ④	29 ①	30 ④
31 ③	32 ①	33 ②	34 ①	35 ②
36 ②	37 ③	38 ①	39 ④	40 ②
41 ④	42 ②	43 ③	44 ②	45 ①
46 ②	47 ③	48 ②	49 ①	50 ③
51 ③	52 ②	53 ②	54 ①	55 ③
56 ③	57 ④	58 ①	59 ③	60 ④

CHAPTER 03

CBT대비 적중모의고사

Craftsman Electronic Apparatus

01 적중모의고사 1회
02 적중모의고사 2회
03 적중모의고사 3회
04 적중모의고사 4회
05 적중모의고사 5회

1회 CBT 대비 적중모의고사

01 저주파 회로에서 직류 신호를 차단하고 교류 신호를 잘 통과시키는 소자로 가장 적합한 것은?

① 커패시터(capacitor)
② 코일(coil)
③ 저항(R)
④ 다이오드(diode)

> 커패시터(콘덴서)는 교류신호를 잘 통과시키고 직류는 차단한다.

02 트랜지스터 증폭회로에서 베이스-컬렉터 접합부의 바이어스는?

① 항상 순방향 바이어스이다.
② 항상 역방향 바이어스이다.
③ NPN에서만 순방향 바이어스이다.
④ PNP에서만 역방향 바이어스이다.

> 트랜지스터 바이어스 회로에서의 증폭작용을 하기 위해서 출력 측 단자는(베이스-컬렉터) 항상 역 바이어스 전압이 걸려야 한다.

동작영역	EB접합	CB 접합	용도
포화상태	순 bias	순 bias	펄스, 스위칭
활성영역	순 bias	역 bias	증폭작용
차단영역	역 bias	역 bias	펄스, 스위칭
역활성영역	역 bias	순 bias	사용하지 않음

03 어떤 도체에 60분간 3600[C]의 전기량이 통과하면 이 때 흐르는 전류는?

① 0.5[A]
② 1[A]
③ 1.5[A]
④ 2[A]

> $i = \dfrac{q}{t} = \dfrac{3600}{60 \times 60} = 1[A]$

04 전류의 열작용과 관계가 있는 법칙은?

① 가우스의 법칙
② 키르히호프의 법칙
③ 줄의 법칙
④ 플레밍의 법칙

> 줄의 법칙에 열량은 전류의 제곱에 비례한다.
> $H = 0.24I^2Rt[cal]$

05 어떤 증폭기 출력의 기본파 전압이 20[V]이고, 제 2 고조파 및 제 3 고조파 전압이 각각 0.8[V], 0.6[V] 일 때 이 출력 전압의 왜율은?

① 1[%]
② 3[%]
③ 5[%]
④ 10[%]

> 왜율 $= \dfrac{\text{고조파의 실효값}}{\text{기본파의 실효값}} \times 100\%$
> $= \dfrac{\sqrt{(\text{제2고조파})^2 + (\text{제3고조파})^2}}{\text{기본파}} \times 100\%$
> $= \dfrac{\sqrt{0.8^2 + 0.6^2}}{20} = \dfrac{\sqrt{0.64 + 0.36}}{20} = \dfrac{1}{20} \times 100\%$
> $= 0.05 \times 100 = 5[\%]$

06 BJT와 비교한 전계효과트랜지스터(FET)의 특징으로 틀린 것은?

① 입력임피던스가 높다.
② 잡음특성이 양호하다.
③ 온도변화에 따른 안정성이 높다.
④ 이득-대역폭 적이 크다.

> • BJT인 트랜지스터는 전류제어방식이며 입력 임피던스가 낮고, 잡음특성 좋지 않으며 온도변화에 따라 안정성이 문제가 되므로 보상회로를 보상하여야 한다.
> • 이득-대역폭 적(쌓을 積 = 곱)이 작다.
> • FET(전계효과 트랜지스터)는 TR의 단점을 보완하여 구성되어 있다.

07 정류회로의 직류전압이 V_d, 리플의 (+) 최대값에서 (-) 최대값까지의 값(p-p값)이 V 라면 리플 함유율(%)은?

① $\dfrac{V}{V_d - V} \times 100$
② $\dfrac{V_d}{V_d - V} \times 100$
③ $\dfrac{V_d - V}{V_d} \times 100$
④ $\dfrac{V}{V_d} \times 100$

> 리플(ripple) $= \dfrac{V(\text{직류출력 속의 교류분}(+,-\text{변동}))}{V_d(\text{직류출력 전압})} \times 100[\%]$

08 주위 온도가 상승하면 트랜지스터의 전류 증폭률은 어떻게 변화하는가?

① 변화가 없다.
② 감소한다.
③ 증가한다.
④ 감소 후 증가한다.

> 트랜지스터는 반도체소자 이므로 온도상승에 따라 저항값이 감소하는 부(-)의 온도계수 특성이 있으며, 불순물을 섞을수록 전도율(conductivity) $\sigma = 1/\rho [\mho/m]$은 증가한다.

09 저항 20[Ω]과 60[Ω]의 병렬회로에서 60[Ω]의 저항에 3[A]의 전류가 흐른다면 20[Ω]의 저항에 흐르는 전류는?

① 1[A]
② 3[A]
③ 6[A]
④ 9[A]

> 병렬 저항인 60[Ω]에 3[A]가 흐르므로 $V = IR = 60 \times 3 = 180[V]$ 이며, 다시 60[Ω]과 병렬로 구성된 20[Ω]에 전압 또한 180[V] 이므로 20[Ω]에 흐르는 전류는 다음과 같다.
> $I = \dfrac{V}{R} = \dfrac{180}{20} = 9[A]$

10 "임의의 접속점에 유입되는 전류의 합은 접속점에서 유출되는 전류의 합과 같다."라는 법칙은?

① 옴의 법칙
② 가우스의 법칙
③ 패러데이의 법칙
④ 키르히호프의 법칙

> 키르히호프 제1 전류법칙 : 유입하는 합의 전류와 유출하는 전류의 합은 같다.

11 진폭 변조에서 피변조 파형의 최대 전압이 35[V]이고 최소 전압이 5[V]일 때 변조도는?

① 60[%]
② 65[%]
③ 70[%]
④ 75[%]

> 진폭변조회로의 피변조파에서 최대진폭(A), 최소진폭(B)이라 할 때의 변조도(m)를 구하는 방법은 다음과 같다.
> $m = \dfrac{A-B}{A+B} \times 100[\%] = \dfrac{35-5}{35+5} \times 100 = 0.75 \times 100 = 75[\%]$

12 4[A]의 전류가 흐르는 저항회로에서 저항을 일정하게 하고 전압을 2배로 증가시키면 흐르는 전류는?

① 1[A]
② 2[A]
③ 4[A]
④ 8[A]

> 옴의 법칙에 따라 전류와 전압은 비례하므로 전압을 2배 증가시키면 전류도 2배 증가된다.

13 A급 증폭기에 대한 설명으로 가장 적합한 것은?

① 전력손실이 매우 적다.
② 최대효율은 78.5%이다.
③ 일그러짐이 매우 작다.
④ 유통각이 π보다 작다.

> A급 증폭기
> • 일그러짐(왜율)이 가장 작고 원음에 가깝게 재생하므로 직선성이 좋다.
> • 정특성 곡선에서 동작점은 직선부의 중앙에 설정한다.
> • 효율 50[%]로 가장 적다.
> • 입력 신호가 없을 때도 컬렉터 전류가 흐른다.

14 전원회로에서 부하로 최대 전력을 공급하기 위한 조건은?

① 전원의 내부저항이 0이어야 한다.
② 전원의 내부저항과 부하저항이 같아야 한다.
③ 전원의 내부저항보다 부하저항이 커야 한다.
④ 전원의 내부저항보다 부하저항이 작아야 한다.

> $r = R_L$(내부저항 = 부하저항)

15 어떤 정류기 부하양단의 직류전압이 300[V]이고, 맥동률이 2[%]이면 교류성분의 실효값은?

① 2[V]
② 4.24[V]
③ 6[V]
④ 8.48[V]

> 정류회로에서 정류된 직류 속의 리플(교류분, 잡음)은 작을수록 좋다.
> 리플 $= \dfrac{\Delta V(\text{출력직류 속의 교류분의 실효값})}{Vd(\text{직류출력파형의 평균값})} \times 100\%$
> $\therefore \Delta V = \dfrac{r \cdot Vd}{100} = \dfrac{2 \times 300}{100} = 6[V]$

16 다음과 같은 연산증폭회로의 명칭은?

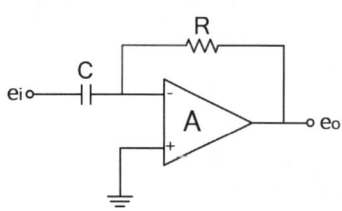

① 부호 변환기 ② 신호 검파기
③ 적분기 ④ 미분기

🔍 입력 측에 콘덴서 사용시 미분회로이다.
$V_o = -RC \dfrac{dvi}{dt}$

17 프로그램의 수행 순서를 제어하는 레지스터로 다음에 실행할 명령의 주소를 기억하는 것은?

① 명령 레지스터(IR)
② 프로그램 카운터(PC)
③ 기억장치주소 레지스터(MAR)
④ 기억장치버퍼 레지스터(MBR)

🔍 프로그램 카운터(Program Counter) : 기억장치에 기억된 명령이 순서대로 중앙 처리 장치에서 실행될 수 있도록 그 주소를 지정해 주는 레지스터

18 다음 명령어에서 CPU의 정보를 기억 장치에 기억하는 명령어는?

① Add
② Shift
③ Load
④ Store

🔍 • Load : 기억 장치 내의 데이터를 불러들이는 명령
• Shift : 입력 데이터의 모든 비트를 좌측 또는 우측으로 자리를 옮기는 명령
• Store : 기억 장치에 데이터를 저장하는 명령
• Add : 더하기 명령

19 10진수 0.4375를 2진수로 변환한 것은?

① $(0.0111)_2$ ② $(0.1101)_2$
③ $(0.1110)_2$ ④ $(0.1011)_2$

🔍 0.4375 × 2 = <u>0</u>.875
0.875 × 2 = <u>1</u>.75
0.75 × 2 = <u>1</u>.5
0.5 × 2 = <u>1</u>.0
∴ $(0.4375)_{10} = (0.0111)_2$

20 서브루틴에서의 복귀어드레스가 보관되어 있는 곳은?

① 프로그램 카운터
② 스택
③ 큐
④ 힙

🔍 서브루틴(Subroutine) : 프로그램 가운데 하나 이상의 장소에서 필요할 때마다 되풀이해서 사용할 수 있는 부분적 프로그램으로 실행 후에는 메인 루틴이 호출한 장소로 되돌아간다. 되돌아 갈 복귀 주소를 저장해 놓아야 하는데, 이때 사용되는 것이 스택(stack)이다.

21 논리식 F = $\overline{A}BC + A\overline{BC} + ABC + AB\overline{C}$를 카르노맵에 의해 간소화 시킨 식은?

① F = AB + $\overline{B}C$
② F = A + $A\overline{C}$
③ F = $\overline{A}B + B\overline{C}$
④ F = BC + $A\overline{C}$

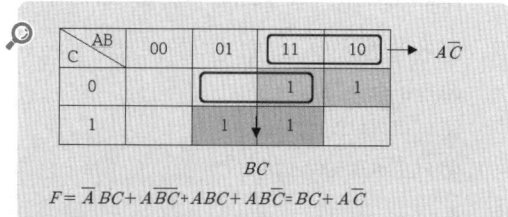

$F = \overline{A}BC + A\overline{BC} + ABC + AB\overline{C} = BC + A\overline{C}$

22 다음 중 입력장치가 아닌 것은?

① 스캐너
② 프로젝터
③ 디지타이저
④ 터치스크린

🔍 • 입력장치 : 키보드, 마우스, 디지타이저, 이미지 스캐너, 라이트 펜 등
• 출력장치 : 모니터, 프린터, X-Y 플로터, 포토 플로터, 프로젝터 등

23 컴파일러형 언어의 설명으로 틀린 것은?

① 원시 프로그램의 수정 없이 계속 반복 수행하는 응용 시스템에서 효율적이다.
② FORTRAN, COBOL, C, 어셈블리어 등이 있다.
③ 목적 프로그램을 만든다.
④ 고급언어와 관련된 번역프로그램이다.

🔍 컴파일러형 언어의 특징
• 원시 프로그램의 수정없이 계속 반복 수행하는 응용 시스템에서 효율적이다.
• 포트란, 코볼, C, 파스칼 등이 있다.
• 목적 프로그램을 만든다.
• 고급언어와 관련된 번역 프로그램이다.
※ 어셈블리 언어(Assembly Language)는 저급 언어로서 기호 언어(symbolic language)라고도 한다. 어셈블리 언어는 어셈블러(Assembler)에 의해 번역된다.

24 순서도의 기호와 의미가 옳은 것은?

① ▱ : 수조작
② ▭ : 준비
③ ○ : 자기테이프
④ ◇ : 판단

🔍 ▱ : 입출력   ▭ : 처리
   ○ : 연결자   ◇ : 판단

25 다음 회로도는 어떤 논리 게이트를 나타낸 것인가?

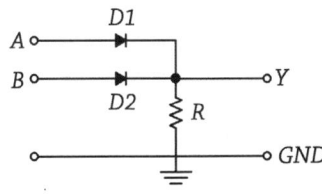

① AND
② OR
③ NOT
④ NAND

🔍 두 입력 중에 하나만 1이 있어도 출력이 1이 되는 회로이므로 OR논리회로이다.

26 다음 메모리 중 가장 빠르게 액세스되는 메모리는?

① 가상 메모리
② 주기억 메모리
③ 캐시 메모리
④ 보조기억 메모리

🔍 캐시 기억장치(Cache Memory) : 프로그램 실행속도를 중앙처리장치의 속도에 가깝도록 하기 위하여 개발된 고속 버퍼 기억장치로서, 주기억장치보다 속도가 빠르고, 중앙처리장치 내에 위치하고 있으므로 레지스터 기능과 유사하다.
※ 기억장치의 접근 시간 순서 : 레지스터 > 캐시메모리 > 주기억장치 > 보조기억장치

27 다음 논리회로에서 출력이 0 이 되려면, 입력 조건은?

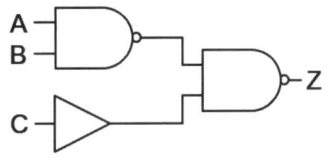

① A=1, B=1, C=1
② A=1, B=1, C=0
③ A=0, B=0, C=0
④ A=0, B=1, C=1

🔍 $Z = \overline{\overline{(A \cdot B)} \cdot \overline{C}} = (A \cdot B) \cdot \overline{C}$ 이므로
이 식에 보기를 대입하면 ①, ②, ③항의 경우는 결과가 1이 되고, ④항의 경우만 결과가 0이 된다.

28 컴퓨터의 CPU에 속하지 않는 것은?

① 레지스터
② 주변장치
③ 연산장치
④ 제어장치

🔍 CPU(중앙처리장치)의 구성 : 프로그램 명령어를 실행하는 일을 담당하는 중앙처리장치는 제어장치, 연산장치, 레지스터들의 세 부분으로 구성된다. 그리고 주기억 장치를 비롯한 다른 장치들과는 시스템 버스로 연결되어 있다.

29 기억 용량의 단위를 잘못 설명한 것은?

① 1 비트 : 0 또는 1
② 1 바이트 : 8개의 서로 다른 0 또는 1
③ 1 킬로 바이트 : 1000 바이트
④ 1 메가 바이트 : 1048576 바이트

🔍 1Kbyte = 2^{10} = 1024byte

30 초당 반복되는 파를 펄스로 변화하여 주파수를 측정하는 주파수계는?

① 계수형 주파수계
② 빈 브리지형 주파수계
③ 헤테로다인법 주파수계
④ 캠벨 브리지형 주파수계

🔍 계수형 주파수계 : 초당 반복되는 펄스로 변화하여 주파수를 측정하는 주파수계

31 1차 코일의 인덕턴스 4[mH], 2차 코일의 인덕턴스 10[mH]를 직렬로 연결했을 때 합성 인덕턴스는 24[mH]이었다. 이들 사이의 상호 인덕턴스는?

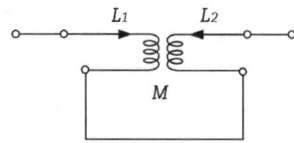

① 2[mH] ② 5[mH]
③ 10[mH] ④ 19[mH]

🔍 $L_a = L_1 + L_2 + 2M$
$24[mH] = 4[mH] + 10[mH] + 2M$
$\therefore M = 10/2 = 5[mH]$ (M : 상호 인덕턴스)

32 정전 전압계의 특징에 대한 설명으로 틀린 것은?

① 주로 저압 측정용 전압계로 많이 쓰인다.
② 정전 전압계 또는 전위계는 전압을 직접 측정하는 계기이다.
③ 정전 전압계의 제동은 공기 제동이나 액체 제동 또는 전자 제동을 사용한다.
④ 대표적인 예로는 아브라함 빌라드 형과 캘빈 형의 정전 전압계가 있다.

🔍 정전 전압계의 특징
• 높은 전압의 측정에 사용한다.
• 정전 전압계 또는 전위계는 전압을 직접 측정하는 계기이다.
• 정전 전압계의 제동은 공기 제동이나 액체 제동 또는 전자 제동을 사용한다.
• 대표적인 예로는 아브라함 빌라드형과 캘빈형의 정전 전압계가 있다.

33 헤테로다인 주파수계에서 더블비트(double beat)법이 싱글비트(single beat)법 보다 좋은 이유는?

① 오차가 적다.
② 취급이 용이하다.
③ 구조가 간단하다.
④ 측정 주파수 범위가 넓다.

🔍 • single beat법의 오차 10^{-3} 정도
• double beat법의 오차 10^{-5} 정도

34 그림과 같은 파형이 오실로스코프에 나타났을 때 두 신호의 위상차는? (단, A = 1.414, B = 1)

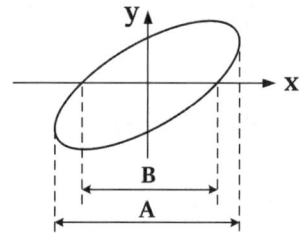

① 45° ② 90°
③ 180° ④ 동위상

🔍 $\theta = sin^{-1}\frac{b}{a} = sin^{-1}\frac{1}{1.414} = sin^{-1}0.707 = 45°$

35 다음 설명에 가장 알맞은 계기의 명칭은?

【보기】
"회전 자장이 금속원통과 쇄교하면 맴돌이 전류가 흐른다. 이 맴돌이 전류와 회전 자장 사이의 전자력에 의하여 알루미늄 원통에 구동 토크가 생기게 된다."

① 가동코일형 계기   ② 전류력계형 계기
③ 가동철편형 계기   ④ 유도형 계기

🔍 유도형 계기 : 피측정 전류 또는 전압을 여자 코일에 공급해서 자기장을 만들고, 이 자기장과 가동부의 전자 유도 작용에 의해서 생기는 맴돌이 전류 사이의 전자력에 의한 구동 토크를 이용한 계기

36 볼로미터 전력계의 용도로 옳은 것은?

① 직류 전력 측정
② 충격 전력 측정
③ 저주파 전력 측정
④ 마이크로파 전력 측정

> 볼로미터 전력계 : 직류에서 고주파 전압, 전류 및 마이크로파 (1~3[GHz])까지의 전력을 정밀하게 측정한다.

37 어떤 전류의 기본파 진폭이 50[mA], 제 2고조파 진폭이 4[mA], 제 3고조파 진폭이 3[mA]라면 이 전류의 왜형률은?

① 5[%]
② 10[%]
③ 15[%]
④ 20[%]

> 왜형률 $x = \dfrac{\text{고조파의 실효값}}{\text{기본파의 실효값}} \times 100\%$
> $= \dfrac{\sqrt{4^2+3^2}}{50} \times 100 = \dfrac{5}{50} \times 100\% = 10\%$

38 최대눈금이 100[V]인 0.5급 전압계로 전압을 측정하였더니 지시가 50[V]이었다면 상대오차는?

① 0.5[%]
② 1.0[%]
③ 1.5[%]
④ 1.75[%]

> 차(ε)와 참값 T와의 비 $\dfrac{\varepsilon}{T}$을 상대오차라 한다.
> 상대오차 = $\dfrac{100}{50} \times 0.5 = 1.0[\%]$

39 지시계기의 3대 요소가 아닌 것은?

① 기록장치
② 제어장치
③ 제동장치
④ 구동장치

> 지시계기의 3대 요소 : 구동장치, 제어장치, 제동장치

40 마이크로파 측정에서 정재파비가 2일 때 반사계수는?

① 1/2
② 1/3
③ 1
④ 2

> 반사계수 $\rho = \dfrac{S-1}{S+1} = \dfrac{2-1}{2+1} = \dfrac{1}{3}$ (S : 정재파비)

41 유전가열의 공업제품에 대한 응용에 해당하지 않는 것은?

① 합성수지의 예열 및 성형가공
② 합성수지의 접착
③ 목재의 접착
④ 목재의 세척

> 고주파 유전 가열의 응용
> • 목재 공업에의 응용 : 목재의 건조, 성형, 접착 등
> • 고주파 머신 : 비닐이나 플라스틱 시트의 접착
> • 고주파 용접 : 비닐 가방이나 비닐 시계줄의 제조
> • 고주파 의료기기

42 자동제어 조절계의 제어 동작에서 D 동작은?

① 온 · 오프동작
② 비례동작
③ 비례적분동작
④ 미분동작

> • 비례동작(proportional action) : P동작
> • 미분동작(derivative action) : D동작
> • 적분동작(integral action) : I동작
> • 비례적분 미분동작 : PID동작

43 초음파는 기체 중에서 어떤 파형으로 전파되는가?

① 표면파
② 횡파
③ 종파
④ 종파와 횡파

> 초음파
> • 가청주파수 보다 높은 음으로 10[kHz] 이상의 진동수를 가진 음파를 초음파라 한다. 파워를 응용하는 경우는 1[MHz] 정도 까지이다.
> • 초음파는 기체나 액체 또는 고체의 매질을 통하여 사방으로 전파되어 나간다.
> • 기체 중에서는 파가 나아가는 방향과 진동이 일어나는 방향이 나란하게 나타나는 종파로 전파된다.

44 채널을 선택하고 수신된 고주파를 증폭, 주파수를 변환하여 중간 주파수를 얻는 회로는?

① 편향 회로
② 튜너 회로
③ 음성신호 회로
④ 동기분리 회로

> 튜너 : 안테나로 수신되는 TV 전파를 선택하여 증폭하며, 그 신호를 영상 45.75[MHz], 음성 41.25[MHz]의 중간 주파수로 변환하는 장치

45 다음 중 TV 수신 안테나가 아닌 것은?

① 반파장 다이폴 안테나
② 폴디드(folded) 안테나
③ 야기(yagi) 안테나
④ 비월 안테나

> TV 수신 안테나의 종류 : 반파장 다이폴 안테나, 폴디드(Folded) 안테나, 야기(Yagi) 안테나, 인라인(Inline) 안테나, 코니컬(Conical) 안테나

46 다음 그림에서 종합 전달 함수는 어떻게 표시되는가?

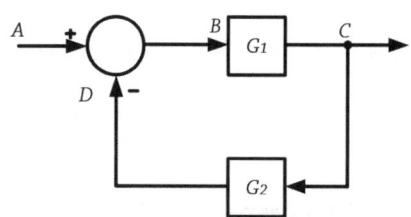

① $G_1 \cdot G_2$
② $G_1 + G_2$
③ $\dfrac{G_1}{1 + G_1 \cdot G_2}$
④ $\dfrac{G_1 + G_2}{G_1 \cdot G_2}$

> $\dfrac{G_1}{1+G_1 \cdot G_2} A$에서 $G = \dfrac{C(출력)}{A(입력)} = \dfrac{G_1}{1+G_1 \cdot G_2}$

47 항법 보조장치의 ILS란?

① 계기 착륙 시스템
② 회전 비컨
③ 무지향성 무선표식
④ 호우머

> 계기착륙방식(ILS, instrument landing system) : 현재 국제적인 표준 시설로 로컬라이저, 글라이드 패드, 마커 비컨의 1조인 지상 무선 설비와 지상의 계기 착륙방식 수신기로 이루어진다.

48 전자냉동의 원리에 대한 설명으로 틀린 것은?

① 펠티어 효과를 이용한 것이다.
② 펠티어 효과는 물질에 따라 다르다.
③ 펠티어 효과는 접점을 통과하는 전류에 반비례한다.
④ 펠티티어 효과가 클수록 효과적인 냉각기를 얻을 수 있다.

> 펠티어 효과(Peltier effect)
> • 두 개의 다른 물질의 접합부에 전류가 흐르면 열을 흡수하거나 발산하는 현상이다.
> • 금속과 금속을 접합했을 경우보다 반도체와 금속의 접합 또는 반도체의 PN접합을 이용했을 경우가 크다.
> • 반도체인 BiTe계 합금의 PN접합이 전자 냉동으로 많이 이용되고 있다.

49 녹음기 사용에 대한 설명으로 옳은 것은?

① 헤드면에 먼지가 쌓일 때는 알코올로 닦아낸다.
② 녹음성능이 감소되었을 때는 헤드에 강한 자석을 접근시켜 소자시켜 준다.
③ 테이프 속도가 일정하지 않을 때는 테이프 가이드와 텐션암을 알콜로 닦아낸다.
④ 강한 자석을 헤드에 접근시키면 자화가 증진되어 녹음 성능이 개선된다.

> 녹음 및 재생헤드에 강한 자석을 접근시키면 자하상태가 불량해지므로 접근시키지 않는다.

50 다음 중 서보 기구의 구성에 포함되지 않는 것은?

① 단상전동기
② 리졸버
③ 차동변압기
④ 싱크로

> 서보 기구(servomechanism)에 사용되는 기구의 구성
> • 싱크로(synchro) : 전기적으로 변위나 각도를 전달하는 서보기구
> • 리졸버(resolver) : 싱크로와 같이 각도를 전달하는 것
> • 저항식 서보기구
> • 차동 변압기 : 변위신호가 가해지면 출력단자의 변위에 비례하고 크기를 가진 교류신호가 나온다.

51 프로세스 제어에서 조절계의 제어동작과 관계없는 것은?

① 온·오프 동작
② 비례위치 동작
③ 비례 적분 미분 동작
④ 변환 동작

> • 비례동작(proportional action) : P동작
> • 미분동작(derivative action) : D동작
> • 적분동작(integral action) : I동작
> • 비례적분 미분동작 : PID동작
> • 온·오프 동작 : 편차가 양인가 음인가에 따라 조작부를 온(on)또는 오프(off)하는 동작

52 자기녹음기에서 테이프를 일정한 속도로 구동시키기 위한 금속 롤러는?

① 핀치 룰러
② 캡스턴 롤러
③ 릴축
④ 아이들러

🔍 캡스턴(capstan) : 모터에 의해 일정한 속도(테이프의 원주속도와 거의 같은)로 회전하는 회전축

53 전자현미경의 배율을 크게 하려면?

① 전자렌즈의 크기를 줄인다.
② 전자총의 길이를 길게 한다.
③ 전자렌즈에 자기장을 강하게 한다.
④ 전자렌즈가 오목렌즈의 역할을 하도록 한다.

🔍 전자현미경에서는 정보를 전달하는 매개체로서 전자빔을 사용하고 또한 상을 확대시키는 데에는 전자렌즈를 사용하는 것이다.

54 2종류의 금속으로 구성되는 회로에 전류를 흘렸을 때, 그 접합점에 열의 흡수 발생이 일어나는 현상은?

① 펠티어 효과   ② 톰슨 효과
③ 지벡 효과   ④ 줄 효과

🔍 펠티어 효과(Peltier effect)
• 두 개의 다른 물질의 접합부에 전류가 흐르면 열을 흡수하거나 발산하는 현상이다.
• 금속과 금속을 접합했을 경우보다 반도체와 금속의 접합 또는 반도체의 PN접합을 이용했을 경우가 크다.
• 반도체인 BiTe계 합금의 PN접합이 전자 냉동으로 많이 이용되고 있다.

55 비디오 신호를 기록 재생하기 위한 조건과 가장 거리가 먼 것은?

① 비디오 헤드의 갭을 좁게 한다.
② 비디오 신호를 변조해서 기록한다.
③ 비디오 헤드의 모양을 보기 좋게 한다.
④ 비디오 헤드와 자기테이프의 상대속도를 크게 한다.

56 수신기에서 주파수 다이버시티(frequency diversity) 사용의 주된 목적은?

① 페이딩(fading) 방지
② 주파수 편이 방지
③ S/N저하 방지
④ 이득저하 방지

🔍 주파수 다이버시티는 전파 도중에 일어나는 페이딩을 제거하여 전송 품질의 저하를 방지하기 위하여 사용한다.

57 전방향식 AN레인지 비컨이라고도 하며, 108~118[MHz]의 초단파를 사용하는 전파항법 방식은?

① VOR   ② 주파수 편이 방지
③ 회전 비컨   ④ 무지향성 비컨

🔍 VOR(VHF omni-directional range) : 전방향식 AN레인지 비컨이라고도 하며 사용 주파수가 108~118[MHz]의 초단파이므로 NDB보다 정밀도가 높고 공전의 방해를 덜 받는다.

58 다음 중 정류회로에서 리플 함유율을 줄이는 방법으로 가장 이상적인 것은?

① 반파 정류로 하고 필터콘덴서의 용량을 크게 한다.
② 브리지 정류로 하고 필터콘덴서의 용량을 줄인다.
③ 브리지 정류로 하고 필터콘덴서의 용량을 크게 한다.
④ 반파 정류로 하고 필터 초크코일의 인덕턴스를 줄인다.

🔍 정류회로에서 리플 함유율을 줄이기 위해서는 반파보다는 전파정류회로가 더 개선되며 필터기능을 갖는 콘덴서의 용량을 크게 한다.

59 15[℃]의 바닷물 속에서 초음파 속도는 1527[m/sec]이다. 초음파를 발사하여 왕복하는 시간이 4초 소요되었다면 이 바닷물의 깊이는?

① 1527[m]   ② 3054[m]
③ 4581[m]   ④ 6108[m]

🔍 깊이$(h) = \dfrac{vt}{2} = \dfrac{1527 \times 4}{2} = 3054[m]$

60 초음파 가습기의 원리는 초음파의 어떤 작용을 이용한 것인가?

① 소나
② 펠티어효과
③ 회절작용
④ 캐비테이션

> 캐비테이션(cavitation) : 초음파가 용액 중으로 전파될 때 초음파의 큰 압력변화에 의해 미세기포군이 생성되고 소멸되는 현상으로 매우 큰 압력과 고온을 동반한다.

정답 CBT 대비 적중모의고사 – 1회

01 ①	02 ②	03 ②	04 ③	05 ③
06 ④	07 ④	08 ③	09 ④	10 ④
11 ④	12 ④	13 ③	14 ②	15 ③
16 ④	17 ②	18 ④	19 ①	20 ②
21 ④	22 ②	23 ②	24 ④	25 ②
26 ③	27 ④	28 ②	29 ③	30 ①
31 ②	32 ①	33 ①	34 ②	35 ④
36 ④	37 ②	38 ②	39 ①	40 ②
41 ④	42 ④	43 ③	44 ②	45 ④
46 ③	47 ①	48 ③	49 ①	50 ①
51 ④	52 ②	53 ③	54 ①	55 ③
56 ①	57 ①	58 ③	59 ②	60 ④

2회 CBT 대비 적중모의고사

01 효율이 가장 좋은 증폭(바이어스)방식은?

① A급　　② B급
③ C급　　④ AB급

🔍 A급 50[%], B급 78.5[%], AB급 70[%] 이상, C급 78.5~100[%]이다.

02 쌍안정 멀티바이브레이터에 대한 설명으로 적합하지 않은 것은?

① 구형파 발생회로이다.
② 2개의 트랜지스터가 동시에 ON 한다.
③ 입력펄스 2개마다 1개의 출력펄스를 얻는 회로이다.
④ 플립플롭 회로이다.

🔍 쌍안정 멀티바이브레이터(Bistable MV)는 2개의 안정 상태를 가지며 2개의 트리거(trigger)펄스에 의해 1개의 구형파를 발생시킬 수 있다.

03 부궤환 증폭기의 일반적인 특징으로 적합하지 않은 것은?

① 왜율이 감소한다.
② 이득이 감소한다.
③ 안정도가 증가한다.
④ 주파수 대역폭이 감소한다.

🔍 부궤환 증폭기의 일반적인 특징
• 이득이 감소한다.(안정도 증가)
• 이득이 보통 -3[dB] 감소하므로 대역폭(BW)이 넓어져서 주파수 특성이 개선된다.
• 일그러짐과 잡음이 감소한다.
• 입력 임피던스는 증가하고 출력 임피던스는 감소한다.

04 주파수가 1[MHz]일 때 주기는?

① 0.01[μs]　　② 0.1[μs]
③ 1[μs]　　④ 10[μs]

🔍 $T = \dfrac{1}{f} = \dfrac{1}{1 \times 10^6} = 1[\mu s]$

05 주파수가 100[MHz]인 반송파를 3[kHz]의 신호파로 FM 변조했을 때 최대 주파수 편이가 ±15[kHz]이면 변조 지수는?

① 3
② 5
③ 10
④ 15

🔍 변조지수(mf) = $\dfrac{\Delta f(최대주파수편이)}{f_s(신호주파수)} = \dfrac{15}{3} = 5$

06 5[μF]의 콘덴서에 1[kV]의 전압을 가할 때 축적되는 에너지는?

① 1[J]
② 2.5[J]
③ 5[J]
④ 10[J]

🔍 $W = \dfrac{1}{2}V^2C\,[J]$
$= \dfrac{(1 \times 10^3)^2 \times 5 \times 10^{-6}}{2} = 2.5\,[J]$

07 저주파 증폭기에서 결합콘덴서의 용량이 부족할 때 나타나는 현상은?

① 진폭 일그러짐이 생긴다.
② 고역 주파수의 이득이 감쇠된다.
③ 저역 주파수의 이득이 감쇠된다.
④ 내부 변조 일그러짐이 생긴다.

🔍 결합콘덴서의 용량이 부족하면 저역특성의 주파수 부분의 이득이 감소한다.

08 초크 입력형 평활회로에서 리플을 작게 하는 방법으로 가장 적합한 것은?

① C 와 L을 작게 한다.
② C 와 L을 크게 한다.
③ C를 크게 하고, L을 작게 한다.
④ C를 작게 하고, L을 크게 한다.

> • 초크 입력형 평활회로에서 리플을 작게 하기 위해서는 C와 L를 크게 한다.
> • 초크 코일은 입력 교류 성분에 대하여 높은 임피던스를 가지므로 부하를 통한 전류의 흐름을 방지하고 전류의 급작스런 변화를 완만하게 하므로 전압변동률이 작게 한다.

09 입력전력이 2[mW], 출력전력이 20[W]이면 이 증폭기의 전력이득은?

① 20[dB]   ② 40[dB]
③ 60[dB]   ④ 80[dB]

> $G = 10\log_{10}\dfrac{20}{2\times 10^{-3}} = 10\log 10000 = 40[dB]$

10 연산증폭기의 정확도를 높이기 위한 조건으로 적합하지 않은 것은?

① 높은 안정도가 필요하다.
② 좋은 차단 특성을 가져야 한다.
③ 증폭도는 가능한 한 작아야 한다.
④ 많은 양의 부궤환을 안정하게 걸 수 있어야 한다.

> 연산증폭기의 정확도를 높이기 위한 조건
> • 큰 증폭도와 좋은 안정도가 필요하다.
> • 많은 양의 부궤환을 안정하게 걸 수 있어야 한다.
> • 저역과 고역 차단특성도 좋아야 한다.

11 증폭기에서 잡음지수가 얼마일 때 가장 이상적인가?

① 0   ② 1
③ 10   ④ 무한대

> 잡음지수
> • 무잡음 상태의 잡음지수 $F = 1$
> • 잡음지수$(F) = \dfrac{S_i/N_i(\text{입력 신호전압과 잡음전압비})}{S_0/N_0(\text{출력 신호전압과 잡음전압비})}$

12 이미터 플로어에 대한 설명으로 적합하지 않은 것은?

① 전압 증폭도가 약 1 이다.
② 입력 임피던스가 낮다.
③ 전류 증폭도가 1보다 훨씬 크다.
④ 입·출력 전압의 위상은 동위상이다.

> 이미터 플로어(Emitter follower)
> • 전류 이득이 가장 크다.
> • 전압 이득은 대략 1에 가깝다.(입력 베이스 전압 변동과 이미터에 있는 부하전압의 전압 변동이 똑같다(동상).)
> • 입력 저항이 대단히 크다.(수백 kΩ)
> • 출력 저항이 가장 작다.(수십 Ω)
> • 주로 버퍼(buffer)로서 사용된다.
> • 전력 증폭기로도 사용된다.

13 다이오드를 사용한 정류회로에서 2개의 다이오드를 직렬로 연결하여 사용하면?

① 부하 출력의 리플전압이 커진다.
② 부하 출력의 리플전압이 줄어든다.
③ 다이오드는 과전류로부터 보호된다.
④ 다이오드는 과전압으로부터 보호된다.

> 다이오드 접속 방법으로 직렬 연결시 전압강하에 따라 전압을 증가시키고, 병렬 접속시 전류를 분배하므로 전류를 증가시킨다.

14 전력이 10[kW]인 반송파를 변조도 80[%]로 진폭 변조했을 때, 양측파대 전력은?

① 1.6[kW]   ② 3.2[kW]
③ 6.4[kW]   ④ 13.2[kW]

> AM전력의 상측파전력 $P_U = P_C\dfrac{1}{4}m^2$, 하측파전력 $P_L = P_C\dfrac{1}{4}m^2$ 이므로 양쪽측파 전력$(P_{DSB}) = P_U + P_L$이다.
> $\therefore 10\dfrac{(0.8)^2}{4} = 1.6[kW], 1.6\times 2 = 3.2[kW]$

15 정격 전압에서 100[W]의 전력을 소비하는 전열기에, 정격 전압의 60[%] 전압을 가할 때의 소비 전력은?

① 36[W]   ② 40[W]
③ 50[W]   ④ 60[W]

> $P = \dfrac{V^2}{R} = \dfrac{(0.6V)^2}{R} = 0.36 \times 100 = 36[W]$

16 동작이 빠르며 고주파 특성이 양호하여 초고속 스위칭 소자 및 마이크로파 발진소자로 쓰이는 것은?

① 제너 다이오드
② 터널 다이오드
③ 바랙터 다이오드
④ 포토 다이오드

> 터널다이오드는 불순물 농도를 매우 크게 만들어서 부(−)성 저항 특성을 갖는 반도체 다이오드로 마이크로파의 발진, 전자계산기의 고속 스위칭 소자로 사용된다.

17 다음은 2×4 해독기의 진리표이다. X_2의 값은?(단. A, B는 입력이다.)

A B	X_0 X_1 X_2 X_3
0 0	1 0 0 0
0 1	0 1 0 0
1 0	0 0 1 0
1 1	0 0 0 1

① $\overline{A} \cdot \overline{B}$
② $\overline{A} \cdot B$
③ $A \cdot \overline{B}$
④ $A \cdot B$

> · $X_0 = \overline{A} \cdot \overline{B}$
> · $X_1 = \overline{A} \cdot B$
> · $X_2 = A \cdot \overline{B}$
> · $X_3 = A \cdot B$

18 흐름도(flow chart)에 나타내는 것이 아닌 것은?

① 각종 연산 및 처리 기능 표시
② 데이터 입력 및 출력 표시
③ 여러 개의 경로 중 한 경로의 선택 표시
④ 디스플레이 장치 표시

> 디스플레이 장치는 흐름도에 나타내지 않는다.

19 전자계산기의 특징에 속하지 않는 것은?

① 신속한 처리 속도
② 창의성
③ 정확성
④ 신뢰성

> 전자계산기의 특징 : 자동성, 기억성, 신속성, 범용성, 정확성, 동시성

20 흐름도(flow chart)를 작성하는 이유가 아닌 것은?

① 코딩하기가 쉽다.
② 논리적인 체계를 쉽게 이해할 수 있다.
③ 프로그램 흐름을 쉽게 파악하여 수정을 용이하게 한다.
④ 계산기의 내부 동작 상태를 쉽게 알 수 있다.

> 흐름도의 역할
> · 프로그램 작성의 직접적인 자료가 된다.
> · 업무의 내용과 프로그램을 쉽게 이해할 수 있고, 다른 사람에게 전달이 쉽다.
> · 프로그램의 정확성 여부를 판단하는 자료가 되며, 오류가 발생 하였을 때 그 원인을 찾아 수정하기가 쉽다.
> · 프로그램의 논리적인 체계 및 처리 내용을 쉽게 파악할 수 있다.

21 8비트로 부호와 절대값 방법으로 표현된 수 42를 한 비트씩 좌우측으로 산술 시프트 하면?

① 좌측 시프트 : 42,   우측 시프트 : 42
② 좌측 시프트 : 84,   우측 시프트 : 42
③ 좌측 시프트 : 42,   우측 시프트 : 21
④ 좌측 시프트 : 84,   우측 시프트 : 21

> 시프트(Shift)
> · 입력 데이터의 모든 비트를 좌측 또는 우측으로 자리를 옮기는 것으로, 이동 방향에 따라 오른쪽 시프트와 왼쪽 시프트 두 가지가 있다.
> · 42 왼쪽 시프트는 먼저 2진수로 변환 101010, 한 비트 좌측 시프트 하면 1010100이 되므로 84가 된다.
> · 42 오른쪽 시프트는 먼저 2진수로 변환 101010, 한 비트 우측 시프트하면 10101이 되므로 21이 된다.

22 다음 언어 중 컴파일러 언어에 해당하는 것은?

① BASIC
② LISP
③ APL
④ C

> 컴파일러에 의해 번역되는 프로그램 언어로는 FORTRAN, COBOL, PASCAL, C 등이 있다.

23 주소 지정방식 중 명령어의 피연산자 부분에 데이터의 값을 저장하는 방식은?

① 즉시 주소지정 방식　② 절대 주소지정 방식
③ 상대 주소지정 방식　④ 간접 주소지정 방식

> 즉시 주소지정 방식(Immediate Addressing Mode) : 명령 속의 오퍼랜드 정보를 그대로 오퍼랜드로 사용하는 방식

24 10진수 0은 ASCII 코드 0110000로 표현된다. 10진수 8을 ASCII 코드로 옳게 표현한 것은?

① 0111000　② 0111001
③ 0101000　④ 0001000

> • 10진수 8의 ASCII 코드
> | 0 | 1 | 1 | 1 | 0 | 0 | 0 |
>
> • 10진수 0의 ASCII 코드
> | 0 | 1 | 1 | 0 | 0 | 0 | 0 |

25 주기억 장치에 기억된 프로그램을 읽고 해독한 후, 각 장치에 지시신호를 전달함으로써 프로그램에서 지시한 동작이 실행되도록 하는 것은?

① 입력장치　② 출력장치
③ 연산장치　④ 제어장치

> 제어장치(Control Unit) : 프로그램 명령어를 해독하고, 해석된 명령의 의미에 따라 연산장치, 주기억 장치 등에게 동작을 지시하며 어드레스 레지스터, 기억 레지스터, 명령 레지스터, 명령 해독기, 명령 계수기 등으로 구성된다.

26 다음 그림은 주소 버스(address bus)를 이용한 메모리 전송을 나타낸 것이다. 그림에서 "A"가 나타내는 회로의 이름은?

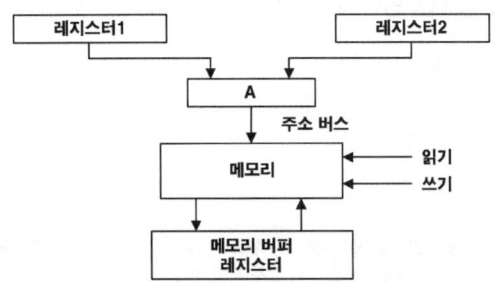

① 디코더(decoder)
② 인코더(encoder)
③ 멀티플렉서(multiplexer)
④ 카운터(counter)

> 멀티플렉서(Multiplexer) : 여러 개의 입력선 중에서 하나를 선택하여 단일 출력선으로 연결하는 조합회로이다.

27 메모리 내용을 보존하기 위해 일정 기간마다 재충전이 필요한 기억소자는?

① SRAM　② DRAM
③ 마스크 ROM　④ EPROM

> DRAM(Dynamic RAM) : 구조는 단순하지만 가격이 저렴하고 집적도가 높아 PC의 메모리로 이용 휘발성이 메모리이므로 재충전시간이 필요하다.

28 다음 기억공간 관리 중 고정 분할 할당과 동적 분할 할당으로 나누어 관리되는 기법은?

① 연속로딩기법
② 분산로딩기법
③ 페이징(paging)
④ 세그먼트(segment)

> 연속 로딩기법 : 기억공간 관리 중 고정 분할 할당과 동적 분할 할당으로 나누어 관리되는 기법

29 주파수의 안정도와 파형이 좋기 때문에 저주파대의 기본발진기로 사용되는 것은?

① RC 발진기　② 음차 발진기
③ 수정 발진기　④ 세라믹 발진기

> 음차발진기
> • 주파수 안정도 및 파형이 특히 좋다.
> • 저주파수대의 기본 발진기로 사용 된다.
> • 주파수 가변이 불가능하다.

30 펄스 전압을 측정하는데 가장 적합한 계기는?

① VTVM　② 전위차계
③ 오실로스코프　④ 패턴발생기

🔍 오실로스코프 : 반복되는 전기적인 현상이나 파형 등을 브라운관으로 직시할 수 있도록 한 장치로서, 저주파로부터 수백 [MHz]까지의 전자 현상의 관측이나 전기적 양의 측정, 통신 기기의 조정, 주파수의 비교, 변조도의 측정 등에 사용된다.

31 저항값을 측정하는 방법 중 중저항 1[Ω]~1[MΩ]을 측정하는 방법으로 가장 적합하지 않은 것은?

① 전류 전압계법
② 전위차계법
③ 브리지법
④ 저항계법

🔍
분류	저항의 범위	측정방법
저저항	1[Ω] 이하	전압강하법, 전위차계법, 휘트스톤 브리지법, 켈빈더블브리지법
중저항	1[Ω]~1[MΩ]	전압강하법, 휘트스톤 브리지법
고저항	1[MΩ] 이상	직관법, 전압계법, 메거

32 전압, 전류에서의 직류와 교류의 측정값이 동일하고 상용 주파수 교류의 부표준기로 사용되는 계기는?

① 정전형
② 전류력계형
③ 가동철편형
④ 가동코일형

🔍 전류력계형 계기 : 고정 코일에 피측정 전류를 흘려 자기장을 만들고, 그 자기장 중에 가동 코일을 설치하여 여기에도 피측정 전류를 흘려, 이 전류와 자기장 사이에 작용하는 전자력을 구동 토크로 이용하는 계기이다. 이 계기는 실효값을 지시하며, 직류로 눈금 교정을 할 수 있으므로 상용 주파수 교류의 표준용으로 사용할 수 있다.

33 3상 전력을 측정하는 방법으로 적합하지 않은 것은?

① 2 전력계법
② 3 전력계법
③ 고주파 전력계법
④ 멀티미터 전력계법

🔍 3상 전력 측정
• 1전력계법 : P = 3P1 [W]
• 2전력계법 : P = P1 + P2 [W]
• 3전력계법 : P = P1 + P2 + P3 [W]

34 표준신호발생기의 구비 조건으로 적합하지 않은 것은?

① 변조도의 가변 범위가 작아야 할 것
② 발진주파수가 정확하고 파형이 양호할 것
③ 안정도가 높고 주파수의 가변 범위가 넓을 것
④ 주변의 온도 및 습도 조건에 영향을 받지 않을 것

🔍 표준신호 발생기의 구비조건
• 변조도의 가변범위가 넓을 것
• 발진수파수가 정확하고 파형이 양호할 것
• 안정도가 높고 주파수의 가변범위가 넓을 것
• 주변의 온도 및 습도 조건에 영향을 받지 않을 것
• 출력임피던스가 일정할 것
• 불필요한 출력을 내지 않을 것

35 계수형 주파수계로 측정한 결과 1[분]에 반복 회수가 7200번 이었을 때, 주파수는?

① 30[Hz]   ② 60[Hz]
③ 120[Hz]   ④ 240[Hz]

🔍 $f = \dfrac{N}{T} = \dfrac{7200}{60} = 120[Hz]$

36 전압계와 전류계의 연결 방법으로 가장 적합한 것은?
(단, A는 전류계, V는 전압계)

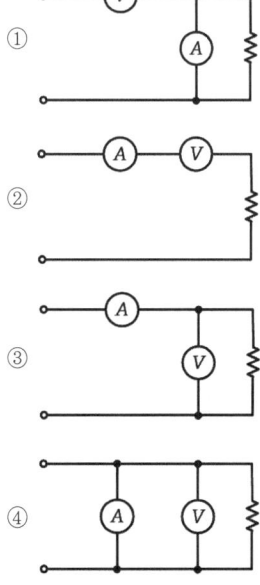

🔍 전류계는 부하에 직렬로, 전압계는 부하에 병렬로 접속해야 한다.

37 A/D 변환의 순서로 옳은 것은?

① 표본화 → 양자화 → 부호화
② 양자화 → 표본화 → 부호화
③ 표본화 → 양자화 → 복호화
④ 표본화 → 부호화 → 양자화

> A/D변환
> • 아날로그(analog)량을 디지털(digital)량으로 바꾸는 것
> • 아날로그 신호를 디지털 신호로 변환하는 과정 : 표본화 → 양자화 → 부호화
>   - 표본화 : 아날로그 신호를 일정한 간격으로 샘플링하는 것
>   - 양자화 : 간단한 수치로 고치는 것
>   - 부호화 : 양자화 값을 2진 디지털 부호로 바꾸는 것

38 다음 중 휘트스톤 브리지(Wheatstone bridge) 등을 사용하는 영위법은 어디에 속하는가?

① 직접 측정
② 간접 측정
③ 절대 측정
④ 비교 측정

> • 비교측정법 : 표준게이지인 게이지블록과 피측정물을 비교 측정한다.
> • 영위법 : 어느 측정량과 같은 크기로 조정된 기준량으로부터 측정, 측정감도가 높아 정밀측정에 가장 적합하다.(예 : 휘트스톤 브리지 및 전위차계)

39 측정자의 부주의에 의하여 발생하는 것으로서 계산의 실수, 측정기의 눈금 오판독 등에 의하여 발생하는 오차는?

① 계통오차
② 우연오차
③ 과실오차
④ 계기로 인한 오차

> 오차의 종류
> • 계통 오차 : 계측기 눈금의 부정확에서 발생되는 오차
> • 우연 오차 : 측정조건의 변화에 의한 오차
> • 과오 오차 : 눈금오독, 기록부주의, 과실(실수)과 측정에 대한 지시부족에 의한 오차

40 지시계기의 3대 요소에 해당하지 않는 것은?

① 구동장치
② 제어장치
③ 제동장치
④ 증폭장치

> 지시계기의 3대 요소 : 구동장치, 제어장치, 제동장치

41 온도의 예정 한도를 검출하는데 사용되는 것은?

① 레벨미터(level meter)
② 서모스태트(thermostat)
③ 리밋스위치(limit switch)
④ 압력스위치(pressure switch)

> 서모스탯(thermostat)은 온도를 일정하게 유지하는 장치이다.

42 VHS 방식 VTR의 설명으로 옳은 것은?

① 병렬(parallel) 로딩 기구에 의한 M자형 로딩
② 큰 헤드 드럼에 낮은 테이프 속도
③ 리드 테이프에 의한 종단 검출 방식
④ 1모터에 의한 안정된 구동 방식

43 중음 재생을 전용으로 하는 스피커는?

① 우퍼(woofer)
② 스코커(squawker)
③ 트위터(tweeter)
④ 혼스피커

> 우퍼는 저음(400Hz 이하), 스코커는 중음(400Hz~1kHz), 트위터(수 kHz 이상)는 고음 전용 스피커이다.

44 자기 녹음기에서 바이어스 전류를 적당한 세기의 값으로 선택하지 못하는 경우 발생하는 현상은?

① 직선 부분을 길게 잡을 수 있다.
② 교류 자화로 인한 잡음이 많다.
③ 녹음이 전혀 되지 않는다.
④ 녹음 파형이 일그러진다.

45 오디오의 재생 주파수 대역을 몇 개의 대역으로 나누어 각각의 대역내의 주파수 특성을 자유자재로 바꿀 수 있는 기능은?

① 믹싱 앰프
② 채널 디바이더
③ 그래픽 이퀄라이저
④ 라우드니스 컨트롤

46 고주파 가열 중 유전가열에 대한 설명으로 거리가 먼 것은?

① 가열이 골고루 된다.
② 온도 상승이 빠르다.
③ 피가열물의 모양에 제한을 받지 않는다.
④ 내부가열이므로 표면 손상이 되지 않는다.

> 유전가열의 특징
> • 열전도율이 나쁜 물체나 두꺼운 물체 등도 단시간내에 골고루 가열 된다.
> • 온도 상승이 빠르다.
> • 내부가열 이므로 표면상의 손상이 없고 국부적인 가열이 된다.
> • 열 이용이 쉽다.

47 청력을 검사하기 위하여 가청주파수 영역의 여러 가지 레벨의 순음을 전기적으로 발생하는 음향발생 장치는?

① 오디오미터
② 페이스메이커
③ 망막전도 측정기
④ 심음계

> 오디오미터(Audiometer)는 청력을 검사 또는 측정하는 계기로 청력계라고도 한다.

48 선박에 이용되며 방향 탐지기가 없이 보통 라디오 수신기를 이용하여 방위를 측정할 수 있는 것은?

① 회전 비컨
② 무지향성 비컨
③ AN 레인지 비컨
④ 초고주파 전방향성 비컨

> 회전 라디오 비컨
> • 송신국에서 8자 특성의 지향성 전파를 발사하고 그것을 선박측에서 수신하여 표준방향(동서 또는 남북)에 상당하는 전파를 들으면서 실제 최소음이 되는 점까지의 시간 또는 각도를 측정하여 선박의 방위를 결정하는 방식이다.
> • 측정에 필요한 시간이 너무 길어서 항공기에 사용되지 않으며 선박에만 사용된다.

49 제어량의 변화를 일으킬 수 있는 신호 중에서 기준 입력 신호 이외의 것은?

① 제어동작 신호   ② 외란
③ 주되먹임 신호   ④ 제어 편차

> 외란이란 제어량의 변화를 일으킬 수 있는 신호 중에서 기준 입력 신호 이외의 것을 말한다.

50 FM 수신기에 필요한 요소가 아닌 것은?

① 저주파증폭회로
② 주파수판별회로
③ 변조회로
④ 주파수혼합회로

51 펠티어 효과는 어떤 장치에 이용되는가?

① 자동제어
② 온도제어
③ 전자냉동기
④ 태양전지

> • 제벡효과(Seebeck effect) : 두 종의 금속 또는 반도체를 접속하고 접속한 두 점 사이에 온도차를 주면 기전력이 발생되는 현상
> • 펠티어 효과(Peltier effect) : 두 개의 다른 물질의 접합부에 전류가 흐르면 열을 흡수하거나 발산하는 현상으로 금속과 금속을 접합했을 경우보다 반도체와 금속의 접합 또는 반도체의 PN접합을 이용했을 경우가 크다.
> • 톰슨 효과(Thomson effect) : 도체 막대의 양 끝을 서로 다른 온도로 유지하면서 전류를 통할 때 줄열 이외에 발열이나 흡열이 일어나는 현상

52 다음 중 음압의 단위는?

① [N/C]
② [dB]
③ [μbar]
④ [Neper]

> 음압의 단위는 μbar(bar의 100만분의 1)을 사용한다.

53 FM 수신기에서 스켈치(squelch) 회로의 사용 목적은?

① 입력 신호가 없을 때 수신기 내부 잡음을 제거한다.
② FM 전파 수신시 수신기 내부 잡음을 증폭한다.
③ 국부발진 주파수의 변동을 막는다.
④ 안테나로부터 불필요한 복사를 제거한다.

> 스켈치(squelch) 회로 : 신호 입력이 없을 때 잡음 출력을 억제

54 반도체의 성질을 가지고 있는 물질(형광체를 포함)에 전장을 가하였을 때 생기는 현상은?

① 광전효과
② 줄효과
③ 전장발광
④ 톰슨효과

> 전장 발광 현상은 형광체를 포함한 반도체에 전기장을 가하면 빛이 방출되는 현상이다.

55 압력을 변위로 변화시키는 변환기는?

① 전자석
② 전자코일
③ 스프링
④ 차동변압기

> 신호 검출에서 1차일 때 2차 변환의 보기

압력-변위	스프링, 다이어프램
전압-변위	전자코일, 전자석
변위-압력	유압 분사관
변위-전압	가변저항 분압기, 차동변압기
변위-임피던스	용량형 변환기, 슬라이드 저항, 유도형 변환기

56 프로세스 제어(process control)는 어느 제어에 속하는가?

① 추치 제어
② 속도 제어
③ 정치 제어
④ 프로그램 제어

> 정치제어(목표값이 일정한 경우의 제어)의 구분
> - 공정제어(process control) : 온도, 압력, 유량, 액위, 혼합비 등을 제어량으로 하는 자동제어
> - 자동조정 : 전압, 전류, 속도, 토크 등의 기계적 또는 전기적 양을 제어하는 정치제어
> - 서보기구(servomechanism) : 방향이나 위치의 추치제어

57 VTR의 기록방식에서 기록 헤드와 재생 헤드의 갭을 Ø 만큼 기울여 재생할 때의 장점은?

① 장시간 기록, 재생된다.
② 테이프 속도가 증가한다.
③ 테이프를 좁게 사용할 수 있다.
④ 휘도 신호의 크로스토크가 제거된다.

58 다음 중 소나(sonar)와 관계없는 것은?

① 수중 레이더
② 어군 탐지기
③ 물의 깊이와 수위
④ 물속에 녹아 있는 염분의 농도측정

> 소나(sonar)는 초음파를 발사하여 그 반사파를 측정하여 거리와 방향을 알아내는 장치로 수중 레이더, 어군 탐지기, 수심의 측정 등에 이용된다.

59 전기식 조절계에서 가장 많이 사용되는 방식은?

① 비례동작
② 온·오프동작
③ 비례적분동작
④ 비례적분미분동작

> 조절계
> - 조절계는 전기식과 공기식이 있다.
> - 전기식 조절계는 간단한 온 오프(on-off) 동작의 것이 많이 사용된다.
> - 조작부가 밸브인 경우에는 완전 개방과 완전 폐쇄가 각각 온과 오프에 해당한다.

60 TV 수상기의 영상 증폭회로에서 피킹 코일에 관한 설명으로 옳은 것은?

① 수직의 동기를 제거한다.
② 고역주파수 특성을 보상한다.
③ 저역주파수 특성을 보상한다.
④ 4.5[MHz]의 음성신호를 제거한다.

정답 CBT 대비 적중모의고사 – 2회

01 ③	02 ②	03 ④	04 ③	05 ②
06 ②	07 ③	08 ②	09 ②	10 ③
11 ②	12 ②	13 ④	14 ②	15 ①
16 ②	17 ③	18 ④	19 ②	20 ④
21 ④	22 ②	23 ①	24 ②	25 ④
26 ③	27 ②	28 ②	29 ②	30 ③
31 ②	32 ②	33 ③	34 ①	35 ③
36 ③	37 ①	38 ④	39 ③	40 ④
41 ②	42 ①	43 ②	44 ②	45 ③
46 ③	47 ①	48 ①	49 ②	50 ③
51 ②	52 ③	53 ①	54 ③	55 ③
56 ③	57 ④	58 ④	59 ②	60 ②

3회 CBT 대비 적중모의고사

QUESTIONS FROM PREVIOUS TESTS

01 제어정류소자(SCR)와 관계없는 것은?

① 다이나트론 ② 대전류의 제어
③ 게이트전류로서 통전 ④ 쌍방향성

🔍 사이리스터(thyristor)
• 단방향성 소자 : Shockley 다이오드, SCR, SCS, GTO 등
• 쌍방향성 소자 : DIAC, TRIAC, SSS 등

02 전자 결합으로 전자가 빠져 나간 빈자리는?

① 정공 ② 도너
③ 억셉터 ④ 이온 전류

🔍 pn접합인 반도체 소자에 전압을 걸면 전자의 흐름이 생기는데 이때 전자(−)의 이동으로 전자가 빠져나간 자리를 정공(+)이 채워지므로 그 자리를 정공의 홀이라 한다.

03 상용전원의 정류방식 중 맥동주파수가 180[Hz]가 되었다면 이때의 정류회로는?

① 3상반파정류기 ② 3상전파정류기
③ 2배전압정류기 ④ 브리지형정류기

🔍 정류방식과 맥동주파수

정류방식	맥동주파수
단상 반파 정류회로	1상×60Hz = 60[Hz]
단상 전파 정류회로	1상×120Hz = 120[Hz]
3상 반파 정류회로	3상×60Hz = 180[Hz]
3상 전파 정류회로	3상×120Hz = 360[Hz]

04 그림과 같은 이상적인 발진기에서 발진주파수를 결정하는 소자는?

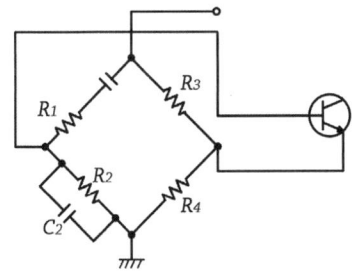

① R_3, R_4, C_1, C_2 ② C_1, C_2, R_1, R_2
③ C_1, R_1, R_2, R_3 ④ C_1, R_1

🔍 빈(wein) 브리지 CR발진기로서 C와 R이 직렬과 병렬로 구성되어 있는 회로가 발진주파수를 결정한다. 보통 저주파발진기로 1[MHz] 이하에서 발진시키며 발진주파수는 다음과 같다.

$$f = \frac{1}{2\pi\sqrt{R_1 R_2 C_1 C_2}}[Hz]$$

05 공진회로에 있어서 선택도 Q를 표시하는 식은?(단, RLC 직렬공진회로이다.)

① $\dfrac{\omega L}{R}$ ② $\dfrac{\omega C}{R}$
③ $\dfrac{R}{\omega C}$ ④ $\dfrac{R}{\omega L}$

🔍 $Q = \dfrac{\omega L}{R} = \dfrac{1}{\omega CR}$

06 트랜지스터가 ON, OFF 스위치로 동작하기 위한 영역으로 가장 적합한 것은?

① 포화영역과 차단영역
② 활성영역과 차단영역
③ 활성영역과 포화영역
④ 포화영역과 항복영역

🔍
동작영역	EB접합	CB 접합	용도
포화상태	순 bias	순 bias	펄스, 스위칭(ON/OFF)
활성영역	순 bias	역 bias	증폭작용
차단영역	역 bias	역 bias	펄스, 스위칭(ON/OFF)
역활성영역	역 bias	순 bias	사용치 않음

07 다음 회로에서 합성정전용량은?

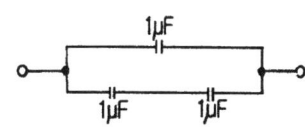

① $0.5[\mu F]$ ② $1[\mu F]$
③ $1.5[\mu F]$ ④ $3[\mu F]$

> 콘덴서 직렬2개와 병렬회로이다.
> $C_t = 1 + \dfrac{1 \times 1}{1 + 1} = 1 + 0.5 = 1.5[\mu F]$

08 보통 발진회로에 많이 사용되는 수정의 전기적 등가 회로는?

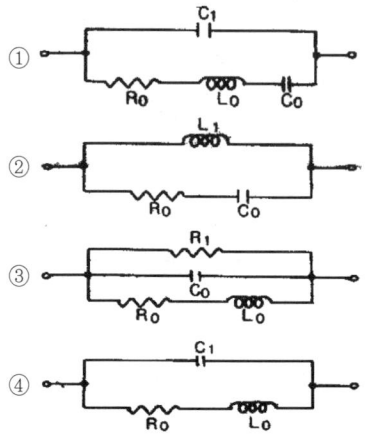

> 발진소자인 수정진동자(X-tal) 전기적 등가도는 R, L, C직렬로 구성되어 직렬 공진과 직렬회로와 C가 병렬로 구성되어 병렬 공진특성을 가진다.

09 이상적인 연산증폭기의 주파수 대역폭으로 가장 적합한 것은?

① 0
② 100[kHz]
③ 1000[kHz]
④ 무한대

> 이상적인 연산증폭기(op-amp)의 특징
> • AV = ∞ (전압이득은 무한대)
> • Ri = ∞ (입력저항값은 무한대)
> • R = 0 (출력저항은 0)
> • BW = ∞ (대역폭은 무한대), 지연응답은 0
> • offset = 0 (오프셋은 0)
> • 특성변동 및 잡음이 없다.
> • 입력이 0일 때 출력도 0일 것
> • 동위상신호제거비(CMRR) = $\dfrac{A_d(\text{차동 이득})}{A_c(\text{동위상 이득})}$ = ∞ 일 것

10 그림과 같은 이상적인 OP Amp에서 출력전압 V_o는?

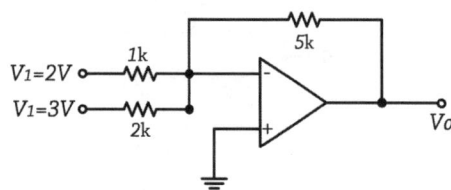

① −17.5[V]
② 18.5[V]
③ 19.5[V]
④ −20.5[V]

> OP-AMP의 가산 증폭기
> $V_0 = -(\dfrac{5K}{1K}V_1 + \dfrac{5K}{2K}V_2) = -(\dfrac{5K}{1K}2V + \dfrac{5K}{2K}3V)$
> $= -(10 + 7.5) = -17.5V$

11 R=10[kΩ], C=0.5[μF]인 RC직렬회로에 10[V]를 인가할 때 시정수 τ는?

① 1[ms]
② 5[ms]
③ 10[ms]
④ 50[ms]

> $\tau = CR = 0.5 \times 10^{-6} \times 10 \times 10^3$
> $= 0.005 = 5[ms]$

12 시계, 송신기, PLL 회로 등의 용도로 주로 사용하는 발진회로는?

① RC 발진회로
② LC 발진회로
③ 수정 발진회로
④ 세라믹 발진회로

> 수정진동자를 이용한 수정발진회로는 안정도가 좋아 정밀하고 안정적인 시계, 송신기의 발진부, PLL(위상고정루프 회로) 등에 사용된다.

13 이미터 플로어(emitter follower) 증폭회로에 대한 설명으로 틀린 것은?

① 컬렉터 접지 방식으로 궤환 증폭기의 일종이다.
② 입력 임피던스가 높고, 출력 임피던스가 매우 낮다.
③ 전압이득이 1 보다 크다.
④ 버퍼(buffer)용으로 많이 사용된다.

> 이미터 플로어(Emitter follower)의 특징
> • 전류 이득이 가장 크다.
> • 전압 이득은 대략 1에 가깝다.(입력 베이스 전압 변동과 이미터에 있는 부하전압의 전압 변동이 똑같다(동상).)
> • 입력 저항이 대단히 크다.(수백 kΩ)
> • 출력 저항이 가장 작다.(수십 Ω)
> • 주로 버퍼(buffer)로서 사용된다.
> • 전력 증폭기로도 사용된다.

14 직렬형 정전압 회로의 특징에 대한 설명으로 틀린 것은?

① 경부하시 효율이 병렬에 비하여 훨씬 크다.
② 과부하시 전류가 제한된다.
③ 출력전압의 안정 범위가 비교적 넓게 설계된다.
④ 증폭단을 증가시킴으로써 출력저항 및 전압 안정계수를 매우 작게 할 수 있다.

🔍 정전압 안정화회로
- 정전압 안정화회로는 입력전압 변동에도 부하측 출력 전압은 안정적으로 동작하므로 부하측 회로를 입력변동 전압으로부터 보호 할 수 있다.
- 제어소자(TR)와 부하(RL)가 직렬 구성된 전압형과 제어소자(TR)와 부하(RL)가 전류제어형인 병렬 정전압 안정화회로가 있다.

15 반송파의 전류가 $i_c = I_c \sin(\omega t + \theta)$ 에서 I_c가 의미하는 변조방식은?

① 주파수 변조
② 위상 변조
③ 펄스 변조
④ 진폭 변조

🔍 $i_{(t)} = I_c \sin\omega\theta(t)$
I_c : 진폭변조, $\omega = 2\pi f$: 주파수 변조, θ : 위상변조

16 10[μF]의 콘덴서에 250[V]의 전압을 가할 때, 콘덴서에 저장되는 에너지는?

① 약 0.31[J]
② 약 0.36[J]
③ 약 0.42[J]
④ 약 0.52[J]

🔍 $W = \frac{1}{2}V^2C[J]$
$= \frac{(250)^2 \times 10 \times 10^{-6}}{2} = \frac{0.625}{2} ≒ 0.31[J]$

17 다음은 C언어에서 쓰이는 연산자 기호이다. 대입의 의미를 갖고 있는 연산자는?

① ==
② &
③ +=
④ ?

🔍 대입연산자 : +=, -=, *=, /=, %=

18 컴퓨터 내부에서 수치자료를 표현하는데 사용하지 형식은?

① 고정 소수점 데이터 형식
② 부동 소수점 데이터 형식
③ 팩 형식
④ 아스키 데이터 형식

🔍 컴퓨터 내부에서의 수치자료 표현
- 고정 소수점 표현 : 컴퓨터 내부에서 정수를 표현할 때 사용하는 형식
- 부동 소수점 표현 : 컴퓨터 내부에서 소수점이 있는 실수를 표현할 때 사용하는 형식
- 팩 형식 : 1바이트에 10진수 두 자리를 저장하는 형식

19 다음 중 스택(stack)과 관계없는 것은?

① PUSH
② LIFO
③ POP
④ FIFO

🔍 스택(Stack)
- 스택은 데이터 입·출력이 한쪽으로만 접근 할 수 있는 자료 구조이다.
- 스택에서 가장 나중에 들어간 데이터가 제일 먼저 나오게 된다. 그래서 스택을 LIFO(Last In First Out) 구조라고 한다.
- 스택을 조작하는 동작은 데이터를 넣은 PUSH 동작과 데이터를 빼오는 POP 동작이 있다.

20 목적 프로그램을 만들지 않고 원시 프로그램을 명령문 단위로 번역하여 실행하는 언어는?

① 코볼(COBOL)
② 포트란(FORTRAN)
③ C 언어
④ 베이직(BASIC)

🔍 베이직(BASIC)
- 1963년 미국의 다트머스 대학에서 TSS(타임 셰어링 시스템)용으로 개발되었으며 초보자를 대상으로 한 프로그래밍 언어이다. 행 번호를 기본으로 해서 1행씩 해석하여 실행해 나가며, 오류가 발생하면 바로 알려주는 전형적인 대화형 언어이다.
- 목적프로그램을 만들지 않고 원시프로그램을 명령문 단위로 번역하여 실행하는 언어이다.

21 〈보기〉는 불 대수의 정리를 나타낸 것이다. 올바른 것만 나열한 것은?

【보기】
ㄱ. $A+B=B+A$
ㄴ. $A+(B \cdot C)=(A+B)(A+C)$
ㄷ. $A+1=A$
ㄹ. $A+A=1$
ㅁ. $A \cdot A=A$

① ㄱ, ㄴ, ㄹ, ㅁ ② ㄱ, ㄴ, ㄷ, ㅁ
③ ㄱ, ㄴ, ㅁ ④ ㄴ, ㄷ, ㅁ

> - 교환법칙 : A+B=B+A
> - 배분법칙 : A+(B·C)=(A+B)(A+C)
> - 항등법칙 : A+1=1
> - 동일법칙 : A+A=A, A·A=A

22 순서도를 작성하는 방법으로 틀린 것은?

① 처리순서의 방향은 아래에서 위로, 오른쪽에서 왼쪽 화살표로 표시한다.
② 논리적 타당성을 확보할 수 있도록 작성한다.
③ 처리과정을 간단 명료하게 표시한다.
④ 순서도가 길거나 복잡할 경우 기능별로 분할한 기호를 사용하여 연결한다.

> 순서도의 작성방법
> - 위에서 아래로 내려가면서 작성한다. 분기점이 있는 경우 왼쪽에서 오른쪽으로 작성한다.
> - 논리적 타당성을 확보할 수 있도록 작성한다.
> - 기호 내부에는 실행 내용을 간단, 명료하게 표시한다.
> - 과정이 길어 연속적인 표현이 어려울 때는 나누어 작성하고 연결 기호를 사용한다.

23 연산될 데이터의 값을 직접 오퍼랜드에 나타내는 주소 지정 방식은?

① 직접 주소 지정 방식
② 상대 주소 지정 방식
③ 간접 주소 지정 방식
④ 레지스터 방식

> 직접 주소 지정 방식(Direct Addressing Mode) : 명령어의 오퍼랜드에 실제 데이터가 들어 있는 주소를 직접 갖고 있는 방식

24 마이크로프로세서에서 가산기를 주축으로 구성된 장치는?

① 제어장치
② 입출력장치
③ 산술논리 연산장치
④ 레지스터

> 연산장치(ALU: Arithmetic Logical Unit) : 덧셈, 뺄셈, 곱셈, 나눗셈의 산술 연산만이 아니라 AND, OR, NOT, XOR과 같은 논리연산을 하는 장치로 제어장치의 지시에 따라 연산을 수행하며 누산기, 가산기, 데이터 레지스터, 상태레지스터로 구성된다.

25 16진수 1B7을 10진수로 변환하면?

① 339 ② 340
③ 439 ④ 440

> $(1B7)_{16} = 1 \times 16^2 + B \times 16^1 + 7 \times 16^0$
> $= (1 \times 256) + (11 \times 16) + (7 \times 1)$
> $= 256 + 176 + 7 = 439$

26 가상기억장치(virtual memory)의 개념으로 가장 옳은 것은?

① 기억장치를 분할한다.
② data를 미리 주기억장치에 넣는다.
③ 많은 data를 주기억장치에서 한 번에 가져오는 것을 의미한다.
④ 프로그래머가 필요로 하는 주소공간보다 작은 주기억 장치의 컴퓨터가 큰 기억장치를 갖는 효과를 준다.

> 가상기억장치(Virtual Memory) : 제한된 주기억장치의 용량을 초과하여 사용하기 위하여 보조기억장치의 기억공간을 사용자의 주기억장치가 확장된 것과 같이 사용하는 방법이다.

27 2진 직렬가산기에 대한 설명 중 틀린 것은?

① 더하는 수와 더해지는 수의 비트 쌍들이 직렬로 한 비트씩 전가산기에 전달된다.
② 1개의 전가산기와 1개의 자리 올림수 저장기가 필요하다.
③ 병렬 가산기에 비해 계산 시간이 빠르다.
④ 회로가 간단하다.

> 데이터의 가산은 직렬가산기보다 병렬가산기의 처리속도가 빠르다.

28 플립플롭으로 구성되는 레지스터는 어느 역할을 수행하는가?

① 기억장치 ② 연산장치
③ 입력장치 ④ 출력장치

> 플립플롭(flip-flop) : 두 개의 안정 상태가 있을 때 한 쪽 안정 상태를 정하는 입력이 인가되면 이어서 다른 쪽 안정 상태를 정하는 입력이 인가되기까지 그 상태를 유지하는 회로. 두 개의 안정 상태를 각각 1 또는 0에 대응시켜 1비트를 기억할 수 있다.

29 잡음지수 측정에 사용되는 계기가 아닌 것은?

① 잡음 발생기   ② 수신기
③ 레벨계   ④ 주파수 체배기

> 잡음지수 측정에는 잡음 발생기 또는 신호 발생기를 사용하여 지시 출력(레벨계, 수신기) 계기를 이용한다.

30 고 정밀도의 측정이 가능하고, 영위법에 의한 측정 원리를 이용한 기록 계기는?

① 펜식   ② 타점식
③ 자려식   ④ 자동평형식

> 자동평형식 기록계기 : 펜과 기록 용지에서 생기는 마찰 오차를 피하기 위하여 고안된 것으로, 영위법에 의한 측정 원리를 이용한 것이며, 직동식 계기에 비하여 고정밀도의 측정이 가능하다.

31 다음 중 스위프 신호 발진기의 구성요소가 아닌 것은?

① LC 발진기   ② 톱니파 발진기
③ 리액턴스 관   ④ 고주파 발진기

> 스위프 발진기(Sweep Generator) 구성도

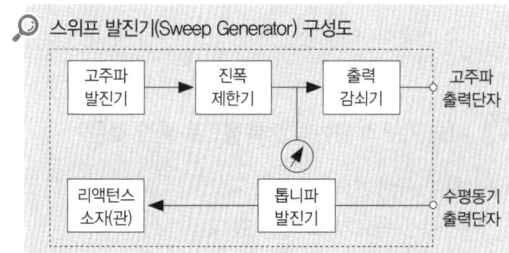

32 무부하시 단자전압이 100[V]이고, 부하가 연결 됐을 때 단자전압이 80[V]이면, 이때의 전원 전압변동률은?

① 15[%]   ② 20[%]
③ 25[%]   ④ 35[%]

> 전압변동율(ε) = $\frac{(V_0 - V_n)}{V_n} \times 100$
> = $\frac{100 - 80}{80} \times 100 = 25[\%]$

33 지시계기의 3대 구성요소에 포함되지 않는 것은?

① 구동장치   ② 제어장치
③ 제동장치   ④ 진동장치

> 지시계기의 3대 요소 : 구동장치, 제어장치, 제동장치

34 다음 중 볼로미터로 측정할 수 없는 것은?

① 고주파 전압 측정   ② 고주파 전류 측정
③ 고주파 파형 측정   ④ 마이크로파 전력 측정

> 볼로미터 전력계 : 직류에서 고주파 전압, 전류 및 마이크로파(1~3[GHz])까지의 전력을 정밀하게 측정한다.

35 오실로스코프 파형을 관측 할 때 수평 편향판에 가하는 전압은?

① 톱니파   ② 삼각파
③ 사인파   ④ 구형파

> 수평축 증폭기 : 톱니파 발생기에서 발생한 톱니파 전압을 증폭하여 그 출력을 수평 편향판에 가한다.

36 정전용량이나 유전체 손실각의 측정에 사용되는 것은?

① 셰링 브리지(Schering Bridge)
② 맥스웰 브리지(Maxwell Bridge)
③ 헤이 브리지(Hay Bridge)
④ 휘트스톤 브리지(Wheatstone Bridge)

> 셰링 브리지(Schering Bridge) : 정전 용량이나 유전체 손실각의 측정에 사용

37 R = $\frac{V}{I}$의 계산식으로부터 저항 R을 구하는 측정방법은?

① 직접측정   ② 간접측정
③ 편위법   ④ 영위법

> 간접측정법 : 관계있는 다른 측정량들을 각각 측정하고 그들의 함수적 관계로부터 계산하여 결정

38 다음 중 가장 높은 주파수까지 사용할 수 있는 계기는?

① 흡수형 주파수계   ② 헤테로다인 주파수계
③ 레헤르선 주파수계 ④ 동축형 주파수계

> 동축 주파수계 : 동축선의 공진 특성을 이용한 것으로, 2500[MHz] 정도까지의 초고주파 주파수를 측정하는데 사용된다.

39 참값이 100[V]인 전압을 측정한 값이 99[V]였다면 백분율 오차는?

① -1
② -0.91
③ 0.0101
④ 1

🔍 백분율 오차(α) = $\frac{M-T}{T} \times 100[\%]$ (M : 측정값, T : 참값)
= $\frac{99-100}{100} \times 100 = -1[\%]$

40 그림과 같은 이산사상 계수측정 회로의 빈칸 A와 B에 구성되어야 할 것은?

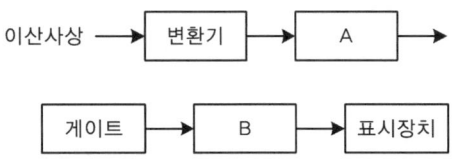

① A : 파형 정형회로, B : 계수기
② A : 계수기, B : 파형 정형회로
③ A : 비교기, B : 계수기
④ A : 계수기, B : 비교기

🔍 이산사상의 계수측정회로 계통도에서 A는 변환기를 통하여 입력된 신호의 파형정형회로 부분이고, B는 게이트를 통하여 데이터를 계수하는 계수기 부분이다.

41 다음 중 태양전지를 연속적으로 사용하기 위하여 필요한 장치는?

① 변조장치
② 정류장치
③ 검파장치
④ 축전장치

🔍 태양전지의 특징
• 종래에 이용되지 않은 풍부한 에너지원으로 이용된다.
• 장치가 간단하고 보수가 편하다.
• 빛의 방향에 따라 발생 출력이 변하므로 이것을 고려하여 출력에 여유를 두어야 한다.
• 연속적으로 사용하기 위해서는 태양 광선을 얻을 수 없는 경우에 대비하여 축전 장치가 필요하다.
• 대전력용은 부피가 크고 가격이 비싸다.
• 태양전지를 연속적으로 사용하기 위해서는 태양광선을 얻을 수 없는 경우를 대비하여 축전장치가 필요하다.

42 전자 빔이 시료를 투과할 때 속도가 다른 여러 전자가 생겨서 상이 흐려지는 현상은?

① 색수차
② 구면수차
③ 라디오존데
④ 축 비대칭수차

🔍 전자렌즈에서 색수차는 상이 흐려지는 원인이 된다. 색수차의 발생원인은 전자 빔이 시료를 투과할 때 속도가 다른 여러 전자가 생기거나 전자의 가속전압 및 전자렌즈의 여자 전류의 변동에 의하여 전자속도가 변동하여 발생된다.

43 비디오 신호를 기록, 재생하는 장치로 해상도나 화상의 아름답기를 결정하는 성능상 매우 중요한 부분은?

① 비디오 헤드
② 헤드 드럼
③ 비디오 테이프
④ 로딩 기구

🔍 비디오 헤드
• 비디오 신호를 기록, 재생하는 장치로 해상도나 화상의 아름답기를 결정하는 부분이다.
• VTR에서 회전 드럼 또는 실린더에 붙여서 회전하며, 테이프는 헤드 드럼이 반회전하는 동안에 헤드의 폭에 상당하는 58[μm]만큼 주행한다.

44 다음 중 메인앰프의 구비조건이 아닌 것은?

① 주파수 특성이 모든 주파수에서 평탄할 것
② 전원리플이 많을 것
③ S/N가 우수할 것
④ 왜율이 적을 것

45 서보 기구의 일반적인 특징으로 틀린 것은?

① 조작량이 커야 한다.
② 추종속도가 빨라야 한다.
③ 서보 모터의 관성은 커야 한다.
④ 회전력에 대한 관성의 비가 커야 한다.

🔍 방향이나 위치의 추치 제어를 서보 기구(servo-mechanism)라 하며, 조작력이 강하고, 추종속도가 빨라야 하며, 전기식이면 증폭부에 트랜지스터 증폭기나, 자기증폭기가 사용되고 유압식의 경우에는 파일럿 밸브나 유압분사관 등이 사용된다.

46 자동제어에서 인디셜(indicial) 응답을 조사할 때 입력에 가하는 파형은?

① 사인파
② 펄스파
③ 스텝파
④ 톱니파

🔍 단위 계단파(스텝파) 입력신호를 주었을 때 출력파형이 어떻게 되는가의 과도응답(transient response)을 인디셜 응답이라 한다.

47 녹음기 회로에서 자기 테이프에 기록된 내용을 소거하는 방법 중 거리가 먼 것은?

① 교류 소거법
② 영구자석에 의한 소거법
③ 전자석에 의한 소거법
④ 전압 소거법

48 다음 중 압력-변위 변환기에 속하는 것은?

① 전자석　　② 슬라이드저항
③ 전자코일　④ 스프링

🔍 여러 가지 2차 변환의 보기

압력-변위	다이어프램, 스프링
변위-압력	유압 분사관
변위-임피던스	슬라이드 저항, 용량형 변환기, 유도형 변환기
변위-전압	가변저항 분압기, 차동변압기
전압-변위	전자석, 전자코일

49 다음 그림은 동작 신호량(Z)과 조작량(Y)의 관계를 나타낸 것이다. 그림의 ( ) 안에 알맞은 것은?

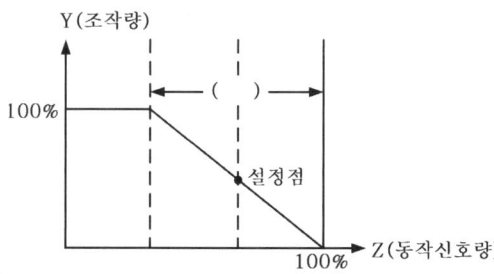

① 적분시간　　② 미분시간
③ 동작범위　　④ 비례대

🔍 그림은 조작량이 편차, 즉 동작신호에 비례하는 비례동작(P동작) 선도로서, 편차와 조작량이 비례하는 ( ) 부분을 비례대 (proportion band)라 한다.

50 공중선의 전류가 57.3[A] 이고 복사저항이 250[Ω], 손실저항이 50[Ω]일 때 공중선 능률은?

① 약 0.83　　② 약 0.22
③ 약 1.23　　④ 약 50

🔍 공중선 능률 = $\dfrac{250}{250+50} ≒ 0.83$

51 다음 제어요소의 동작 중 연속동작이 아닌 것은?

① D 동작　　② P+D 동작
③ ON-OFF 동작　④ P+I 동작

🔍 온-오프 동작이란 편차가 양인가 음인가에 따라 조작부를 온(on) 또는 오프(off)하므로 연속적인 동작이 아니다.

52 슈퍼헤테로다인 수신기의 장점으로 틀린 것은?

① 전파 형식에 따라 통과 대역폭을 변화시킬 수 있다.
② 감도가 좋다.
③ 선택도가 좋다.
④ 회로가 간단하며, 조정이 매우 간단하다.

53 컬러 TV 수상기에서 특정 채널만이 흑백으로 나올 대의 고장은?

① 위상검파 회로 불량
② 컬러킬러의 동작상태 불량
③ 국부발진기 세밀조정 불량
④ 3.58[MHz] 발진 주파수의 발진정지

54 콘(cone)형 다이내믹 스피커의 특성에 대한 설명으로 옳은 것은?

① 비교적 넓은 주파수대를 재생할 수 있다.
② 현재 중·고음용으로 가장 널리 사용된다.
③ 능률이 높고 지향성이 강하나 저음특성이 나쁘다.
④ 재생음이 투명하고 섬세하나 큰소리 재생에는 불합리 하다.

55 수신기의 특성 중 송신된 전파를 수신할 때, 수신기가 본래의 정보 신호를 어느 정도 정확하게 재생시키느냐의 능력을 나타내는 것으로, 주파수특성, 일그러짐, 잡음 등에 의하여 결정되는 것은?

① 충실도　　② 안정도
③ 선택도　　④ 감도

56 녹음기에서 테이프를 헤드에 정확히 밀착시켜 레벨 변동이나 고역저하의 원인이 되는 스페이싱 손실을 줄이는 것은?

① 핀치롤러와 텐션암
② 테이프 가이드와 캡스턴
③ 캡스턴과 핀치룰러
④ 압착(pressure) 패드

> 압착 패드 : 테이프를 헤드에 대하여 정확히 밀착시켜 레벨 변동이나 고역 저하의 원인이 되는 스페이싱 손실을 줄이기 위해 설치한다.

57 다음 중 유전가열이 이용되지 않는 것은?

① 목재의 건조
② 고주파 치료기
③ 고주파 납땜
④ 비닐제품 접착

> 고주파 유전 가열의 응용
> • 목재 공업에의 응용 : 목재의 건조, 성형, 접착 등
> • 고주파 머신 : 비닐이나 플라스틱 시트의 접착
> • 고주파 용접 : 비닐 가방이나 비닐 시계줄의 제조
> • 고주파 의료기

58 금속의 두께 측정시 초음파의 어떤 성질을 이용하는가?

① 전파속도   ② 진동력
③ 공진작용   ④ 굴절작용

> 초음파를 이용한 두께 측정에서 10[mm] 이하의 얇은 판의 두께 측정은 공진법을 사용한다.

59 등화 증폭기의 역할로서 거리가 먼 것은?

① 고역에 대한 이득을 낮추 원음 재생이 실현되도록 한다.
② 고음역의 잡음을 감쇠시킨다.
③ 라디오의 음질을 좋게 한다.
④ 미약한 신호를 증폭한다.

> 등화 증폭기(equalizing amplifier)
> • 고역에 대한 이득을 낮추어 원음 재생이 실현되도록 한다.
> • 고음역의 잡음을 감쇠시킨다.
> • 미약한 신호를 증폭한다.
> • 오디오 시스템에서 잡음에 대해 가장 영향을 많이 받는다.

60 심장의 박동에 따르는 혈관의 맥동 상태를 측정하고 기록하는 의용 전자기기는?

① 맥파계(sphygmograph)
② 근전계(electromyograph)
③ 심음계(phono cardiograph)
④ 심전계(electrocardiograph)

> • 근전계 : 근육의 수축에 따라 생기는 근육 활동 전류를 전극에 의해 검출하여 증폭 기록하는 장치이다.
> • 심음계 : 청진기에 의한 청진술을 전자 기술을 이용하여 개량한 것이다.
> • 심전계 : 심장의 활동으로 인하여 생기는 기전력에 의하여 생체 내에 흐르는 전류 분포의 변화를 신체 표면의 두 점 사이의 전위차로써 검출하여 증폭한 다음 기록기에 기록하는 장치로서, 심장질환의 진단에 이용된다.

정답 CBT 대비 적중모의고사 – 3회

01 ④	02 ①	03 ①	04 ②	05 ①
06 ①	07 ③	08 ①	09 ④	10 ①
11 ②	12 ③	13 ③	14 ②	15 ④
16 ①	17 ③	18 ④	19 ③	20 ④
21 ④	22 ①	23 ①	24 ②	25 ③
26 ④	27 ③	28 ①	29 ④	30 ④
31 ①	32 ③	33 ④	34 ③	35 ①
36 ①	37 ②	38 ①	39 ①	40 ①
41 ④	42 ①	43 ①	44 ②	45 ③
46 ③	47 ④	48 ④	49 ④	50 ①
51 ①	52 ④	53 ①	54 ①	55 ①
56 ④	57 ③	58 ③	59 ③	60 ①

4회 CBT 대비 적중모의고사

01 다음 ( ) 안에 들어갈 내용으로 옳은 것은?

【보기】
도체의 저항값은 도체의 길이에 (㉠)하고 단면적에 (㉡)한다.

① ㉠ 비례, ㉡ 비례
② ㉠ 비례, ㉡ 반비례
③ ㉠ 반비례, ㉡ 비례
④ ㉠ 반비례, ㉡ 반비례

🔍 전기저항은 $R = \rho \dfrac{l}{S}[\Omega]$이므로 길이($l$)에 비례하고, 단면적($S$)에 반비례한다.

02 저주파 회로에서 직류 신호를 차단하고 교류 신호를 잘 통과시키는 소자로 가장 적합한 것은?

① 커패시터(capacitor)
② 코일(coil)
③ 저항(R)
④ 다이오드(diode)

🔍 커패시터(콘덴서)는 교류신호를 잘 통과시키고 직류는 차단한다.

03 리플 전압이란?

① 정류된 직류전압
② 무부하시 전압
③ 부하시 전압
④ 정류된 전압의 교류분

🔍 리플(ripple) 전압이란 정류되어진 직류출력 전압 속에 포함된 교류분(잡음)을 말한다.

04 일정 주파수의 정현파에 대한 변조파로 반송파를 변조했을 경우, 직선 검파한 출력에 포함되는 고조파분의 기본 파분에 대한 퍼센트 또는 데시벨로 표시되는 것은?

① 잡음
② 왜율
③ 충실도
④ 잡음지수

🔍 왜율 = $\dfrac{\text{고조파 전압}}{\text{기본파 전압}} \times 100\%$
= $\dfrac{\sqrt{(\text{제2고조파 전압})^2 + (\text{제3고조파 전압})^2}}{\text{기본파 전압}} \times 100\%$

05 이상적인 연산증폭기의 특징으로 적합한 것은?

① 입력 저항이 아주 작다.
② 출력 · 저항이 매우 크다.
③ 동상신호 제거비가 매우 크다.
④ 대역폭이 아주 작다.

🔍 이상적인 연산증폭(op-amp)기의 특징
• $A_v = \infty$ (전압이득은 무한대이다.)
• $R_i = \infty$ (입력저항은 무한대이다.)
• $R = 0$ (출력저항은 0이다.)
• offset = 0 (오프셋은 0이다.)
• BW = ∞ (대역폭은 무한대이다.)
• 지연응답은 0이고, 특성 변동 및 잡음이 없다.
• 입력이 0일 때 출력도 0이어야 한다.
• 동위상신호제거비(CMRR) = $\dfrac{A_d(\text{차동 이득})}{A_c(\text{동위상 이득})} = \infty$

06 차동증폭기에서 동위상제거비(CMRR)가 어떻게 변할 때 우수한 평형 특성을 가지는가?

① 차동 이득과 동위상 이득이 작을수록 좋다.
② 차동 이득과 동위상 이득이 클수록 좋다.
③ 차동 이득이 크고, 동위상 이득은 작을수록 좋다.
④ 차동 이득이 작고, 동위상 이득은 클수록 좋다.

🔍 동위상신호제거비(CMRR) = $\dfrac{A_d(\text{차동 이득})}{A_c(\text{동위상 이득})} = \infty$일수록 좋다.

07 정류회로의 직류전압이 V_d, 리플의 (+) 최대값에서 (-) 최대값까지의 값(p-p값)이 V 라면 리플 함유율(%)은?

① $\dfrac{V}{V_d - V} \times 100$
② $\dfrac{V_d}{V_d - V} \times 100$
③ $\dfrac{V_d - V}{V_d} \times 100$
④ $\dfrac{V}{V_d} \times 100$

🔍 리플(ripple) = $\dfrac{V(\text{직류출력 속의 교류분}(+,-\text{변동}))}{V_d(\text{직류출력 전압})} \times 100[\%]$

08 전기장 중에 전하를 놓았을 때 전하에 작용하는 힘은?

① 전기장의 세기 ② 기전력
③ 전위 ④ 전류

🔍 전기장 중에 전하를 사이에 놓았을 때 전하에 작용하는 힘을 자장의 세기라 한다.

09 정전용량의 역수는?

① 리액턴스 ② 지멘스
③ 엘라스턴스 ④ 커패시턴스

🔍 정전용량의 역수는 엘라스턴스(elastance)이며, 단위는 패럿을 거꾸로 한 다래프(daraf)이다.

10 R, L, C로 구성된 직렬회로에서 L 양단의 전압과 전류는 어떤 위상 관계가 있는가?

① 전압과 전류는 동일 위상이다.
② 전압이 전류보다 90도 위상이 앞선다.
③ 전류가 전압보다 90도 위상이 앞선다.
④ 전압이 전류보다 180도 위상이 앞선다.

🔍 $X_L > X_C$일 때는 유도성 회로가 되어 전압이 전류보다 90도 앞선다.

11 다음 회로에서 R_E의 중요한 역할로서 가장 적합한 것은?

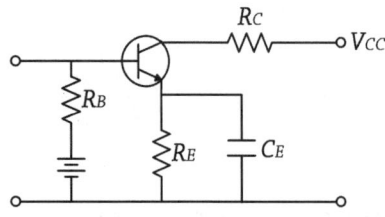

① 출력 증대 ② 주파수 대역 증대
③ 바이어스 전류 증가 ④ 동작점의 안정화

🔍 동작점 안정화 : 온도가 증가하여 컬렉터전류가 증가할 때 R_E에 걸리는 전압강하의 증가로 베이스 전류R_B를 제한하므로 동작점의 안정을 갖는다.

12 0.4μF의 콘덴서에 정전용량이 얼마인 콘덴서를 직렬로 접속하면 합성정전용량이 0.3μF가 되는가?

① 0.4 ② 0.7
③ 1.0 ④ 1.2

🔍 콘덴서 직렬연결
$C_t = \dfrac{1}{\dfrac{1}{0.4} + \dfrac{1}{C_x}} = 0.3[\mu F]$

$\dfrac{0.4x}{0.4+x} = 0.3,$
$0.4x = 0.3(0.4x),$
$0.4x = 0.12 + 0.3x$
$\therefore x = \dfrac{0.12}{0.1} = 1.2[\mu F]$

13 전원회로에서 부하로 최대 전력을 공급하기 위한 조건은?

① 전원의 내부저항이 0이어야 한다.
② 전원의 내부저항과 부하저항이 같아야 한다.
③ 전원의 내부저항보다 부하저항이 커야 한다.
④ 전원의 내부저항보다 부하저항이 작아야 한다.

🔍 $r = R_L$(내부저항 = 부하저항)

14 FM 변조에서 주파수편이는 무엇에 비례하는가?

① 변조파의 진폭
② 반송파의 진폭
③ 변조파의 주파수
④ 반송파의 주파수

🔍 FM의 주파수 편이란 반송파 주파수를 중심으로 변조신호($f_{(t)}$)에 따라 반송파 주파수가 얼마만큼 변화했는가를 의미하는 것이다. 주파수 편이($\triangle f$)가 변조신호($f_{(t)}$)에 비례하는 것을 주파수변조(FM)라 한다.
$\triangle f = K_f \cdot f_{(t)}$

15 평활 회로의 출력 전압을 일정하게 유지시키는데 필요한 회로는?

① 안정화(정전압)회로 ② 정류회로
③ 전파정류회로 ④ 브리지정류회로

🔍 입력전압이 변동되어도 부하 측의 출력전압을 일정하게 유지시키는 회로는 정전압안정화회로이다.

16 펄스의 주기 등은 일정하고 그 진폭을 입력 신호 전압에 따라 변화시키는 변조방식은?

① PAM ② PFM
③ PCM ④ PWM

> 펄스 변조
> • 아날로그방식
>   - 펄스진폭변조(PAM) : 펄스 신호레벨에 따라서 펄스 진폭을 변화시킨다.
>   - 펄스 폭 변조(PWM) : 펄스 신호레벨에 따라서 펄스 폭을 변화시킨다.
>   - 펄스 위치변조(PPM) : 펄스 신호레벨에 따라서 펄스 위치를 변화시킨다.
> • 디지털방식
>   - 펄스부호변조(PCM) : 펄스 신호레벨에 따라서 펄스열 부호(2진수)를 변화시킨다.

17 지정 어드레스로 분기하고 후에 그 명령으로 되돌아오는 명령은?

① 강제 인터럽트 명령 ② 조건부 분기 명령
③ 서브루틴 분기 명령 ④ 분기 명령

> 서브루틴(Subroutine)
> • 프로그램 가운데 하나 이상의 장소에서 필요할 때마다 되풀이해서 사용할 수 있는 부분적 프로그램
> • 실행 후에는 메인 루틴이 호출한 장소로 되돌아간다. 독립적으로 쓰는 일은 없고 메인 루틴과 결합하여 기능을 수행한다.

18 마이크로프로세서의 구성요소가 아닌 것은?

① 제어 장치 ② 연산 장치
③ 레지스터   ④ 분기 버스

> 프로그램 명령어를 실행하는 일을 담당하는 중앙처리장치는 제어장치, 연산장치, 레지스터들의 세 부분으로 구성된다.

19 10진수 0.4375를 2진수로 변환한 것은?

① $(0.0111)_2$ ② $(0.1101)_2$
③ $(0.1110)_2$ ④ $(0.1011)_2$

> $0.4375 \times 2 = \underline{0}.875$
> $0.875 \times 2 = \underline{1}.75$
> $0.75 \times 2 = \underline{1}.5$
> $0.5 \times 2 = \underline{1}.0$
> $\therefore (0.4375)_{10} = (0.0111)_2$

20 마이크로컴퓨터 내부에서 마이크로프로세서와 주기억장치 및 각 주변장치 모듈 간에는 버스(BUS)를 통해 정보를 전달한다. 이 버스에 해당되지 않는 것은?

① data bus
② address bus
③ register bus
④ control bus

> 입출력 버스 : 기억장치와 입출력 장치 사이의 데이터 전송을 위해 연결된 통로로 제어버스, 데이터버스, 주소버스 등이 있다.

21 어셈블리어의 특징 설명으로 틀린 것은?

① 기계어에 비해 프로그램 작성이나 수정이 어렵다.
② 호환성이 없으므로 전문가 외에는 사용하기 어렵다.
③ 컴퓨터 동작 원리에 대한 전문 지식이 필요하다.
④ 기계어보다 사용하기 편리하다.

> 어셈블리 언어 : 기계어의 단점을 극복하고 작성 과정을 편리하도록 개발하였으며 기계어의 명령부와 번지부를 사람이 이해하기 쉬운 기호와 1:1 로 대응시켜 기호화한 프로그램언어이다.

22 C 언어에서 "i++" 명령의 설명으로 가장 적합한 것은?

① i 변수를 계속 덧셈한다.
② i 변수를 1씩 증가시킨다.
③ i 변수를 2씩 증가시킨다.
④ i 변수를 계속 곱셈한다.

> C언어의 증감, 감소 연산자
>
> | 기호 | 의미 |
> |---|---|
> | ++i | i 값에 먼저 1 증가시킨 후 계산 |
> | i++ | i 값을 먼저 계산 후 1 증가 |
> | --i | i 값에 먼저 1 감소시킨 후 계산 |
> | i-- | i 값을 먼저 계산 후 1 감소 |

23 A/D 변환기 등에 적합하며 이웃한 수와 하나의 비트만 다른 코드는?

① BCD 코드   ② ASCII 코드
③ 3-초과 코드 ④ 그레이 코드

그레이 코드(Gray Code) : 비가중치 코드이며 연산에는 부적합하지만 어떤 코드로부터 그 다음의 코드로 증가하는데 하나의 비트만 바꾸면 되므로 데이터의 전송, A/D변환기, 입·출력장치 등에 많이 사용한다.

◇ : 조건이 참이면 YES, 거짓이면 NO로 가는 판단 기호이다.

24 C언어에서 모든 프로그램의 실행 시작을 의미하는 함수는?

① main ② auto
③ block ④ void

main 함수 : 모든 프로그램에서 1개 이상 존재해야하는 함수 메인함수로 시작점(진입점)

25 채널(channel)의 종류로 옳게 묶인 것은?

① 다이렉트(direct) 채널과 멀티플렉서 채널
② 멀티플렉서 채널과 실렉터(selector) 채널
③ 실렉터 채널과 스트로브(strobe) 채널
④ 스트로브 채널과 다이렉트 채널

주기억장치와 입·출력 장치간의 차이를 줄일 목적으로 사용하는 것으로, CPU로 부터 입·출력 장치의 제어를 위임받아 한 번에 여러 데이터 블록을 입·출력 할 수 있는 시스템. 채널의 종류로는 셀렉터 채널(Selector), 멀티플렉서 채널(Multiplexor Channel)이 있다.

26 다음의 1 부터 100까지의 정수의 합을 구하는 반복형 순서도에서 비교, 판단의 역할을 하는 부분은?

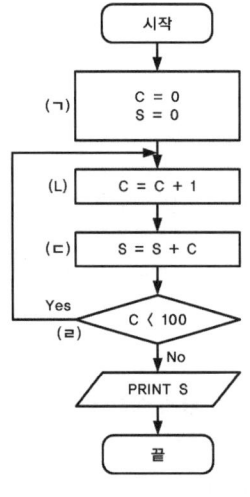

① (ㄱ) ② (ㄴ)
③ (ㄷ) ④ (ㄹ)

27 다음 중 컴퓨터 내부에서 10진수를 표현하는 방식은?

① 팩 방식
② 부동 소수점 방식
③ 고정 소수점 방식
④ fixed point data format

팩 형식 : 1바이트에 10진수 두 자리를 저장하는 형식

28 기억 용량의 단위를 잘못 설명한 것은?

① 1 비트 : 0 또는 1
② 1 바이트 : 8개의 서로 다른 0 또는 1
③ 1 킬로 바이트 : 1000 비이트
④ 1 메가 바이트 : 1048576 바이트

1Kbyte = 2^{10} = 1024byte

29 표준 신호 발생기가 갖추어야 할 조건으로 틀린 것은?

① 출력 전압이 정확할 것
② 변조도가 정확히 조정되고 변조 왜곡이 클 것
③ 누설이 적고 안정도가 높을 것
④ 발진 주파수가 정확하고 파형이 양호할 것

표준신호 발생기의 구비조건
• 변조도의 가변범위가 넓을 것
• 발진수파수가 정확하고 파형이 양호할 것
• 안정도가 높고 주파수의 가변범위가 넓을 것
• 주변의 온도 및 습도 조건에 영향을 받지 않을 것
• 출력 임피던스가 일정할 것
• 불필요한 출력을 내지 않을 것

30 다음 그림의 변조도 m은?

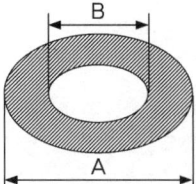

① $m = \dfrac{A-B}{A+B} \times 100$

② $m = \dfrac{A+B}{A-B} \times 100$

③ $m = \dfrac{B+A}{B-A} \times 100$

④ $m = \dfrac{B-A}{B+A} \times 100$

🔍 변조도 $m = \dfrac{A-B}{A+B} \times 100$

31 참값이 25.00[V]인 전압을 측정하였더니 24.85[V]라는 값을 얻었다. 이때 보정백분율은 약 몇 [%] 인가?

① +0.6 ② -0.6
③ +0.15 ④ -0.15

🔍 보정 백분율$(\alpha_0) = \dfrac{T-M}{M} \times 100[\%]$
$= \dfrac{25-24.85}{24.85} \times 100 = 0.6[\%]$
(M : 측정값, T : 참값)

32 전류력계형 계기의 특징에 속하지 않는 것은?

① 주로 전력계로 사용된다.
② 직류 전용의 정밀급 계기이다.
③ 외부 자기장의 영향 때문에 자기차폐를 해야 한다.
④ 자기 가열의 영향이 비교적 크므로 주의가 필요하다.

🔍 전류력계형 계기의 특징
• 직류와 교류 모두 동일 균등눈금을 사용한다.
• 전력 측정에 많이 사용된다.
• 외부 자기장의 영향 때문에 자기차폐를 해야 한다.
• 자기 가열의 영향이 비교적 크므로 주의가 필요하다.

33 기본파 전압을 E_f, 고조파 전압을 E_h라 하면 일그러짐율을 구하는 식은?

① $\dfrac{E_h}{E_f} \times 100[\%]$ ② $\dfrac{E_f}{E_h} \times 100[\%]$

③ $E_h \times E_f \times 100[\%]$ ④ $(E_h - E_f) \times 100[\%]$

🔍 일그러짐률 = $\dfrac{고조파전압}{기본파전압} \times 100[\%] = \dfrac{E_h}{E_f} \times 100[\%]$

34 A-D 컨버터는 무슨 회로인가?

① 저항 측정회로
② 전력을 전압으로 변환하는 회로
③ 전류의 양을 전압의 양으로 변환하는 회로
④ 아날로그 양을 디지털 양으로 변환하는 회로

🔍 A/D변환 : 아날로그(analog)량을 디지털(digital)량으로 바꾸는 것

35 다음과 같은 특징을 가지는 측정계기는?

【보기】
- 직렬 공진회로의 주파수 특성을 이용
- RLC로 구성된 회로의 공진 주파수를 개략적으로 측정
- 대체로 100[MHz] 이하의 고주파 측정에 사용

① 동축 주파수계 ② 공동 주파수계
③ 계수형 주파수계 ④ 흡수형 주파수계

🔍 흡수형 주파수계
• R, L, C의 공진 회로 및 검출 지시부로 구성된 공진형 주파수계이다.
• 구조가 간단하고 전원이 불필요하다.
• 선택도 Q가 150이하로 감도가 나쁘고 확도도 낮다.
• 100[MHz] 이하의 대략 주파수 측정에 사용한다.
• 피측정 회로와는 소결합하여 측정한다.
• $f = \dfrac{1}{2\pi\sqrt{LC}}$

36 다음 중 정전용량 측정용 브리지는?

① 맥스웰 브리지
② 헤비사이드 브리지
③ 휘스톤 브리지
④ 셰링 브리지

🔍 셰링브리지(Schering Bridge) : 정전 용량이나 유전체 손실각의 측정에 사용

37 지시계기의 3대 요소가 아닌 것은?

① 제동장치 ② 유도장치
③ 구동장치 ④ 제어장치

🔍 지시계기의 3대 요소 : 구동장치, 제어장치, 제동장치

38 마이크로파에서 소전력(1[W] 이하) 측정으로 전력 표준이 되는 계기는?

① 볼로미터 전력계 ② C-C형 전력계
③ C-M형 전력계 ④ 진공관 전력계

> 볼로미터 전력계 : 직류에서 고주파 전압, 전류 및 마이크로파(1~3[GHz])까지의 전력을 정밀하게 측정한다.

39 입력에 정현파를 가하면 출력에 구형파를 얻을 수 있는 회로는?

① 적분 증폭 회로 ② 미분 증폭 회로
③ 시미트 회로 ④ 밀러 회로

> 슈미트트리거 회로 : 정현파 입력을 받아 구형파를 출력하는 회로

40 정전형 계기의 특징이 아닌 것은?

① 소비 전력이 극히 작다.
② 주로 저압 측정용으로 사용한다.
③ 눈금은 제곱 눈금으로 되어 있다.
④ 정전계에 의한 오차를 발생할 수 있다.

> 정전형 계기의 특징
> • 주로 고압 측정용으로 사용된다.
> • 눈금은 제곱 눈금으로 되어 있다.
> • 입력 임피던스가 높고, 소비 전력이 극히 적다.
> • 외부 자기장의 영향은 받지 않으나, 정전기장에 의한 오차를 발생한다.
> • 주파수와 파형의 영향이 없으므로 직·교류 겸용 및 직·교류 비교기로도 이용된다.

41 초음파는 기체 중에서 어떤 파형으로 전파되는가?

① 표면파 ② 횡파
③ 종파 ④ 종파와 횡파

> 초음파
> • 가청주파수 보다 높은 음으로 10[kHz] 이상의 진동수를 가진 음파를 초음파라 한다. 파워를 응용하는 경우는 1[MHz] 정도 까지이다.
> • 초음파는 기체나 액체 또는 고체의 매질을 통하여 사방으로 전파되어 나간다.
> • 기체 중에서는 파가 나아가는 방향과 진동이 일어나는 방향이 나란하게 나타나는 종파로 전파된다.

42 전자냉동은 무슨 효과를 이용한 것인가?

① 지벡 효과(Seebeck effect)
② 톰슨 효과(Thomson effect)
③ 펠티어 효과(Peltier effect)
④ 줄 효과(Joule effect)

> 펠티어 효과(Peltier effect)
> • 두 개의 다른 물질의 접합부에 전류가 흐르면 열을 흡수하거나 발산하는 현상을 말한다.
> • 펠티어 효과는 금속과 금속을 접합했을 경우보다 반도체와 금속의 접합 또는 반도체의 PN접합을 이용했을 경우가 크다.
> • 반도체인 BiTe계 합금의 PN접합이 전자냉동으로 많이 이용되고 있다.

43 다음 중 레이더에 사용되는 전파는?

① 사인파형의 장파
② 펄스형의 중파
③ 사인파형의 단파
④ 펄스형의 초단파

> 전파는 파장이 짧을수록($\lambda = \dfrac{C}{f}[m]$) 에너지는 높고 지향성이 강하므로 레이더에서 주파수 1[GHz] 이상의 초단파가 사용된다.

44 다음 중 서보기구에 사용되지 않는 것은?

① 싱크로 ② 리졸버
③ 카보런덤 ④ 저항식 서보기구

> 서보기구의 구성
> • 싱크로(synchro) : 전기적으로 변위나 각도를 전달하는 서보기구
> • 리졸버(resolver) : 싱크로와 같이 각도를 전달하는 것
> • 저항식 서보기구
> • 차동 변압기 : 변위신호가 가해지면 출력단자의 변위에 비례하고 크기를 가진 교류신호가 나온다.

45 VTR의 컬러 프로세스(color process)의 VHS 방식에서 사용하고 있는 색 신호 처리방식은?

① DOS 방식 ② HPF_2 방식
③ PS(phase shift) 방식 ④ PI(phase invert) 방식

> • PS 방식 : VHS 방식 비디오에 채용
> • PI 방식 : β-max 방식 비디오에 채용

46 FM 통신 방식의 특징으로 옳은 것은?

① SN비가 나쁘다.
② 혼신 방해를 적게 할 수 있다.
③ 수신기의 출력 준위 변동이 많다.
④ 송신시의 효율을 높일 수 있고, 일그러짐이 많다.

47 태양전지에서 음극 단자가 연결된 부분의 구성 물질은?

① P형 실리콘
② N형 실리콘
③ 셀렌
④ 붕소

> 태양전지(solar cell)
> • 반도체의 PN 접합에 빛이 입사할 때 기전력이 발생하는 광기전력 효과를 이용한다.
> • 양극(+) : P형 실리콘층, 음극(-) : N형 실리콘층으로 구성된다.

48 다음 그림은 슈퍼헤테로다인 수신기의 구성도이다. Ⓐ과 ⓒ의 내용으로 옳은 것은?

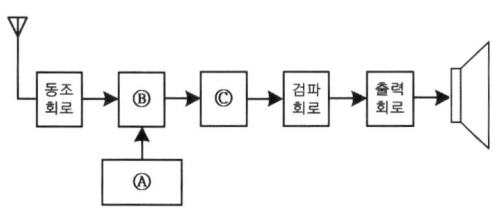

① Ⓐ 국부발진회로, ⓒ 중간주파증폭회로
② Ⓐ 혼합회로, ⓒ 중간주파증폭회로
③ Ⓐ 혼합회로, ⓒ 저주파증폭회로
④ Ⓐ 국부발진회로, ⓒ 혼합회로

> 슈퍼헤테로다인 수신기의 구성
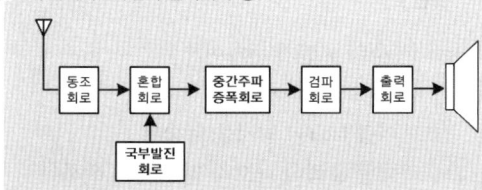

49 항법 보조장치의 ILS란?

① 계기 착륙 시스템
② 회전 비컨
③ 무지향성 무선표식
④ 호우머

> 계기착륙방식(ILS, instrument landing system) : 현재 국제적인 표준 시설로 로컬라이저, 글라이드 패드, 마커 비컨의 1조인 지상 무선 설비와 지상의 계기 착륙방식 수신기로 이루어진다.

50 자기 녹음기의 교류 바이어스에 사용되는 주파수는?

① 약 60~100[Hz]
② 약 100~200[Hz]
③ 약 30~200[kHz]
④ 약 200~2000[kHz]

51 송신측의 변조신호를 어느 정도까지 충실하게 재현할 수 있는지의 정도를 나타내는 것은?

① 감도
② 선택도
③ 안정도
④ 충실도

> 수신기의 특성
> • 감도 : 미약한 신호의 수신 능력
> • 선택도 : 희망 신호의 분리 능력
> • 충실도 : 원음 재생 능력
> • 안정도 : 장시간 일정한 출력

52 다음 제어계 블록선도에서 전달함수 C/R는?

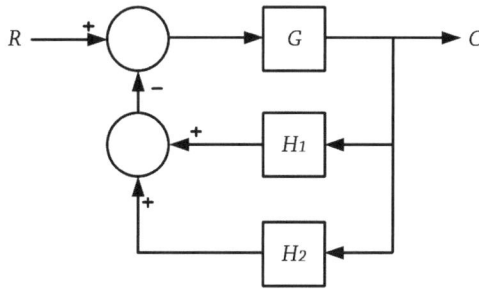

① $\dfrac{C}{R} = \dfrac{GH_1H_2}{1+G(H_1+H_2)}$

② $\dfrac{C}{R} = \dfrac{G}{1-G(H_1+H_2)}$

③ $\dfrac{C}{R} = \dfrac{G}{1+H_1+H_2G}$

④ $\dfrac{C}{R} = \dfrac{G}{1+G(H_1+H_2)}$

53 VTR의 재생 화면에 하나 또는 다수의 흰 수평선이 나타나는 드롭아웃(Drop Out) 현상의 원인은?

① 수평 동기가 정확히 잡히지 않기 때문에
② 영상 신호에 강한 잡음 신호가 혼입되기 때문에
③ 전원전압이 순간적으로 불안정하기 때문에
④ 테이프와 헤드 사이에 먼지 등이 끼기 때문에

> 드롭아웃(drop-out) : 비디오 테이프 리코더에 사용하는 헤드의 갭이 μm 단위의 작은 것이며, 눈에 보이지 않는 먼지라도 재생 헤드의 출력이 저하되거나 없어지거나 하고, 화면에는 잡음으로서 혼입된다.

54 VTR에서 테이프의 속도를 일정하게 유지하기 위한 기구는?

① 임피던스 롤러
② 핀치 롤러
③ 캡스턴
④ 텐션 포스트

> 캡스턴(capstan) : 모터에 의해 일정한 속도(테이프의 원주속도와 거의 같음)로 회전하는 회전축

55 항공기가 강하할 때 수직면 내에 올바른 코스를 지시하는 것으로 90[Hz] 및 150[Hz]로 변조된 두 전파에 의해 표시되는 착륙 보조장치는?

① PAR
② 팬마커
③ 글라이드 패드
④ 지상 제어 진입장치

> • 계기 착륙방식(ILS, instrument landing system) : 현재 국제적인 표준 시설로서 로컬라이저, 글라이드 패드, 마커 비컨의 1조인 지상 무선 설비와 지상의 계기 착륙방식 수신기로 이루어진다.
> • 로컬라이저(localizer) : 항공기의 진입에 있어 조종사에게 활주로의 정확한 연장선을 알리는 것
> • 글라이드 패드 (glide pad) : 항공기가 강하할 때 수직면 내에서 올바른 코스를 지시하는 것으로, 로컬라이저와 마찬가지로 90[Hz] 및 150[Hz]로 변조된 두 전파에 의하여 표시된다.
> • 팬 마커(fan marker) : 착륙 자세에 들어간 항공기에 활주로까지의 대략의 거리를 알려 주는 것으로, 부채꼴 모양의 지향성 전파에 의하여 표시된다.

56 소나의 원리 응용과 거리가 먼 것은?

① 측심기　　② 어군탐지기
③ 액면계　　④ 수중레이더

> 소나는 초음파를 발사하여 그 반사파를 측정하여 거리와 방향을 알아내는 장치로 수중 레이더, 어군 탐지기, 수심의 측정 등에 이용된다.

57 전자현미경의 배율을 크게 하려면?

① 전자렌즈의 크기를 줄인다.
② 전자총의 길이를 길게 한다.
③ 전자렌즈에 자기장을 강하게 한다.
④ 전자렌즈가 오목렌즈의 역할을 하도록 한다.

> 전자현미경에서는 정보를 전달하는 매개체로서 전자빔을 사용하고 또한 상을 확대시키는 데에는 전자렌즈를 사용하는 것이다.

58 콘트라스트(contrast)에 대한 설명으로 옳은 것은?

① 잡음지수를 말한다.
② 음성신호의 이득을 말한다.
③ 국부발진기의 주파수 조정 정도를 나타낸다.
④ 화면의 가장 밝은 부분과 가장 어두운 부분에 대한 밝기의 비를 말한다.

> 콘트라스트는 TV 화면이나 사진 등에서 가장 밝은 부분과 가장 어두운 부분의 휘도의 차를 말한다.

59 자동음량조절(AVC)회로의 사용 목적으로 옳지 않은 것은?

① 큰 출력을 얻기 위하여
② 음량을 일정하게 하기 위하여
③ 페이딩(fading) 방지를 위하여
④ 과대한 출력이 나오지 않게 하기 위하여

> 자동음량조절(AVC)회로의 사용 목적
> • 음량을 일정하게 유지
> • 페이딩 방지
> • 과대한 출력 방지
> • 주파수 특성을 개선

60 자기 녹음기(tape recorder)에서 고음부의 음량과 명료도가 저하한 증세가 나타났을 경우, 주로 어떤 부분의 조정이 필요한가?

① 헤드높이
② 테이프 스피드(모터)
③ 헤드 애지머스
④ 녹음 바이어스

> 헤드 애지머스란 재생헤드 갭의 기울기를 말하며, 갭의 위치가 정상보다 비스듬히 놓여 있으면 고역음이 감쇠된다.

정답 CBT 대비 적중모의고사 – 4회

01 ②	02 ①	03 ④	04 ②	05 ③
06 ③	07 ④	08 ①	09 ③	10 ②
11 ④	12 ④	13 ②	14 ③	15 ①
16 ①	17 ③	18 ④	19 ①	20 ③
21 ①	22 ②	23 ④	24 ①	25 ②
26 ④	27 ①	28 ③	29 ②	30 ①
31 ①	32 ②	33 ①	34 ④	35 ④
36 ④	37 ②	38 ①	39 ③	40 ②
41 ③	42 ②	43 ④	44 ③	45 ③
46 ②	47 ②	48 ①	49 ①	50 ③
51 ④	52 ④	53 ④	54 ③	55 ③
56 ③	57 ③	58 ④	59 ①	60 ③

5회 CBT 대비 적중모의고사

01 단상 전파 정류회로의 이론상 최대 정류 효율은?

① 40.6[%] ② 81.2[%]
③ 48.2[%] ④ 1.21[%]

> 단상정류회로의 정류효율은 40.6%이고, 단상전파정류회로의 정류효율은 단파정류회로의 2배이므로 81.2[%]이다.

02 다음 중 수정발진기의 발진 주파수를 안정시키는 방법으로 부적당한 것은?

① 수정 진동자를 항온조에 넣어 사용한다.
② 발진단 후단에 완충 증폭단을 둔다.
③ 발진부 출력 동조회로를 전류가 최소로 되는 점에 조정한다.
④ 발진부의 전원은 따로 마련하여 공급한다.

> 수정발진기의 발진주파수 안정화 대책
> • 정전압 안정화로 사용한다.
> • 발진부 전원을 분리하여 사용한다.
> • 완충 증폭기(BUFFER-AMP)를 사용한다.
> • 항온조(항상 일정한 온도조절) 시스템을 사용한다.
> • 방진작용인 고무 사용으로 떨림을 완화한다.
> • 방습을 위한 장치 사용으로 타 회로와 차단한다.

03 다음 중 저항체로서 필요한 조건이 아닌 것은?

① 고유저항이 클 것
② 저항의 온도계수가 작을 것
③ 구리에 대한 열기전력이 작을 것
④ 전압이 높을 것

> 저항체로서 구비조건
> • 고유저항이 클 것(도체의 저항은 고유저항과 도체의 길이에 비례하고, 단면적에 반비례)
> • 저항의 온도계수가 작을 것
> • 구리에 대한 열기전력이 작을 것

04 부궤환 증폭기의 일반적인 특징으로 적합하지 않은 것은?

① 왜율이 감소한다.
② 이득이 감소한다.
③ 안정도가 증가한다.
④ 주파수 대역폭이 감소한다.

> 부궤환 증폭기의 일반적인 특징
> • 이득이 감소한다.(안정도가 증가)
> • 이득이 보통 -3[dB] 감소하므로 대역폭(BW)이 넓어지므로 주파수 특성이 개선된다.
> • 일그러짐과 잡음이 감소한다.
> • 입력 임피던스는 증가하고 출력 임피던스는 감소한다.

05 이상적인 연산증폭기의 특징으로 적합한 것은?

① 입력 저항이 아주 작다.
② 출력 저항이 매우 크다.
③ 동상신호 제거비가 매우 크다.
④ 대역폭이 아주 작다.

> 이상적인 연산증폭기(op-amp)의 특징
> • $A_V = \infty$(전압이득은 무한대)
> • $R_i = \infty$(입력저항값은 무한대)
> • $R = 0$(출력저항은 0)
> • $BW = \infty$(대역폭은 무한대), 지연응답은 0
> • offset = 0(오프셋은 0)
> • 특성변동 및 잡음이 없다.
> • 입력이 0일 때 출력도 0일 것
> • 동위상신호제거비(CMRR) = $\dfrac{A_d(\text{차동 이득})}{A_c(\text{동위상 이득})} = \infty$일 것

06 그림과 같은 회로는 어떤 궤환회로인가?

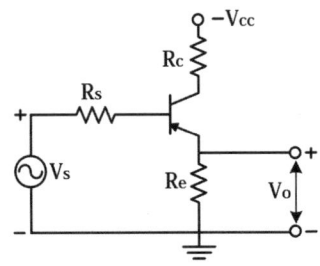

① 직렬전압 궤환회로 ② 직렬전류 궤환회로
③ 병렬전압 궤환회로 ④ 병렬전류 궤환회로

> 입력 측에 궤환저항이 없으면 직렬궤환, 있으면 병렬궤환이다. 또한, 출력 측에 궤환저항이 없으면 전류궤환, 있으면 전압궤환이 된다.

07 어떤 도체의 단면을 1시간에 36000[C]의 전기량이 통과 했다고 한다. 이 전류의 크기는 몇 [A] 인가?

① 10[A] ② 36[A]
③ 50[A] ④ 36000[A]

$i = \dfrac{q}{t}$
$= \dfrac{[C]}{분 \times 초} = \dfrac{36000}{60 \times 60} = \dfrac{36000}{3600} = 10[A]$

08 R-L 직렬회로에서 L = 50[mH], R = 5[Ω]일 때 이 회로의 시정수 [ms]는?

① 10[ms] ② 15[ms]
③ 20[ms] ④ 27[ms]

$\tau = \dfrac{L}{R} = \dfrac{50}{5} = 10[ms]$

09 다음 연산 증폭기의 전압 증폭도 A_V는?

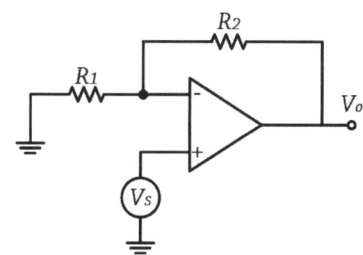

① $\dfrac{R_2}{R_1}$ ② $\dfrac{R_1}{R_2}$
③ $\dfrac{R_1}{R_1+R_2}$ ④ $\dfrac{R_1+R_2}{R_1}$

OP-AMP의 비반전증폭기의 전압이득(A_V) = $\dfrac{V_o}{V_i}$
$V_i = \dfrac{R_1}{R_1+R_2}V_o$
$\dfrac{V_o}{V_i} = \dfrac{V_o}{\dfrac{R_1}{R_1+R_2}V_o} = \dfrac{R_1+R_2}{R_1}$

10 연산증폭기의 두 입력 단자에 동일한 신호를 가했을 경우 출력신호에 영향을 받지 않는 정도를 나타내는 것은?

① 슬루율 ② 옵셋전압
③ 동상제거비 ④ 개방전압이득

• 입력옵셋전압 : 출력전압을 0으로 하기 위해 두 입력단자 사이에 인가해야 할 전압
• 슬루율(slew-rate) : 출력전압의 단위시간당 변화량의 최대치
• 동상제거비 : 두 입력 단자에 동일한 신호를 동시에 인가 시 입력신호에 대한 출력신호의 비
• 개방 전압이득 : 외부의 궤환회로가 없을 때 증폭기의 이득

11 R=4[Ω], X_L=5[Ω], X_C=8[Ω]의 직렬회로에 100[V]의 교류 전압을 가할 때, 이 회로에 흐르는 전류[A]는?

① 5 ② 10
③ 20 ④ 40

$\omega L < \dfrac{1}{\omega C}$ 경우
$Z = \dfrac{V}{I} = R - j\left(\dfrac{1}{\omega C} - \omega L\right) = \sqrt{R^2 + \left(\dfrac{1}{\omega C} - \omega L\right)^2}$
$= \sqrt{R^2 + (X_C - X_L)^2} = \sqrt{4^2 + (8-5)^2}$
$= \sqrt{16+9} = 5[\Omega]$
$\therefore I = \dfrac{V}{Z} = \dfrac{100}{5} = 20[A]$

12 반파정류회로에서 저항 r의 역할은?

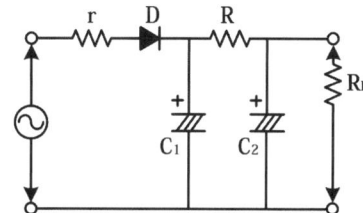

① 리플의 감소 ② 필터. 콘덴서의 보호
③ 다이오드의 보호 ④ 전압변동의 감소

다이오드 입력단의 저항 r의 역할은 과전압으로부터 다이오드를 보호하기 위한 것이다.

13 진공관에서 음극 표면의 상태가 고르지 못하여 전자의 방사가 시간적으로 일정하지 않으므로 발생하는 잡음으로 가청 주파수대에서만 일어나는 잡음은?

① 열잡음 ② 산탄 잡음
③ 플리커 잡음 ④ 트랜지스터 잡음

• 플리커 잡음 : 진공관의 음극 표면상태가 고르지 못하여 전자방사가 시간적으로 일정하지 않아서 발생하는 잡음
• 산탄 잡음 : 진공관의 음극에서 양극으로 이동하는 전자의 흐름에 작은 맥동이 있어 일으키는 잡음

14 N형 반도체를 만드는 도핑 물질은?

① Sb ② B
③ Ga ④ In

> • P형 반도체를 만드는 불순물(acceptor) : 인듐(In), 갈륨(Ga), 붕소(B), 알루미늄(Al) 등
> • N형 반도체를 만드는 불순물(donor) : 안티몬(Sb), 비소(As), 인(P) 등

15 트랜지스터 증폭회로의 설명으로 옳지 않은 것은?

① 베이스 접지회로의 입력은 이미터가 된다.
② 컬렉터 접지회로의 입력은 베이스가 된다.
③ 베이스 접지회로의 입력은 컬렉터가 된다.
④ 이미터 접지회로의 입력은 베이스가 된다.

> TR 접지방식에 따른 입력단자
> • 이미터 접지(CE) : 베이스
> • 베이스 접지(CB) : 이미터
> • 컬렉터 접지(CC) : 베이스

16 AM 변조의 과변조파를 수신(복조)했을 때 나타나는 현상으로 가장 적합한 것은?

① 검파기가 과부하 된다.
② 음성파 전력이 적다.
③ 음성파가 찌그러진다.
④ 음성파 전력이 크다.

> 변조 m〉1의 과변조 된 신호를 수신(복조)하면 일그러진 신호가 검출된다.

17 다음 연산의 기능 중 LOAD나 STORE 명령은 어디에 속하는가?

① 함수연산 기능 ② 제어 기능
③ 전달 기능 ④ 입출력 기능

> LOAD는 기억 장치 내의 데이터를 불러들이는 기능이고, STORE는 기억 장치에 데이터를 저장하는 명령이므로 전달 기능에 속한다.

18 16진수 A7B8과 1C3D를 더한 결과는?

① C3F5 ② B4F6
③ C4F5 ④ C3F6

> A7B8 + 1C3D = C3F5

19 주기억장치의 용량을 보다 크게 사용하기 위한 것으로 하드디스크 장치의 용량을 주기억장치와 같이 사용할 수 있도록 한 메모리는?

① Flash Memory
② Virtual Memory
③ Associative Memory
④ USB Memory

> 가상기억장치(Virtual Memory) : 제한된 주기억장치의 용량을 초과하여 사용하기 위하여 보조기억장치의 기억공간을 사용자의 주기억장치가 확장된 것과 같이 사용하는 방법이다.

20 서브루틴 호출시 데이터나 주소의 임시 저장이 가능한 것은?

① 스택
② 번지 해독기
③ 프로그램 카운터
④ 메모리 주소 레지스터

> 스택 : 서브루틴 호출 시 데이터나 주소의 임의 저장이 가능하다.

21 다음 C 프로그램의 실행 결과는?

【보기】
```
void main( )
{
   int a, b, tot;
   a = 200;
   b = 400;
   tot = a+ b;
   printf("두 수의 합 = %d\n", tot);
}
```

① 두 수의 합 = a + b
② 두 수의 합 = 200 + 400
③ 두 수의 합 = 600
④ 두 수의 합 = %d\n

> tot = a(200) + b(400) = 600이므로, 출력문은 두 수의 합 = 600

22 단항 연산과 거리가 먼 것은?

① EX-OR
② Move
③ Shift
④ Complement

> 연산
> • 단항 연산 : MOVE, Shift, Rotate, Complement
> • 이항 연산 : 사칙연산, OR, AND, EX-OR

23 마이크로프로세서에서 누산기(accumulator)의 용도는?

① 명령을 저장
② 명령을 해독
③ 명령의 주소를 저장
④ 연산 결과를 일시적으로 저장

> 누산기(Accumulator) : 연산에 관계되는 상태와 인터럽트 신호를 기억(저장)한다.

24 원시 언어로 작성한 프로그램을 동일한 내용의 목적 프로그램으로 번역하는 프로그램을 무엇이라 하는가?

① 기계어
② 파스칼
③ 컴파일러
④ 소스 프로그램

> 컴파일러 : 원시 언어로 작성한 프로그램을 동일한 내용의 목적 프로그램으로 번역하는 프로그램

25 다음 카르노 맵의 표현이 바르게 된 것은?

AB\CD	00	01	11	10
00	1	1	1	1
01	0	1	1	0
11	0	1	1	0
10	0	1	1	0

① $Y = \overline{A}\overline{B} + D$
② $Y = A\overline{B} + \overline{D}$
③ $Y = \overline{A}B + \overline{D}$
④ $Y = AB + \overline{D}$

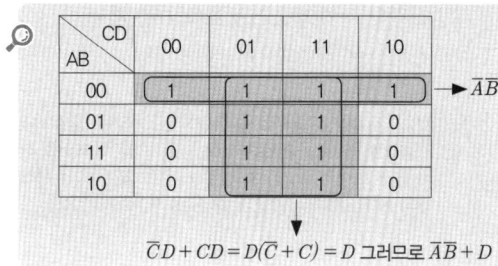

$\overline{C}D + CD = D(\overline{C} + C) = D$ 그러므로 $\overline{A}\overline{B} + D$

26 마이크로프로세서의 CPU 모듈 동작 순서를 바르게 나열한 것은?

① 명령어 인출 → 데이터 인출 → 명령어 해석 → 데이터처리
② 데이터 인출 → 명령어 인출 → 명령어 해석 → 데이터처리
③ 명령어 인출 → 명령어 해석 → 데이터 인출 → 데이터처리
④ 데이터처리 → 데이터 인출 → 명령어 해석 → 명령어 인출

> 마이크로프로세서의 CPU 모듈 동작 순서는 명령어 인출 → 명령어 해석 → 데이터 인출 → 데이터 처리의 과정으로 이루어진다.

27 부동 소수점 표현 방법에 대한 설명으로 옳은 것은?

① 부호와 절대값을 이용한 표현 방법을 사용한다.
② 부호, 지수부, 가수부로 구성되어 있다.
③ 2의 보수 표현 방법을 많이 사용한다.
④ 고정 소수점 연산에 비해 단순하고 시간이 적게 걸린다.

> • 부동 소수점 표현 : 컴퓨터 내부에서 소수점이 있는 실수를 표현할 때 사용하는 형식
> • 4바이트(32비트) 단정도 실수형 : 부호부 1bit + 지수부 8bit + 가수부 32bit
> • 부호비트는 실수가 양수이면 0, 음수이면 1로 표시하고, 지수부는 2진수로, 가수부는 10진 유효숫자를 2진수로 변환하여 표시한다.

28 채널(channel)의 종류로 옳게 묶인 것은?

① 다이렉트(direct) 채널과 멀티플렉서 채널
② 멀티플렉서 채널과 실렉터(selector) 채널

③ 실렉터 채널과 스트로브(strobe) 채널
④ 스트로브 채널과 다이렉트 채널

> 채널 : 주기억장치와 입·출력 장치간의 차이를 줄일 목적으로 사용하는 것으로, CPU로 부터 입·출력 장치의 제어를 위임 받아 한 번에 여러 데이터 블록을 입·출력 할 수 있는 시스템 채널의 종류는 셀렉터 채널과 멀티플렉서 채널이 있다.

29 단상 교류회로에서 전압이 100[V], 전류가 5[A], 전력이 400[W] 일 때의 역률은?

① 0.2
② 0.8
③ 0.9
④ 1

> 역률($\cos\theta$) = $\frac{유효전력}{피상전력}$ = $\frac{P_a}{P}$ = $\frac{P_a}{VI}$ = $\frac{400}{100 \times 5}$ = 0.8

30 다음 중 스미스 선도(Smith chart)는 무엇을 구하는가?

① 반사 계수
② 파수(波數)
③ 정규화 임피던스
④ 전송선로의 특성 임피던스

> 스미스 선도(Smith chart) : 전송 선로의 임피던스를 도표로 구할 때 사용되는 것으로서, 극좌표상에 복소 반사 계수를 잡고 그 위에 정규화 임피던스 또는 정규화 어드미턴스를 매개 변수로 표시한 것

31 캠벨(Campbell) 주파수 브리지가 평형 되었을 때, 전원의 주파수는 어떻게 표시하는가?(단, M은 상호 인덕턴스, C 는 콘덴서의 용량이다.)

① $f = \frac{1}{\sqrt{MC}}$
② $f = \frac{1}{MC\sqrt{2}}$
③ $f = \frac{1}{2\pi\sqrt{MC}}$
④ $f = \frac{1}{\sqrt{2\pi MC}}$

> 캠벨 브리지(Campbell Bridge)
> $\frac{1}{\omega C}f = \omega MI$
> $f = \frac{1}{2\pi\sqrt{MC}}$

32 다음은 오실로스코프의 기본 구성도이다. 빈칸 A, B에 들어갈 내용으로 가장 적합한 것은?

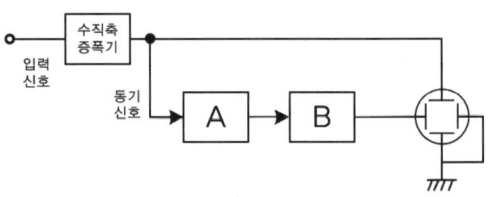

① A : 트리거회로   B : 편향회로
② A : 톱니파 발생기   B : 편향회로
③ A : 수평축 증폭기   B : 편향회로
④ A : 톱니파 발생기   B : 수평축 증폭기

> 오실로스코프의 기본 구성

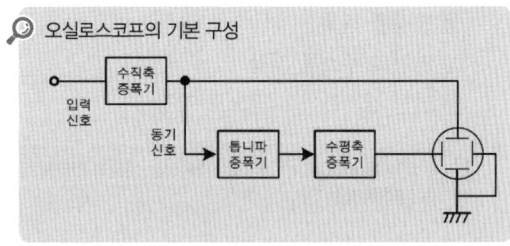

33 회로시험기(Multi-circuit tester)로 측정할 수 없는 것은?

① 저항
② 변조도
③ 직류전류
④ 교류전압

> 회로시험기(Multi-circuit tester)로 측정 가능한 것 : 직류전류, 직류전압, 교류전압, 저항 등

34 단상 유효 전력을 구하는 식으로 옳은 것은?(단, V : 전압계 지시, I : 전류계 지시)

① $P = V \cdot I\cos\theta$
② $P = V \cdot I\cos^2\theta$
③ $P = V \cdot I\sin\theta$
④ $P = V \cdot I\sin^2\theta$

> 단상 교류전력 $P = VI_1\cos\theta$

35 다음 중 자동 평형식 기록계기의 특징에 대한 설명으로 옳지 않은 것은?

① 펜과 기록용지에서 생기는 마찰에 의한 오차를 피하기 위한 것이다.
② 구동 에너지로 움직이게 하는 자동평형 서보기구를 사용한다.
③ 영위법에 의한 측정원리를 이용한 것이다
④ 마찰과 관성이 증가하는 결점이 생긴다.

🔍 자동 평형식 기록계기
• 펜과 기록 용지에서 생기는 마찰 오차를 피하기 위하여 고안 된 것으로, 영위법에 의한 측정 원리를 이용한 것이다.
• 펜의 구동력을 직접 피측정 에너지에서 받는 것이 아니라, 별개의 구동 에너지로 움직이게 하는 자동 평형 서보 기구를 사용한다.
• 직동식 계기에 비하여 고정밀도의 측정이 가능하다.
• DC-AC 변환기, 증폭회로, 서보 모터 및 지시 기록기로 구성되어 있다.

36 전압이나 전류의 크기를 숫자로 표시하는 장치는?

① C-A 변환기 ② A-C 변환기
③ D-A 변환기 ④ A-D 변환기

🔍 A/D변환 : 아날로그(analog)량을 디지털(digital)량으로 바꾸는 것

37 다음 중 스위프 신호발진기에 포함되지 않는 것은?

① 진폭제한기 ② 저주파 발진기
③ 톱니파 발진기 ④ 리액턴스관

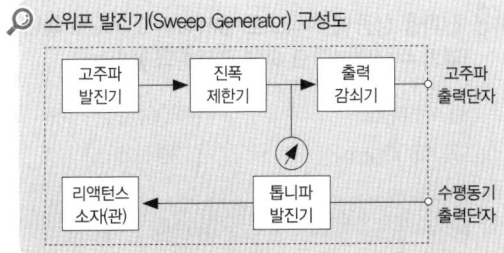

🔍 스위프 발진기(Sweep Generator) 구성도

38 참값 100[V]인 전압을 측정하였더니 측정값이 80[V]이었다. 보정 백분율은?

① 25[%] ② -25[%]
③ 50[%] ④ -50[%]

🔍 보정 백분율(α_0) = $\frac{T-M}{M} \times 100[\%]$ = $\frac{100-80}{80} \times 100 = 25[\%]$
(M : 측정값, T : 참값)

39 다음 중 헤테로다인 주파수계의 교정용 발진기로 사용되는 것은?

① LC 발진기 ② RC 발진기
③ 비트 발진기 ④ 수정 발진기

🔍 헤테로다인 주파수계의 교정용 발진기에는 수정발진기가 사용된다.

40 증폭기 또는 임의회로에 입력 전압을 가했을 때 출력에 포함된 고조파 성분비(일그러짐률)를 나타낸 것은?(단, 기본파 전압 : E_f, 고조파 전압 : E_h)

① $\frac{E_f}{E_h} \times 100[\%]$ ② $\frac{E_h - E_h}{E_f} \times 100[\%]$
③ $\frac{E_h}{E_f} \times 100[\%]$ ④ $\frac{E_h}{E_f - E_h} \times 100[\%]$

🔍 일그러짐률 = $\frac{고조파전압}{기본파전압} \times 100[\%]$ = $\frac{E_h}{E_f} \times 100[\%]$

41 다음 중 초음파의 전파에 있어서 캐비테이션(cavitation)에 대한 설명으로 옳은 것은?

① 액체인 매질에서 기포의 생성과 소멸 현상
② 액체인 매질에서 기포의 생성과 횡파 현상
③ 액체인 매질에서 종파에 의한 협대역 잡음
④ 액체인 매질에서 횡파에 의한 광대역 잡음

🔍 캐비테이션(cavitation) : 강력한 초음파를 액체 속에 방사했을 때 진동자의 부근에 안개 모양의 기포가 생겨 이들이 진동면에 수직 방향으로 움직여 분사 현상을 이루고 '쏴아' 하는 소음을 내는 기포의 생성과 소멸현상을 말한다. 액체의 종류, 액체의 압력, 온도에 따라 변화하고 수면에서도 소리의 세기가 약 0.3[W/cm²] 이상일 때 일어난다.

42 동축 케이블 전송방식의 특성이 아닌 것은?

① 내전압이 높다.
② 도체 저항이 적다.
③ 전송 손실이 매우 크다.
④ 다중화 전송이 가능하다.

43 다음 중 태양전지에 관한 설명으로 옳지 않은 것은?

① 광기전력 효과를 이용한다.
② 장치가 간단하고, 보수가 편하다.
③ 빛 에너지를 전기 에너지로 변환한다.
④ 축전 기능이 있어 축전지로도 사용할 수 있다.

> 태양전지의 특징
> • 종래에 이용되지 않은 풍부한 에너지원으로 이용된다.
> • 장치가 간단하고 보수가 편하다.
> • 빛의 방향에 따라 발생 출력이 변하므로 이것을 고려하여 출력에 여유를 두어야 한다.
> • 연속적으로 사용하기 위해서는 태양 광선을 얻을 수 없는 경우에 대비하여 축전 장치가 필요하다.
> • 대전력용은 부피가 크고 가격이 비싸다.

44 792[kHz]의 중파방송을 수신하려 할 때 슈퍼헤테로다인 수신기의 국부발진 주파수는 얼마로 조정해야 하는가?(단, 중간주파수는 450[kHz]이다.)

① 350[kHz] ② 1242[kHz]
③ 450[kHz] ④ 792[kHz]

> • 국부발진주파수 = 수신주파수 + 중간주파수
> • 영상주파수 = 수신주파수 + (2 × 중간주파수)
>   = 국부발진주파수 + 중간주파수
> ∴ 792 + 450 = 1242[kHz]

45 다음 중 레이더에 사용되는 초단파 발진관으로 주로 사용되는 것은?

① magnetron ② waveguide
③ cavity resonator ④ duplexer

> 레이더에 사용되는 초단파 발진관은 자장내에서의 전자 운동을 이용하여 초단파 발진을 일으키는 자전관(magnetron)을 사용한다.

46 다음 중 서보기구에 사용되지 않는 것은?

① 싱크로 ② 리졸버
③ 카보런덤 ④ 저항식 서보기구

> 서보 기구(servomechanism)에 사용되는 기구의 구성
> • 싱크로(synchro) : 전기적으로 변위나 각도를 전달하는 서보기구
> • 리졸버(resolver) : 싱크로와 같이 각도를 전달하는 것
> • 저항식 서보기구
> • 차동 변압기 : 변위신호가 가해지면 출력단자의 변위에 비례하고 크기를 가진 교류신호가 나온다.

47 자동제어의 제어목적에 따른 분류 중 어떤 일정한 목표값을 유지하는 것에 해당하는 것은?

① 비율제어
② 추종제어
③ 프로그램제어
④ 정치제어

> 자동제어의 종류
> • 정치 제어 : 목표값이 일정한 경우의 제어
> • 추치 제어 : 목표값이 시간에 따라 변화하고 출력이 이것을 추종할 경우의 제어
> • 프로그램 제어 : 목표값이 변화하나 그 변화가 알려진 값이며, 미리 마련된 순서에 따라 변화할 경우의 제어

48 유전가열의 공업제품에 대한 응용에 해당하지 않는 것은?

① 합성수지의 예열 및 성형가공
② 합성수지의 접착
③ 목재의 접착
④ 목재의 세척

> 고주파 유전 가열의 응용
> • 목재 공업에의 응용 : 목재의 건조, 성형, 접착 등
> • 고주파 머신 : 비닐이나 플라스틱 시트의 접착
> • 고주파 용접 : 비닐 가방이나 비닐 시계줄의 제조
> • 고주파 의료기
>   – 고주파 나이프 : 환부의 수술
>   – 고주파 치료기 : 환부의 치료(주파수 40.68[MHz]±0.05[%] 사용)
> • 음식물의 조리 : 고주파 레인지(HF range)
> • 고무 타이어의 수리, 재생이나 섬유공업 등에도 이용된다.

49 전파를 상공에 수직으로 발사하여 0.002초 후에 그 전파가 수신되었다고 하면 전리층의 높이는?

① 150[km] ② 300[km]
③ 1500[km] ④ 3000[km]

> $l = \dfrac{ct}{2} = \dfrac{3 \times 10^8 \times 0.002}{2} = 300000[m] = 300[km]$

50 청력을 검사하기 위하여 가청주파수 영역의 여러 가지 레벨의 순음을 전기적으로 발생하는 음향발생 장치는?

① 오디오미터 ② 페이스메이커
③ 망막전도 측정기 ④ 심음계

> **의용 전자 장치의 종류**
> - 심전계(electrocardiograph) : 심장의 활동으로 인하여 생기는 기전력에 의하여 생체 내에 흐르는 전류 분포의 변화를 신체 표면의 두 점 사이의 전위차로써 검출하여 증폭한 다음 기록기에 기록하는 장치로서, 심장질환의 진단에 이용된다.
> - 뇌파계(electroencephalograph) : 뇌수의 율동적 활동, 전압을 머리 피부에 전극을 붙여서 검출, 증폭 기록하는 장치(뇌파 기록)
> - 근전계(electro myograph) 근육의 수축에 따라 생기는 근육 활동 전류를 전극에 의해 검출하여 증폭 기록하는 장치
> - 심음계(Phono cardiograph) 청진기에 의한 청진술을 전자 기술을 이용하여 개량한 것
> - 심장용 세동 제거장치 : 수술시나 고전압에 닿았을 경우의 충격에 의한 심장의 세동상태를 정상 상태를 회복시키는 고압 임펄스장치
> - 심장용 페이스메이커(cardiac pacemaker) : 일시적으로 정지하거나 박동 주가가 고르지 못한 심장을 정상으로 되돌리기 위하여 전기적 펄스를 발생시켜 심장에 가하는 장치
> - 저주차 치료기, 고주파 치료기, 전기 메스 등

51 신호변환 검출에서 다이어프램(diaphragm) 조절기는 무엇을 변위시키는가?

① 전압
② 전류
③ 압력
④ 온도

52 컬러방송은 정상으로 수신 되는데 흑백신호 방송을 수신할 때에 색이 붙는 잡음이 나온다. 고장원인은 무엇인가?

① 색 복조 회로의 고장
② 컨버젼스 회로의 고장
③ 컬러킬러 회로의 고장
④ 지연 회로의 고장

53 항법 보조장치의 ILS 란?

① 계기 착륙 시스템
② 회전 비컨
③ 무지향성 무선표식
④ 호우머

> - 무지향성 비컨(Non-Directional Beacon : NDB)
> - 계기 착륙 방식(ILS : Instrument Landing System)
> - 전방향식 AN레인지 비컨(VOR : VHFomni-directional range) :
> - 정밀접근 레이더(PAR : Precision Approach Radar)

54 다음 제어계 블록선도에서 전달함수 C/R는?

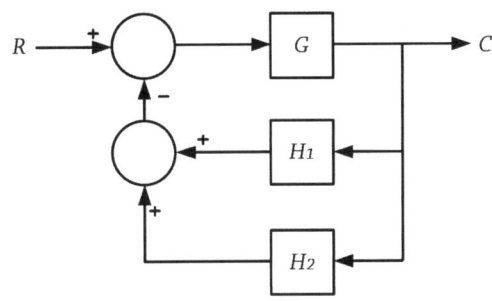

① $\dfrac{C}{R} = \dfrac{GH_1H_2}{1 - G(H_1 + H_2)}$
② $\dfrac{C}{R} = \dfrac{G}{1 - G(H_1 + H_2)}$
③ $\dfrac{C}{R} = \dfrac{G}{1 + H_1 + H_2G}$
④ $\dfrac{C}{R} = \dfrac{G}{1 + G(H_1 + H_2)}$

55 일반적인 재생헤드에 대한 설명 중 옳지 않은 것은?

① 초투자율이 매우 낮다.
② 녹음헤드와 같은 구조로 되어 있다.
③ 코어손실이 적은 코어에 코일을 감아서 만든다.
④ 재생헤드에서 얻어지는 기전력 $e = N\dfrac{\triangle\phi}{\triangle t}$[V]이다.

56 전자현미경의 배율을 크게 하려면?

① 전자렌즈의 크기를 줄인다.
② 전자총의 길이를 길게 한다.
③ 전자렌즈에 자기장을 강하게 한다.
④ 전자렌즈가 오목렌즈의 역할을 하도록 한다.

> 전자현미경에서는 정보를 전달하는 매개체로서 전자빔을 사용하고 또한 상을 확대시키는 데에는 전자렌즈를 사용하는 것이다.

57 VTR 사용 전 미리 전원을 인가하여 두는 것이 좋은데, 이의 주된 이유는?

① 각종 IC의 동작온도를 유지하기 위하여
② 각종 발진회로가 정상상태를 유지하는데 시간이 필요 하므로
③ 헤드 드럼의 표면온도를 가열하여 상대 습도를 낮추기 위하여
④ 기기 전체의 온도를 높여 최량의 동작상태를 만들어주기 위하여

58 압력을 변위로 변환하는 요소가 아닌 것은?

① 벨로즈 ② 다이어프램
③ 부르동관 ④ 유압 분사관

🔍 여러 가지 2차 변환의 보기

압력-변위	다이어프램, 스프링
변위-압력	유압 분사관
변위-임피던스	슬라이드 저항, 용량형 변환기, 유도형 변환기
변위-전압	가변저항 분압기, 차동변압기
전압-변위	전자석, 전자코일

59 다음 중 텔레비전의 고압 전원은 어디에서 얻어내는가?

① 수평 귀선 기간에 일어나는 펄스를 승압하여 얻어낸다.
② B전원을 3배 전압하여 얻어낸다.
③ 전원 트랜스를 승압하여 얻어낸다.
④ 부스터 회로에서 얻어낸다.

🔍 텔레비전의 고압 전원은 수평귀선 기간에 일어나는 펄스를 승압하여 얻어낸다.

60 AN(Arrival Notice) 레인지 비컨(range beacon)에서 등신호 방향과 관계없는 각도는?

① 45 ② 135
③ 190 ④ 315

🔍 AN 레인지 비컨은 공항이나 항공로 상의 요소에 설치하여 항공로를 형성하는데 사용되는 것으로 지향성 무선표식이라고도 하며, 등신호 방향의 각도는 45°, 135°, 225°, 315°이다.

정답 CBT 대비 적중모의고사 – 5회

01 ②	02 ③	03 ④	04 ④	05 ③
06 ①	07 ①	08 ①	09 ④	10 ③
11 ③	12 ③	13 ③	14 ①	15 ③
16 ③	17 ③	18 ①	19 ②	20 ①
21 ③	22 ①	23 ④	24 ③	25 ①
26 ③	27 ②	28 ②	29 ②	30 ④
31 ③	32 ④	33 ②	34 ①	35 ④
36 ④	37 ②	38 ①	39 ④	40 ③
41 ①	42 ③	43 ④	44 ②	45 ①
46 ③	47 ④	48 ④	49 ②	50 ①
51 ①	52 ③	53 ①	54 ④	55 ①
56 ③	57 ③	58 ④	59 ①	60 ③

전자기기기능사 필기
기출문제(기출 + 적중모의고사)

2024년 01월 05일 인쇄
2024년 01월 20일 발행

저자	이태현, 홍승희
발행처	(주)도서출판 책과상상
등록번호	제2020-000205호
발행인	이강복
주소	경기도 고양시 일산동구 장항로 203-191
대표전화	(02)3272-1703~4
팩스	(02)3272-1705
홈페이지	www.sangsangbooks.co.kr

ISBN 979-11-6967-089-0

저자협의
인지생략

값 16,000원
Copyright© 2024
Book & SangSang Publishing Co.